教育部高等学校电子信息类专业教学指导委员会规划教材
高等学校电子信息类专业系列教材·新形态教材

数字信号处理原理和算法实现

（第4版）

魏爽 主编
郭畅 佟乐 李莉 副主编

清华大学出版社
北京

内容简介

本书针对工程应用型本科专业的教学特点，系统介绍数字信号处理的基本理论、基本方法，强调实际应用。通过典型的应用实例、提供的源程序帮助读者理解和掌握基础理论的基本应用，激发学生的学习兴趣。本书共7章：第1～4章介绍离散时间信号和系统的基本概念、变换域（z 域）分析、离散傅里叶变换（DFT）及快速傅里叶变换（FFT）的基本原理；第5章介绍数字系统的基本网络结构；第6章和第7章介绍IIR、FIR滤波器的设计方法。

本书可作为通信、电子信息、计算机应用技术等相关专业本科生教学用书，也可作为从事数字信号处理工作的工程技术人员的参考书。

图书在版编目(CIP)数据

数字信号处理原理和算法实现/魏爽主编. —4版. —北京：清华大学出版社，2024.1
高等学校电子信息类专业系列教材. 新形态教材
ISBN 978-7-302-65337-0

Ⅰ. ①数… Ⅱ. ①魏… Ⅲ. ①数字信号处理－高等学校－教材 Ⅳ. ①TN911.72

中国国家版本馆CIP数据核字(2024)第020930号

责任编辑：盛东亮　古　雪
封面设计：李召霞
责任校对：申晓焕
责任印制：丛怀宇

出版发行：清华大学出版社
　　网　　址：https://www.tup.com.cn，https://www.wqxuetang.com
　　地　　址：北京清华大学学研大厦A座　　**邮　　编**：100084
　　社 总 机：010-83470000　　**邮　　购**：010-62786544
　　投稿与读者服务：010-62776969，c-service@tup.tsinghua.edu.cn
　　质量反馈：010-62772015，zhiliang@tup.tsinghua.edu.cn
　　课件下载：https://www.tup.com.cn，010-83470236
印 装 者：涿州汇美亿浓印刷有限公司
经　　销：全国新华书店
开　　本：185mm×260mm　　**印　　张**：19.5　　**字　　数**：478千字
版　　次：2010年2月第1版　2024年2月第4版　　**印　　次**：2024年2月第1次印刷
印　　数：1～1500
定　　价：69.00元

产品编号：100050-01

前言

PREFACE

本书以习近平新时代中国特色社会主义思想为指导，深入学习贯彻党的二十大精神，学习贯彻习近平总书记关于教育的重要论述，全面贯彻党的教育方针，落实立德树人根本任务，以教育强国建设为目标，全面提高人才自主培养质量。

随着信息技术的发展，数字信号处理基础知识已成为通信、电子信息、计算机应用技术等相关专业本科学生必须学习和掌握的专业基础知识。

本书针对工程应用型本科专业的教学特点，注重数字信号分析和数字处理系统的基本原理和应用实现。系统介绍数字信号处理的基本概念、时间离散信号与系统的变换域分析方法、离散傅里叶变换原理及应用、数字滤波器的设计与实现和数字信号处理器应用实现。

本书将基础理论与实际应用密切结合，通过典型的应用实例，使读者在学习基础理论时，能够掌握数字信号处理的基本应用。本书在算法设计方面未给出严格完整的数学证明，需要的读者可参阅相关书籍。教师可以根据学生的实际情况在课堂讲授部分应用例子，还有大部分例子供学生自己阅读，在巩固学生对基本概念的理解和应用的同时，扩大学生的知识面。

本书的另一特色是将 MATLAB 软件引入数字信号处理的课堂教学和实践环节。基于 MATLAB 的演示课件，从文字、图像、声音、动画等方面多维地揭示算法设计、实现过程和信号处理效果，有效地提高了教学效果；所配备的实验源程序，有利于激发学生的学习兴趣。

本书是在 2018 年《数字信号处理原理和算法实现》(第 3 版)的基础上进行修订而成的；本次修订对每章内容新增了思政元素的拓展阅读材料，并丰富了配套教学资源(如微课视频、教学大纲、教学课件等)。考虑工程应用型本科专业的教学课程体系中通常另开设偏重基于数字信号处理芯片开发平台的单独课程，故本书内容更加适合数字信号处理基础课堂教学。

本书第 1～3 章侧重基本概念原理；第 4 章快速傅里叶变换对读者进行工程项目开发有指导意义；第 5～7 章介绍数字处理系统设计的相关算法。根据教学要求，教师在教学内容中融入一定的思政元素，安排一定的 MATLAB 软件仿真实验课时在数字信号处理教学中至关重要。读者只有通过必要的书面和上机练习，才能掌握本课程的基本方法；并通过一定的拓展阅读，加深对理论结合实践的全方位理解。

本书由魏爽主编。绪论及第 1～3 章由魏爽编写；第 4、第 5、第 7 章由郭畅编写；第 6 章以及各章的实验内容由佟乐编写；各章的习题和参考答案由李莉编写。

本书集作者在上海师范大学多年课程建设的探索和教学改革的实际经验，是上海市精品课程建设配套教材。本书也可作为相关专业的工程技术人员的参考书。在本书的编写过程中,得到了上海师范大学的大力支持,在此表示感谢!

由于编者水平有限,书中难免有错误和不妥之处,敬请读者不吝指正。

编　者

2023年12月

于上海师范大学

视频目录

VIDEO CONTENTS

视 频 名 称	时长/分钟	位 置
第 01 集 绪论	15	绪论章首
第 02 集 时域离散信号-序列	8	1.2 节节首
第 03 集 时域离散信号-序列的运算	9	1.2.3 节节首
第 04 集 离散时间系统	9	1.3 节节首
第 05 集 LTI 系统的时域描述	8	1.4 节节首
第 06 集 模拟信号的数字处理方法	9	1.5 节节首
第 07 集 DTFT、IDTFT 的定义	8	2.2.1 节节首
第 08 集 DTFT 的性质(1)	6	2.2.2 节 1.
第 09 集 DTFT 的性质(2)	7	2.2.2 节 4.
第 10 集 序列的对称性	6	2.2.2 节 4.
第 11 集 周期序列的 DFS	10	2.3.1 节节首
第 12 集 周期序列的 DTFT	10	2.3.2 节节首
第 13 集 DTFT 和 CTFT 的比较	11	2.4 节节首
第 14 集 z 变换的定义及其收敛域、逆 z 变换	17	2.5.1 节节首
第 15 集 z 变换的性质与定理	13	2.5.4 节节首
第 16 集 z 变换性质的应用	9	2.5.5 节节首
第 17 集 用 z 变换分析离散时间系统的特性	7	2.6.1 节节首
第 18 集 信号频谱/系统频响的几何解释	5	2.6.3 节节首
第 19 集 数字系统零点/极点分布、ROC 分析例子	5	2.6.3 节节首
第 20 集 常见数字系统分类	3	2.6.3 节节中
第 21 集 按系统函数区分的数字系统	3	2.6.3 节节尾
第 22 集 利用 MATLAB 实现离散信号与系统分析	9	2.7 节节首
第 23 集 DFT 引入,DFT、IDFT 的定义	5	3.1 节节首
第 24 集 N 点 DFT 的特点	19	3.2.1 节节首
第 25 集 DFT 和 z 变换的关系	6	3.2.2 节节首
第 26 集 周期序列与有限长序列的关系	8	3.2.3 节节首
第 27 集 DFT 性质——线性性质、序列的和、序列的初值	4	3.3.1 节节首
第 28 集 DFT 性质——序列的圆周移位	11	3.3.4 节节首
第 29 集 DFT 性质——序列的圆周卷积	19	3.3.5 节节首
第 30 集 DFT 性质——序列相关性、帕斯瓦尔定理	5	3.3.6 节节首
第 31 集 DFT 性质——有限长序列及其 DFT 的奇偶性和对称性	8	3.3.8 节节首
第 32 集 频域采样定理	4	3.4 节节首
第 33 集 DFT 对连续时间信号进行谱分析	11	3.5.1 节节首
第 34 集 DFT 对连续时间信号进行谱分析——实例	12	3.5.3 节节首

续表

视 频 名 称	时长/分钟	位 置
第 35 集 DFT 对离散时间信号进行谱分析	4	3.6 节节首
第 36 集 DFT 频谱分析的典型现象	15	3.7 节节首
第 37 集 DFT 的定义、旋转因子的性质及 DFT 的计算量估计	6	4.1 节节首
第 38 集 DIT-FFT 的原理、蝶形运算及 DIT-FFT 运算量	13	4.2.1 节节首
第 39 集 DIT-FFT 运算规律及编程思想	17	4.2.1 节 6.
第 40 集 DIF-FFT 的原理	11	4.2.2 节节首
第 41 集 进一步减少 DFT 运算量的措施	7	4.3.2 节节首
第 42 集 长序列卷积的实现方法	9	4.4 节节首
第 43 集 线性调频-z 变换及其应用	13	4.5 节节首
第 44 集 (频率扩展)放大镜式的 FFT(ZFFT)	6	4.5.3 节节首
第 45 集 数字滤波器的基本知识	12	5.1 节节首
第 46 集 IIR 直接Ⅰ型滤波器结构	12	5.3.1 节节首
第 47 集 IIR 直接Ⅱ型滤波器结构	10	5.3.2 节节首
第 48 集 IIR 级联型、并联型网络结构	13	5.3.3 节节首
第 49 集 FIR 滤波器的基本结构——直接型、级联型	5	5.4 节 1.
第 50 集 FIR 滤波器的基本结构——线性相位型	14	5.4 节 3.
第 51 集 FIR 滤波器的基本结构——频率采样型	12	5.4 节 4.
第 52 集 数字滤波器频谱特性及其性能指标定义	10	6.1 节节首
第 53 集 典型滤波器幅频特征及设计步骤	12	6.2 节节首
第 54 集 巴特沃斯模拟 LPF 设计	12	6.2.2 节节首
第 55 集 切比雪夫模拟 LPF 设计	7	6.2.3 节节首
第 56 集 不同类型滤波器设计效果比较实例	11	6.2.3 节节首
第 57 集 模拟滤波器的频率变换	5	6.2.4 节节首
第 58 集 模拟 HPF 的设计	7	6.2.4 节 1.
第 59 集 模拟 BPF 的设计	9	6.2.4 节 2.
第 60 集 模拟 BSF 的设计	7	6.2.4 节 3.
第 61 集 脉冲响应不变法	17	6.3 节节首
第 62 集 IIR LPF 设计——脉冲响应不变法	9	6.3.3 节节首
第 63 集 IIR LPF 设计——双线性变换法	10	6.4 节节首
第 64 集 双线性变换法、脉冲响应不变法的比较	5	6.4.3 节节首
第 65 集 IIR HPF	11	6.5.1 节节首
第 66 集 IIR 滤波器不同设计方法	12	6.5.1 节例 6.5.1
第 67 集 IIR 滤波器设计不同实现类型比较	10	6.5.1 节例 6.5.2
第 68 集 IIR 滤波器直接设计法	9	6.6 节节首
第 69 集 IIR 滤波器设计应用实例——选频滤波器	14	6.7.3 节节首
第 70 集 FIR 滤波器的线性相位条件	12	7.1 节节首
第 71 集 线性相位 FIR 滤波器的幅度特性	11	7.1 节 3.
第 72 集 窗函数法设计 FIR 滤波器的步骤、思想	5	7.2.1 节 1.
第 73 集 窗函数法设计 FIR 滤波器的典型系统	9	7.2.1 节 3.
第 74 集 常用典型窗函数的时频特征	10	7.2.1 节 4.
第 75 集 窗函数法设计的选择与 FIR 滤波器指标	17	7.2.1 节 5.
第 76 集 窗函数法的应用——设计 FIR LPF	7	7.2.2 节例 7.2.1

续表

视 频 名 称	时长/分钟	位　　置
第 77 集　窗函数法的应用——改善信号谱分析	12	7.2.2 节例 7.2.2
第 78 集　不同窗函数谱分析比较	7	7.2.2 节例 7.2.2
第 79 集　FIR 滤波器设计——频率采样法	9	7.3 节节首
第 80 集　频率取样法设计 FIR 滤波器实例	11	7.3 节节例 7.3.2
第 81 集　设计 FIR 滤波器的优化思想	5	7.4.1 节节首
第 82 集　优化法设计 FIR BPF 实例	6	7.4.2 节节首
第 83 集　IIR 和 FIR 滤波器的比较及其应用	5	7.5 节节首
第 84 集　FIR 滤波器用于信道幅度均衡	6	7.5 节例 7.5.1

注：

LTI——线性时不变

FT——傅里叶变换

DTFT——离散时间傅里叶变换

IDTFT——逆离散时间傅里叶变换

DFS——离散傅里叶级数

CTFT——连续时间傅里叶变换

DFT——离散傅里叶变换

IDFT——逆离散傅里叶变换

FFT——快速傅里叶变换

DIT-FFT——按时间抽取的 FFT

DIF-FFT——按频率抽取的 FFT

IIR——无限长脉冲响应

FIR——有限长脉冲响应

LPF——低通滤波器

HPF——高通滤波器

BPF——带通滤波器

BSF——带阻滤波器

目录

CONTENTS

绪论 …… 1

0.1 数字信号处理系统的组成 …… 1

0.2 数字信号处理的特点 …… 2

0.3 数字信号处理学科的内容 …… 3

0.4 数字信号处理的实现 …… 4

0.5 数字信号处理系统的应用领域 …… 5

第1章 离散时间信号和系统 …… 6

1.1 概述 …… 6

1.2 时域离散信号 …… 6

1.2.1 模拟信号的采样、序列 …… 6

1.2.2 常用典型序列 …… 7

1.2.3 序列的运算 …… 10

1.3 离散时间系统 …… 14

1.3.1 线性 …… 14

1.3.2 时不变性 …… 15

1.3.3 系统输入输出关系 …… 16

1.3.4 系统的因果性和稳定性 …… 17

1.4 系统的线性常系数差分方程及其求解 …… 19

1.4.1 系统的线性常系数差分方程 …… 19

1.4.2 线性常系数差分方程的求解 …… 20

1.5 模拟信号数字处理方法 …… 22

1.5.1 模拟信号数字处理方法概述 …… 22

1.5.2 数字信号转换成模拟信号 …… 29

1.6 MATLAB实现 …… 33

1.6.1 常用序列的MATLAB实现 …… 33

1.6.2 序列运算的MATLAB实现 …… 34

1.6.3 卷积和的MATLAB实现 …… 34

1.6.4 MATLAB求解离散系统的差分方程 …… 35

1.7 习题 …… 36

思政小课堂 …… 38

第 2 章　离散时间信号和系统的变换域分析 …… 41
2.1　概述 …… 41
2.2　序列的离散时间傅里叶变换 …… 41
2.2.1　离散时间傅里叶变换定义 …… 41
2.2.2　离散时间傅里叶变换的性质 …… 42
2.3　周期序列的离散傅里叶级数与离散时间傅里叶变换 …… 47
2.3.1　周期序列的离散傅里叶级数 …… 47
2.3.2　周期序列的离散时间傅里叶变换 …… 49
2.4　离散时间傅里叶变换和连续时间傅里叶变换之间的关系 …… 51
2.5　z 变换 …… 53
2.5.1　z 变换的定义 …… 53
2.5.2　z 变换的收敛域 …… 54
2.5.3　逆 z 变换 …… 57
2.5.4　z 变换的性质与定理 …… 63
2.5.5　利用 z 变换求数字系统的输出 …… 67
2.6　用 z 变换分析系统的因果性、稳定性和频响特性 …… 69
2.6.1　传输函数与系统函数 …… 69
2.6.2　因果性和稳定性 …… 70
2.6.3　信号频谱/系统频响的几何解释 …… 71
2.7　MATLAB 实现 …… 78
2.7.1　周期序列傅里叶级数的 MATLAB 实现 …… 78
2.7.2　序列逆 z 变换的 MATLAB 实现 …… 79
2.7.3　系统时域响应的 MATLAB 实现 …… 79
2.7.4　系统频率响应的 MATLAB 实现 …… 80
2.8　习题 …… 82
思政小课堂 …… 83

第 3 章　离散傅里叶变换 …… 86
3.1　引言 …… 86
3.2　离散傅里叶变换的定义 …… 89
3.2.1　离散傅里叶变换和逆离散傅里叶变换的定义 …… 89
3.2.2　离散傅里叶变换和 z 变换的关系 …… 95
3.2.3　周期序列与有限长序列的内在联系 …… 97
3.3　离散傅里叶变换的性质 …… 100
3.3.1　线性性质 …… 100
3.3.2　序列的和 …… 100
3.3.3　序列的初值 …… 100
3.3.4　序列的圆周移位(循环移位) …… 100
3.3.5　圆周卷积(循环卷积)及其与有限长序列线性卷积的关系 …… 103
3.3.6　序列的相关性 …… 108
3.3.7　帕斯瓦尔定理 …… 109
3.3.8　有限长序列及其离散傅里叶变换的奇偶性和对称性 …… 109
3.4　频域取样 …… 113

3.5 用离散傅里叶变换对连续时间信号进行谱分析 …… 116
3.5.1 离散傅里叶变换是对连续时间信号傅里叶变换的近似 …… 116
3.5.2 频率分辨率 …… 117
3.5.3 离散傅里叶变换分析连续时间信号 $x(t)$实例 …… 118
3.6 用离散傅里叶变换对离散时间信号进行谱分析 …… 123
3.7 离散傅里叶变换应用中的问题与参数选择 …… 124
3.7.1 混叠现象 …… 124
3.7.2 栏栅效应 …… 126
3.7.3 频率泄漏 …… 127
3.8 MATLAB 实现 …… 129
3.8.1 离散傅里叶变换的 MATLAB 实现 …… 129
3.8.2 用离散傅里叶变换计算线性卷积和圆周卷积的 MATLAB 实现 …… 130
3.8.3 连续时间信号谱分析的 MATLAB 实现 …… 130
3.9 习题 …… 131
思政小课堂 …… 134

第 4 章 快速傅里叶变换 …… 138
4.1 概述 …… 138
4.2 基-2 快速傅里叶变换 …… 139
4.2.1 按时间抽取的快速傅里叶变换原理 …… 139
4.2.2 按频率抽取的快速傅里叶变换 …… 144
4.2.3 快速傅里叶反变换 …… 147
4.3 矩阵形式的快速傅里叶变换 …… 148
4.3.1 算法原理 …… 148
4.3.2 进一步减少运算量的措施 …… 151
4.4 快速傅里叶变换应用于长序列卷积 …… 153
4.4.1 快速卷积 …… 153
4.4.2 重叠相加 …… 154
4.4.3 重叠保留 …… 155
4.5 线性调频-z 变换 …… 156
4.5.1 线性调频-z 变换的定义 …… 157
4.5.2 线性调频-z 变换的特点 …… 157
4.5.3 线性调频-z 变换的快速实现 …… 158
4.6 离散哈特莱变换 …… 161
4.6.1 离散哈特莱变换的定义 …… 161
4.6.2 离散哈特莱变换和离散傅里叶变换的关系 …… 162
4.6.3 离散哈特莱变换的性质 …… 162
4.7 MATLAB 实现 …… 163
4.8 习题 …… 165
思政小课堂 …… 166

第 5 章 数字滤波器的结构 …… 168
5.1 概述 …… 168

5.2 信号流图表示网络结构 …… 170
5.3 无限长脉冲响应滤波器的基本网络结构 …… 171
5.3.1 直接型Ⅰ …… 171
5.3.2 直接型Ⅱ(典型型) …… 174
5.3.3 级联型 …… 176
5.3.4 并联型 …… 179
5.3.5 转置型 …… 179
5.4 有限长脉冲响应滤波器的基本结构 …… 180
5.5 格型结构 …… 189
5.6 MATLAB实现 …… 191
5.7 习题 …… 193
思政小课堂 …… 195

第6章 无限长脉冲响应数字滤波器设计 …… 198
6.1 基本概念 …… 198
6.1.1 数字滤波器和模拟滤波器 …… 198
6.1.2 滤波器的指标 …… 198
6.1.3 数字滤波器的设计原则 …… 202
6.2 模拟滤波器的设计 …… 203
6.2.1 模拟低通滤波器设计指标 …… 204
6.2.2 巴特沃斯模拟低通滤波器设计 …… 205
6.2.3 切比雪夫模拟低通滤波器设计 …… 209
6.2.4 模拟滤波器的频率变换 …… 213
6.3 无限长脉冲响应低通滤波器设计：脉冲响应不变法 …… 219
6.3.1 一般数字滤波器的设计思想 …… 219
6.3.2 脉冲响应不变法的变换思想及方法 …… 220
6.3.3 脉冲响应不变法的参数映射关系及特点 …… 221
6.4 无限长脉冲响应低通滤波器设计：双线性变换法 …… 224
6.4.1 双线性变换的一般变换关系 …… 224
6.4.2 间接法设计数字低通滤波器时 T 的选择 …… 226
6.4.3 双线性变换法、脉冲响应不变法的比较 …… 227
6.5 无限长脉冲响应高通、带通、带阻滤波器设计 …… 227
6.5.1 设计思路 …… 227
6.5.2 频率变换法设计数字高通滤波器 …… 232
6.5.3 z 平面变换法 …… 233
6.6 无限长脉冲响应滤波器直接设计法 …… 235
6.7 无限长脉冲响应滤波器设计应用实例(MATLAB分析) …… 236
6.7.1 模拟低通滤波器设计 …… 236
6.7.2 模拟-数字滤波器的转换 …… 238
6.7.3 数字滤波器应用实例 …… 241
6.8 习题 …… 243
思政小课堂 …… 244

第7章　有限长脉冲响应滤波器的设计 …… 247
7.1　有限长脉冲响应滤波器的线性相位条件和特点 …… 247
7.2　窗函数法设计有限长脉冲响应滤波器 …… 252
7.2.1　窗函数技术 …… 252
7.2.2　窗函数法的应用 …… 258
7.3　频率采样法设计有限长脉冲响应滤波器 …… 264
7.4　优化技术设计 …… 270
7.4.1　优化准则 …… 270
7.4.2　线性相位有限长脉冲响应滤波器的切比雪夫最优逼近 …… 271
7.5　无限长脉冲响应滤波器和有限长脉冲响应滤波器的比较 …… 275
7.6　有限长脉冲响应滤波器的MATLAB仿真实现 …… 277
7.6.1　窗函数法设计有限长脉冲响应滤波器的实现 …… 277
7.6.2　频率采样法设计有限长脉冲响应滤波器的实现 …… 279
7.6.3　有限长脉冲响应滤波器的优化设计的实现 …… 279
7.6.4　信道均衡器的有限长脉冲响应滤波器的实现 …… 280
7.7　习题 …… 280
思政小课堂 …… 283

参考答案 …… 285

参考文献 …… 297

绪　论

数字信号处理是 20 世纪 60 年代随着信息学科和计算机学科的高速发展而迅速发展起来的一门新兴学科，它的重要性日益在各个领域的应用中表现出来。

数字信号处理(digital signal processing，DSP)，是把信号用数字或符号表示成序列，通过计算机或通用(专用)信号处理设备，用数值计算方法进行各种处理，达到提取有用信息便于应用的目的，例如滤波、检测、变换、增强、估计、识别、参数提取、频谱分析等。

DSP 可以狭义理解为 digital signal processor(数字信号处理器)，广义上也可以理解为 digital signal processing(数字信号处理技术)。本书讨论的 DSP 的概念是指广义上的理解。

0.1　数字信号处理系统的组成

信号(signal)是一种物理体现，或是传递信息的函数。信息是信号的具体内容。

模拟信号：指在给定的连续时间段内，幅度可以是任意的连续值的信号。

连续时间信号：指在给定的连续时间段内，幅度可以是任意的不连续值的信号，如阶梯波。

离散时间信号：指在给定的一组离散时间下，幅度可以是任意数值的信号，也称为采样信号或采样序列。

数字信号：指时间和幅度都经过“量化”的信号。

数学上，数字信号(函数)的变量和各变量对应的函数值是一组离散的数值；形式上，这些离散的数值常用有限位数的码表示。如用 3 位二进制码可表示整数变量值 0～7，4 位二进制码可表示 15 个数值不同的非零离散幅度值。数字信号可用一序列的数表示，序列中的每个数又可表示为二进制码的形式，适合计算机处理。

系统：指反映或表示信号处理输入输出(I/O)关系的器件或运算的物理设备，或者说，凡是能将信号加以变换以达到人们要求的各种设备，一般可分为模拟系统与数字系统。

模拟系统：其输入输出信号为模拟信号，可反映模拟信号的 I/O 关系。

数字系统：其输入输出信号为数字信号，可反映数字信号的 I/O 关系。

图 0.1 显示了数字信号处理系统的基本组成，由图 0.1 可见，系统首先把模拟信号转换成数字信号，之后用数字技术进行处理，然后再还原成模拟信号。

图 0.1 所示系统里“数字信号处理器”模块中最基本的核心内容为数字滤波器和快速傅里叶变换(fast Fourier transform, FFT)算法。工程应用中,充分利用数字技术的优势,可以实现信号调制、滤波、正交变换、信号检测等各种功能的数字信号处理系统的分析和设计理论、算法,习惯上称为“数字信号处理”。

图 0.1 数字信号处理系统的基本组成

实际数字信号处理系统并不一定要包括图 0.1 所示的所有组成模块,例如,有的系统只需数字输出,则不需要数/模转换器(D/A 转换器)和后面的模拟滤波器。

例 0.1 单边带(single side band, SSB)信号的数字技术实现。

图 0.2 给出了一个无线通信发射机中常见的射频上单边带信号的实现原理框图,是把输入的低频信号的频谱,通过调制技术搬移到载波频率 Ω_c 的附近,最后通过带通滤波器(band-pass filter, BPF)仅输出射频上单边带信号,以提高频谱效率。

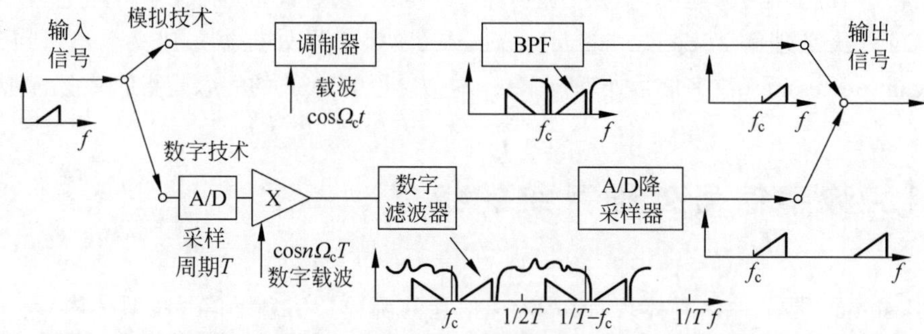

图 0.2 例 0.1 单边带(SSB)信号的数字技术实现比较

图 0.2 中上面的支路是模拟发射机 SSB 信号的产生方式,下面的支路是数字发射机中 SSB 信号的产生方式。对比这两种产生方式输出的 SSB 信号的频谱可知:数字技术生成的 SSB 信号的谱是周期谱,而模拟技术产生的 SSB 信号谱不是周期的。这个特征差异,读者学习本书后续内容后,可以直接分析验证。

0.2 数字信号处理的特点

多数科学和工程中遇到的信号都是模拟信号,以前的信号与系统领域都是研究模拟信号处理的理论和实现的。

模拟信号处理的缺点是:难以做到高精度,受环境影响较大,可靠性差且不灵活等。

由于数字信号处理的直接对象是数字信号,处理的方式是数值运算的方式,因此相对于模拟信号处理具有许多优点。

1. 灵活性强

数字信号处理系统的性能取决于系统的参数，这些参数存储在存储器中，很容易改变，因此容易改变系统的性能，如可以方便地调整处理器的系数实现自适应滤波等，甚至得到实现完全不同功能的系统。数字系统的改变可以通过在线完成，从而实现一个系统多种用途。相比之下，改变模拟系统的参数要困难得多。数字系统的时分复用可以灵活地分时处理几路信号，共享处理器。

2. 高精度性和稳定性

组成模拟系统的元器件，如电阻器、电容器等都有一定的温度系数，易受周围环境的温度及噪声的影响。数字系统多由半导体器件组成的开关电路实现，只有 0 和 1 两个信号电平，不易随使用条件的变化而变化，尤其是使用了超大规模集成的 DSP 芯片，简化了数字系统设备，更提高了系统的稳定性和可靠性，数字运算位数也由 8 位提高到现在的 16 位、32 位、64 位甚至更高，达到了模拟系统无法比拟的计算精度。

3. 便于大规模集成

数字器件具有高度的规范性，对电路参数要求不严，对元件值的误差容限不敏感，受使用温度、所处环境等外部参数影响较小，容易大规模集成和大规模生产。采用大规模集成电路后，数字系统远比同样功能的模拟系统体积小、重量轻、可靠性强。

4. 可以存储、传输、处理数字信号

数字信号便于存储、传输，可以进行加密、编码等数字化处理，可实现模拟系统不能实现的功能，如实现信号的线性相位、多采样率处理、级联、易于存储等，还可以进行二维与多维处理。

数字信号处理也有缺点：需要模/数转换；受采样频率的限制，处理信号频率范围有限；数字系统由耗电的有源器件构成，能耗问题是制约其性能提升的瓶颈。

数字信号处理的优点远远超过其缺点，随着大规模集成电路以及数字计算机的飞速发展，加之 20 世纪 60 年代末以来数字信号处理理论与技术的成熟和完善，用数字方法处理信号，即数字信号处理，已逐渐取代模拟信号处理。

随着信息时代、数字世界的到来，数字信号处理已成为一门极其重要的学科和技术领域。

0.3 数字信号处理学科的内容

国际上一般把 1965 年由 Cooley-Turkey 提出的快速傅里叶变换(FFT)的问世，作为数字信号处理这一学科的开端。而它的历史可以追溯到 17—18 世纪，即牛顿和高斯的时代。使用 FFT 算法，数字信号处理以软件形式、通过计算机实现数字滤波，那个时代数字信号处理的特点是通用、灵活、速度慢。

1980 年前后，大规模集成(large-scale integration，LSI)技术高速发展，可用多个集成电

路(integrated circuit，IC)芯片(数字加法器、数字乘法器、延迟器等)硬件实现数字滤波，相对软件形式而言，具有速度快、实时处理的优点。

学习数字信号处理课程需要的基本数学工具有：微积分、概率统计、随机过程、高等代数、数值分析、近代代数、复变函数。而离散时间线性时不变(linear time invariant，LTI)系统理论和离散傅里叶变换(discrete Fourier transform，DFT)是数字信号处理的理论基础。

在学科发展上，数字信号处理又和最优控制、通信理论、故障诊断等紧紧相连，成为人工智能、模式识别、神经网络、数字通信等新兴学科的理论基础。

数字信号处理学科的主要内容如下。

- 信号的采集：包括模拟/数字(A/D)转换技术、数字/模拟(D/A)转换技术、采样定理、量化噪声理论等。
- 离散信号分析：离散时间信号时域及频域分析、离散傅里叶变换(DFT)理论。
- 离散系统分析。
- 信号处理的快速算法：谱分析与快速傅里叶变换(FFT)，快速卷积与相关算法。
- 滤波技术。
- 信号的估计：各种估值理论、相关函数与功率谱估计。
- 信号的压缩：包括语音信号与图像信号的压缩。
- 信号的建模：包括自回归(auto-regressive，AR)模型、滑动平均(moving average，MA)模型、自回归滑动平均(auto-regressive and moving average，ARMA)模型等各种模型。
- 其他特殊算法：同态处理、抽取与内插、信号重建等。
- 数字信号处理的实现。
- 数字信号处理的应用。

0.4 数字信号处理的实现

数字信号处理的主要对象是数字信号，用数值计算的方法对信号进行处理(运算)，通过数字的相加、加权乘和延时对信号波形进行转换。把原输入信号转换成所希望的信号，如滤波、均衡、放大、噪声消除、信号产生、检测、运算、参量提取等。因此，数字信号处理的实现方法不同于模拟信号处理的实现方法。数字信号处理基本上可以分成两大类实现方法，即软件实现方法和硬件实现方法。

软件实现方法：按原理和方法在通用计算机上编程实现。

硬件实现方法：按要求和算法，设计硬件结构图，用数字乘法器、数字加法器、延时器、控制器、存储器、I/O接口等实现。

数字信号处理的实现分别有以下几种方案。

(1) 采用大、中、小型计算机和微机：工作站和微机上各厂家的数字信号处理软件，如各种图像压缩和解压软件。

(2) 用单片机：可根据不同环境配不同单片机，其能达到实时控制，但数据运算量不能太大。

(3) 利用通用 DSP 芯片：DSP 芯片较之单片机有着更为突出的优点，如内部带有乘法器、累加器，采用流水线工作方式及并行结构，多总线带来的高速度，配有适于信号处理的指令(如 FFT 指令)等。美国德州仪器公司(TI)、Analog Devices、Lucent、Motorola、AT&T 等公司以及国内的一些企业都在生产 DSP 芯片。

(4) 利用特殊用途的 DSP 芯片：市场上推出了专门用于实现 FFT、有限脉冲响应(finite impulse response，FIR)数字滤波器、卷积、相关等专用数字芯片。其软件算法已在芯片内部用硬件电路实现，使用者只需给出输入数据，便可在输出端直接得到所需数据。

用通用的可编程的 DSP 芯片实现方案是目前重要的数字信号处理实现方法，它既有硬件实现方法实时的优点，又具有软件实现方法的灵活性优点。

0.5　数字信号处理系统的应用领域

数字信号处理在信息时代所发挥的作用远超过一般人的想象，可以说，没有数字信号处理技术，现代社会的技术发展和给生活带来的便利将大打折扣，甚至无法实现。

数字信号处理大致可分为信号分析和信号滤波。

信号分析涉及信号特性的测量。它通常是一个频域的运算，主要应用于谱(频率和/或相位)分析、语音分析和识别、目标检测等领域。例如，对环境噪声的谱分析，可确定主要频率成分，了解噪声的成因，找出降低噪声的对策；对振动信号的谱分析，可了解振动物体的特性，为设计或故障诊断提供资料和数据；对高保真音乐和电视这样的宽带信号转到频率域后，因信号中绝大多数能量集中在直流和低频部分，就可把信号频谱中的大部分较高频率成分滤去，从而压缩信号频带。

信号滤波就是在形形色色的信号中提取所需要的信号，抑制不需要的信号或干扰信号。例如，消除信息在传输过程中由于信道不理想所引起的失真，滤除不需要的背景噪声，去除干扰，频带分割，信号谱的成形。

数字信号处理广泛地应用于数字通信、雷达、遥感、声呐、语音合成、图像处理、测量与控制、高清晰度电视、多媒体物理学、生物医学、机器人、地球物理、地质勘探、航空航天等领域，并有效地推动了众多工程技术领域的技术进步和学科发展。

综上所述，数字信号处理是一门涉及众多学科，又应用于众多领域的新技术和新兴学科。

第 1 章 离散时间信号和系统

CHAPTER 1

1.1 概述

信号通常是一个自变量或几个自变量的函数。如果仅有一个自变量，则称为一维信号；如果有两个及以上的自变量，则称为多维信号。本书仅研究一维数字信号处理的理论与技术。关于信号的自变量，有多种形式，可以是时间、距离、温度、电压等，不失一般性，本书把信号看作时间的函数。

大多数离散时间信号可通过对连续信号采样得到，但目前随着新型传感器的发展，直接采集数字信号也是可能的，如数码相机中的镜头由电容耦合器件(charge-coupled device, CCD)构成，就直接采集到了数字图像信号。

在本书中主要研究数字信号。数字信号是信号的函数值被量化并用一定比特的编码表示的时域离散信号，如数字序列 $x(n)$ 可表示一个数字信号。

本章作为全书的基础，主要介绍时域离散信号的表示方法和典型信号、线性时不变系统的因果性和稳定性，学习数字系统的输入输出描述法，线性常系数差分方程的解法等；最后介绍模拟信号数字处理方法(采样和重构的问题)。

微课视频

1.2 时域离散信号

1.2.1 模拟信号的采样、序列

对模拟信号 $x_a(t)$，在时刻 $t=nT$ 进行采样，采样间隔为 T，采样输出就是时域离散信号：

$$x(n) \equiv x_a(nT) = x_a(t)\big|_{t=nT}, \quad -\infty < n < \infty \tag{1.2.1}$$

其中，n 是采样信号的顺序号，是整数，无量纲。

$x_a(nT)$ 是一个有序的数字序列：$\cdots, x_a(-T), x_a(0), x_a(T), \cdots$，该数字序列就是时域离散信号。实际数字信号处理中，这些数字序列值按顺序放在存储器中，此时 nT 代表的是前后顺序。为简化，采样时间间隔 T 可以不写，简记为 $x(n)$ 信号，$x(n)$ 亦可简称为序列。

对于具体信号，$x(n)$也代表第 n 个序列值。理想采样情况下，序列的值等于模拟信号 $x_a(t)$ 的采样值，可以有量纲。

时域离散信号随 n 的变化规律可以用公式表示，也可以用图形表示。如果 $x(n)$是通过观测得到的一组离散数据，则其可以用数值集合表示：

$$x(n)=\{\cdots,-0.1,1,4.5,3.4,0.9,\cdots\} \tag{1.2.2}$$

1.2.2　常用典型序列

1. 单位采样脉冲序列 $\boldsymbol{\delta}(\boldsymbol{n})$（单位脉冲序列，时域离散冲激）

单位采样脉冲序列 $\delta(n)$的定义如式(1.2.3)所示，其特点是仅在 $n=0$ 时取值为 1，其他序号处均为 0。图 1.2.1 给出了单位采样脉冲序列的波形示意图。

$$\delta(n)=\begin{cases}1, & n=0\\ 0, & n\neq 0\end{cases} \tag{1.2.3}$$

2. 单位阶跃序列

单位阶跃序列 $u(n)$的定义如式(1.2.4)所示。图 1.2.2 给出了单位阶跃序列的波形示意图。

$$u(n)=\begin{cases}1, & n\geqslant 0\\ 0, & n<0\end{cases} \tag{1.2.4}$$

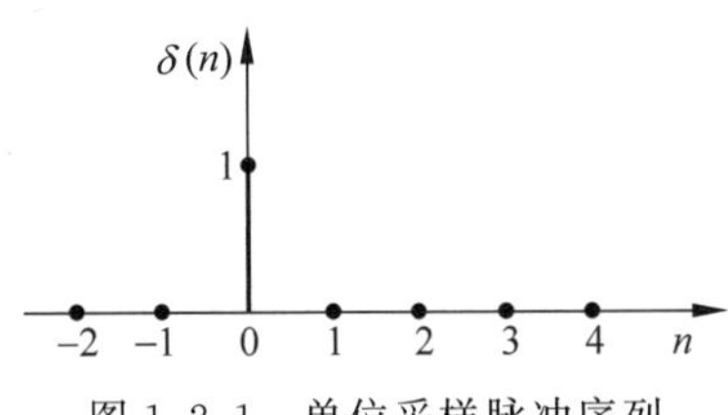

图 1.2.1　单位采样脉冲序列

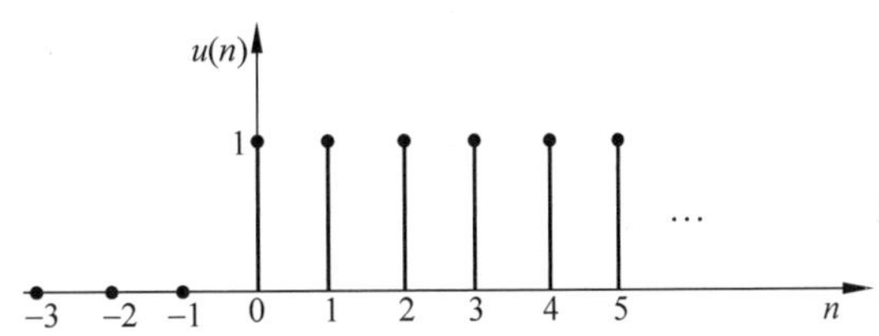

图 1.2.2　单位阶跃序列

3. 单位矩形序列

单位矩形序列 $R_N(n)$的定义如式(1.2.5)所示，其中 N 称为$R_N(n)$的长度。当 $N=4$ 时，$R_4(n)$的波形如图 1.2.3 所示。

$$R_N(n)=\begin{cases}1, & 0\leqslant n\leqslant N-1\\ 0, & n<0,\quad n\geqslant N\end{cases} \tag{1.2.5}$$

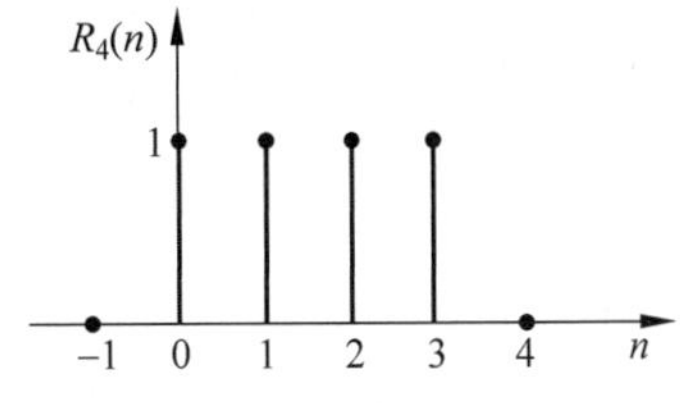

图 1.2.3　单位矩形序列($N=4$)

4. 实指数序列

实指数序列 $x(n)$的定义如式(1.2.6)所示：

$$x(n)=a^n u(n),\quad a \text{ 为实数} \tag{1.2.6}$$

其中，如果$|a|<1$，$x(n)$的幅度随 n 的增大而减小，则称 $x(n)$为收敛序列；如果$|a|>1$，

$x(n)$的幅度随 n 的增大而增大，则称 $x(n)$为发散序列。$a>0$ 时其波形如图 1.2.4 所示。

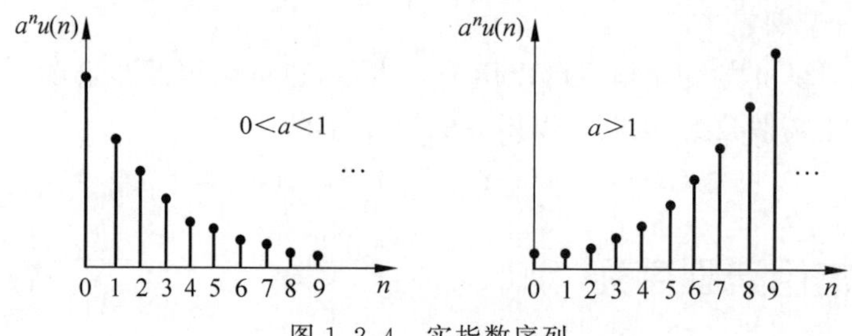

图 1.2.4 实指数序列

5. 正弦序列

正弦序列 $x(n)$的基本形式如式(1.2.7)所示：

$$x(n)=A\sin(n\omega_0+\varphi_0) \tag{1.2.7}$$

其中，A 为振幅；ω_0 称为正弦序列的数字域频率，简称"数字频率"，单位是弧度(rad)，它表示序列变化的速率，或者说表示相邻两个序列值之间变化的弧度数；φ_0 为初始相位。

若连续时间模拟正弦信号的数学模型为 $x_a(t)=\sin\Omega_0 t$，Ω_0是模拟信号的角频率(单位为 rad/s)，当以采样频率 $f_s=1/T$(T 为时域采样时间间隔，单位为 s)进行采样，可得采样序列：

$$x(n)\equiv x(nT)=x_a(t)\mid_{t=nT}=\sin\Omega_0 nT\equiv\sin(n\omega_0) \tag{1.2.8}$$

所以正弦序列的数字域频率 ω_0 和对应的模拟域角频率 Ω_0 有关系式：

$$\omega_0=\Omega_0 T=\frac{\Omega_0}{f_s} \tag{1.2.9}$$

显然，数字频率 ω_0 是模拟域角频率 Ω_0 对采样频率 f_s 取归一化。图 1.2.5 给出了正弦序列 $x(n)=\sin\left(\frac{1}{4}\pi n\right)$的波形。

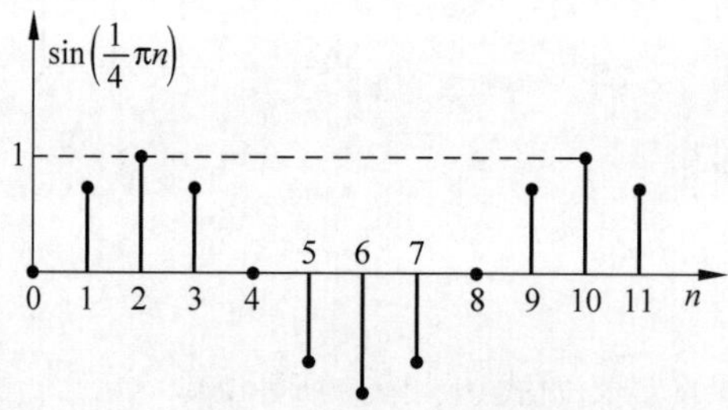

图 1.2.5 正弦序列

6. 复指数序列

复指数序列 $x(n)$的一般形式如式(1.2.10)所示：

$$x(n)=e^{(\sigma+j\omega_0)n} \tag{1.2.10}$$

其中，ω_0 为数字域频率。因为 n 为整数，当 $\sigma=0$ 时，复指数序列存在恒等式：

$$e^{j(\omega_0+2\pi M)n}=e^{j\omega_0 n} \tag{1.2.11}$$

根据式(1.2.11)可知，纯虚复指数序列在"数字频率域"具有以 2π 为周期的周期性。所以对纯虚复指数序列(实部为余弦序列，虚部为正弦序列)以后只研究序列的数字频率 ω_0 在一个周期[0,2π]范围的特性就行。图 1.2.6 给出了 $x(n)=\mathrm{e}^{-\mathrm{j}\frac{\pi}{6}n}$ 前 8 个数据点在复平面上的位置，可理解为复指数序列值的极坐标表示。

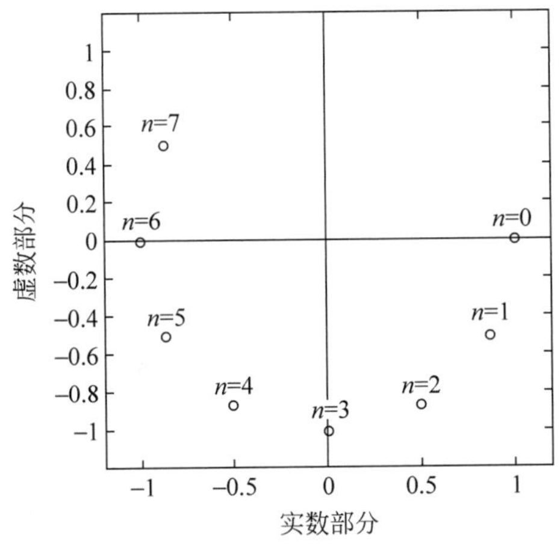

图 1.2.6 $x(n)=\mathrm{e}^{-\mathrm{j}\frac{\pi}{6}n}$ 复指数序列(在复平面上的前 8 个值)

7. 序列的周期性

类似模拟信号，离散时间信号可以是周期序列或非周期序列。

如果对序列 $x(n)$ 的所有整数 n 存在一个最小的正整数 N，使式(1.2.12)成立，则称序列 $x(n)$ 为周期性序列，且周期为 N。这里的周期性是指序列在“时域”的周期性。

$$x(n)=x(n+N),\quad -\infty<n<\infty \tag{1.2.12}$$

众所周知，连续时间域的模拟正弦信号在时域总是周期性的；但是在离散时间域中，(数字信号)正弦序列在时域并不都是周期序列。

1) 正弦序列的周期性

给定一正整数 N 和任意整数 n，考虑正弦序列：

$$\sin[\omega_0(n+N)]=\sin[\omega_0 n+\omega_0 N] \tag{1.2.13}$$

仅当 $|\omega_0|N=2\pi k$，k 为某最小的非零正整数时，式(1.2.13)才有 $\sin[\omega_0(n+N)]=\sin(\omega_0 n)$，该序列是周期性的，且周期 $N=\dfrac{2\pi k}{|\omega_0|}$($N$、$k$ 均为正整数，且互质)。

当整数 N 不存在时，该正弦序列就是非周期性的。

2) 复指数序列的周期性

考虑复指数序列：

$$x(n)=\mathrm{e}^{(\sigma+\mathrm{j}\omega_0)n}=\mathrm{e}^{\sigma n}(\cos\omega_0 n+\mathrm{j}\sin\omega_0 n) \tag{1.2.14}$$

显然，当参数 $\sigma\neq 0$ 时，式(1.2.14)所示复指数序列不是时域周期序列；$\sigma=0$ 时，式(1.2.14)所示复指数序列的周期性判别与正弦序列的周期性判别原则相同。

注意：

(1) 对于式(1.2.13)所示的正弦序列和式(1.2.14)所示的复指数序列，不管序列在时域是否是周期性的，信号表达式中的参数 ω_0 均称为序列的“数字频率”(单位为 rad)。

(2) 如式(1.2.11)所示，正弦序列和纯虚指数序列在“数字频率域”有 2π 的周期性，故不失一般性，研究这两类信号的频域特性只需取 $0\leqslant \omega_0 \leqslant 2\pi$。

1.2.3 序列的运算

数字信号处理中的序列常见运算包括乘法、加减法、移位、翻转、尺度变换、累加及卷积和等。

1. 乘法、加减法

序列之间的乘法、加减法，是指同一序号的序列值对应相乘或相加减，所得的新序列 $w(n)$ 和参与运算的序列间的函数关系如式(1.2.15)、式(1.2.16)所示。图 1.2.7 给出了两个序列加法和乘法运算后的结果。

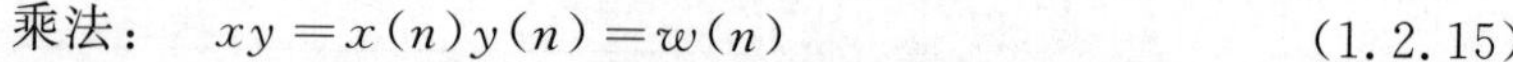

乘法： $xy=x(n)y(n)=w(n)$ (1.2.15)

加减法：$x\pm y=x(n)\pm y(n)=w(n)$ (1.2.16)

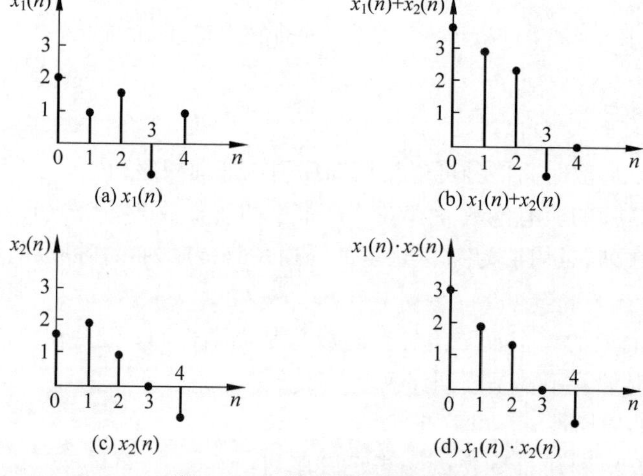

图 1.2.7 序列的加法和乘法

2. 移位、翻转、尺度变换

给定序列 $x(n)$，对其进行移位、翻转、尺度变换运算后得到新的序列记为 $y(n)$。

序列的移位：

$$y(n)=x(n-n_0),\quad n_0\text{ 为整数} \tag{1.2.17}$$

其中，若 $n_0>0$，则表示 $x(n)$ 序列右移 n_0 个采样时间间隔，是 $x(n)$ 的延时序列；若 $n_0<0$，则表示 $x(n)$ 序列左移 $|n_0|$ 个采样时间间隔，是 $x(n)$ 的超前序列。

在序列移位运算意义下，单位采样脉冲序列 $\delta(n)$ 与单位阶跃序列 $u(n)$ 的关系可以表示为

$$\delta(n)=u(n)-u(n-1) \tag{1.2.18}$$

或

$$u(n)=\sum_{k=0}^{\infty}\delta(n-k) \tag{1.2.19}$$

单位矩形序列 $R_N(n)$ 可用单位阶跃序列 $u(n)$ 及其延迟序列或单位采样脉冲序列 $\delta(n)$ 及其延迟序列的线性组合表示：

$$\begin{aligned} R_N(n) &= u(n) - u(n-N) \\ &= \sum_{k=0}^{N-1} \delta(n-k) \end{aligned} \tag{1.2.20}$$

特别地，任意序列 $x(n)$ 可表示成单位采样脉冲序列的移位序列加权和，如式(1.2.21)所示，加权系数是序列各序号点的函数值 $x(m)$。这种任意序列的表示方法，在信号分析中是很有用的。

$$x(n) = \sum_{m=-\infty}^{\infty} x(m)\delta(n-m) \tag{1.2.21}$$

其中，单位采样脉冲序列的移位序列 $\delta(n-m)$ 的取值如下：

$$\delta(n-m) = \begin{cases} 1, & n = m \\ 0, & n \neq m \end{cases} \tag{1.2.22}$$

序列的翻转：给定序列 $x(n)$，其翻转序列 $y(n)$ 定义为

$$y(n) = x(-n) \tag{1.2.23}$$

序列的尺度变换：给定序列 $x(n)$，其尺度变换所得新序列 $y(n)$ 一般可用式(1.2.24a)或式(1.2.24b)表示，其中 m 为正整数。式(1.2.24a)表示尺度压缩变换，式(1.2.24b)表示尺度扩展变换。

$$y(n) = x(mn) \tag{1.2.24a}$$

$$y(n) = \begin{cases} x\left(\dfrac{n}{m}\right), & \dfrac{n}{m}\text{ 为整数} \\ 0, & \dfrac{n}{m}\text{ 不是整数} \end{cases} \tag{1.2.24b}$$

式(1.2.24a)中，$y(n)$ 是对 $x(n)$ 每隔 m 点取一点所得；若 $x(n)$、$y(n)$ 的采样时间间隔均为 T，则 $y(n)$ 与 $x(n)$ 相比，相当于时间轴(尺度)压缩成原来尺度的 $\dfrac{1}{m}$。

式(1.2.24b)中，$y(n)$ 是在 $x(n)$ 的相邻样值序号之间均匀插入 $m-1$ 个序号，且插入序号的序列值为零时所得；若 $x(n)$、$y(n)$ 的采样时间间隔均为 T，则 $y(n)$ 与 $x(n)$ 相比，相当于时间轴(尺度)扩展成原来尺度的 m 倍。

图 1.2.8 给出了序列的移位、翻转和尺度变换运算例子结果示意。

3. 序列的累加

设某序列为 $x(n)$，则 $x(n)$ 的累加序列 $y(n)$ 定义为

$$y(n) = \sum_{k=-\infty}^{n} x(k) \tag{1.2.25}$$

式(1.2.25)表示 $y(n)$ 在某一个顺序号 n_0 处的值 $y(n_0)$ 等于在这一个 n_0 处的 $x(n_0)$ 值与 n_0 以前所有 $k<n_0$ 处的 $x(k)$ 之和。

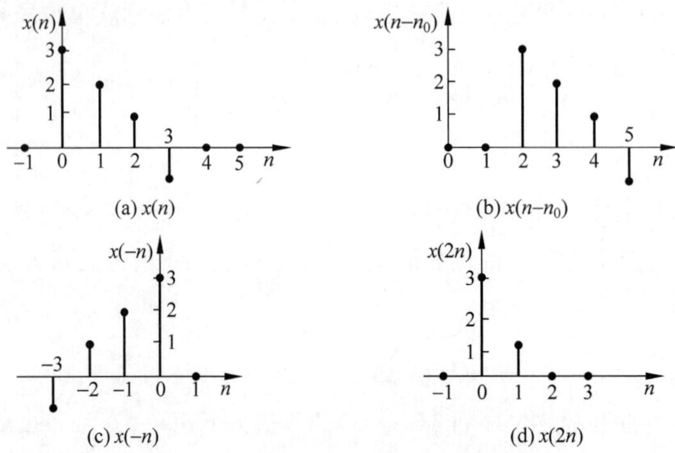

图 1.2.8 序列的移位、翻转和尺度变换

序列 $x(n)$的能量 ε 定义为序列各采样值的平方和：

$$\varepsilon=\sum_{k=-\infty}^{\infty}|x(k)|^2 \tag{1.2.26}$$

4. 卷积和

序列 $x(n)$与 $h(n)$的卷积和 $y(n)$是两个序列的离散卷积结果，为了同以后将学习的序列圆周卷积相区别，离散卷积也称为序列的“线性卷积”“直接卷积”“卷积和”或简称“卷积”，并以“ * ”表示。卷积和运算的定义如式(1.2.27)所示。

$$\begin{aligned}y(n)&=x(n)*h(n)\\&=\sum_{m=-\infty}^{\infty}x(m)h(n-m)\\&=\sum_{m=-\infty}^{\infty}h(m)x(n-m)\\&=h(n)*x(n)\end{aligned} \tag{1.2.27}$$

由卷积和的定义式(1.2.27)可见，卷积和的基本运算是翻转、延时、乘、加，可用计算机软件和专用 DSP 芯片实现。给定序列 $x(n)$、$h(n)$，卷积和的具体算法步骤如下：

(1) 画出 $x(m)$，$h(m)$；将 $h(m)$相对于 $m=0$ 的垂直轴镜像，得 $h(-m)$；

(2) 将 $h(-m)$移位 $n(n=\cdots,-2,-1,0,1,2,\cdots)$个时间间隔，得 $h(n-m)$，$n>0$ 时 $h(-m)$序列右移，$n<0$ 时 $h(-m)$序列左移；

(3) $x(m)$、$h(n-m)$序列对应 m 点的序列值分别相乘；

(4) 将步骤(3)中的各 m 点相乘结果相加得到当前移位 n 时的卷积值 $y(n)$；

(5) 改变移位 n 的数值，重复步骤(2)～(4)，得到完整的序列线性卷积 $y(n)$。

例 1.2.1 借用 MATLAB 程序的参数赋值句法，设信号 $x(n)$的时域序号 $n_x=[-3:3]$，对应的信号值 $x(n_x)=[3,11,7,0,-1,4,2]$；信号 $h(n)$的时域序号 $n_h=[-1:4]$，对应的信号值 $h(n_h)=[2,3,0,-5,2,1]$，试求 $y(n)=x(n)*h(n)$。

解：参考 1.6.3 节关于基于 MATLAB 软件的卷积和编程计算方法，可以编写 MATLAB 程序，完成本例题中的卷积和计算。程序运行结果如下：

$$n_y = -4, -3, -2, -1, 0, 1, 2, 3, 4, 5, 6, 7$$

$$y = 6, 31, 47, 6, -51, -5, 41, 18, -22, -3, 8, 2$$

图 1.2.9 给出了例 1.2.1 线性卷积运算前后的序列波形(图 1.2.9(a))及人工计算过程(图 1.2.9(b))。

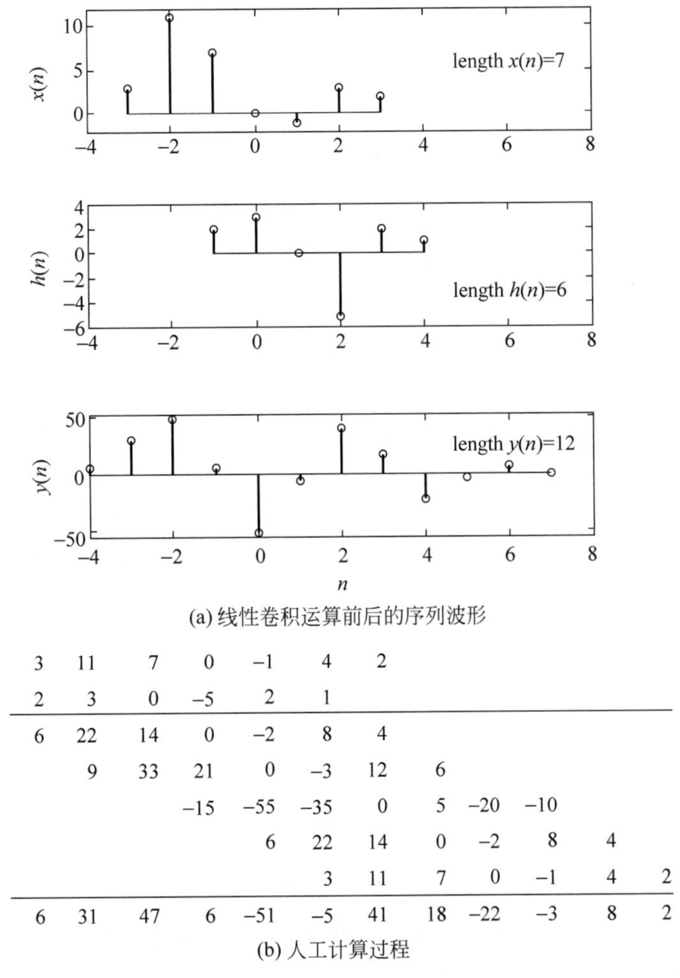

(a) 线性卷积运算前后的序列波形

3	11	7	0	−1	4	2					
2	3	0	−5	2	1						
6	22	14	0	−2	8	4					
	9	33	21	0	−3	12	6				
			−15	−55	−35	0	5	−20	−10		
				6	22	14	0	−2	8	4	
					3	11	7	0	−1	4	2
6	31	47	6	−51	−5	41	18	−22	−3	8	2

(b) 人工计算过程

图 1.2.9　例 1.2.1 线性卷积

讨论：

(1) 观察图 1.2.9 的波形和程序运算结果，线性卷积和序列 $y(n)$ 的时域顺序序号：

$$n_y = -4, -3, -2, -1, 0, 1, 2, 3, 4, 5, 6, 7$$

其中，序号 0 前面的样值起始序号值为 $-4=-3+(-1)$，序号 0 后面的样值数目为 $7=3+4$。

(2) 图 1.2.9(b)所示长乘式给出了便于人工计算卷积和的另一种简单方法。有兴趣的读者可自行证明。

(3) 一般地，设两个有限长序列的长度分别为 N, M，则这两个序列线性卷积后，得到的序列长为 $N+M-1$。

微课视频

1.3 离散时间系统

离散时间系统一般指可把输入序列变换成所需的输出序列的算法或设备，系统的输入输出信号的流程框图如图 1.3.1 所示。在该流程中，输入和输出间的运算关系用 $T[\cdot]$表示：

$x(n)$ → $T[\cdot]$ → $y(n)$

图 1.3.1 离散时间系统

$$y(n)=T[x(n)] \tag{1.3.1}$$

离散时间系统单位采样脉冲响应 $h(n)$是系统对输入为单位采样脉冲序列 $\delta(n)$的零状态响应，记作式(1.3.2)：

$$h(n)=T[\delta(n)] \tag{1.3.2}$$

不同的运算关系(如式(1.3.2)所示)，对应着各种不同的时域离散系统，其中最常用、最重要的是线性时不变(linear time-invariant，LTI)离散时间系统。

1.3.1 线性

给定一个离散时间系统，若其输入是由 N 个信号的加权和组成，其输出是该系统对这 N 个信号中每一个响应的同样加权和组成，则此系统是满足叠加原理的。满足叠加原理是线性系统的重要特征。

如果系统在单独输入任意序列 $x_1(n)$和 $x_2(n)$时的输出分别为 $y_1(n)$和 $y_2(n)$，即

$$y_1(n)=T[x_1(n)],\quad y_2(n)=T[x_2(n)]$$

当且仅当式(1.3.3)成立时，该系统才是**线性的**，即

$$\begin{aligned}T[ax_1(n)+bx_2(n)]&=aT[x_1(n)]+bT[x_2(n)]\\&=ay_1(n)+by_2(n)\end{aligned} \tag{1.3.3}$$

其中，系数 a、b 为任意常数。

图 1.3.2 给出了判断系统是否为线性的示意图，当且仅当图 1.3.2 中两系统的输出相等，即 $y(n)=a_1y_1(n)+a_2y_2(n)$时，信号处理系统 $T[\cdot]$才是线性的。

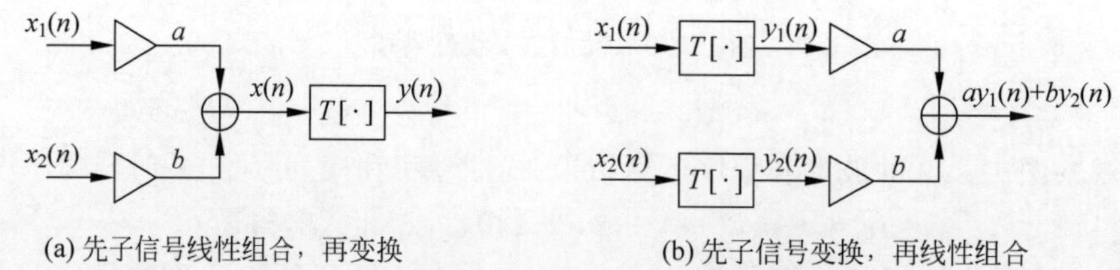

图 1.3.2 判断系统 $T[\cdot]$是否为线性的示意图

例 1.3.1 给定下列系统的输入输出关系，试判断其是否为线性系统。

(1) $y(n)=2x(n)+3$；

(2) $y(n)=x^2(n)$。

解：参考图 1.3.2(a)和图 1.3.2(b)的处理流图，并根据给定的系统输入输出关系进行判断。

（1）先子信号线性组合，再变换：

$$y(n)=2x(n)+3=2[ax_1(n)+bx_2(n)]+3$$

而先子信号变换，再线性组合：

$$\begin{aligned}ay_1(n)+by_2(n)&=a[2x_1(n)+3]+b[2x_2(n)+3]\\&=2[ax_1(n)+b\,x_2(n)]+3(a+b)\\&\neq y(n)\end{aligned}$$

所以，系统 $y(n)=2x(n)+3$ 是非线性的。

（2）类似地，先子信号线性组合，再变换：

$$y(n)=x^2(n)=[ax_1(n)+bx_2(n)]^2$$

而先子信号变换，再线性组合：

$$ay_1(n)+by_2(n)=ax_1^2(n)+bx_2^2(n)\neq y(n)$$

所以 $y(n)=x^2(n)$ 系统是非线性的。

1.3.2　时不变性

若系统对任意输入序列 $x(n)$ 给定时，运算关系 $T[\cdot]$ 在整个运算过程中不随时间（序列顺序号的先后次序）变化，或者说系统对于输入信号的响应与信号加于系统的时间无关，则这种系统称为**时不变系统**。

若 $T[x(n)]=y(n)$，则系统为时不变的充分必要条件为

$$T[x(n-k)]=y(n-k)\tag{1.3.4}$$

式(1.3.4)说明时不变系统输入序列先移位后变换的结果和先变换再移位的结果是一样的。

图 1.3.3 给出了判断系统是否为时不变的示意图，其中符号"z^{-D}"表示输入序列延迟 D 个时间单位。当且仅当图 1.3.3 中两系统的输出相等，即 $y(n-D)=y_D(n)$ 时，信号处理系统 $T[\cdot]$ 才是时不变的。

$x(n)$ → $T[\cdot]$ → $y(n)$ → z^{-D} → $y(n-D)$

(a) 信号先变换，再延迟D单位

$x(n)$ → z^{-D} → $x_D(n)$（$x(n-D)$）→ $T[\cdot]$ → $y_D(n)$

(b) 信号先延迟D单位，再变换

图 1.3.3　判断系统 $T[\cdot]$ 是否为时不变的示意图

例 1.3.2　给定下列系统的输入输出关系，试判断其是否为时不变系统。

（1）$y(n)=nx(n)$；

（2）$y(n)=x(2n)$。

解：参考图 1.3.3(a)和图 1.3.3(b)的处理流图，并根据给定的系统输入输出关系进行判断。

（1）先延迟 D 个单位，再变换：

$$y_D(n)=nx_D(n)=nx(n-D)$$

另一方面，变换后的信号延迟 D 单位：

$$y(n-D)=(n-D)x(n-D)=nx(n-D)-Dx(n-D)\neq y_D(n)$$

所以，系统 $y(n)=nx(n)$ 是时变的。

(2) 类似地,先延迟 D 个单位,再变换:

$$y_D(n)=x_D(2n)$$

因为 $x_D(n)=x(n-D)$,所以 $x_D(2n)=x(2n-D)$,故:

$$y_D(n)=x(2n-D)$$

另一方面,变换后的信号延迟 D 单位:

$$y(n-D)=x(2(n-D))=x(2n-2D)\neq y_D(n)$$

所以,系统 $y(n)=x(2n)$是时变的。

实际工程上,例 1.3.2 中系统 $y(n)=x(2n)$的作用是对输入序列“降采样”,每两个采样值抽取一个;显然,当抽取的起始时间不同时,等效于延迟 D 个单位,抽取的结果是会不同的。

1.3.3 系统输入输出关系

系统单位采样脉冲响应为系统对单位采样脉冲序列 $\delta(n)$的零状态响应:

$$h(n)=T[\delta(n)] \tag{1.3.5}$$

若系统是线性时不变(LTI)离散时间系统,则它对移位单位采样脉冲序列 $\delta(n-m)$的响应,是 $h(n)$移位 m 个时间间隔的结果:

$$T[\delta(n-m)]=h(n-m) \tag{1.3.6}$$

可以认为 $h(n)$完全描述了线性时不变时域离散系统零初始状态下的时域特性。

若已知 LTI 系统的单位采样脉冲响应 $h(n)$,对任意输入序列 $x(n)$,系统的输出等于输入序列和该系统的单位采样脉冲响应的“卷积和”。

若将序列 $x(n)$表示为单位采样脉冲序列 $\delta(n)$及其移位序列的线性组合:

$$x(n)=\sum_{m=-\infty}^{\infty}x(m)\delta(n-m)$$

则根据线性时不变系统对输入响应的定义,考虑系统的线性性,系统输出为

$$\begin{aligned}y(n)=T[x(n)]&=T\left[\sum_{m=-\infty}^{\infty}x(m)\delta(n-m)\right]\\&=\sum_{m=-\infty}^{\infty}x(m)T[\delta(n-m)]=\sum_{m=-\infty}^{\infty}x(m)h(n-m)\\&=x(n)*h(n)\end{aligned} \tag{1.3.7}$$

式(1.3.7)正是两个离散时间信号(序列)的“卷积和”运算的定义。

下面给出线性卷积和运算的基本规律,读者可自行证明。

(1) 交换律:

$$h(n)*x(n)=x(n)*h(n) \tag{1.3.8}$$

(2) 结合律:

$$\begin{aligned}[x(n)*h_1(n)]*h_2(n)&=[x(n)*h_2(n)]*h_1(n)\\&=x(n)*[h_1(n)*h_2(n)]\end{aligned} \tag{1.3.9}$$

式(1.3.9)所示的卷积和结合律表明:若 $h_1(n)$、$h_2(n)$分别是级联(串联)子系统的单位采样脉冲响应,则总系统对输入信号 $x(n)$的变换结果与各级联子系统的级联次序无关。

级联(串联)系统总的单位采样脉冲响应等于各子系统单位采样脉冲响应的线性卷积。信号流图如图 1.3.4(a)所示。

$x(n)$ → $h_1(n)$ → $h_2(n)$ → $y(n)$

$x(n)$ → $h_1(n)*h_2(n)$ → $y(n)$

(a) 级联(串联)系统

(3) 分配律：

$$y(n)=x(n)*[h_1(n)+h_2(n)]$$
$$=x(n)*h_1(n)+x(n)*h_2(n)\quad(1.3.10)$$

式(1.3.10)所示的卷积和分配律表明：若 $h_1(n)$、$h_2(n)$分别是并联子系统的单位采样脉冲响应，则并联系统总的单位采样脉冲响应等于各并联子系统单位采样脉冲响应的代数和。信号流图如图 1.3.4(b)所示。

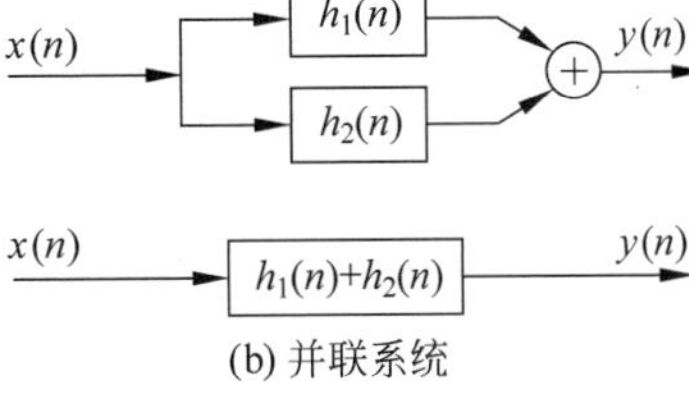

(b) 并联系统

图 1.3.4　卷积的结合律和分配律

注意：

(1) 卷积和基本运算规律中给出的子系统及其串联、并联系统单位采样脉冲响应间的关系，仅对线性时不变系统成立。

(2) 任意序列 $x(n)$用单位采样脉冲序列 $\delta(n)$的移位加权和表示时，就是 $x(n)$、$\delta(n)$的线性卷积定义，如式(1.3.11)和式(1.3.12)所示。说明序列 $x(n)$与单位采样脉冲序列 $\delta(n)$的卷积为序列 $x(n)$本身。也可理解为单位采样脉冲序列对 $x(n)$的“采样”结果。

$$x(n)=\sum_{m=-\infty}^{\infty}x(m)\delta(n-m)=x(n)*\delta(n)\qquad(1.3.11)$$

$$x(n-n_0)=x(n)*\delta(n-n_0)\qquad(1.3.12)$$

1.3.4　系统的因果性和稳定性

1. 因果性

因果(物理可实现)系统仅在加入输入序列后才有输出。一般在连续时间域，如果系统响应在时间上违背了因果性，则系统被称为非因果系统。非因果模拟系统是无法实现的，因此对模拟系统而言，系统的因果性是指系统的可实现性。

离散时间 LTI 系统具有因果性的充分必要条件：系统的单位采样脉冲响应 $h(n)$满足

$$h(n)=0,\quad n<0\qquad(1.3.13)$$

而满足式(1.3.13)的序列 $h(n)$叫因果序列。故因果系统的单位采样脉冲响应必为因果序列。

虽然模拟非因果系统物理上不可实现，但非因果数字系统利用存储器，物理上可用因果系统实现或近似实现，其输出序列波形形式上和理论期望的非因果序列波形相比，只是一个延时关系。非因果系统的延时实现方案如图 1.3.5 所示，图中设因果信号 $x(n)$为非因果系统 $h(n)$的输入，理论上其非因果输出为 $y(n)$；若把非因果系统 $h(n)$通过延迟器变成可实现的因果系统单位采样脉冲响应 $h'(n)$，则因果系统输出 $y'(n)=x(n)*h'(n)$。$y'(n)$波形和 $y(n)$的相比，仅是延迟关系。

2. 稳定性

稳定系统是指若系统输入是有界的信号时，则系统输出信号也一定是有界的。

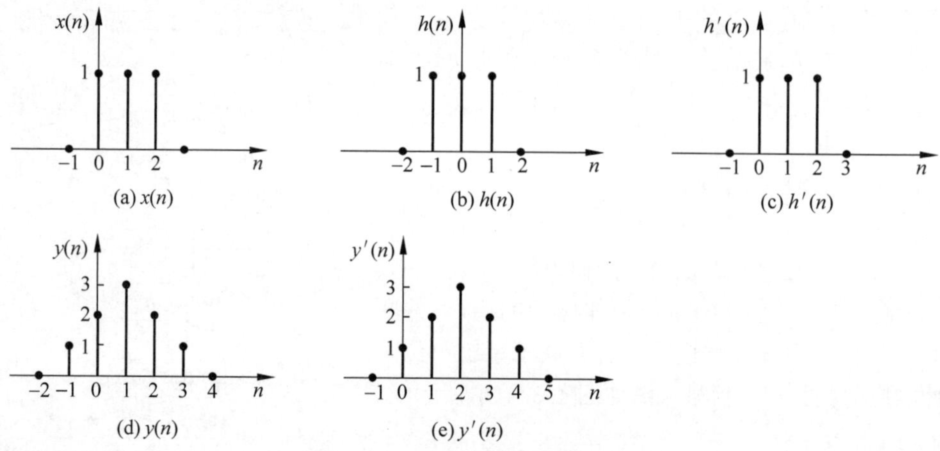

图 1.3.5 非因果系统的延时实现

LTI(线性时不变)系统稳定的充分必要条件是系统的单位采样脉冲响应 $h(n)$ 绝对可和。

$$S=\sum_{k=-\infty}^{\infty}|h(k)|<\infty \tag{1.3.14}$$

3. 稳定的因果系统

LTI 系统因果稳定的充分必要条件是系统的单位采样脉冲响应 $h(n)$ 既是单边的,又是有界的

$$h(k)=0,\quad k<0 \tag{1.3.15}$$

且

$$S=\sum_{k=-\infty}^{\infty}|h(k)|<\infty \tag{1.3.16}$$

因果稳定系统既是物理可实现的,又是稳定工作的,因而这种系统正是绝大多数数字系统设计的目标。

例 1.3.3 设线性时不变系统的单位采样脉冲响应 $h(n)=a^n u(n)$,式中 a 是实常数,试分析该系统的因果稳定性。

解:根据例 1.3.3 已知条件得,当 $n<0$ 时,系统的单位采样脉冲响应 $h(n)=0$,所以系统是因果系统。又因为 $h(n)$ 的绝对值之和为

$$S=\sum_{n=-\infty}^{\infty}|h(n)|=\lim_{N\to\infty}\sum_{n=0}^{N-1}|a|^n=\lim_{N\to\infty}\frac{1-|a|^N}{1-|a|}$$

显然,只有当 $|a|<1$ 时,

$$S=\sum_{n=-\infty}^{\infty}|h(n)|=\frac{1}{1-|a|}$$

是有界的。因此,当 $|a|<1$ 时,系统稳定;当 $|a|\geqslant 1$ 时,系统不稳定。

系统稳定时,$h(n)$ 的模值随 n 的加大而减小,这样的 $h(n)$ 序列可称为收敛序列。如果系统不稳定,$h(n)$ 的模值随 n 的加大而增大,则称 $h(n)$ 为发散序列。

判别 LTI 系统的稳定性时,常要用等比数列求和公式:设有等比数列 $a,aq,aq^2,\cdots$,

aq^N，其和 S 为

$$S=\sum_{k=0}^{N} a q^{k}=a \frac{1-q^{N+1}}{1-q} \tag{1.3.17}$$

1.4 系统的线性常系数差分方程及其求解

1.4.1 系统的线性常系数差分方程

1. LTI 系统时域 I/O 差分方程描述

LTI 系统的输入 $x(n)$、输出 $y(n)$ 序列之间的关系，可用其时域输入输出(I/O)线性常系数差分方程描述：

$$y(n)=\sum_{r=0}^{M} \frac{b_r}{a_0} x(n-r)-\sum_{k=1}^{N} \frac{a_k}{a_0} y(n-k) \tag{1.4.1}$$

其中，系数 $\{b_r, r=0,1,\cdots,M\}$、$\{a_k, k=0,1,\cdots,N\}$ 均为常数；因为这些系数的值决定了该 LTI 系统的数字信号处理特性，故常称其为 LTI 系统的结构参数。

由式(1.4.1)可见，若 LTI 系统的 I/O 差分方程给定，系统某时刻 n 的输出样值 $y(n)$ 可由当时的输入样值 $x(n)$ 和 M 个过去的输入样值，N 个过去的输出样值计算得到。式(1.4.1)等效地也可写成

$$\sum_{k=0}^{N} a_k y(n-k)=\sum_{r=0}^{M} b_r x(n-r) \tag{1.4.2}$$

式(1.4.2)是后面写系统频响时常用的形式。

2. LTI 系统(I/O 差分方程)的阶(次)

LTI 系统时域 I/O 差分方程中输出序列 $y(n)$ 的最高和最低序列号的差值与输入序列 $x(n)$ 的最高和最低序列号的差值中，大的差值称为该差分方程的**阶(次)**。

例如，以式(1.4.2)为例，方程中 $y(n)$ 序列的最高和最低序列号的差值等于 N，$x(n)$ 序列的最高和最低序列号的差值等于 M，则该差分方程的阶次为 $\max\{N,M\}$。差分方程的阶次就定义为对应的 LTI 系统的阶次。例如，给定 LTI 系统时域 I/O 差分方程：

$$y(n)-2y(n-1)+y(n-2)=x(n)+x(n-1)$$

其输出序列 $y(n)$ 的序号差值更大，故该 LTI 系统的阶次为 $n-(n-2)=2$，即二阶。

3. 常系数线性差分方程的一些相关概念

以常系数线性差分方程式(1.4.2)为例，主要有下列基本概念：

(1) 常系数：差分方程中输入 $x(n)$、输出 $y(n)$ 及其各延迟项的系数都是常数。

(2) 线性性：差分方程中输入 $x(n)$、输出 $y(n)$ 及其各延迟信号项都是一次幂的，且无信号样值相互相乘的项。

(3) 齐次性：若将差分方程中输入 $x(n)$、输出 $y(n)$ 及其各延迟信号项都移到方程左边，则方程右边等于 0。

(4) 方程解的唯一性：差分方程只有给定输入信号 $x(n)$ 和必要的附加条件(初始条件、边界条件等)，差分方程的解 $y(n)$ 才是唯一的。

对于因果稳定的 LTI 系统，其时域 I/O 差分方程的初始条件可表述为：如果 $n<n_0$ 时，输入 $x(n)=0$，则 $n<n_0$ 时，$y(n)=0$，n_0 为系统工作的起始时间序号。

1.4.2 线性常系数差分方程的求解

已知 LTI 系统时域 I/O 差分方程，当给定输入信号 $x(n)$ 和系统的初始条件(方程的初始约束条件)，求系统的输出 $y(n)$，可以通过求解线性常系数差分方程实现。一般线性常系数差分方程的求解方法有：

(1) 经典法。形式上分别写出差分方程的齐次解和特解。再用初始条件求形式齐次解和特解中的待定系数。本书不予介绍，有兴趣的读者可参考有关数学教材。

(2) 离散时间域法。在离散时间域解常系数差分方程，主要有两种方法。

① 递推法：写出递推形式的 I/O 差分方程，求方程的数值解(适合计算机求解)。

例如，式(1.4.2)给出的差分方程，不失一般性，设 $N>M$，各常系数均给定，则它表示一个 N 阶数字系统；若已知输入序列和 N 个过去的输出信号值，可直接用递推法，求出其唯一解。

② 卷积和法：根据 I/O 差分方程，先求输入为单位采样脉冲序列 $\delta(n)$ 时方程的解，系统零状态解 $h(n)$；再计算输入 $x(n)$ 时，方程的解 $y(n)=h(n)*x(n)$。

(3) 变换域法。对差分方程两边进行 z 变换(z-transform，ZT)，得到 z 域的代数方程，在 z 域求出方程解的 z 变换 $Y(z)$，根据初始条件逆 ZT 后，得差分方程的时域解 $y(n)$。其特点是：方便研究对应的系统特性。

应用线性常系数差分方程可方便地描述 LTI 数字系统的运算结构。如图 1.4.1 所示一阶数字网络可用线性常系数差分方程表示为

$$y(n)=a_1y(n-1)+b_0x(n) \tag{1.4.3}$$

例 1.4.1 已知离散时间数字系统的 I/O 差分方程 $y(n)=ay(n-1)+x(n)$，其中输入 $x(n)=\delta(n)$，求系统的输出 $y(n)$。

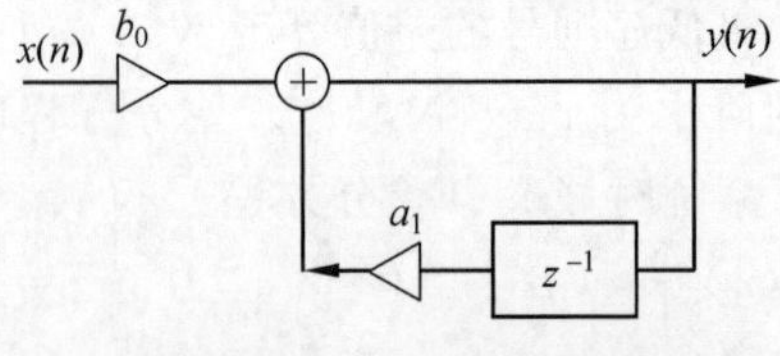

图 1.4.1 一阶数字网络

解：因系统 I/O 差分方程是一阶差分方程，故需要一个初始条件才能求出其唯一解。所给系统的网络结构图如图 1.4.1 所示，参数取 $a_1=a$，$b_0=1$。

注意初始条件不同，系统输出结果就不同。下面在三种初始条件下，分别求解输出。

(1) 设该系统是因果系统，且有零初始条件。这样的因果系统 I/O 差分方程的初始条件一般为 $y(n)=0, n\leqslant -1$。实际只用一个条件 $y(-1)=0$。对因果系统递推求解应向未来输出进行

$$\begin{aligned}
&n=0\text{ 时}, \quad y(0)=ay(-1)+\delta(0)=1\\
&n=1\text{ 时}, \quad y(1)=ay(0)+\delta(1)=a\\
&n=2\text{ 时}, \quad y(2)=ay(1)+\delta(2)=a^2\\
&\vdots
\end{aligned}$$

$$n=m \text{ 时}, \quad y(m)=a^m$$
$$\vdots$$

归纳起来，考虑到系统输入信号为 $\delta(n)$，故 $y(n)=a^n u(n)$ 就是其单位采样脉冲响应。

(2) 设该系统是因果系统，且有非零初始条件。差分方程的非零初始条件实际上是系统的非零初始状态表示。不失一般地，取 I/O 差分方程初始条件 $y(-1)=1$。

类似于(1)的递推解法

$$n=0 \text{ 时}, \quad y(0)=ay(-1)+\delta(0)=a+1$$
$$n=1 \text{ 时}, \quad y(1)=ay(0)+\delta(1)=a(a+1)$$
$$n=2 \text{ 时}, \quad y(2)=ay(1)+\delta(2)=a^2(a+1)$$
$$\vdots$$
$$n=m \text{ 时}, \quad y(m)=a^m(a+1)$$
$$\vdots$$

归纳起来 LTI 系统输出序列为 $y(n)=a^n(a+1)u(n)$，为因果序列，也可写成

$$y(n)=a^n u(n)+a^{n+1}u(n) \tag{1.4.4}$$

式(1.4.4)的 $a^n u(n)$ 部分对应着系统的单位采样脉冲响应(零状态响应)，$a^{n+1}u(n)$ 部分对应着系统非零初始状态对输出的特殊影响。

注意：对因果系统，系统非零初始状态信息将在递推过程中丢失，不能再由递推得到的系统因果响应 $y(n)$ 的表达式，反推 $n=0$ 时刻前的系统初始状态。

(3) 设该系统是非因果系统，且有零初始条件。取初始条件 $y(n)=0, n\geqslant 0$。

针对非因果系统，其差分方程的递推求解应从初始条件推过去的系统输出。因此，给定的系统 I/O 差分方程可改写为

$$y(n-1)=a^{-1}[y(n)-x(n)]$$

则输入 $x(n)=\delta(n)$ 后，非因果系统的递推求解过程如下：

$$n=1 \text{ 时}, \quad y(0)=a^{-1}[y(1)-\delta(1)]=0$$
$$n=0 \text{ 时}, \quad y(-1)=a^{-1}[y(0)-\delta(0)]=-a^{-1}$$
$$n=-1 \text{ 时}, \quad y(-2)=a^{-1}[y(-1)-\delta(-1)]=-a^{-2}$$
$$n=-2 \text{ 时}, \quad y(-3)=a^{-1}y(-2)=-a^{-3}$$
$$\vdots$$

归纳可得

$$y(n-1)=-a^{n-1}u(-n) \tag{1.4.5}$$

将式(1.4.5)中的 $n-1$ 用 n 代替，得

$$y(n)=-a^n u(-n-1) \tag{1.4.6}$$

式(1.4.6)就是 I/O 差分表示的非因果、零初始状态条件下，系统的单位采样脉冲响应。

由例 1.4.1 中给定输入下求线性常系数差分方程描述的系统输出的讨论，离散时间域递推法求解系统时域 I/O 差分方程总结如下：

- 有反馈支路的离散时间域数字系统，同样的 $x(n)$ 激励，初始条件不同，输出则不同；
- 激励在 $n=0$ 时加入，因果系统递推应从 $n=0$，向 $n>0$ 方向递推，求输出 $y(n)$，$n\geqslant 0$；
- 激励在 $n=0$ 时加入，非因果系统递推应从 $n=0$，向 $n<0$ 方向递推，求输出 $y(n)$，

$n \leqslant -1$；

- 系统的因果性，一般由系统的初始条件可以判断；
- 线性常系数差分方程，可描述因果系统或非因果系统；
- 如果系统是因果的，则线性常系数差分方程描述的系统也是 LTI 系统。

微课视频

1.5 模拟信号数字处理方法

1.5.1 模拟信号数字处理方法概述

将连续时间域模拟信号经过采样和量化编码形成数字信号，再采用数字信号处理技术进行处理，这种处理方法称为模拟信号数字处理方法。

1. 采样

采样系统可以看成一个电子开关，它的工作原理可由图 1.5.1(a)说明。设开关每隔周期 T 短暂地闭合一次，将连续信号(见图 1.5.1(b))接通，实现一次采样，且开关每次闭合的时间为 $\tau \ll T$。此采样系统可以用下列的采样模型表示。

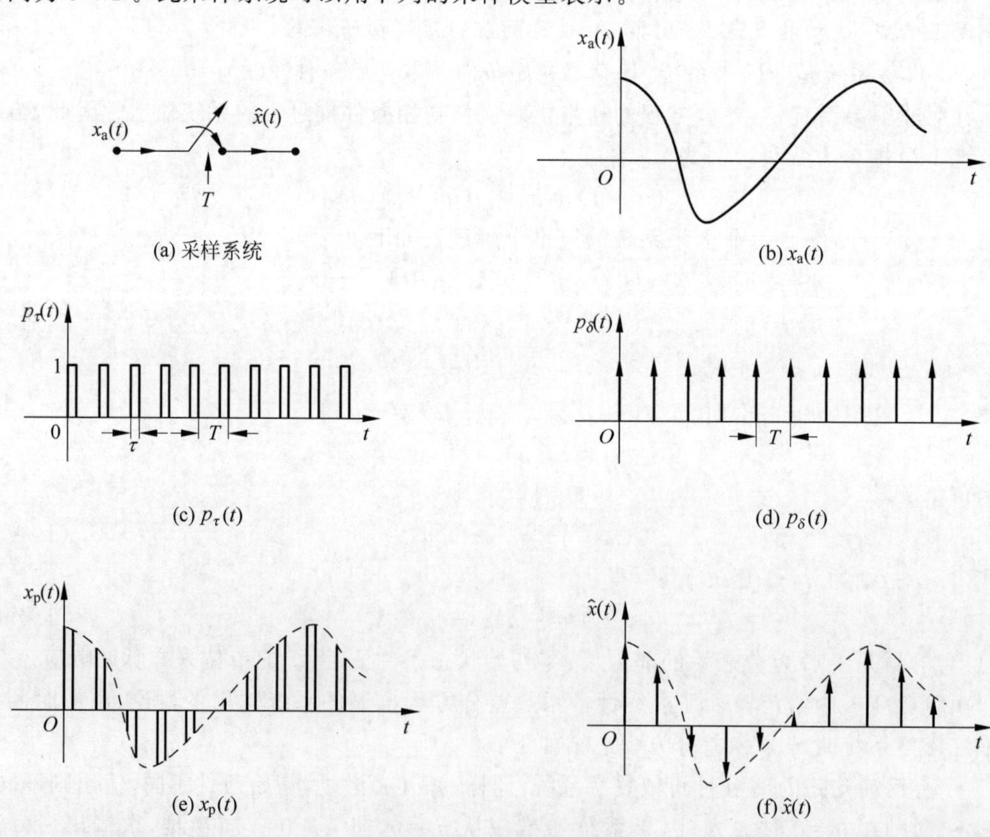

图 1.5.1 模拟信号采样

1）实际采样

设采样脉冲是幅度为 1，脉宽为 τ，周期为 T 的矩形脉冲序列 $p_{\tau}(t)$，采样频率 $f_{s}=\dfrac{1}{T}$，如图 1.5.1(c)所示。

以 $x_{a}(t)$代表采样系统的输入连续信号，如图 1.5.1(b)所示。

以 $x_{p}(t)$表示采样系统的实际采样输出信号，它的波形如图 1.5.1(e)所示。

显然，可以把 $x_{p}(t)$波形看作一个脉冲序列被连续信号 $x_{a}(t)$调幅的过程。调制信号就是输入采样系统的连续信号。因而这个调幅过程可写成

$$x_{p}(t)=x_{a}(t)p_{\tau}(t) \tag{1.5.1}$$

2）理想采样

设采样脉冲为脉宽 τ 为 0，周期为 T，强度为 1 的冲激函数序列 $p_{\delta}(t)$，采样角频率 $\Omega_{s}=2\pi f_{s}=\dfrac{2\pi}{T}$，如图 1.5.1(d)所示。

那么，如图 1.5.1(f)所示的采样系统理想采样信号可用式(1.5.2)的模型表示：

$$\begin{aligned}\hat{x}(t)&=x_{a}(t)\ p_{\delta}(t)\\&=x_{a}(t)\sum_{n=-\infty}^{\infty}\delta(t-nT)\\&=\sum_{n=-\infty}^{\infty}x_{a}(nT)\delta(t-nT)\end{aligned} \tag{1.5.2}$$

2. 模拟信号采样相关术语

(1) 系统采样间隔/采样周期：记为 T，具有时间量纲，单位为秒(s)。

系统采样频率/采样率：记为 $f_{s}=\dfrac{1}{T}$，具有频率的量纲，单位为赫兹(Hz)。$\Omega_{s}=2\pi f_{s}$，是系统采样角频率，单位为 rad/s。

(2) 奈奎斯特采样率：奈奎斯特采样率(Nyquist rate)是关于数字系统的工作参数术语。其定义为给定模拟信号后，采样定理允许的**系统**最小采样频率 f_{s}。设给定模拟信号的最高频率为 $f_{h}=\dfrac{\Omega_{h}}{2\pi}$，则奈奎斯特采样率 $f_{s}=2f_{h}$，其数值大小取决于具体的模拟信号最高频率。其中 Ω_{h} 是给定模拟信号的最大角频率。

(3) 折叠频率(folding frequency)f_{0}，Ω_{0}：折叠频率定义为系统**实际**采样率 f_{s} 的一半：

$$f_{0}=\frac{f_{s}}{2},\quad \Omega_{0}=\frac{\Omega_{s}}{2} \tag{1.5.3}$$

折叠频率的物理意义：指给定数字系统允许通过的信号最高频率，或者说该数字系统可以正常处理的信号最高频率。在理想采样系统输入信号、输出信号的频谱图上，可形象地看作所有大于折叠频率的输入信号频率分量都以折叠频率为对称点被"折叠"回来，与[0，f_{0}]频率范围上的原信号谱叠加，形成最后的采样系统输出信号频谱图。故这种"频谱折叠"效果有时会造成采样信号的频谱相比于原信号频谱出现"混叠"。

注意：

① 折叠频率又称为“奈奎斯特频率”(Nyquist frequency)，其值是系统实际采样频率的一半。

② 在奈奎斯特采样率下，即系统采样频率取 $f_s=2f_h$ 时，折叠频率为 f_h(被采样信号的最高频率)。故有的文献中不区分信号的最高频率和奈奎斯特频率，但读者要把握两者的具体物理含义。

③ 奈奎斯特频率也定义了数字信号处理系统前置抗混叠低通滤波器和后续平滑低通滤波器的最大截止(cutoff)频率。

(4) 奈奎斯特间隔(Nyquist interval)：折叠频率也定义了奈奎斯特间隔频率的端点。设数字系统实际采样率为 f_s 或 Ω_s，奈奎斯特间隔有下列两种常见的定义：

① 单边系统谱，系统的奈奎斯特间隔≡ $\left[0,\frac{\Omega_s}{2}\right]$ 或 $\left[0,\frac{f_s}{2}\right]$；是实际处理信号的频率范围。

② 双边系统谱，系统的奈奎斯特间隔≡ $\left[-\frac{\Omega_s}{2},\frac{\Omega_s}{2}\right]$ 或 $\left[-\frac{f_s}{2},\frac{f_s}{2}\right]$；这个定义方便信号处理的理论分析。

奈奎斯特间隔内的信号频谱，在工程上称为“基带”；对应频率的信号叫“基带信号”。

(5) 量化编码误差：对理想采样得到的模拟采样数据 $\hat{x}(nT)$ 进行量化编码形成数字信号序列 $x(n)$(M-bit binary code)。$\hat{x}(nT)$ 和 $x(n)$ 之间的差就是量化编码误差。量化编码误差产生的影响称为“量化效应”。在本书的理论分析中，忽略了量化编码误差，故可认为模拟信号采样值等于数字信号序列值。

3. 采样定理

1) 采样定理应用的条件

(1) 采样系统输入信号 $x_a(t)$ 必须是带限信号，上限频率记为 Ω_h(单位为 rad/s)。

为满足这个条件，采样前常要用模拟低通滤波器(low-pass filter，LPF)对待采样信号预滤波，该低通预滤波器常称为前置“抗混叠滤波器”。参见图 1.5.2，设低通滤波器的截止频率为 W(单位为 rad/s)，则预滤波后，模拟信号 $x_a(t)$ 的最高频率 $\Omega_h=W$。

(2) 采样系统的采样频率(采样率)记为 Ω_s(单位为 rad/s)，必须满足：$\Omega_s\geqslant 2\Omega_h$。

在奈奎斯特采样率下，$\Omega_s=2\Omega_h$，预滤波器输出信号的双边频谱范围 $[-\Omega_h,\Omega_h]$ 正好是系统的奈奎斯特间隔，故此时预滤波得到了“基带信号”，其频谱如图 1.5.2(c)所示。

2) 采样定理的结论

在满足上述应用条件下，离散时间采样信号 $\hat{x}_a(t)=x(n)$，通过增益为 $T\left(T=\frac{1}{f_s}\right)$、截止频率为 $\frac{\Omega_s}{2}$ 的模拟 LPF，能完全地恢复出原预滤波后的连续时间信号 $x_a(t)$。这个模拟 LPF 有时称为后置“平滑滤波器”。

3) 采样定理相关总结

(1) 前置抗混叠低通滤波器的作用是限定被采样信号的最高频率。

(2) 实际不同应用中的信号最高频率 f_h 及采样频率 f_s 的典型值如表 1.5.1 所示。

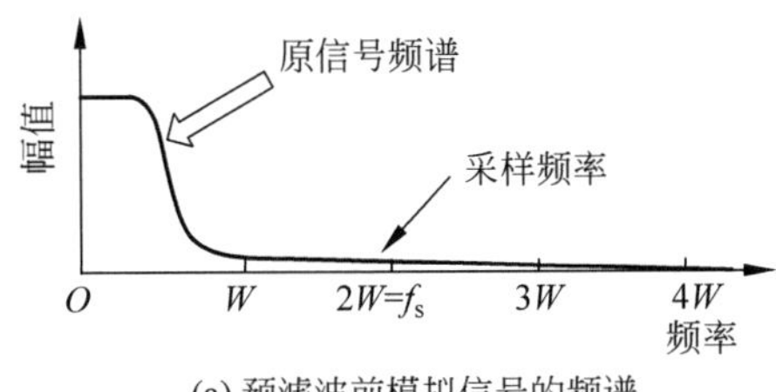

(a) 预滤波前模拟信号的频谱

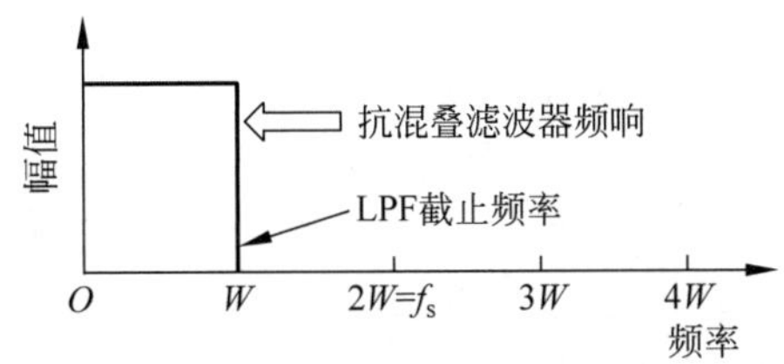

(b) 模拟抗混叠滤波器的形状(幅频特性)

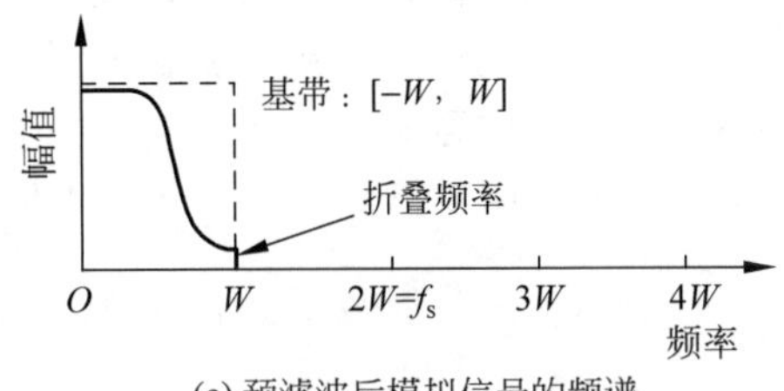

(c) 预滤波后模拟信号的频谱

图 1.5.2　抗混叠滤波器输入输出信号的频谱图

表 1.5.1　不同应用中的 f_h，f_s

频率参数	应用			
	机械	语音(speech)	音频(audio)	视频(video)
f_h	2kHz	4kHz	20kHz	4MHz
f_s	4kHz	8kHz	40kHz	8MHz

(3) 采样信号的频谱 $\hat{X}_a(\mathrm{j}\Omega)$。

理想采样信号的频谱：

设连续时间信号 $x_a(t)$的频谱为 $X_a(\mathrm{j}\Omega)$，对其以等时间间隔 T 理想采样，得采样信号 $\hat{x}_a(t)$。因为时域信号的频谱函数可通过对时域信号进行傅里叶变换得到，故理想采样信号模型式(1.5.2)中各信号的频谱可表示为

$$X_a(\mathrm{j}\Omega)=\mathrm{FT}[x_a(t)]=\int_{-\infty}^{\infty}x_a(t)\mathrm{e}^{-\mathrm{j}\Omega t}\mathrm{d}t \tag{1.5.4}$$

$$\begin{aligned}P_\delta(\mathrm{j}\Omega)&=\mathrm{FT}[p_\delta(t)]\\&=\frac{2\pi}{T}\sum_{k=-\infty}^{\infty}\delta(\Omega-k\Omega_s),\quad \Omega_s=\frac{2\pi}{T}\end{aligned} \tag{1.5.5}$$

$$\hat{X}_a(\mathrm{j}\Omega)=\mathrm{FT}[\hat{x}_a(t)]=\int_{-\infty}^{\infty}\hat{x}_a(t)\mathrm{e}^{-\mathrm{j}\Omega t}\mathrm{d}t \tag{1.5.6}$$

根据傅里叶变换(Fourier transform，FT)的性质，两信号在时域相乘的傅里叶变换等于两

个信号分别的傅里叶变换的频域卷积，式(1.5.6)可等效写成式(1.5.7)，式(1.5.7)表明频谱$\hat{X}_a(j\Omega)$相对原信号频谱$X_a(j\Omega)$，幅度有$\frac{1}{T}$加权值。

$$\hat{X}_a(j\Omega)=\frac{1}{2\pi}X_a(j\Omega)*P_\delta(j\Omega)$$
$$=\frac{1}{T}\sum_{k=-\infty}^{\infty}X_a(j\Omega-jk\Omega_s)\qquad(1.5.7)$$

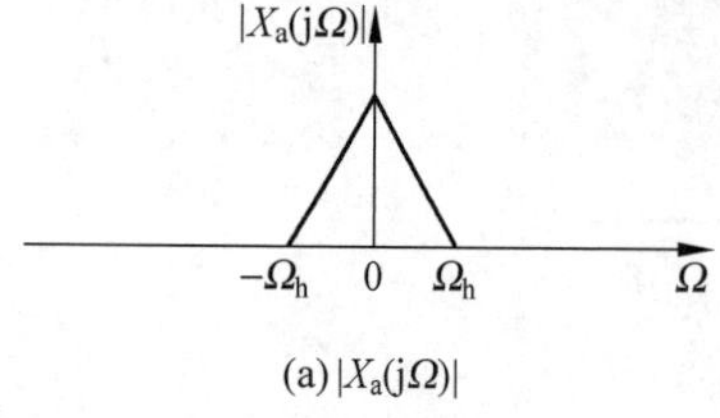

(a) $|X_a(j\Omega)|$

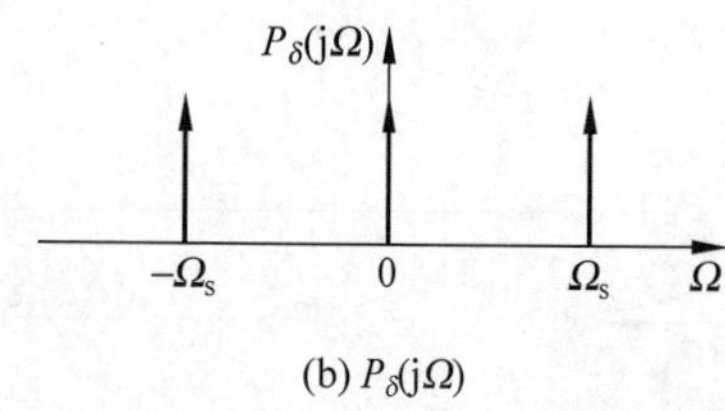

(b) $P_\delta(j\Omega)$

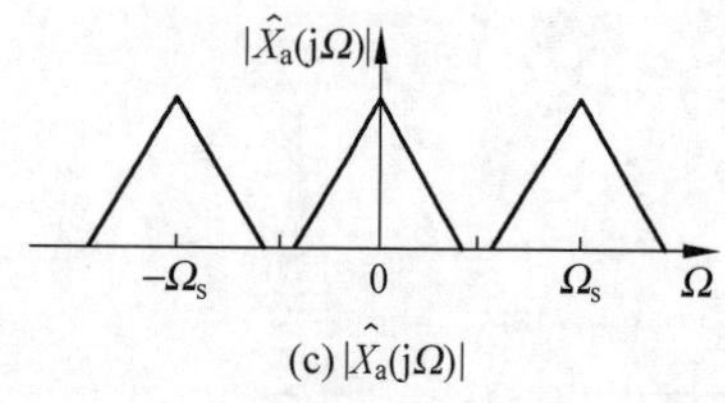

(c) $|\hat{X}_a(j\Omega)|$

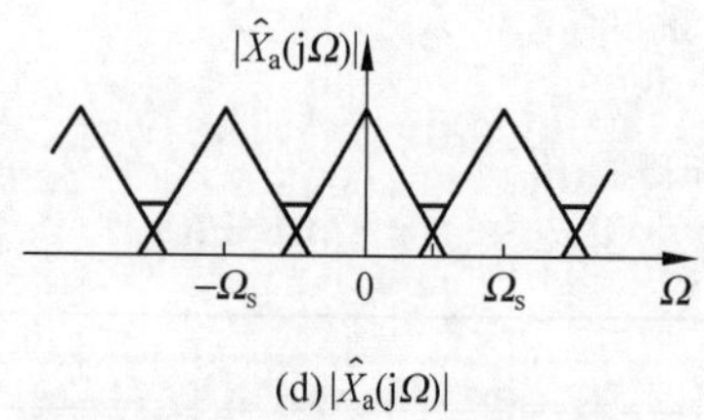

(d) $|\hat{X}_a(j\Omega)|$

图 1.5.3 理想采样信号的幅度谱

图 1.5.3 给出了式(1.5.4)～式(1.5.6)所示的各信号的幅度谱。由图 1.5.3 可见，$\hat{x}_a(t)$的幅度谱$|\hat{X}_a(j\Omega)|$是$|X_a(j\Omega)|$以采样频率Ω_s为周期进行周期延拓的结果，如图 1.5.3(c)所示；当采样频率小于模拟信号最高频率的 2 倍时，原模拟信号的幅度谱$|X_a(j\Omega)|$在频域以Ω_s为周期进行周期延拓时，所得$|\hat{X}_a(j\Omega)|$会出现"频谱混叠"失真，如图 1.5.3(d)所示。

其他推导形式(思路)也能得到理想采样信号的频谱。

推导形式 1：

因采样脉冲$p_\delta(t)$是周期为T的周期函数，可表示为傅里叶级数形式：$p_\delta(t)=\sum_{k=-\infty}^{\infty}\frac{1}{T}e^{jk\frac{2\pi}{T}t}$，$p_\delta(t)$的频率分量是基波$f_s=\frac{1}{T}$及其无穷多个谐波$kf_s$。故式(1.5.2)可具体为

$$\hat{x}_a(t)=x_a(t)\sum_{k=-\infty}^{\infty}\frac{1}{T}e^{jk\frac{2\pi}{T}t}$$
$$=\frac{1}{T}\sum_{k=-\infty}^{\infty}x_a(t)e^{jk\frac{2\pi}{T}t}\qquad(1.5.8)$$

利用 FT 的频移(调制)特性：时域信号$x_a(t)$乘 e 指数函数项，则信号频谱$X_a(j\Omega)$偏移相应的角频率。故对式(1.5.8)所示$\hat{x}_a(t)$求 FT，得其频谱为

$$\hat{X}_a(j\Omega)=\frac{1}{T}\sum_{k=-\infty}^{\infty}X_a[j(\Omega-k\Omega_s)],\quad \Omega_s=2\pi f_s=\frac{2\pi}{T}\qquad(1.5.9)$$

式(1.5.9)与式(1.5.7)形式一致。

推导形式 2：

① 对式(1.5.2)所示的理想采样信号模型按 FT 的定义直接运算，结果正是在第 2 章将介绍的离散时间傅里叶变换定义形式。具体过程如下。

给定理想采样信号：

$$\hat{x}_a(t)=x_a(t)p_\delta(t)=x_a(t)\sum_{n=-\infty}^{\infty}\delta(t-nT)=\sum_{n=-\infty}^{\infty}x_a(nT)\delta(t-nT)$$

根据 FT 的定义，$\hat{x}_a(t)$的频谱为

$$\hat{X}_a(j\Omega)=\int_{-\infty}^{\infty}\sum_{n=-\infty}^{\infty}x_a(nT)\delta(t-nT)e^{-j\Omega t}dt$$

$$=\sum_{n=-\infty}^{\infty}x_a(nT)\int_{-\infty}^{\infty}\delta(t-nT)\mathrm{e}^{-\mathrm{j}\Omega t}\,\mathrm{d}t$$

故

$$\hat{X}_a(\mathrm{j}\Omega)=\sum_{n=-\infty}^{\infty}x_a(nT)\mathrm{e}^{-\mathrm{j}\Omega nT} \tag{1.5.10}$$

式(1.5.10)为离散时间序列 $x_a(nT)$ 的傅里叶变换，又称为“离散时间傅里叶变换”(discrete-time Fourier transform，DTFT)。由于模拟角频率 Ω 是实数，再考虑到式(1.5.9)的形式，可知时域离散信号的频域谱函数是连续的周期谱。

② 理想采样信号的频谱有如下主要特征：

- 由式(1.5.10)可见，采样信号的频谱可由采样点的值计算。
- 由式(1.5.7)可知，采样信号的频谱 $\hat{X}_a(\mathrm{j}\Omega)$ 是周期函数，周期为 $\Omega_s=\dfrac{2\pi}{T}$。
- 式(1.5.10)可看成是频域周期函数 $\hat{X}_a(\mathrm{j}\Omega)$ 的傅里叶级数展开表示，展开系数 $x_a(nT)$ 可由逆 DTFT 求出。式(1.5.11)也是逆 DTFT 的一种定义式：

$$x_a(nT)=\frac{1}{\Omega_s}\int_{-\Omega_s/2}^{\Omega_s/2}\hat{X}_a(\mathrm{j}\Omega)\mathrm{e}^{\mathrm{j}\Omega nT}\,\mathrm{d}\Omega \tag{1.5.11}$$

- 如用计算机计算采样信号频谱，得到的将是其近似谱。有两方面的近似：一是只取有限个时间采样点——时间窗效应，式(1.5.10)近似为

$$\hat{X}_a(\mathrm{j}\Omega)\approx\sum_{n=0}^{L-1}x_a(nT)\mathrm{e}^{-\mathrm{j}\Omega nT} \tag{1.5.12}$$

二是只能计算有限个频率点处的谱值。但却可以形成各种高效的 FT 算法，如 FFT 等。

③ 混叠效应。

采样定理的应用条件不满足时，如采样频率 $f_s<2f_h$，则最高频率为 f_h 的有限带宽的连续信号的频谱 $X_a(\mathrm{j}\Omega)$ 将在周期延拓过程中，各次调制频谱会部分重叠。如图 1.5.3(d)所示，采样信号的频谱，相对原有限带宽信号的频谱来讲，在折叠频率附近是失真的。

在采样频率 f_s 给定的条件下，为了减少混叠效应，可根据不同应用，设计模拟(抗混叠)前置 LPF 的截止频率 $W\left(\text{一般可取}\dfrac{\Omega_s}{2}\right)$，保证采样系统输入信号是足够带限的，从而满足采样定理应用的两个条件。

实际采样信号的频谱：

将图 1.5.1(c)所示的实际脉宽 τ 非零、周期为 T、幅度为 1 的采样脉冲序列 $p_\tau(t)$ 展开成傅里叶级数：

$$p_\tau(t)=\sum_{k=-\infty}^{\infty}C_k\mathrm{e}^{\mathrm{j}k\Omega_s t} \tag{1.5.13}$$

其中，$\Omega_s=\dfrac{2\pi}{T}$；傅里叶级数的系数 C_k 可按式(1.5.14) 计算，

$$C_k=\frac{1}{T}\int_0^T p_\tau(t)\mathrm{e}^{-\mathrm{j}k\Omega_s t}\,\mathrm{d}t$$

$$=\frac{1}{T}\int_0^\tau \mathrm{e}^{-\mathrm{j}k\Omega_s t}\,\mathrm{d}t=\frac{1}{T}\mathrm{e}^{-\mathrm{j}\frac{k\Omega_s\tau}{2}}\frac{\sin\left(\dfrac{k\Omega_s\tau}{2}\right)}{\dfrac{k\Omega_s}{2}}$$

$$=\frac{\tau}{T}\mathrm{e}^{-\mathrm{j}\frac{k\Omega_s\tau}{2}}\frac{\sin\left(\frac{k\Omega_s\tau}{2}\right)}{\frac{k\Omega_s\tau}{2}}$$

$$\equiv\frac{\tau}{T}\mathrm{e}^{-\mathrm{j}\frac{k\Omega_s\tau}{2}}\mathrm{Sa}\left(\frac{k\Omega_s\tau}{2}\right) \tag{1.5.14}$$

考虑到时域函数 $\mathrm{e}^{\mathrm{j}k\Omega_s t}$ 的傅里叶变换为

$$\mathrm{FT}[\mathrm{e}^{\mathrm{j}k\Omega_s t}]=2\pi\delta(\Omega-k\Omega_s)$$

对式(1.5.13)两边求傅里叶变换，得 $p_\tau(t)$ 的频谱：

$$P_\tau(\mathrm{j}\Omega)=2\pi\sum_{k=-\infty}^{\infty}C_k\delta(\Omega-k\Omega_s) \tag{1.5.15}$$

其中，C_k 用式(1.5.14)代入，整理得

$$P_\tau(\mathrm{j}\Omega)=2\pi\frac{\tau}{T}\sum_{k=-\infty}^{\infty}\mathrm{e}^{-\mathrm{j}\frac{k\Omega_s\tau}{2}}\mathrm{Sa}\left(\frac{k\Omega_s\tau}{2}\right)\cdot\delta(\Omega-k\Omega_s)$$

$$=\Omega_s\tau\sum_{k=-\infty}^{\infty}\mathrm{e}^{-\mathrm{j}\frac{k\Omega_s\tau}{2}}\mathrm{Sa}\left(\frac{k\Omega_s\tau}{2}\right)\cdot\delta(\Omega-k\Omega_s),\quad \Omega_s=\frac{2\pi}{T} \tag{1.5.16}$$

对比式(1.5.5)所示 $p_\delta(t)$ 的频谱 $P_\delta(\mathrm{j}\Omega)$，当式(1.5.16)所示频谱 $P_\tau(\mathrm{j}\Omega)$ 与带限连续信号的频谱 $X_a(\mathrm{j}\Omega)$ 在频域卷积时，各周期延拓的频谱(对应不同的 k 值)，幅度包络将按 $\left|\frac{\sin(k\pi\tau/T)}{k\pi\tau/T}\right|$ 的规律随频率升高(k 增大)而下降，如图 1.5.4 所示。

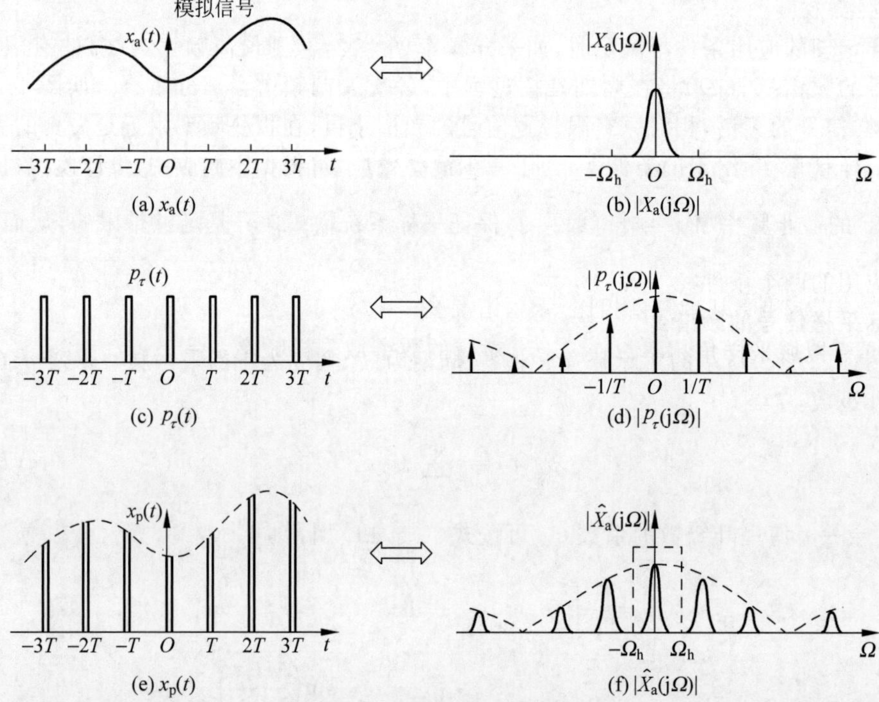

图 1.5.4 实际采样信号的频谱

例 1.5.1 研究理想采样时，采样频率选择与混叠效应。给定连续时间信号 $x_a(t)=e^{-1000|t|}$，设以采样频率 f_s 对 $x_a(t)$ 进行理想采样，得理想采样序列。试：

(1) 估计 $x_a(t)$ 的上限频率；

(2) $f_s=5000\text{Hz}$，得采样序列 $x_1(n)$；画出其频谱 $X_1(e^{j\omega})$；

(3) $f_s=1000\text{Hz}$，得采样序列 $x_2(n)$；画出其频谱 $X_2(e^{j\omega})$。

解：

(1) 首先计算 $x_a(t)$ 的频谱。可基于 MATLAB 软件，编程近似计算 $x_a(t)$ 的连续时间傅里叶变换(CTFT)，结果如图 1.5.5 所示。由图 1.5.5 可见，$x_a(t)$ 的主要能量(99%以上)集中在 0～2kHz 的频谱范围内，故 $x_a(t)$ 的上限频率估计 $f_h\approx 2\text{kHz}$。

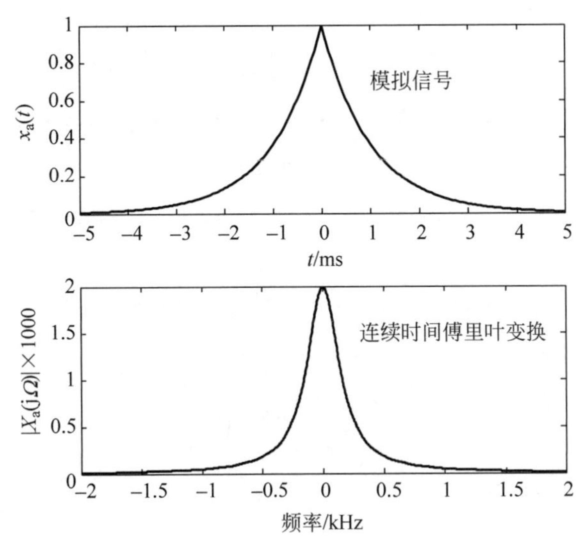

图 1.5.5 连续信号的上限频谱估计

(2) 模拟域采样角频率 $\Omega_s=2\pi f_s$，对应的数字域采样频率 $\omega_s=\Omega_s/f_s=2\pi$。对采样序列 $x_1(n)$ 计算 DTFT，其幅度频谱 $|X_1(e^{j\omega})|$ 如图 1.5.6 所示，可见是以 $f_s=5\text{kHz}$ 为周期的连续周期谱。正是 $x_a(t)$ 的频谱以 f_s 为周期进行频谱延拓的结果，由于采样频率 $f_s>2f_h$，因此 $|X_1(e^{j\omega})|$ 和原基带频谱相比，无频谱混叠。

(3) 模拟域采样角频率 $\Omega_s=2\pi f_s$，对应的数字域采样频率 $\omega_s=\Omega_s/f_s=2\pi$。对采样序列 $x_2(n)$ 计算 DTFT，其幅度频谱 $|X_2(e^{j\omega})|$ 如图 1.5.7 所示，可见是以 $f_s=1\text{kHz}$ 为周期的连续周期谱，也是 $x_a(t)$ 的频谱以 f_s 为周期进行频谱延拓的结果，但由于采样频率 $f_s<2f_h$，因此 $|X_2(e^{j\omega})|$ 和原基带频谱相比，在基带频谱边缘，折叠频率 $f_s/2=0.5\text{kHz}$ 附近出现了频谱混叠。

1.5.2 数字信号转换成模拟信号

在许多应用场合，需要将数字信号转换为模拟信号，这个数字/模拟转换(DAC)的典型流程如图 1.5.8 所示。

下面给出理想采样信号 $x_a(nT)$ 转换成模拟信号的过程中的信号频域、时域分析。

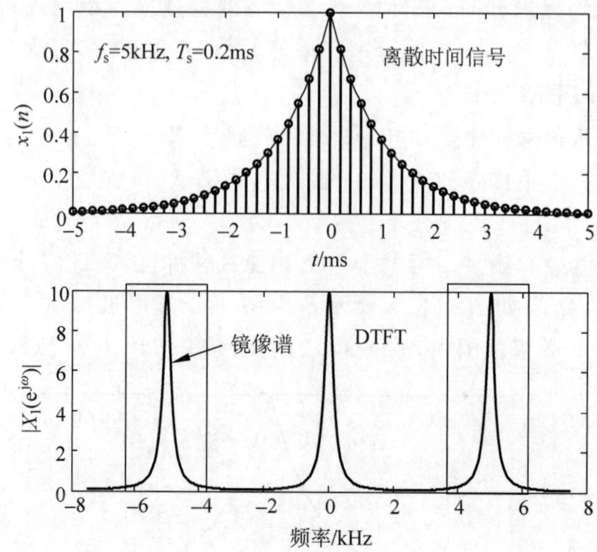

图 1.5.6　带限信号采样的时域、频域波形，序列频谱无混叠

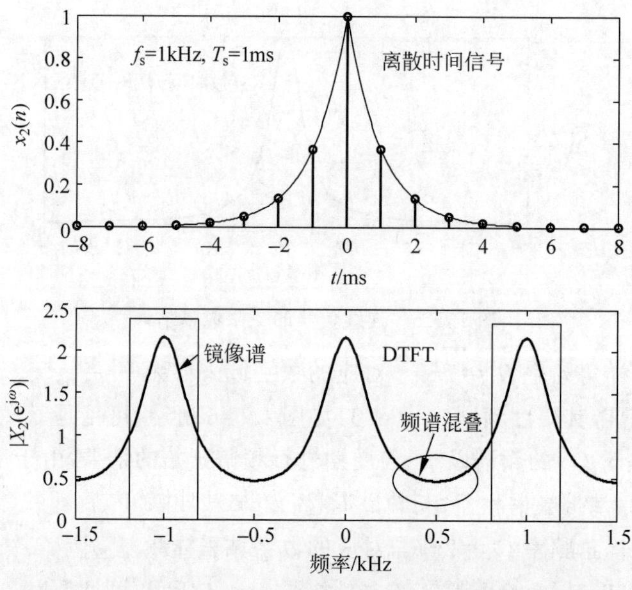

图 1.5.7　带限信号采样的时域、频域波形，序列频谱有混叠

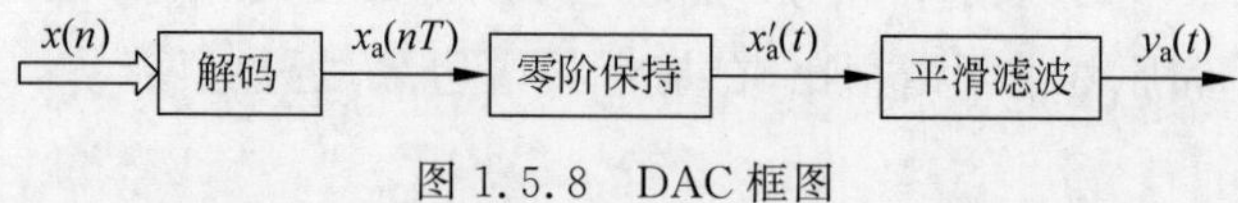

图 1.5.8　DAC 框图

1. 频域分析

图 1.5.9(a)中，设频响为 $G(j\Omega)$ 的模拟低通滤波器的输入是理想采样信号 $\hat{x}_a(t)=x_a(nT)$，$\hat{x}_a(t)$ 的频谱函数幅度谱如图 1.5.9(b)所示，其表达式参见式(1.5.10)：

$$\hat{X}_a(j\Omega)=\sum_{n=-\infty}^{\infty}x_a(nT)e^{-j\Omega nT}$$

图 1.5.9(c)表示幅频响应为$|G(j\Omega)|$的模拟低通滤波器是一个截止频率为“折叠频率”$\frac{\Omega_s}{2}=\frac{\pi}{T}$(rad/s)、通带增益为 T 的理想 LPF。如果理想采样满足奈奎斯特定理,则采样信号经过此理想 LPF 后,输出信号 $y_a(t)$只包含“基带频谱”,$y_a(t)$的幅度谱如图 1.5.9(d)所示,正是原模拟带限信号 $x_a(t)$的幅度谱。$y_a(t)$的幅度谱表达式可写为

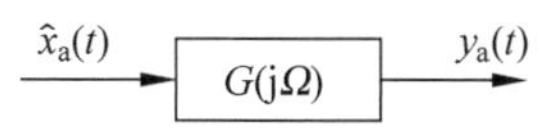

(a) 模拟低通滤波器$G(j\Omega)$

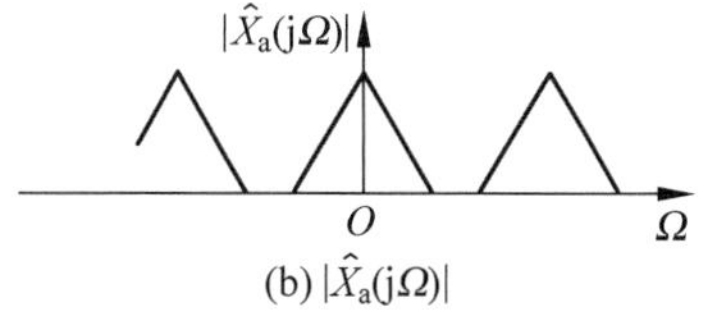

(b) $|\hat{X}_a(j\Omega)|$

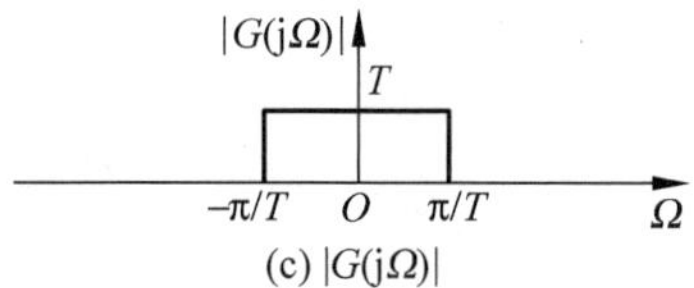

(c) $|G(j\Omega)|$

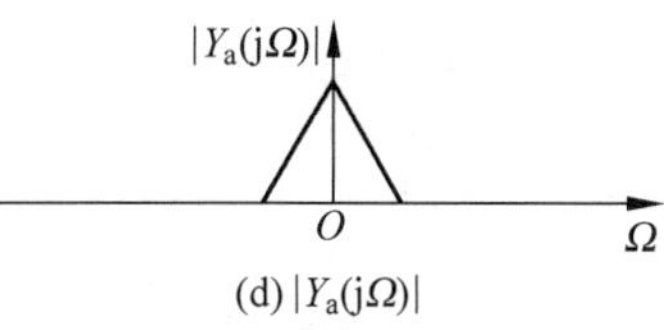

(d) $|Y_a(j\Omega)|$

图 1.5.9 由理想采样信号恢复连续时间信号

$$\begin{aligned}Y_a(j\Omega)&=\hat{X}_a(j\Omega)G(j\Omega)\\&=T\cdot\sum_{n=-\infty}^{\infty}x_a(nT)e^{-j\Omega nT},\quad |\Omega|<\frac{\Omega_s}{2}=\frac{\pi}{T}\end{aligned}\tag{1.5.17}$$

类似于式(1.5.11)给出的逆 DTFT 的定义,对式(1.5.17)所示幅度谱进行逆 FT,可得频响为 $G(j\Omega)$的模拟 LPF 输出信号的时域函数 $y_a(t)$,推导如下:

$$\begin{aligned}y_a(t)&=\frac{1}{2\pi}\int_{-\infty}^{\infty}Y_a(j\Omega)e^{j\Omega t}d\Omega\\&=\int_{-\Omega_s/2}^{\Omega_s/2}\frac{T}{2\pi}\sum_{n=-\infty}^{\infty}x_a(nT)e^{-j\Omega nT}\ e^{j\Omega t}d\Omega\\&=\frac{T}{2\pi}\sum_{n=-\infty}^{\infty}x_a(nT)\int_{-\Omega_s/2}^{\Omega_s/2}e^{j\Omega(t-nT)}d\Omega\\&=\frac{T}{2\pi}\sum_{n=-\infty}^{\infty}x_a(nT)\frac{e^{j(t-nT)\Omega_s/2}-e^{-j(t-nT)\Omega_s/2}}{j(t-nT)},\quad \Omega_s=\frac{2\pi}{T}\end{aligned}$$

$$y_a(t)=\sum_{n=-\infty}^{\infty}x_a(nT)\frac{\sin[\pi(t-nT)/T]}{\pi(t-nT)/T}\equiv x_a(t)\tag{1.5.18}$$

其中,$\frac{\sin[\pi(t-nT)/T]}{\pi(t-nT)/T}=\mathrm{Sa}[\pi(t-nT)/T]$称为理想时域“内插函数”,实际上是频响为 $G(j\Omega)$的理想低通滤波器的单位冲激响应 $g(t)$的延迟信号 $g(t-nT)$。

2. 时域分析

图 1.5.9(c)所示为通带增益为 T 的理想 LPF 的矩形频谱,其逆 FT 即为该 LPF 的单位冲激响应 $g(t)$,如式(1.5.19)所示:

$$\begin{aligned}g(t)&=\frac{1}{2\pi}\int_{-\infty}^{\infty}G(j\Omega)e^{j\Omega t}d\Omega=\frac{T}{2\pi}\int_{-\Omega_s/2}^{\Omega_s/2}e^{j\Omega t}d\Omega\\&=\frac{\sin(\Omega_s t/2)}{\Omega_s t/2}=\frac{\sin(\pi t/T)}{\pi t/T}\end{aligned}\tag{1.5.19}$$

所以该理想低通滤波器的输出 $y_a(t)$直接从时域分析应为 LPF 的输入信号 $\hat{x}_a(t)$和 $g(t)$的卷积运算:

$$
\begin{aligned}
y_{\mathrm{a}}(t) &= \int_{-\infty}^{\infty} \hat{x}_{\mathrm{a}}(\tau) g(t-\tau) \mathrm{d}\tau \\
&= \int_{-\infty}^{\infty} \left[\sum_{n=-\infty}^{\infty} x_{\mathrm{a}}(\tau) \delta(\tau - nT) \right] g(t-\tau) \mathrm{d}\tau \\
&= \sum_{n=-\infty}^{\infty} \int_{-\infty}^{\infty} x_{\mathrm{a}}(\tau) g(t-\tau) \delta(\tau - nT) \mathrm{d}\tau \\
&= \sum_{n=-\infty}^{\infty} x_{\mathrm{a}}(nT) g(t-nT) \\
&\equiv x_{\mathrm{a}}(t)
\end{aligned}
\tag{1.5.20}
$$

其中,理想时域内插函数 $g(t-nT)$ 的波形如图 1.5.10 所示,其作用是在采样点 $x_{\mathrm{a}}(nT)$ 之间内插相应的数值,插值的结果恰好是原连续时间带限信号 $x_{\mathrm{a}}(t)$。

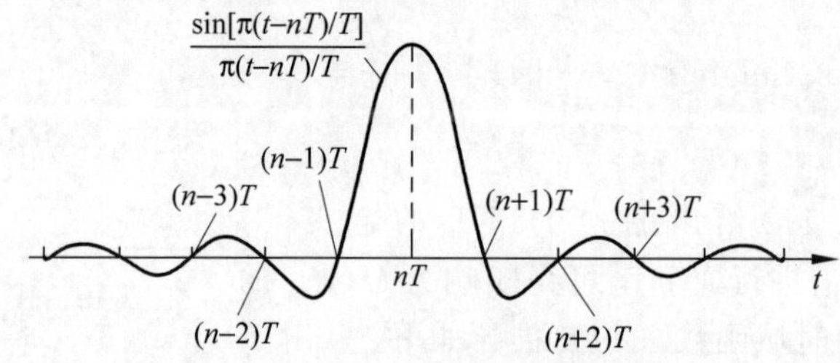

图 1.5.10　理想时域内插函数

对于不同的 D/A 转换系统,主要差别是时域内插函数 $g(t)$ 的选取不同。常用的内插器有理想低通、零阶保持器、一阶线性内插器。这几种内插器的特点如下。

1) 理想低通

由式(1.5.19)和图 1.5.10 可见,理想时域内插函数 $g(t)$ 为非因果的,物理不可实现。式(1.5.20)表明在满足奈奎斯特采样定理时,理论上可由采样序列值无失真地完全恢复原连续时间信号 $x_{\mathrm{a}}(t)$。

2) 零阶保持器

时域每个采样点保持到下一个样值时刻。时域内插函数为矩形,采样点间内插常数,实现简单。但恢复的连续时间信号有"台阶效应",为减少恢复信号的台阶效应,所以常后置(抗镜像)模拟 LPF,又称平滑 LPF。图 1.5.11 为零阶保持器进行 D/A 变换结果示意图。

3) 一阶线性内插器

时域采样点以折线相连。时域内插函数等效于由两相邻样值点确定的一段直线,常用于要求不高的场合,在实现中可省略后置平滑 LPF。图 1.5.12 为一阶线性内插器进行 D/A 变换结果示意图。

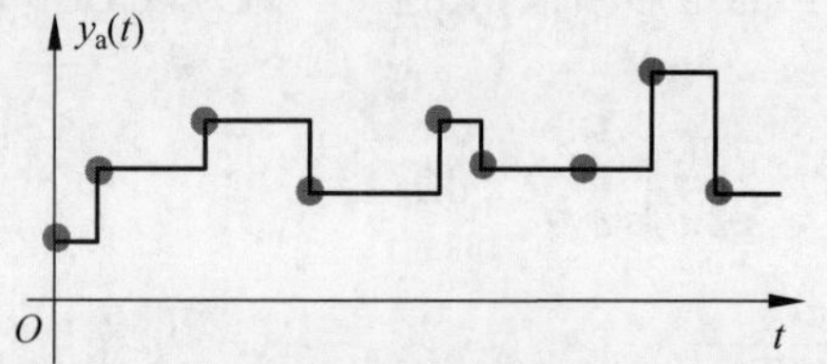

图 1.5.11　零阶保持器进行 D/A 转换（圆点表示采样值）

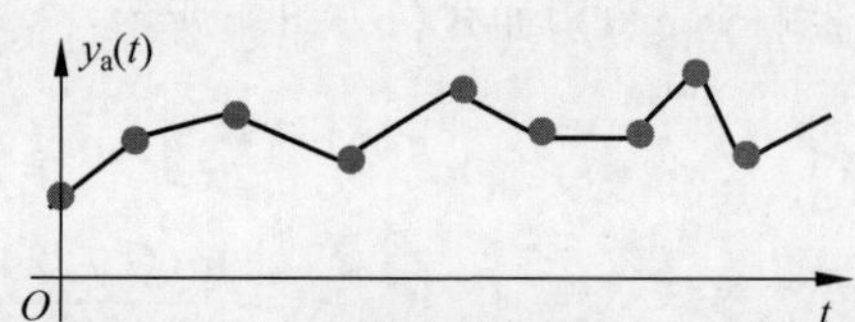

图 1.5.12　一阶线性内插器进行 D/A 转换（圆点表示采样值）

1.6 MATLAB 实现

1.6.1 常用序列的 MATLAB 实现

1. 单位脉冲序列

在 MATLAB 中,编写并运行如下程序段,可生成移位的单位脉冲序列 $\delta(n-1)$。

```
n=[-3:3];                          %生成位置向量
x=[(n-1)==0];                      %生成单位脉冲序列
stem(n,x);
axis([-3,3,0,2]);                  %标示坐标
```

2. 单位阶跃序列

在 MATLAB 中,编写并运行如下程序段,可生成单位阶跃序列 $u(n+1)$。

```
n=[-3:3];                          %生成位置向量
x=[(n+1)>=0];                      %生成阶跃序列
stem(n,x);
axis([-3,3,0,2]);                  %标示坐标
```

3. 单位矩形序列

在 MATLAB 中,编写并运行如下程序段,可建立函数文件 rectseq.m 生成单位矩形序列 $R_N(n-n_1)$。

```
Function[x,n]=rectseq(n0,n1,n2,N);
  %单位矩形序列生成函数
 %调用方式[x,n]=rectseq(n0,n1,n2,N)
n=[n0:n2];                         %生成位置向量
x=[(n-n1)>=0&((n1+N-1)-n)>=0];     %生成矩形脉冲序列
```

运行下列程序段调用矩形序列函数,可得到矩形序列 $R_5(n+1)$。

```
[x,n]=rectseq(-3,-1,4,5);
stem(n,x);
axis([-3,5,0,2]);                  %标示坐标
```

4. 实指数序列

在 MATLAB 中,编写并运行如下程序段,可生成实指数序列 $0.5^n u(n)$。

```
n=[0:10];                          %生成位置向量
x=(0.5).^n;                        %生成实指数序列
stem(n,x);
axis([0,10,0,2]);                  %标示坐标
```

5. 正弦序列

在 MATLAB 中,编写并运行如下程序段,可生成正弦序列 $2\sin(0.2\pi n-\pi/3)$。

```
n = [0:1:20];                                   % 生成位置向量
x = 2 * sin(0.2 * pi * n - pi/3);               % 生成正弦序列
stem(n,x);
axis([0,20, - 3,3]);                            % 标示坐标
```

6. 复指数序列

在 MATLAB 中,编写并运行如下程序段,可生成复指数序列 $e^{(0.2-0.5j)n}$。

```
n = [ - 2:10];                                  % 生成位置向量
x = exp((0.2 - 0.5j) * n);                      % 生成复指数序列
subplot(1,2,1),stem(n,real(x));                 % 用空心圆画实部点
line([ - 5,10],[0,0]);                          % 画横坐标
subplot(1,2,2),stem(n,imag(x),'filled');        % 用实心圆画虚部点
line([ - 5,10],[0,0]);
```

1.6.2 序列运算的 MATLAB 实现

1. 翻转

在 MATLAB 中,翻转由两次调用 fliplr 函数实现。

```
n = [ - 3:3];
x = [0,0,1,0.5,0.2,0.3,0];
stem(n,x);
x = fliplr(x);
n =- fliplr(n);
stem(n,x);
```

2. 序列的能量

在 MATLAB 中,使用函数 conj 求共轭复数。有限长序列 x 的能量可以使用以下两种方法实现。

```
E = sum(x. * conj(x));
E = sum(abs(x).^2);
```

1.6.3 卷积和的 MATLAB 实现

例 1.6.1 设信号 $x(n)$的值 $x=[3,-3,7,0,-1,5,2]$; 信号 $h(n)$的值 $h=[2,3,0,-5,2,1]$。试求 $y(n)=x(n)*h(n)$。

解: MATLAB 提供了内部工具库函数 conv 来计算两个有限长序列的线性卷积。本例的计算可用以下程序段实现:

```
x=[3,-3,7,0,-1,5,2];
h=[2,3,0,-5,2,1];
y=conv(x,h);
```

上面程序段的运行结果为

```
y=6  3  5  6  19  -31  30  18  -27  -1  9  2
```

函数 conv 假定两个序列从 $n=0$ 开始，返回值中只有卷积的结果，也默认地看成 y 顺序号是从 $n=0$ 开始的，没有包含输入序列的位置(顺序号)信息。但是由线性卷积的性质可以分析输出序列的位置信息。

如果需直接得到卷积和的数值和位置向量，可修改工具库函数 conv，建立一个函数文件 convextd.m 用于求序列 x 和 h 的卷积和序列 y，同时还可以得到结果序列 y 的顺序号向量；其中输入参数 nx 和 nh 为序列 x 和 h 的位置向量，输出参数 ny 为序列 y 的位置向量。MATLAB 函数程序 convextd.m 如下：

```
%convextd.m
function[y,ny]=convextd(x,nx,h,nh)
 %序列 y 为序列 x 和序列 h 的卷积
 %ny,nx,nh 分别为序列 y,x 和 h 的位置向量
ny1=nx(1)+nh(1);                              %计算卷积后的起点位置
ny_end=nx(end)+nh(end);                       %计算卷积后的终点位置
y=conv(x,h);                                  %计算卷积和序列的数值
ny=[ny1:ny_end];                              %计算卷积和序列的位置向量
```

例 1.6.2 设信号 $x(n)$的时域序号 $n_x=[-4:2]$，对应的信号值 $x(n_x)=[3,-3,7,0,-1,5,2]$；信号 $h(n)$的时域序号 $n_h=[-1:4]$；对应的信号值 $h(n_y)=[2,3,0,-5,2,1]$。试求 $y(n)=x(n)*h(n)$。

解：利用下列程序段调用修改后的卷积和计算函数 convextd，能直接得到卷积和的数值和对应的位置向量。

```
x=[3,-3,7,0,-1,5,2];
nx=[-4:2];                                    %给定输入序列
h=[2,3,0,-5,2,1];
nh=[-1:4];                                    %给定脉冲响应序列
[y,ny]=convextd(x,nx,h,nh);                   %带位置序列的卷积结果
```

程序段的运行结果为

```
y= 6  3  5  6  19  -31  30  18  -27  -1  9  2
ny=-5  -4  -3  -2  -1  0  1  2  3  4  5  6
```

用表 1.6.1 表示更加清楚。

表 1.6.1 例 1.6.2 的结果

ny	−5	−4	−3	−2	−1	0	1	2	3	4	5	6
y	6	3	5	6	19	−31	30	18	−27	−1	9	2

1.6.4 MATLAB 求解离散系统的差分方程

差分方程求解在 MATLAB 中用工具库函数 filter 实现，该函数的调用方法为

```
y = filter(b,a,x);
```

其中,输入参数 $b=[b_0,b_1,\cdots,b_M]$,$a=[a_0,a_1,\cdots,a_N]$为差分方程输入输出序列的系数,x 是输入序列,求得的输出序列 y 和输入 x 的长度一样,另外系数 a_0 必须不为零。

1.7 习题

1.1 给定信号

$$x(n)=\begin{cases}2n+10, & -4\leqslant n\leqslant -1\\ 6, & 0\leqslant n\leqslant 4\\ 0, & \text{其他}\end{cases}$$

(1) 画出 $x(n)$的图形,标上各点的信号值。

(2) 试用 $\delta(n)$及其相应的延迟表示 $x(n)$。

(3) 令 $y(n)=3x(n+2)$,试画出 $y(n)$的图形。

1.2 已知序列 $x_1(n)=\delta(n)+3\delta(n-1)+2\delta(n-2)$;$x_2(n)=u(n)-u(n-3)$。试求信号 $x(n)=x_1(n)*x_2(n)$,并画出 $x(n)$的图形。

1.3 直接计算下面两个序列的卷积和 $y(n)=x(n)*h(n)$。

$$h(n)=\begin{cases}\alpha^n, & 0\leqslant n\leqslant N-1\\ 0, & \text{其他 } n\end{cases}$$

$$x(n)=\begin{cases}\beta^{n-n_0}, & n_0\leqslant n\\ 0, & n<n_0\end{cases}$$

请用公式表示。

1.4 已知线性时不变系统的输入为 $x(n)$,系统的单位采样脉冲响应为 $h(n)$,试求系统的输出响应 $y(n)$。

(1) $x(n)=\delta(n)$,$h(n)=R_5(n)$;

(2) $x(n)=R_3(n)$,$h(n)=R_4(n)$;

(3) $x(n)=\delta(n-2)$,$h(n)=0.5^nR_3(n)$;

(4) $x(n)=2^nu(-n-1)$,$h(n)=0.5^nu(n)$。

1.5 已知线性时不变系统的单位采样脉冲响应 $h(n)$为

$$h(n)=a^{-n}u(-n),\quad 0<a<1$$

计算该系统的单位阶跃响应。

1.6 判断下面序列是否是周期的,若是周期的,确定其周期。

(1) $x(n)=A\cos\left(\frac{3}{7}\pi n-\frac{\pi}{8}\right)$,$A$ 是常数;

(2) $x(n)=\mathrm{e}^{\mathrm{j}\left(\frac{1}{8}n-\pi\right)}$。

1.7 设系统分别用下面的时域 I/O 差分方程描述,$x(n)$、$y(n)$分别表示系统的输入和输出,判断系统是否是线性时不变的。

(1) $y(n)=x(n)+2x(n-1)+3x(n-2)$；

(2) $y(n)=3x(n)+4$；

(3) $y(n)=x(n-n_0)$，n_0 为整常数；

(4) $y(n)=x(-n)$；

(5) $y(n)=x^2(n)+1$；

(6) $y(n)=x(n^2)$；

(7) $y(n)=\sum\limits_{m=0}^{n}x(m)$；

(8) $y(n)=x(n)\sin(\omega n)$。

1.8　给定下述系统的时域I/O差分方程，试判定系统是否是因果、稳定系统并说明理由。

(1) $y(n)=\dfrac{1}{N}\sum\limits_{k=0}^{N-1}x(n-k)$；

(2) $y(n)=x(n)+x(n+1)$；

(3) $y(n)=\sum\limits_{k=n-n_0}^{n+n_0}x(k)$；

(4) $y(n)=x(n-n_0)$；

(5) $y(n)=e^{x(n)}$。

1.9　设线性时不变系统的单位采样脉冲响应 $h(n)$ 和输入序列 $x(n)$ 如图1.7.1所示，要求画出系统输出 $y(n)$ 的波形。

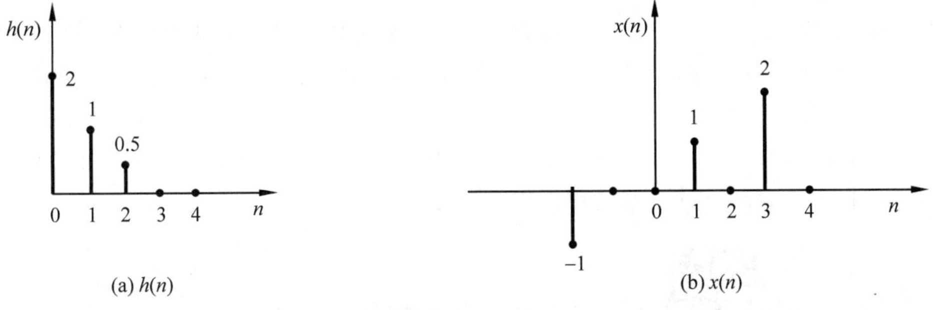

图1.7.1　习题1.9图

1.10　列出如图1.7.2所示的系统时域I/O差分方程，并按初始条件 $y(n)=0, n<0$，求输入为 $x(n)=u(n)$ 时的系统输出序列 $y(n)$。

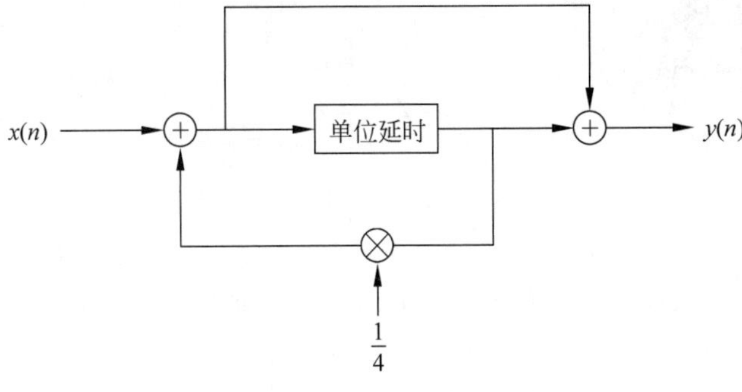

图1.7.2　习题1.10用图

1.11 设有一系统，输入 $x(n)$、输出 $y(n)$ 的关系由以下时域 I/O 差分方程确定：

$$y(n)-\frac{1}{2}y(n-1)=x(n)+\frac{1}{2}x(n-1)$$

设系统是因果性的。

(1) 求该系统的单位采样脉冲响应；

(2) 由(1)的结果，利用卷积和求输入 $x(n)=e^{j\omega n}u(n)$ 的响应。

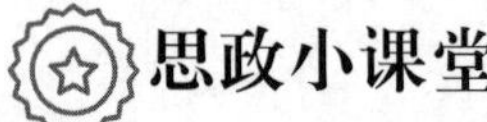

思政小课堂

思政主题：国内外数字信号处理领域科学家事迹——傅里叶、李衍达(中国)

思政方向：培养科研精神、制度自信，培养克服困难、艰苦奋斗的个人品质

傅里叶级数和傅里叶变换一直贯穿对信号在连续域和离散域上的分析和处理过程。可见傅里叶对信号处理领域甚至是通信领域所作出的重大贡献。然而，现在令学生望而生畏的定理以及各种傅里叶变换，在研究之初也遇到了前所未有的困难与挑战。

傅里叶(J. Fourier，1768—1830，图 A.1)1768 年出生于法国中部的平民家庭，成年后先后有过军校就读和母校执教的经历，在此期间展现出了在数学上的惊人才华。当时在数学上，如何将一个信号表述出来是一个迫切需要解决的问题。1807 年，傅里叶在一篇向巴黎科学院递交的论文 *Mémoire sur la propagation de la chaleur dans les corps solides*(论固体中的热传播)中，提出了一个崭新的观念：任何一个函数都可以表达为一系列不同频率的简谐振动(即简单的三角函数)的叠加。有趣的是，这个结论是他研究热传导问题的一个副产品。而且，这篇论文起初由于被认为论证和结论不严密，而被拉格朗日(J. Lagrange，1736—1813)、拉普拉斯(P-S. Laplace，1749—1827)和勒让德(A-M. Legendre，1752—1833)等人审阅后拒绝了，经过修改完善，数年后才得以发表。

(a) 傅里叶

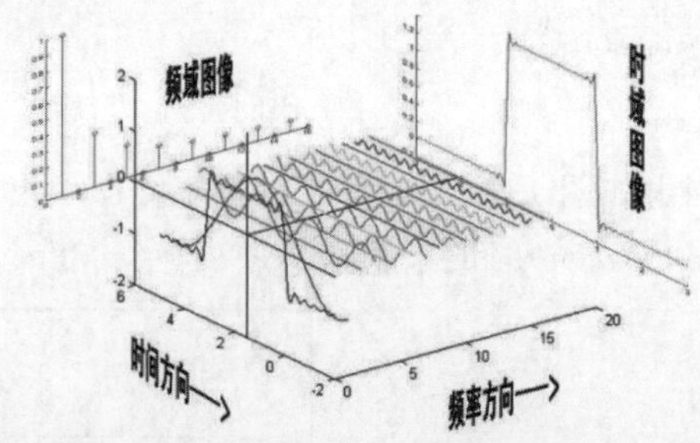

(b) 傅里叶变换透视图

图 A.1 傅里叶与傅里叶变换

自该观点的第一次提出，到被人们接受、重视和应用经过了一百年的沉寂。科学精神就是要从事物的本质出发，研究万物的规律。同时，科学研究也“不要迷信权威”“不要害怕犯错”，因为科学的本质特点就是可证伪性，要在不断的自我否定中前进。

同样的1807年，我国处于清朝的嘉庆年间，康乾盛世的余韵式微，即将深陷半殖民地半封建的泥淖之中。新中国成立初期，我国的科研水平较西方国家存在一定的差距，但新中国成立后，各个领域的科研人员始终坚持不懈地在学术上为国家建设贡献力量。虽然傅里叶理论不是由中国人研究产生的，但改革开放以来，我国在科学技术的应用和创新方面取得了伟大的成绩，甚至在许多方面处于世界领先水平，应用傅里叶理论在信号传输与处理方面取得了成绩。我国信息处理与智能控制领域专家、中国科学院院士李衍达教授就是其中的一员(图A.2)。

(a) 20世纪70年代末，李衍达(右)与林家翘(C.C. Lin)先生在麻省理工学院

(b) 1992年左右，李衍达带领博士生张学工、罗晖到胜利油田物探公司开展合作研究，为物探公司技术人员讲解地震勘探信号的智能处理

图A.2　李衍达院士访谈

【关于学习，他说】

1936年，李衍达生于广东东莞。他的童年是在战乱中度过的，新中国成立后，由于家庭经济困难，在国家助学金的支持下，他依然坚持学习。1954年考入清华大学电机工程系后，他练就了一套独特的听课与复习的本领。他发现只依靠课堂上盯着老师讲的内容，学习效率较低，所以他的这套本领首先是需要课前做好预习，以便更好地抓住课堂知识的要点，然后是课堂上边听边想，边听边分析、边记下要点以及和自己的想法的异同，大大地提高了听课效率。日积月累中，他能更好地吸收课堂知识并提出一些自己的看法，也能将课外书的知识融入学习的课程内容里。

【关于科研，他说】

1978年，李衍达通过考试成为第一批赴美访问学者，进入美国麻省理工学院(Massachusetts Institute of Technology，MIT)开始了为期两年的进修。为了学习国家所需的前沿技术，其研究方向从电子学转到了信号处理领域，师从美国国家工程院院士奥本海姆(A. V. Oppenheim)教授研习数字信号处理。由于入门阶段的相关课程学习需要花较长时间，但李衍达又不甘心不远万里进修只为补学几门课，于是他充分利用课余时间自学数字信号处理的相关课程，并以极其出色的表现通过了奥本海姆教授的重重考验，成功进入MIT信号处理小组，独立开展最前沿性的研究工作。在几个月的探索中，他抓住关键全力以赴，提出了利用相位函数重构信号理论进行反射波时延估计的一种方法，并将该方法创新性地应用于地质结构的研究中。他的想法极大地启发了奥本海姆教授，也得到了奥本海姆教授的充分认可和肯定。

进修期间的学习和经历，让李衍达充分认识到了科研的真理在于“创新”。也让他认识到信息对一个国家的重要性，一个国家没有信息是不行的，它相当于一个国家的神经，信息系统相当于人体的一个神经系统,人体光有肌肉、光有大脑是不够的,还要有神经系统。交叉学科、学科的边沿正是我们大有作为的地方。在信息时代,我们要时刻关注世界科技的发展,充分利用通过交流与开放从世界各地所得到的信息,跟上时代的步伐。

【关于个人发展,他说】

1981年回国以后,李衍达致力于运用信号处理新方法为国家寻找石油与天然气。1991年,在地震勘探数据处理技术道路上行至10年,地震勘探技术已颇具成效之时,由于认识到网络信息对国家的重要性,他又将目光瞄准了新的领域——互联网。1996年开始,随着人类基因组工程的实施,出现了大量的基因信息与数据,亟待信息学家作进一步的分析。当时年逾60的李衍达先生又进入了一个崭新的学术领域——生物信息学。他意识到,如果用网络信息的思维解释DNA,那么可以将其视为一个将人体中的蛋白质与28种氨基酸进行编码调控的编码本。为了验证这一想法,他于1997年开启了利用计算机的编码技术研究DNA编码规律的探索之旅,生物信息学的研究由此拉开了序幕。

时至今日,耄耋之年的李衍达先生仍在科研一线,他一生的科研发展方向都紧跟国家的战略发展需求。在谈及对青年科技工作者的寄语与希望时,李老语重心长地提出了三点建议:一是要有前沿大局观,敢为人先;二是要有创新意识,想别人之不敢想;三是要持之以恒,坚守初心。

如今,在众多科学家、学者几代的不懈努力下,世界移动通信领域的话语权已经发生了根本性转变,中国的5G技术水平已经走在世界前列。中国替代了一直由欧美国家承担的角色,是世界通信史上的一次伟大变革。中国取得的一切成就和进步究其根本原因归结起来就是开辟了中国特色社会主义道路,形成了中国特色社会主义理论体系,确立了中国特色社会主义制度,发展了中国特色社会主义文化。坚定"四个自信",以更加自信的心态、更加宽广的胸怀,广泛参与世界文明对话,大胆借鉴吸收人类文明成果,博采众长,在此基础上创新运用,形成自己的科学技术和科学理论,创新性发展科学技术和先进文化。

第 2 章 离散时间信号和系统的变换域分析

CHAPTER 2

2.1 概述

信号和系统的分析方法有两种：时域分析方法和频域分析方法。在模拟连续时间域中，信号一般用连续变量时间 t 的函数表示，系统则用微积分方程描述；为了对信号在变换域进行分析，可以用傅里叶变换、傅里叶级数或拉普拉斯变换将时间域函数转换到频率域（变换域）。在时域离散信号和系统中，信号用序列表示，其自变量仅取整数，非整数时无定义，离散时间系统则用差分方程描述。

离散时间信号和系统的变换域分析是在 z 变换域或傅里叶变换域上进行的，这里的傅里叶变换指的是序列的傅里叶变换，它和模拟域中的傅里叶变换相对应，但在处理对象方面是不一样的。上述模拟域、数字域的这些变换都是线性变换，因此很多性质具有相似性。

本章学习序列的傅里叶变换和 z 变换，以及利用 z 变换分析离散时间系统和信号的频域特性。本章学习内容是本书也是数字信号处理这一领域的基础。

2.2 序列的离散时间傅里叶变换

2.2.1 离散时间傅里叶变换定义

注意区别离散时间傅里叶变换（DTFT）和第 3 章将要学习的离散傅里叶变换（DFT）。

DTFT 定义：当且仅当序列 $x(n)$ 满足绝对可和的条件时，其 DTFT 为

$$X(\mathrm{e}^{\mathrm{j}\omega})=\sum_{n=-\infty}^{\infty}x(n)\mathrm{e}^{-\mathrm{j}\omega n} \tag{2.2.1}$$

变换权函数的指数项有“—”号，DTFT 的结果是数字域频率 ω 的连续函数且是周期的（周期为 2π）。

注意：DTFT 中数字域频率 ω（单位：rad）和模拟域频率 f，或角频谱 $\Omega=2\pi f$，是以采样频率 f_{s} 关联起来的。例如，已知序列的数字域频率 ω 和系统的采样频率 f_{s}，则该数字域频率对应的模拟域频率 f 为

$$f=\omega\cdot\frac{f_{\mathrm{s}}}{2\pi}$$

逆离散时间傅里叶变换(inverse discrete-time Fourier transform,IDTFT)的定义为

$$x(n)=\frac{1}{2\pi}\int_{-\pi}^{\pi}X(\mathrm{e}^{\mathrm{j}\omega})\mathrm{e}^{\mathrm{j}\omega n}\mathrm{d}\omega \tag{2.2.2}$$

IDTFT 的变换权函数的指数项无"−"号,数字域连续的周期频谱的 IDTFT 的结果是变量为 n 的离散序列。

式(2.2.1)和式(2.2.2)组成一对离散时间傅里叶变换公式。

DTFT 的物理意义可以从下面几方面理解:

(1) DTFT 将时域序列变为频域函数描述:对一般序列来讲,称为信号的"频谱";对离散时间系统的单位采样响应来讲,称为系统的"频率响应"。

(2) 时域信号波形的缓变特征对应其频谱的低频分量,快变特征对应其频谱的高频分量。

(3) DTFT 给出的是以"数字域频率"ω 为变量的复函数,可分解为幅度谱 $|X(\mathrm{e}^{\mathrm{j}\omega})|$ 和相位谱 $\varphi(\omega)$:

$$X(\mathrm{e}^{\mathrm{j}\omega})=|X(\mathrm{e}^{\mathrm{j}\omega})|\mathrm{e}^{\mathrm{j}\varphi(\omega)} \tag{2.2.3}$$

其中,数字域频率 ω 为实数。

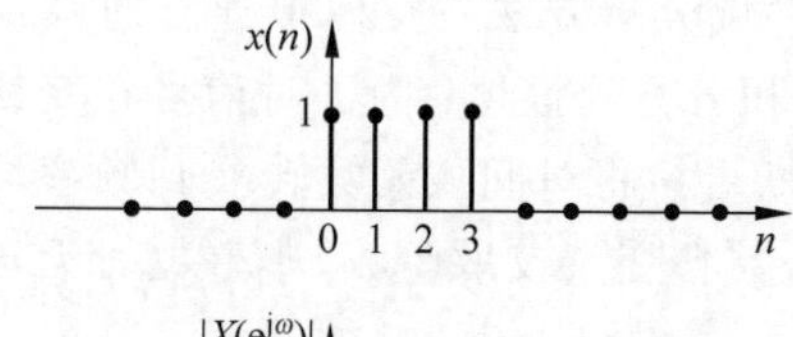
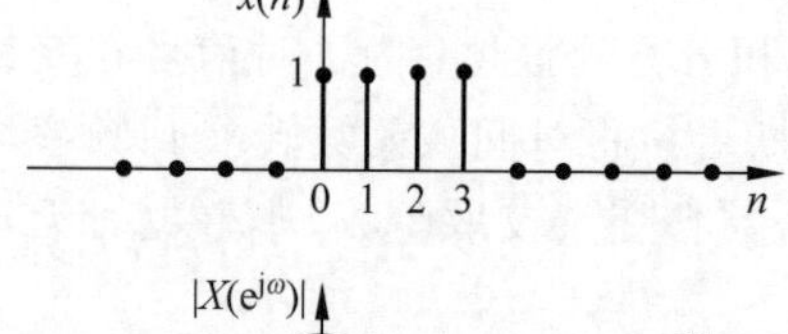

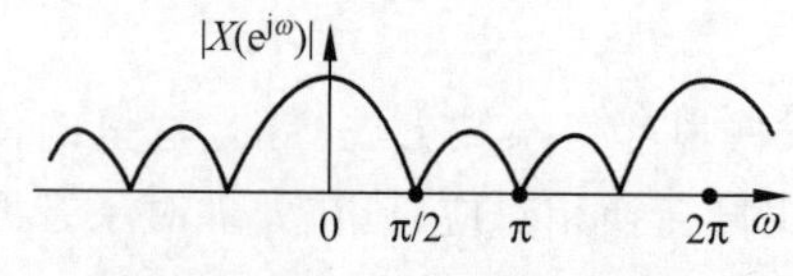

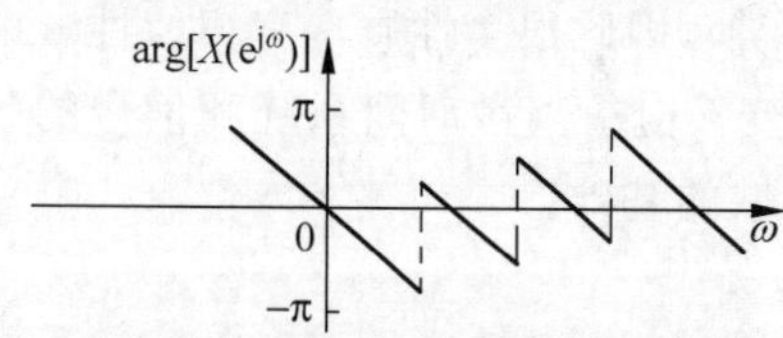

图 2.2.1 矩形序列($N=4$)及其幅度谱和相位谱

例 2.2.1 设序列 $x(n)=R_N(n)$,求 $x(n)$ 的傅里叶变换。

解:对于给定序列 $x(n)$,显然满足绝对可和条件,按 DTFT 定义有

$$X(\mathrm{e}^{\mathrm{j}\omega})=\sum_{n=-\infty}^{\infty}R_N(n)\mathrm{e}^{-\mathrm{j}\omega n}=\sum_{n=0}^{N-1}\mathrm{e}^{-\mathrm{j}\omega n}$$

$$=\frac{1-\mathrm{e}^{-\mathrm{j}\omega N}}{1-\mathrm{e}^{-\mathrm{j}\omega}}=\frac{\mathrm{e}^{-\mathrm{j}\omega N/2}(\mathrm{e}^{\mathrm{j}\omega N/2}-\mathrm{e}^{-\mathrm{j}\omega N/2})}{\mathrm{e}^{-\mathrm{j}\omega/2}(\mathrm{e}^{\mathrm{j}\omega/2}-\mathrm{e}^{-\mathrm{j}\omega/2})}$$

$$=\mathrm{e}^{-\mathrm{j}\frac{N-1}{2}\omega}\frac{\sin(\omega N/2)}{\sin(\omega/2)}$$

设 $N=4$,序列 $x(n)=R_4(n)$ 的频谱的幅度与相位随数字频率 ω 的变化曲线如图 2.2.1 所示。

2.2.2 离散时间傅里叶变换的性质

类似于连续时间傅里叶变换(continuous-time Fourier transform,CTFT),离散时间傅里叶变换(DTFT)主要有下列性质。

微课视频

1. 周期性

设任给序列 $x(n)$ 的 DTFT 为 $X(\mathrm{e}^{\mathrm{j}\omega})$,其中数字域频率 ω(单位:rad)是连续变量,则序列的傅里叶变换是连续数字域频率 ω 的周期函数,周期为 2π,如式(2.2.4)所示

$$X(\mathrm{e}^{\mathrm{j}(\omega+2\pi)})=X(\mathrm{e}^{\mathrm{j}\omega}) \tag{2.2.4}$$

例 2.2.1 中的图 2.2.1 验证了此性质。工程应用中，常将$[-\pi,+\pi]$或$[0,2\pi]$的数字频率范围，称为数字域频率 ω 的“主值区间”。分析序列的频谱或数字系统的频率响应的时候，通常只要考虑数字域频率在主值区间范围的特性即可。

注意：由于序列频谱的周期性，在数字域频率 $\omega=\pm n\cdot 2\pi, n=0,1,2,3,4,\cdots$点的谱值均对应着序列 $x(n)$的直流分量；$\omega=\pm n\cdot\pi, n=1,3,5,7,\cdots$点的谱值均对应着序列 $x(n)$的最高频率分量，在时域对应序列波形单位时间内变化最快。

2. 线性(叠加性)

若

$$\mathrm{FT}[x_1(n)]=X_1(\mathrm{e}^{\mathrm{j}\omega}),\quad \mathrm{FT}[x_2(n)]=X_2(\mathrm{e}^{\mathrm{j}\omega})$$

则 DTFT 线性的充分必要条件为

$$\mathrm{FT}[ax_1(n)+bx_2(n)]=aX_1(\mathrm{e}^{\mathrm{j}\omega})+bX_2(\mathrm{e}^{\mathrm{j}\omega}) \tag{2.2.5}$$

其中，a，b 为任意常数。

3. 时移与频移

若

$$\mathrm{FT}[x(n)]=X(\mathrm{e}^{\mathrm{j}\omega})$$

则 $x(n)$延迟 n_0 个时间单位的延迟序列的 DTFT 为

$$\mathrm{FT}[x(n-n_0)]=\mathrm{e}^{-\mathrm{j}\omega n_0}X(\mathrm{e}^{\mathrm{j}\omega}) \tag{2.2.6}$$

式(2.2.6)中，若 $n_0>0$，则序列右移，若 $n_0<0$，则序列左移；延迟序列的频谱在原序列频谱 $X(\mathrm{e}^{\mathrm{j}\omega})$的基础上增加了线性相移。

令 $x(n)$乘以纯虚指数的复指数序列(等效于“通信电子线路”课程中的“幅度调制”)，则合成序列的 DTFT 为

$$\mathrm{FT}[\mathrm{e}^{\mathrm{j}\omega_0 n}x(n)]=X(\mathrm{e}^{\mathrm{j}(\omega-\omega_0)}) \tag{2.2.7}$$

式(2.2.7)表明：时域序列的幅度调制(amplitude modulation，AM)对应频域中信号频谱的搬移——频移。

微课视频

4. 对称性

介绍 DTFT 的对称性之前，先给出常用的序列对称性的定义。

微课视频

1) 共轭对称序列

任意给定序列 $x_e(n)$，当且仅当式(2.2.8)成立时，称 $x_e(n)$是共轭对称序列。

$$x_e(n)=x_e^*(-n) \tag{2.2.8}$$

如果设复共轭对称序列 $x_e(n)\equiv x_{er}(n)+\mathrm{j}x_{ei}(n)$，则其实部序列、虚部序列分别为实偶序列和实奇序列：

$$x_{er}(n)=x_{er}(-n),\quad \text{为实偶序列}$$

$$x_{ei}(n)=-x_{ei}(-n),\quad \text{为实奇序列}$$

2) 共轭反对称序列

任意给定序列 $x_o(n)$，当且仅当式(2.2.9)成立时，称 $x_o(n)$是共轭反对称序列。

$$x_o(n) = -x_o^*(-n) \tag{2.2.9}$$

如果设复共轭反对称序列 $x_o(n) \equiv x_{or}(n) + jx_{oi}(n)$，则其实部序列、虚部序列分别为实奇序列和实偶序列：

$$x_{or}(n) = -x_{or}(-n), \quad \text{为实奇序列}$$

$$x_{oi}(n) = x_{oi}(-n), \quad \text{为实偶序列}$$

3）一般复序列的分解

数学理论可以证明：任意复序列 $x(n)$ 均可以分解为实部和虚部之和，或者共轭对称部分和共轭反对称部分之和。

$$x(n) \equiv x_r(n) + jx_i(n) \equiv x_e(n) + x_o(n) \tag{2.2.10}$$

其中，若已知复序列 $x(n)$，它的共轭对称部分、共轭反对称部分可由式(2.2.11)和式(2.2.12)计算：

$$x_e(n) = \frac{1}{2}[x(n) + x^*(-n)] \tag{2.2.11}$$

$$x_o(n) = \frac{1}{2}[x(n) - x^*(-n)] \tag{2.2.12}$$

4）序列频谱的对称性

类似时域序列的数学分解，数字频率域任意复谱函数 $X(e^{j\omega})$ 均可分解为实部和虚部之和：

$$X(e^{j\omega}) \equiv X_R(\omega) + jX_I(\omega) \tag{2.2.13}$$

其中，$X_R(\omega)$，$X_I(\omega)$ 是实函数。

任意复谱函数 $X(e^{j\omega})$ 也都可以分解为共轭对称部分与共轭反对称部分之和：

$$X(e^{j\omega}) \equiv X_e(e^{j\omega}) + X_o(e^{j\omega}) \tag{2.2.14}$$

其中，$X_e(e^{j\omega})$，$X_o(e^{j\omega})$ 是复函数，并且分别满足下列关系：

$$X_e(e^{j\omega}) = X_e^*(e^{-j\omega}), \quad \text{称 } X_e(e^{j\omega}) \text{ 为共轭对称频谱}$$

$$X_o(e^{j\omega}) = -X_o^*(e^{-j\omega}), \quad \text{称 } X_o(e^{j\omega}) \text{ 为共轭反对称频谱}$$

5）DTFT 的对称性

在掌握离散时间域序列的对称性定义、数字频率域频谱函数的对称性定义的基础上，给出下列 DTFT 对称性的主要结论。

如将任意给定的复序列 $x(n)$ 分解成实部 $x_r(n)$ 和虚部 $x_i(n)$ 之和：

$$x(n) \equiv x_r(n) + jx_i(n)$$

则实部序列的 DTFT 为共轭对称频谱函数：

$$\mathrm{FT}[x_r(n)] \equiv X_e(e^{j\omega}) \tag{2.2.15}$$

复共轭对称谱函数 $X_e(e^{j\omega})$ 的实部是偶函数，虚部是奇函数。

而纯虚序列的谱是共轭反对称频谱函数：

$$\mathrm{FT}[jx_i(n)] \equiv X_o(e^{j\omega}) \tag{2.2.16}$$

复共轭反对称函数 $X_o(e^{j\omega})$ 的实部是奇函数，虚部是偶函数。

如将任意给定复序列 $x(n)$ 分解成共轭对称序列 $x_e(n)$ 和共轭反对称序列 $x_o(n)$ 之和：

$$x(n) \equiv x_e(n) + x_o(n)$$

则可以证明：$x_e(n)$ 的 DTFT 为实频谱函数，如式(2.2.17)所示。

$$\mathrm{FT}[x_e(n)]=\mathrm{Re}[X(e^{j\omega})]\equiv X_R(\omega) \tag{2.2.17}$$

式(2.2.17)也表明 $X_R(\omega)$是 $\mathrm{FT}[x(n)]=X(e^{j\omega})$的实部。

$x_o(n)$的 DTFT 为纯虚频谱函数：

$$\mathrm{FT}[x_o(n)]=\mathrm{jIm}[X(e^{j\omega})]\equiv \mathrm{j}X_I(\omega) \tag{2.2.18}$$

式(2.2.18)也表明 $X_I(\omega)$是 $\mathrm{FT}[x(n)]=X(e^{j\omega})$的虚部。

特例：设离散时间 LTI 系统的单位采样脉冲响应为实序列 $h(n)$，则 $h(n)$的 DTFT $H(e^{j\omega})$是共轭对称的复函数，可分解为实部和虚部之和：

$$H(e^{j\omega})\equiv H_R(\omega)+\mathrm{j}H_I(\omega)$$

且有

$$H_R(\omega)=H_R(-\omega);\quad H(e^{j\omega})\text{ 的实部是偶函数}$$
$$H_I(\omega)=-H_I(-\omega);\quad H(e^{j\omega})\text{ 的虚部是奇函数}$$

故系统频响的幅频特性$|H(e^{j\omega})|=[H_R^2(\omega)+H_I^2(\omega)]^{1/2}$是数字频率 ω 的偶函数。再考虑到 DTFT 的周期为 2π，所以工程应用中，如常见的选频滤波器应用场合，只要了解$[0,\pi]$频率范围的系统幅频特性就足够了。

例 2.2.2　给定序列 $x(n)=a^nu(n)$，$0<a<1$；求其共轭对称序列 $x_e(n)$和共轭反对称序列 $x_o(n)$。

解：将 $x(n)$分解为共轭对称序列和共轭反对称序列之和：$x(n)=x_e(n)+x_o(n)$。依题意知 $x(n)$为实序列，故由式(2.2.11)和式(2.2.12)可得

$$x_e(n)=\begin{cases}x(0), & n=0\\ \frac{1}{2}x(n), & n>0\\ \frac{1}{2}x(-n), & n<0\end{cases}=\begin{cases}1, & n=0\\ \frac{1}{2}a^n, & n>0\\ \frac{1}{2}a^{-n}, & n<0\end{cases}$$

$$x_o(n)=\begin{cases}\frac{1}{2}[x(0)-x(0)], & n=0\\ \frac{1}{2}x(n), & n>0\\ -\frac{1}{2}x(-n), & n<0\end{cases}=\begin{cases}0, & n=0\\ \frac{1}{2}a^n, & n>0\\ -\frac{1}{2}a^{-n}, & n<0\end{cases}$$

对应的 $x(n)$、$x_e(n)$、$x_o(n)$序列波形图如图 2.2.2 所示。

由例 2.2.2 的结果可知，当 $x(n)$为实序列时，其共轭对称序列是实偶序列，其共轭反对称序列是实奇序列。

5. 时域卷积定理

设序列 $x(n)$、$h(n)$的 FT 分别为 $X(e^{j\omega})$、$H(e^{j\omega})$。若 $y(n)=x(n)*h(n)$，则 $y(n)$的 FT 满足

$$Y(e^{j\omega})=X(e^{j\omega})H(e^{j\omega}) \tag{2.2.19}$$

式(2.2.19)说明，在时域中两序列卷积的 FT，在频域为两序列的频谱相乘，所以线性时不变系统输出的 FT 等于其输入信号的 FT 乘以系统单位采样脉冲响应的 FT。

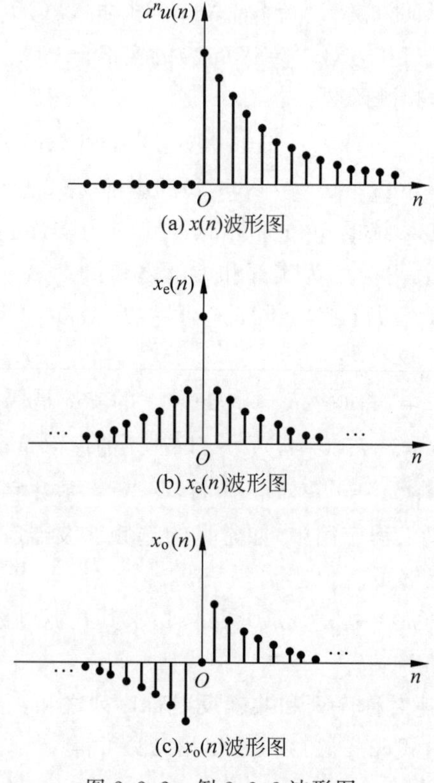

图 2.2.2 例 2.2.2 波形图

6. 频域卷积定理

设序列 $x(n)$、$h(n)$ 的 FT 分别为 $X(\mathrm{e}^{\mathrm{j}\omega})$、$H(\mathrm{e}^{\mathrm{j}\omega})$。若 $y(n)=x(n)h(n)$，则 $y(n)$ 的 FT 满足

$$Y(\mathrm{e}^{\mathrm{j}\omega})=\frac{1}{2\pi}X(\mathrm{e}^{\mathrm{j}\omega})*H(\mathrm{e}^{\mathrm{j}\omega}) \tag{2.2.20}$$

$$Y(\mathrm{e}^{\mathrm{j}\omega})=\frac{1}{2\pi}\int_{-\pi}^{\pi}X(\mathrm{e}^{\mathrm{j}\theta})H(\mathrm{e}^{\mathrm{j}(\omega-\theta)})\mathrm{d}\theta \tag{2.2.21}$$

式(2.2.20)说明，时域两序列相乘的 FT，在频域比例于两序列频谱的卷积。由于序列傅里叶变换具有 2π 的周期性，所以序列频谱的频域卷积定义式(2.2.21)常称为“周期卷积运算”。式(2.2.21) 中的 $Y(\mathrm{e}^{\mathrm{j}\omega})$也是周期函数，其主值范围一般取：$-\pi<\omega<\pi$。

式(2.2.21)对于处理基于窗函数技术的数字滤波器设计和信号谱分析问题很重要。

7. 帕斯瓦尔定理

设序列 $x(n)$ 的 FT 为 $X(\mathrm{e}^{\mathrm{j}\omega})$，帕斯瓦尔定理(Parseval theorem)的数学模型如式(2.2.22)所示。式(2.2.22)表明序列的时域总能量等于其频域的平均能量，是“能量守恒”的一种体现。

$$\sum_{n=-\infty}^{\infty}|x(n)|^2=\frac{1}{2\pi}\int_{-\pi}^{\pi}|X(\mathrm{e}^{\mathrm{j}\omega})|^2\mathrm{d}\omega \tag{2.2.22}$$

2.3 周期序列的离散傅里叶级数与离散时间傅里叶变换

2.3.1 周期序列的离散傅里叶级数

对于不是绝对可和的序列，如周期序列，它们的时域、频域特征更常用离散傅里叶级数(discrete Fourier series，DFS)和逆离散傅里叶级数(inverse discrete Fourier series，IDFS)分析。

设周期序列 $\tilde{x}(n)$的周期为 N，其数学模型为

$$\tilde{x}(n)=\tilde{x}(n+rN),\quad \text{整数}\ r\in(-\infty,\infty) \tag{2.3.1}$$

显然 $\tilde{x}(n)$不满足序列绝对可和条件，一般意义下的 FT 不存在。但其频谱可通过离散傅里叶级数(DFS)描述。$\tilde{x}(n)$的 DFS 定义为

$$\widetilde{X}(k)=\mathrm{DFS}[\tilde{x}(n)]=\sum_{n=0}^{N-1}\tilde{x}(n)\mathrm{e}^{-\mathrm{j}\frac{2\pi}{N}kn} \tag{2.3.2}$$

其中，k 为任意整数；$\widetilde{X}(k)$称为周期序列的 DFS，且 $\widetilde{X}(k)=\widetilde{X}(k+rN)$，整数 $r\in(-\infty,\infty)$，是周期为 N 的频域序列，因此，序列 $\tilde{x}(n)$的 DFS 只有 N 个独立的频域序列值。由 DFS $\widetilde{X}(k)$可通过逆离散傅里叶级数(IDFS)求时域周期序列 $\tilde{x}(n)$：

$$\tilde{x}(n)=\mathrm{IDFS}[\widetilde{X}(k)]=\frac{1}{N}\sum_{k=0}^{N-1}\widetilde{X}(k)\mathrm{e}^{\mathrm{j}\frac{2\pi}{N}kn} \tag{2.3.3}$$

其中，n 为任意整数。虽然 n 任意，但序列 $\tilde{x}(n)$是以 N 为周期的，只有 N 个独立的时域序列值，因此 $\tilde{x}(n)$称为 $\widetilde{X}(k)$的逆离散傅里叶级数(IDFS)。

设 $\tilde{x}(n)$是周期为 N 的周期序列，有 N 个独立的序列值，其 DFS 为 $\widetilde{X}(k)$，DFS 和 IDFS 的物理意义解释如下：

(1) 式(2.3.3)表明 $\tilde{x}(n)$可分解为 N 个独立复指数谐波序列的加权和。

(2) $\tilde{x}(n)$的第 k 个独立谐波频率可记为$\omega_k=\dfrac{2\pi}{N}k$，$k=0,1,\cdots,N-1$，复振幅(加权值)为$\dfrac{1}{N}\widetilde{X}(k)$。

(3) $\tilde{x}(n)$的基波频率为$\dfrac{2\pi}{N}$，复振幅为$\dfrac{1}{N}\widetilde{X}(1)$。显然 DFS $\widetilde{X}(k)$表示了周期序列的频谱分布规律，只有离散的谐波分量。

(4) 式(2.3.2)表明 $\tilde{x}(n)$的离散谱 $\widetilde{X}(k)$是周期的，$k=0,1,\cdots,N-1,\cdots$，有无穷多线谱。$\widetilde{X}(k)$的主值序列是其一个周期，定义在 $k=0,1,\cdots,N-1$ 的主值区间上。

(5) 当给定系统采样率 f_s，$\tilde{x}(n)$的第 k 次谐波数字频率 ω_k 所对应的模拟频率 f 如式(2.3.4)计算。

$$f=\frac{f_s}{2\pi}\omega_k=\frac{f_s}{2\pi}\cdot\frac{2\pi}{N}k=\frac{f_s}{N}k \tag{2.3.4}$$

(6) 理论上 DFS $\widetilde{X}(k)$的序号 k 可取任意值,但因为满足奈奎斯特采样定理条件下,采样信号的最高频率小于等于 $f_s/2$,因此式(2.3.4)中 $k>N-1$ 时算出的其他频率均为"虚拟"的镜像频率。

图 2.3.1 形象地给出了周期序列和非周期序列的时域波形、频域波形的差别。

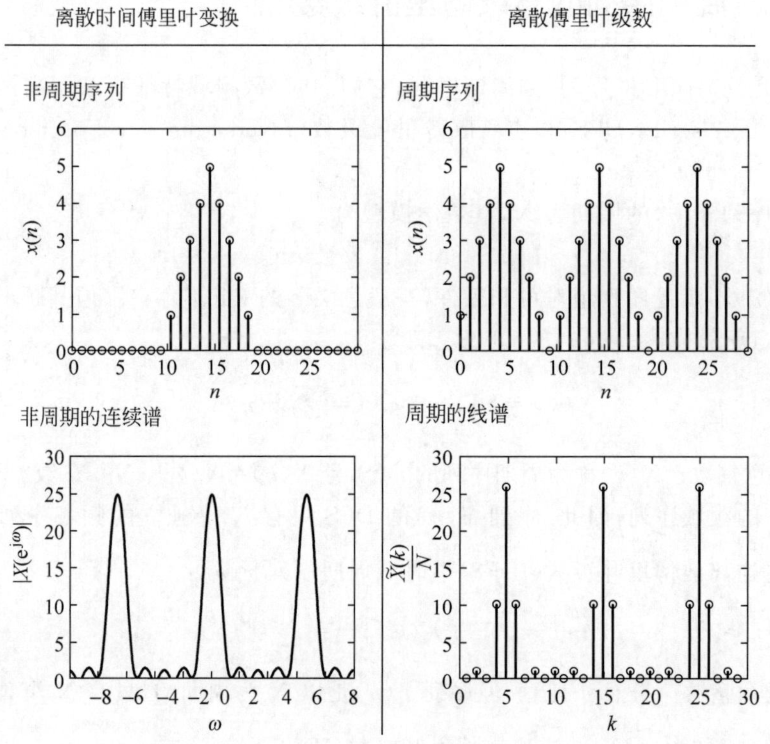

图 2.3.1 周期/非周期序列的 DTFT 比较

例 2.3.1 给定有限长实序列 $x(n)=R_4(n)$,取长 $N=8$ 进行周期延拓,构造出周期为 N 的周期序列,求其 DFS,并画出其时域波形和 DFS 的幅度谱、相位谱。

解:根据定义,周期为 8 的序列的 DFS 为

$$\widetilde{X}(k)=\sum_{n=0}^{7}\tilde{x}(n)\mathrm{e}^{-\mathrm{j}\frac{2\pi}{8}kn}=\sum_{n=0}^{3}\mathrm{e}^{-\mathrm{j}\frac{\pi}{4}kn}=\frac{1-\mathrm{e}^{-\mathrm{j}\frac{\pi}{4}k\cdot 4}}{1-\mathrm{e}^{-\mathrm{j}\frac{\pi}{4}k}}$$

$$=\frac{1-\mathrm{e}^{-\mathrm{j}k\cdot\pi}}{1-\mathrm{e}^{-\mathrm{j}\frac{\pi}{4}k}}=\frac{\mathrm{e}^{-\mathrm{j}\frac{\pi}{2}k}\left(\mathrm{e}^{\mathrm{j}\frac{\pi}{2}k}-\mathrm{e}^{-\mathrm{j}\frac{\pi}{2}k}\right)}{\mathrm{e}^{-\mathrm{j}\frac{\pi}{8}k}\left(\mathrm{e}^{\mathrm{j}\frac{\pi}{8}k}-\mathrm{e}^{-\mathrm{j}\frac{\pi}{8}k}\right)}=\mathrm{e}^{-\mathrm{j}\frac{3\pi}{8}k}\frac{\sin\left(\frac{\pi}{2}k\right)}{\sin\left(\frac{\pi}{8}k\right)}$$

$$=|\widetilde{X}(k)|\,\mathrm{e}^{\mathrm{j}\varphi(k)} \tag{2.3.5}$$

$\tilde{x}(n)$的时域波形如图 2.3.2(a)所示,其频谱(DFS)的幅度谱$\dfrac{|\widetilde{X}(k)|}{8}$和相位谱 $\varphi(k)$如图 2.3.2(b)所示。本例的 MATLAB 实现见 2.7.1 节。

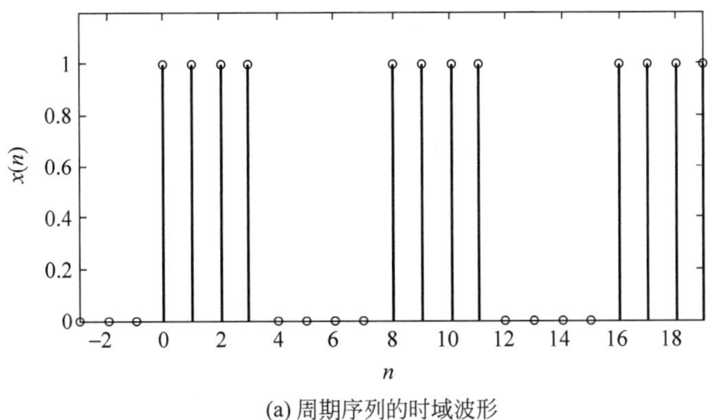

(a) 周期序列的时域波形

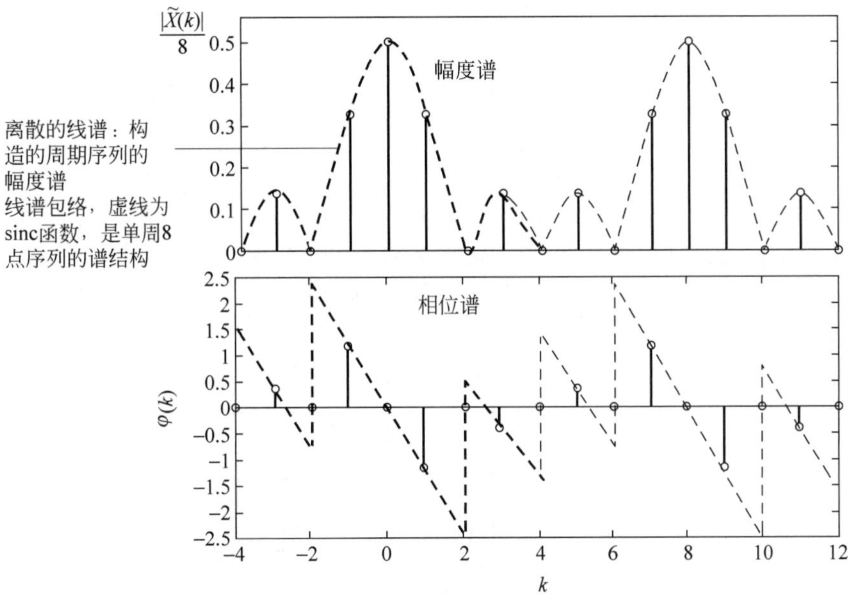

(b) 周期序列的频域幅频/相频分布

图 2.3.2　周期为 8 的周期序列及其 DFS 波形图

2.3.2　周期序列的离散时间傅里叶变换

周期序列因为不满足绝对可和条件，其通常意义下的 DTFT 是不存在的，但在单位冲激函数意义下，周期序列的 DTFT 形式上仍可用公式表示。

首先考虑复指数序列 $x(n)=\mathrm{e}^{\mathrm{j}\omega_0 n}$，$\omega_0$ 为数字频率；当$\dfrac{2\pi}{|\omega_0|}$为有理数时，则序列为周期的。其 DTFT 形式上可表示为

$$X(\mathrm{e}^{\mathrm{j}\omega})=\mathrm{FT}[\mathrm{e}^{\mathrm{j}\omega_0 n}]=\sum_{r=-\infty}^{\infty}2\pi\delta(\omega-\omega_0-2\pi r) \tag{2.3.6}$$

可见周期复指数序列 $x(n)=\mathrm{e}^{\mathrm{j}\omega_0 n}$ 的 FT 为无穷个强度为 2π、周期为 2π 的冲激函数。其

IDTFT 为

$$e^{j\omega_0 n}=\mathrm{IDTFT}[X(e^{j\omega})]=\frac{1}{2\pi}\int_{-\pi}^{\pi}X(e^{j\omega})e^{j\omega n}d\omega \tag{2.3.7}$$

因为任意周期为 N 的序列 $\tilde{x}(n)$,都可以展开成如式(2.3.8)所示的级数形式:

$$\tilde{x}(n)=\sum_{k=0}^{N-1}\frac{\widetilde{X}(k)}{N}e^{j\frac{2\pi}{N}kn} \tag{2.3.8}$$

其中,$\widetilde{X}(k)$是周期序列 $\tilde{x}(n)$的 DFS,$\tilde{x}(n)$的各次谐波均为复指数序列,第 k 次独立谐波频率 $\omega_k=\frac{2\pi}{N}k$,幅度为$\frac{1}{N}\widetilde{X}(k)$,$k=0,1,\cdots,N-1$。对式(2.3.8)两边做 DTFT,并将式(2.3.6)表达式代入,令 $\omega_0=\omega_k$,得任意周期为 N 的序列 $\tilde{x}(n)$的 FT,形式上可表示为式(2.3.9)。

$$\begin{aligned}X(e^{j\omega})&=\mathrm{FT}[\tilde{x}(n)]\\&=\sum_{k=0}^{N-1}\frac{\widetilde{X}(k)}{N}\sum_{r=-\infty}^{\infty}2\pi\delta\left(\omega-\frac{2\pi}{N}k-2\pi r\right)\\&=\frac{2\pi}{N}\sum_{k=-\infty}^{\infty}\widetilde{X}(k)\delta\left(\omega-\frac{2\pi}{N}k\right)\end{aligned} \tag{2.3.9}$$

例 2.3.2 求例 2.3.1 中周期序列的 DTFT,并与其 DFS 比较异同。

解:依定义式(2.3.9),例 2.3.1 中周期序列的 DTFT 具体为

$$X(e^{j\omega})=\frac{\pi}{4}\sum_{k=-\infty}^{\infty}e^{-j\frac{3}{8}\pi k}\frac{\sin(\pi k/2)}{\sin(\pi k/8)}\delta\left(\omega-\frac{\pi}{4}k\right) \tag{2.3.10}$$

其时域波形和频域幅频特性如图 2.3.3 所示。

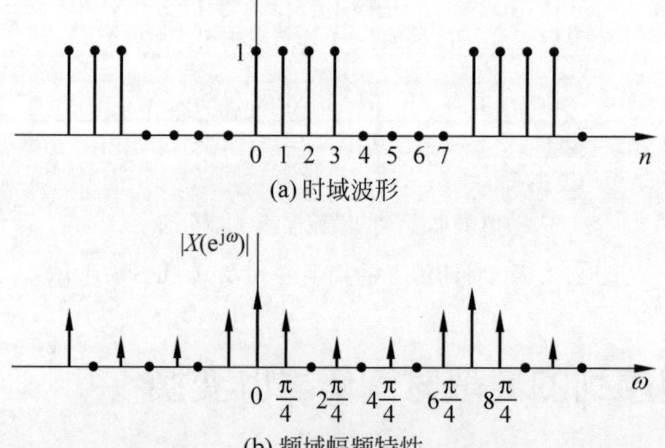

图 2.3.3 周期为 8 的周期序列及其 DTFT 波形图

通过比较例 2.3.1 和例 2.3.2 周期序列的 DTFT 式(2.3.10)和 DFS 式(2.3.5)可得如下结论:

(1) 周期序列的 DTFT、DFS 形状相同。

(2) 周期序列的 DTFT 幅度是 DFS 幅度的$\frac{2\pi}{N}$倍,其中 N 为序列的周期。

(3) DTFT 一般是数字频率 ω 的连续函数,但周期序列的 DTFT 形式上是周期性的、移位单位冲激函数的加权和,周期为 2π。DFS 是一般的频域周期序列,周期为整数 N。

2.4　离散时间傅里叶变换和连续时间傅里叶变换之间的关系

如果序列是由模拟信号采样得到的，则序列的离散时间傅里叶变换(DTFT)和相应模拟信号的连续时间傅里叶变换(CTFT)间的关系，可进行如下分析。

设模拟信号及其采样信号分别记为 $x_a(t)$、$\hat{x}_a(t)$，它们都是连续时间域的函数。$x_a(t)$、$\hat{x}_a(t)$ 对应的 CTFT 分别记为 $X_a(\mathrm{j}\Omega)$、$\hat{X}_a(\mathrm{j}\Omega)$，均是模拟频率域的谱函数。对模拟信号 $x_a(t)$ 以采样时间间隔 T 进行理想采样得 $\hat{x}_a(t)$：

$$\hat{x}_a(t)=\sum_{n=-\infty}^{\infty} x_a(nT)\delta(t-nT),\quad t\ \text{为实数} \tag{2.4.1}$$

则 $\hat{x}_a(t)$ 的 CTFT 为

$$\hat{X}_a(\mathrm{j}\Omega)=\frac{1}{T}\sum_{m=-\infty}^{\infty} X_a\left[\mathrm{j}\left(\Omega-m\frac{2\pi}{T}\right)\right] \tag{2.4.2}$$

其中，模拟频率域的采样角频率 $\Omega_s=\frac{2\pi}{T}$，可见 $\hat{X}_a(\mathrm{j}\Omega)$ 是以 Ω_s 为周期将 $X_a(\mathrm{j}\Omega)$ 进行周期延拓的结果。

忽略量化误差，定义上述采样值 $x_a(nT)$ 为序列 $x(n)$，记该离散时间域的序列 $x(n)$ 的 DTFT 为 $X(\mathrm{e}^{\mathrm{j}\omega})$。因为时域信号数值上，$x(n)=x_a(nT)$，整数 $n\in(-\infty,+\infty)$，所以序列 $x(n)$ 在数字频率域的频谱函数 $X(\mathrm{e}^{\mathrm{j}\omega})$ 可以通过对 $\hat{x}_a(t)$ 的模拟频率域谱函数 $\hat{X}_a(\mathrm{j}\Omega)$ 利用频率变量映射得到，具体地，因数字频率 $\omega=\Omega T$，将 $\Omega=\omega/T$ 代入 $\hat{X}_a(\mathrm{j}\Omega)$ 表达式得

$$X(\mathrm{e}^{\mathrm{j}\omega})=\hat{X}_a(\mathrm{j}\Omega)\big|_{\Omega=\omega/T}=\frac{1}{T}\sum_{m=-\infty}^{\infty} X_a\left[\mathrm{j}\left(\frac{\omega}{T}-m\frac{2\pi}{T}\right)\right] \tag{2.4.3}$$

式(2.4.3)表明，将带限模拟信号的频谱 $X_a(\mathrm{j}\Omega)$，经频率尺度变换后，在数字频率域以 2π 为周期进行周期延拓，就可以得到采样值对应序列 $x(n)$ 的 DTFT。

从上面的分析过程，可以总结出模拟域和数字域频率量之间的对应关系，特别要注意各参量的量纲变化。

(1) 模拟(连续时间)域：

频率 f(单位为 Hz)，角频率 Ω 单位为 rad/s。

采样频率 f_s、采样角频率 Ω_s；采样时间间隔 T(单位为 s)。

频率归一化是对采样频率 f_s 做归一化。

归一化频率 $f'=\frac{f}{f_s}$，归一化角频率 $\Omega'=\frac{\Omega}{\Omega_s}$，无量纲。

(2) 数字(离散时间)域：

数字频率：$\omega=\Omega T=\frac{\Omega}{f_s}=2\pi\frac{f}{f_s}$(单位为 rad)。

频率归一化是对 2π 做归一化。归一化数字频率 $\omega'=\frac{\omega}{2\pi}$，无量纲。

(3) 给定系统采样率 f_s：

模拟域折叠频率(即奈奎斯特频率)$\frac{f_s}{2}\left(或\frac{\Omega_s}{2}\right)$,对应着数字域的数字频率 π。

(4) 已知信号的最高频率 f_h,根据奈奎斯特采样定理,若采样系统取奈奎斯特采样率,即采样系统取允许的最小采样率 $f_s=2f_h$,则折叠频率$\frac{f_s}{2}$也可以理解为给定系统可处理信号的最高频率。

例 2.4.1 给定模拟信号 $x_a(t)=\cos 2\pi f_0 t$, $f_0=50\text{Hz}$,采样频率 $f_s=200\text{Hz}$。

(1) 求采样信号 $\hat{x}_a(t)$和对应序列 $x(n)$的表达式;

(2) 求 $x_a(t)$, $\hat{x}_a(t)$, $x(n)$的傅里叶变换(FT);

(3) 比较三类信号的 FT 异同。

解：

(1) 设对 $x_a(t)$理想采样,采样角频率 $\Omega_s=2\pi f_s$,则采样信号和对应序列的表达式分别为式(2.4.4a)和式(2.4.4b)。

$$\hat{x}_a(t)=\sum_{n=-\infty}^{\infty}\cos(2\pi f_0 nT)\delta(t-nT),\quad 实数\ t\ 连续 \tag{2.4.4a}$$

$$\begin{aligned}x(n)&=x_a(nT)=\cos(2\pi f_0 nT)\\&=\cos(\omega_0 n),\quad 整数\ n\ 离散\end{aligned} \tag{2.4.4b}$$

式(2.4.4b)中数字频率 $\omega_0=2\pi f_0 T$。

(2) $x_a(t)$、$\hat{x}_a(t)$的 FT,根据定义分别得到式(2.4.5a)和式(2.4.5b)。

$$X(\mathrm{j}\Omega)=\int_{-\infty}^{\infty}x_a(t)\mathrm{e}^{-\mathrm{j}\Omega t}\mathrm{d}t=\pi[\delta(\Omega-2\pi f_0)+\delta(\Omega+2\pi f_0)] \tag{2.4.5a}$$

$$\hat{X}_a(\mathrm{j}\Omega)=\frac{1}{T}\sum_{m=-\infty}^{\infty}\pi[\delta(\Omega-2\pi f_0-m\Omega_s)+\delta(\Omega+2\pi f_0-m\Omega_s)] \tag{2.4.5b}$$

令模拟角频率 $\Omega=\omega/T=\omega f_s$,代入 $\hat{X}_a(\mathrm{j}\Omega)$的表达式(2.4.5b),得 $x(n)$的 FT:

$$X(\mathrm{e}^{\mathrm{j}\omega})=\frac{1}{T}\sum_{m=-\infty}^{\infty}\pi[\delta(\omega f_s-2\pi f_0-m\cdot 2\pi f_s)+\delta(\omega f_s+2\pi f_0-m\cdot 2\pi f_s)] \tag{2.4.5c}$$

对式(2.4.5c)进行频率尺度转换：所有频率参量除以 f_s,等效于隐去采样频率,并考虑到例 2.4.1 给定的条件$\frac{f}{f_s}=\frac{1}{4}$,式(2.4.5c)可等效为

$$X(\mathrm{e}^{\mathrm{j}\omega})=\frac{1}{T}\sum_{m=-\infty}^{\infty}\pi\left[\delta\left(\omega-\frac{\pi}{2}-m\cdot 2\pi\right)+\delta\left(\omega+\frac{\pi}{2}-m\cdot 2\pi\right)\right] \tag{2.4.5d}$$

(3) 讨论：

因 $x_a(t)$是单频周期函数,所以其傅里叶变换 $X(\mathrm{j}\Omega)$为两根线谱,强度均为 π。

理想采样信号 $\hat{x}_a(t)$的傅里叶变换 $\hat{X}_a(\mathrm{j}\Omega)$的计算,可借助 $\delta(\Omega)$的性质,在模拟角频率域将 $X(\mathrm{j}\Omega)$以采样角频率 Ω_s 为周期进行延拓得到,有无穷多根谱线,强度均为$\frac{\pi}{T}$。

对应离散时间信号 $x(n)$的 DTFT $X(\mathrm{e}^{\mathrm{j}\omega})$,频域变量为数字频率 ω,其中隐含了采样时

间间隔 T，即采样频率 f_s 参数，是原连续信号 $x_a(t)$ 的频谱 $X(j\Omega)$ 经频率尺度变换（先将模拟域角频率变量映射成数字频率变量，再隐去采样频率）后，以 2π 为周期的周期延拓，也有无穷多根谱线，但强度均为 $\frac{\pi}{T}$。

$x_a(t)$，$\hat{x}_a(t)$，$x(n)$ 信号的 FT 波形如图 2.4.1 所示。

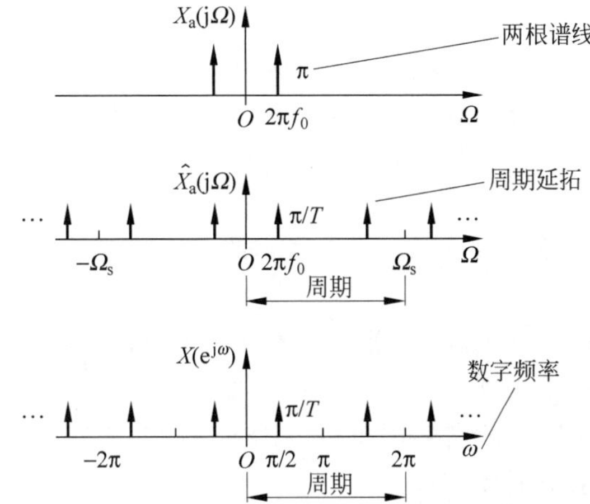

图 2.4.1　例 2.4.1 中连续信号、采样信号及序列的频域波形

2.5　z 变换

2.5.1　z 变换的定义

z 变换（z transform，ZT）是离散时间信号或系统单位采样脉冲响应的复频域变换。以离散时间信号为例，给定信号序列 $x(n)$，其 z 变换定义为

$$X(z)=\sum_{n=-\infty}^{\infty}x(n)z^{-n},\quad \text{ROC}: R_{x^-}<|z|<R_{x^+} \tag{2.5.1}$$

其中，ROC（range of convergence）意为收敛域。

注意：求信号或系统单位采样脉冲响应的 z 变换，必须同时确定其收敛域，z 变换分析才是完整的。否则，在复频域处理结束后，应用上要求通过逆 z 变换求相应时域序列时将会导致结果的不唯一。

式(2.5.1)可展开写成式(2.5.2)：

$$X(z)=\cdots+x(-2)z^{2}+x(-1)z^{1}+x(0)+x(1)z^{-1}+x(2)z^{-2}+\cdots \tag{2.5.2}$$

对于 z 变换函数 $X(z)$ 有如下特点：

(1) $X(z)$ 是 z 域上的复函数，通常可表示成有理分式 $\frac{P(z)}{Q(z)}$ 的形式；

(2) $X(z)=\frac{P(z)}{Q(z)}$ 时，$P(z)$、$Q(z)$ 的根分别为 $X(z)$ 的零点和极点；

(3) z 域是复频域，z 是复数，其直角坐标分量表示为 $z=\text{Re}z+\text{jIm}z$，其极坐标分量表

示为 $z=|z|e^{j\omega}$，ω 称为 z 的幅角，单位是 rad；

(4) z 变换(ZT)定义式(2.5.1)中，当 $n\in(-\infty,\infty)$ 时，是双边 z 变换；当 $n\in(0,\infty)$ 时，是单边 z 变换。例如：

对因果序列 $x(n)$，因 $n<0$ 时，$x(n)=0$，$X(z)=\sum_{n=0}^{\infty}x(n)z^{-n}$，则其双边 ZT 和单边 ZT 结果是一样的。

如果数字系统(滤波器)的单位采样脉冲响应为 $h(n)$，且 $h(n)$ 是因果序列，则 z 变换的典型应用例子是作为分析、设计、实现数字滤波器的工具。$h(n)$ 的 z 变换可表示为

$$H(z)=\sum_{n=-\infty}^{\infty}h(n)z^{-n}=\sum_{n=0}^{\infty}h(n)z^{-n} \tag{2.5.3}$$

其中，$H(z)$ 称为数字滤波器的"系统函数"。$h(n)$ 的 FT 为 $H(e^{j\omega})$，称其为系统的"传输函数"或"频率响应"。

由给定的 z 变换函数及其收敛域，通过逆 ZT(IZT)，可以求出相应的时域序列 $x(n)$。具体 IZT 的计算将在 2.5.3 节介绍。

例 2.5.1 给定因果数字滤波器的单位采样脉冲响应 $h(n)=[h_0,h_1,h_2,h_3,h_4]=[2,3,5,0.5,-1]$，求其系统函数 $H(z)$。

解：依题意，并根据 ZT 的定义式(2.5.2)，得数字滤波器的系统函数

$$\begin{aligned}H(z)&=h(0)+h(1)z^{-1}+h(2)z^{-2}+h(3)z^{-3}+h(4)z^{-4}\\&=2+3z^{-1}+5z^{-2}+0.5z^{-3}-z^{-4}\end{aligned} \tag{2.5.4}$$

由式(2.5.4)可见，当 $z\neq0$ 时，$H(z)$ 就是有限的，故因果数字滤波器系统函数 $H(z)$ 的收敛域(ROC)为：$|z|\neq0$ 或 $|z|>0$。

2.5.2 z 变换的收敛域

如果信号 $x(n)$ 是无穷序列，其 z 变换在某些复数 z 处是收敛的，则这些复数 z 的集合就叫该 z 变换的收敛域(ROC)。表现为取收敛域内的复数 z 值时，z 变换函数 $X(z)$ 是有限的，即式(2.5.5)成立。

$$X(z)=\sum_{n=-\infty}^{\infty}|x(n)z^{-n}|<\infty \tag{2.5.5}$$

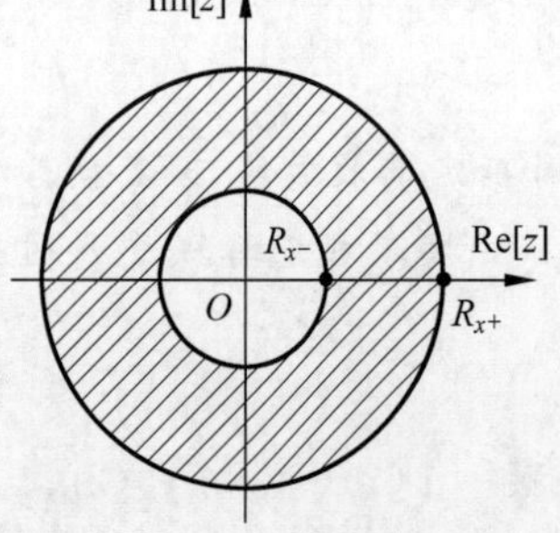

图 2.5.1 z 变换的收敛域

复 z 平面上，一般形式的 z 变换的 ROC 表示为 $R_{x-}<|z|<R_{x+}$，如图 2.5.1 中圆环状的阴影区域，圆环中心为 z 平面上直角坐标的原点。

ROC 的作用主要表现如下：

(1) 时域序列的具体特性决定了 z 变换的收敛域；

(2) z 变换的 ROC 决定了逆 z 变换结果的唯一性；

(3) 根据 z 变换的 ROC，可了解信号或系统因果性、稳定性的特征。例如：对于因果(右)序列，其 z 变换的收敛域是 z 平面上原点为圆心的某个圆外的区域；对于非因果(左)序列，其 z 变换的收敛域是 z 平面上原点为圆心的某个圆内的区域。可以证明：任意时域序列都可以分解为因果部分和非因果部分；这样的一般序列

有时称为因果、非因果混合序列(双边序列),其 z 变换的收敛域是 z 平面上原点为圆心的某两个同心圆之间的环状区域。

z 变换的收敛域的判定可以由信号 z 变换函数的收敛特性确定。对于无限长序列,求其 ROC 时常要用无穷几何级数求和公式(如式(2.5.6)和式(2.5.7)所示)进行化简后判定。

$$1+x+x^2+x^3+x^4+\cdots=\sum_{n=0}^{\infty}x^n=\frac{1}{1-x},\quad |x|<1\text{ 时收敛} \tag{2.5.6}$$

$$x+x^2+x^3+x^4+\cdots=\sum_{n=1}^{\infty}x^n=\frac{x}{1-x},\quad |x|<1\text{ 时收敛} \tag{2.5.7}$$

例 2.5.2 求下列信号的 z 变换及其收敛域。

(1) $x(n)=0.5^n u(n)$;

(2) $x(n)=-0.5^n u(-n-1)$。

解:

(1) 因为单位阶跃序列 $u(n)=1(n=0,1,2,\cdots)$是因果序列,根据 ZT 的定义,$x(n)$的 z 变换为

$$X(z)=\sum_{n=0}^{\infty}0.5^n z^{-n}=\sum_{n=0}^{\infty}(0.5z^{-1})^n=\frac{1}{1-0.5z^{-1}} \tag{2.5.8}$$

式(2.5.8)级数收敛的条件是$|0.5z^{-1}|<1$,所以$|z|>0.5$就是其 ROC。该因果序列 ZT 的 ROC 是 z 平面上原点为圆心、半径大于 0.5 的圆外区域。

(2) 给定序列中的单位阶跃序列,应满足$-n-1\geqslant 0$,即 $n\leqslant -1$ 才非零;故题目给定的序列是非因果的,根据 ZT 的定义,$x(n)$的 z 变换为

$$\begin{aligned}X(z)&=\sum_{n=-\infty}^{-1}(-0.5^n)z^{-n}=-\sum_{n=1}^{\infty}(0.5^{-1}z)^n\\&=-\frac{0.5^{-1}z}{1-0.5^{-1}z}=\frac{1}{1-0.5z^{-1}}\end{aligned} \tag{2.5.9}$$

式(2.5.9)级数收敛的条件是$|0.5^{-1}z|<1$,所以$|z|<0.5$就是其 ROC。该非因果序列 ZT 的 ROC 是 z 平面上原点为圆心、半径小于 0.5 的圆内区域。

例 2.5.2 讨论与总结:

(1) 只有在求出序列的 z 变换,同时判定其 ROC 后,求 z 变换才全部完成。由例 2.5.2 可见,对同样的 ZT 函数,由于具体 ROC 不同,因此可以对应于不同的时域序列。例 2.5.2 的一般情况如式(2.5.10a)和式(2.5.10b)所示。

$x(n)=a^n u(n)$的 z 变换为

$$X(z)=\frac{1}{1-az^{-1}},\quad \text{ROC}: |z|>|a| \tag{2.5.10a}$$

$x(n)=-a^n u(-n-1)$的 z 变换为

$$X(z)=\frac{1}{1-az^{-1}},\quad \text{ROC}: |z|<|a| \tag{2.5.10b}$$

(2) 对于有限长序列,设 $n_1\leqslant n\leqslant n_2$ 区间上,$x(n)$序列各项都是有限的,其 ZT 函数为

$$X(z)=\sum_{n=n_1}^{n_2}x(n)z^{-n} \tag{2.5.11}$$

显然式(2.5.11)中,只要$|z|^{-n}$有限,则 ZT 函数 $X(z)$有限,其 ROC 是 z 平面上除使 $X(z)\to$

∞的 $z=0$ 点外的所有 z 值,即 ROC: $|z|\neq 0$。

(3) 如果序列的 z 变换在整个 z 平面上无收敛域,则这个序列的 z 变换不存在。

(4) z 变换函数 $X(z)$ 的零点、极点定义:称使 $X(z)=0$ 的 z 值为 z 变换的零点;称使 $X(z)\to\infty$ 的所有 z 值为 z 变换的极点。显然,z 变换的 ROC 不包括极点;在 z 平面上,ROC 总是以原点为圆心、某极点的模为半径的圆为界的。

例 2.5.3 求下列信号的 z 变换及其收敛域(ROC)。

(1) $x(n)=0.6^n u(n)+1.4^n u(n)$;

(2) $x(n)=0.6^n u(n)-1.4^n u(-n-1)$;

(3) $x(n)=-0.6^n u(-n-1)-1.4^n u(-n-1)$;

(4) $x(n)=-0.6^n u(-n-1)+1.4^n u(n)$。

解:依题意,例 2.5.3 给出的时域序列由两个子序列组合而成。根据式(2.5.10a)和式(2.5.10b),所给序列模型的第一项参数 $a=0.6$,第二项参数 $a=1.4$。

前三种信号的 z 变换形式完全一样:

$$X(z)=\frac{1}{1-0.6z^{-1}}+\frac{1}{1-1.4z^{-1}} \tag{2.5.12}$$

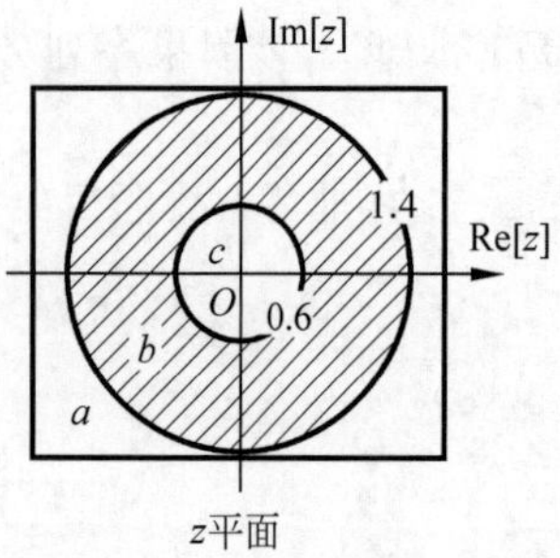

图 2.5.2 例 2.5.3 的收敛域

下面具体讨论各序列 z 变换的 ROC。

(1) 因为时域序列由两个因果子序列组成,故第一项 ZT 的 ROC 为 $|z|>0.6$,第二项 ZT 的 ROC 为 $|z|>1.4$。两项公共的 ROC,即信号 z 变换的完整 ROC 为 $|z|>1.4$。

对应着图 2.5.2 中的 a 区域,即 z 平面上半径为 1.4 的圆外部分,以后会介绍,因为序列 ZT 的该 ROC 不包含 z 平面上单位圆 $|z|=1$,所以可知给定序列是不稳定的。

(2) 给定时域序列的第 1 个和第 2 个子序列分别是因果、非因果的。故第一项 ZT 的 ROC 为 $|z|>0.6$,第二项 ZT 的 ROC 为 $|z|<1.4$。两项公共的 ROC,即信号 z 变换的完整 ROC 为 $0.6<|z|<1.4$。

对应着图 2.5.2 中 z 平面上的环形 b 区域,因为序列 ZT 的该 ROC 包含 z 平面上单位圆 $|z|=1$,所以可知给定序列是稳定的双边序列。

(3) 给定时域序列的两子序列均是非因果的。第一项序列 ZT 的 ROC 为 $|z|<0.6$,第二项 ZT 的 ROC 为 $|z|<1.4$。两项公共的 ROC,即信号 z 变换的完整 ROC 为 $|z|<0.6$。

对应着图 2.5.2 中的 c 区域,即 z 平面上半径为 0.6 的圆内部分。因为序列 ZT 的该 ROC 不包含 z 平面上单位圆 $|z|=1$,所以可知该给定时域序列是非因果、不稳定的。

(4) 给定时域序列第 1 部分和第 2 部分分别是非因果、因果的。

第 1 子序列的 ZT:

$$X_1(z)=\frac{1}{1-0.6z^{-1}},\quad \text{ROC 为 } |z|<0.6$$

第 2 子序列的 ZT:

$$X_2(z)=\frac{1}{1-1.4z^{-1}},\quad \text{ROC 为 } |z|>1.4$$

两子序列的 ZT 没有公共 ROC，即给定信号无 ROC，故信号没有 z 变换。

例 2.5.3 进一步说明了 ZT 函数的 ROC 中无极点，在 z 平面上 ROC 总是以原点为圆心、极点的模为半径的圆为界的。同样的 ZT 函数，但 ROC 不同，则所对应的时域序列特性是不同的。

综上所述：设序列 ZT 函数有 z 平面上的极点 $z=a$，且 $|a|>0$：

(1) 因果(右)序列 ZT 函数的 ROC 一般是 z 平面上的某个圆外区域，即 $|z|>|a|$；

(2) 非因果(左)序列 ZT 函数的 ROC 一般是 z 平面上的某个圆内区域，即 $|z|<|a|$。

利用 ROC 这个特点在求逆 z 变换时可以确定唯一的时域序列。

2.5.3　逆 z 变换

给定序列的 z 变换及其收敛域(ROC)，求时域序列，称为求逆 z 变换(inverse z transform，IZT)。为了对照，下面给出序列 $x(n)$的 ZT 及 IZT 的表达式

$$\text{ZT:}\quad X(z)=\sum_{n=-\infty}^{\infty}x(n)z^{-n}\quad \text{ROC 为 } R_{x^-}<|z|<R_{x^+}$$

$$\text{IZT:}\ x(n)=\frac{1}{2\pi \mathrm{j}}\oint_c X(z)z^{n-1}\mathrm{d}z,\quad c\in(R_{x^-},R_{x^+}) \tag{2.5.13}$$

式(2.5.13)中，c 是 $X(z)$的收敛域中一条绕 z 平面原点逆时针方向的闭合曲线。求 IZT 就是计算式(2.5.13)所定义的围线积分。

IZT 的典型应用之一是设计数字滤波器。数字滤波器的系统函数一般是 z^{-1} 的有理式，故尽量采用 z^{-1} 为变量因子的 ZT 形式会比较方便。对数字(滤波器)系统，已知系统函数 $H(z)$及其 ROC，求系统的单位采样脉冲响应 $h(n)$就是计算 IZT。

显然，求逆 z 变换一定要先确定 ROC，才能确定围线积分中的逆时针围线 c。ROC 不同，则对应不同的时域序列；但所有可能的逆变换序列，只有一个是稳定的序列。如果未给出 ZT 的 ROC，则要分不同的可能 ROC 求逆 z 变换；或者，至少要求出序列是稳定的情况下的逆 z 变换。

实际应用中，根据具体问题特点，求逆 z 变换比较常见的方法有 3 种：幂级数法(长除法)、部分分式展开法和留数法(应用留数定理)。其中幂级数展开法最容易(计算直观)，部分分式展开法最常用(单阶极点情况下，计算快)，留数法理论性强但复杂(要熟悉复变函数理论中的留数定理)。

1. 幂级数法(长除法)

根据 z 变换的定义，若已知因果序列 $x(n)$ 的 z 变换 $X(z)=\sum_{n=0}^{\infty}x(n)z^{-n}$，各 z^{-n} 幂次的系数就是原序列各样值点数值，故 IZT 为

$$x(n)=[x(0),x(1),x(2),\cdots]$$

如果已知的 z 变换不是幂级数，则要用长除法求其幂级数形式。幂级数法比较适用于单边序列，通常得到 IZT 的数值解。对因果(右)序列，$X(z)$应写作负幂级数，对非因果(左)序列 $X(z)$应写作正幂级数。

例 2.5.4 已知序列的 ZT：$X(z)=\dfrac{1}{1-az^{-1}}$,$|z|>|a|$,用长除法求其逆 z 变换 $x(n)$。

解：由给定收敛域可以判定这是一个右序列,用长除法将其展成负幂级数

$$
\begin{array}{r|l}
 & 1+az^{-1}+a^2z^{-2}+\cdots \\
\hline
1-az^{-1} & 1 \\
 & 1-az^{-1} \\
\cline{2-2}
 & az^{-1} \\
 & az^{-1}-a^2z^{-2} \\
\cline{2-2}
 & a^2z^{-2} \\
 & \vdots
\end{array}
$$

所以,ZT 等效为

$$X(z)=1+az^{-1}+a^2z^{-2}+a^3z^{-3}+\cdots=\sum_{n=0}^{\infty}a^nz^{-n}$$

综合起来,根据 ZT 的定义,写出 IZT 为

$$x(n)=a^nu(n)$$

显然,应用幂级数法通常不易于求 $x(n)$的代数表达式。

2. 部分分式展开法

部分分式展开法(partial fraction expansion method)对多数具有单阶极点的序列 ZT 函数求 IZT 最常用。

设序列 $x(n)$的 z 变换具有有理分式形式 $X(z)=\dfrac{P(z^{-1})}{Q(z^{-1})}$,且仅有一阶极点；若对变量 z^{-1} 来讲分子多项式是 M 阶,分母多项式是 N 阶,则 $X(z)$至少有 N 个非零极点 p_i,$i=1,2,\cdots,N$,分母多项式可写为

$$Q(z^{-1})=(1-p_1z^{-1})(1-p_2z^{-1})\cdots(1-p_Nz^{-1})$$

部分分式展开法的关键是将 $X(z)$写成部分分式形式,再对各部分分式分别求 IZT,最后根据 ZT 的线性性将各部分 IZT 结果相加即可。根据有理分式 $X(z)$分子、分母的阶次情况,将 $X(z)$展开成部分分式方法如式(2.5.14)～式(2.5.18)所示。

1) 设 $M<N$

ZT 函数可等效写成式(2.5.14)：

$$
\begin{aligned}
X(z)&=\frac{P(z^{-1})}{Q(z^{-1})}\\
&=\frac{P(z^{-1})}{(1-p_1z^{-1})(1-p_2z^{-1})\cdots(1-p_Nz^{-1})}\\
&=\frac{A_1}{1-p_1z^{-1}}+\frac{A_2}{1-p_2z^{-1}}+\cdots+\frac{A_N}{1-p_Nz^{-1}}
\end{aligned}
\tag{2.5.14}
$$

其中,系数

$$A_i=[(1-p_iz^{-1})X(z)]|_{z=p_i},\quad i=1,2,\cdots,N \tag{2.5.15}$$

式(2.5.15)表明只要在 $X(z)$的分母中去掉 $1-p_iz^{-1}$ 因子,代入 $z=p_i$ 计算即得 A_i。

2）设 $M=N$

ZT 函数可等效写成式(2.5.16)：

$$\begin{aligned}X(z)&=\frac{P(z^{-1})}{Q(z^{-1})}\\&=A_0+\frac{A_1}{1-p_1z^{-1}}+\frac{A_2}{1-p_2z^{-1}}+\cdots+\frac{A_N}{1-p_Nz^{-1}}\end{aligned}\tag{2.5.16}$$

其中，系数

$$A_0=X(z)\big|_{z=0}\tag{2.5.17}$$

$A_i, i=1,2,\cdots,N$，与 1）中一样，由式(2.5.15)求出。

3）设 $M>N$

ZT 函数可等效写成式(2.5.18)：

$$\begin{aligned}X(z)&=\frac{P(z^{-1})}{Q(z^{-1})}=\sum_{n=0}^{M-N}B_nz^{-n}+\frac{P'(z^{-1})}{Q(z^{-1})}\\&=\sum_{n=0}^{M-N}B_nz^{-n}+\frac{A_1}{1-p_1z^{-1}}+\frac{A_2}{1-p_2z^{-1}}+\cdots+\frac{A_N}{1-p_Nz^{-1}}\end{aligned}\tag{2.5.18}$$

式(2.5.18)表明这时部分分式法解 IZT 可分成两步：第一，求和项，用长除法可求出各系数 B_n，写出其逆 z 变换；第二，有理分式项 $\frac{P'(z^{-1})}{Q(z^{-1})}$ 写成部分分式之和，其分解系数的求法和 1）中完全一样。这种情况也可以利用 2.5.4 节 ZT 的性质，对 $\frac{1}{Q(z^{-1})}$ 利用 1）的方法部分分式分解，求出 $\frac{1}{Q(z^{-1})}$ 的 IZT 后，再用 $P(z^{-1})$ 修正。

完成 ZT 函数的部分分式分解后，可针对 ROC 求出各部分的逆 z 变换，如查表 2.5.1 所示的 z 变换表，求出相应 ROC 对应的各分式的逆 z 变换。最后将所有的 IZT 结果加起来就是给定 ROC 下要求的逆 z 变换。

表 2.5.1 常见序列的 z 变换

序　列	z 变换	收　敛　域
$\delta(n)$	1	全部 z 平面
$u(n)$	$\frac{1}{1-z^{-1}}$	$\|z\|>1$
$a^nu(n)$	$\frac{1}{1-az^{-1}}$	$\|z\|>\|a\|$
$R_N(n)$	$\frac{1-z^{-N}}{1-z^{-1}}$	$\|z\|>0$
$-a^nu(-n-1)$	$\frac{1}{1-az^{-1}}$	$\|z\|<\|a\|$
$nu(n)$	$\frac{z^{-1}}{(1-z^{-1})^2}$	$\|z\|>1$
$na^nu(n)$	$\frac{az^{-1}}{(1-az^{-1})^2}$	$\|z\|>\|a\|$

续表

序　列	z 变换	收 敛 域
$e^{j\omega_0 n}u(n)$	$\dfrac{1}{1-e^{j\omega_0}z^{-1}}$	$\|z\|>1$
$\sin(\omega_0 n)u(n)$	$\dfrac{z^{-1}\sin\omega_0}{1-2z^{-1}\cos\omega_0+z^{-2}}$	$\|z\|>1$
$\cos(\omega_0 n)u(n)$	$\dfrac{1-z^{-1}\cos\omega_0}{1-2z^{-1}\cos\omega_0+z^{-2}}$	$\|z\|>1$
$e^{-an}\sin(\omega_0 n)u(n)$	$\dfrac{z^{-1}e^{-a}\sin\omega_0}{1-2z^{-1}e^{-a}\cos\omega_0+z^{-2}e^{-2a}}$	$\|z\|>e^{-a}$
$e^{-an}\cos(\omega_0 n)u(n)$	$\dfrac{1-z^{-1}e^{-a}\cos\omega_0}{1-2z^{-1}e^{-a}\cos\omega_0+z^{-2}e^{-2a}}$	$\|z\|>e^{-a}$
$\sin(\omega_0 n+\theta)u(n)$	$\dfrac{\sin\theta+z^{-1}\sin(\omega_0-\theta)}{1-2z^{-1}\cos\omega_0+z^{-2}}$	$\|z\|>1$
$(n+1)a^n u(n)$	$\dfrac{1}{(1-az^{-1})^2}$	$\|z\|>\|a\|$
$\dfrac{(n+1)(n+2)}{2!}a^n u(n)$	$\dfrac{1}{(1-az^{-1})^3}$	$\|z\|>\|a\|$
$\dfrac{(n+1)(n+2)\cdots(n+m)}{m!}a^n u(n)$	$\dfrac{1}{(1-az^{-1})^{m+1}}$	$\|z\|>\|a\|$
$\dfrac{n(n-1)}{2!}u(n)$	$\dfrac{z^{-2}}{(1-z^{-1})^3}$	$\|z\|>1$
$\dfrac{n(n-1)(n-2)}{3!}u(n)$	$\dfrac{z^{-3}}{(1-z^{-1})^4}$	$\|z\|>1$

例 2.5.5 给定 z 变换 $X(z)=\dfrac{8+z^{-1}-z^{-2}}{1-0.25z^{-2}}$,求所有可能的逆 z 变换。

解:给定 $X(z)$的分子、分母均为 z^{-1} 的二次因式,按式(2.5.16)的形式,展开得

$$X(z)=\frac{8+z^{-1}-z^{-2}}{1-0.25z^{-2}}=\frac{8+z^{-1}-z^{-2}}{(1-0.5z^{-1})(1+0.5z^{-1})}$$

$$=A_0+\frac{A_1}{1-0.5z^{-1}}+\frac{A_2}{1+0.5z^{-1}} \tag{2.5.19}$$

其中,系数由式(2.5.15)和式(2.5.17)可得

$$A_0=X(z)\big|_{z=0}=\left.\frac{8+z^{-1}-z^{-2}}{1-0.25z^{-2}}\right|_{z=0}=\left.\frac{8z^2+z-1}{z^2-0.25}\right|_{z=0}=\frac{-1}{-0.25}=4 \tag{2.5.20}$$

$$A_1=\left.\frac{8+z^{-1}-z^{-2}}{1+0.5z^{-1}}\right|_{z=0.5}=3 \tag{2.5.21}$$

$$A_2=\left.\frac{8+z^{-1}-z^{-2}}{(1-0.5z^{-1})}\right|_{z=-0.5}=1 \tag{2.5.22}$$

由式(2.5.19)可知给定的 z 变换有两个幅度相等的一阶极点,$z_1=0.5$,$z_2=-0.5$。故半径为 0.5 的圆把 z 平面分成了圆内、圆外两部分,如图 2.5.3 所示,Ⅰ区域($|z|>0.5$)和Ⅱ区域($|z|<0.5$)是给定 ZT 可能的两个 ROC。

(1) ROC 是Ⅰ区域时：系数为 A_1、A_2 的项对应因果序列，常数 A_0 项对应单位采样脉冲 $\delta(n)$。查表 2.5.1，得到该 ROC 对应的 IZT：

$$
\begin{aligned}
x(n) &= A_0\delta(n) + A_1(0.5)^n u(n) + A_2(-0.5)^n u(n) \\
&= 4\delta(n) + 3(0.5)^n u(n) + (-0.5)^n u(n)
\end{aligned}
\tag{2.5.23}
$$

因为该 ROC 含 z 平面上的单位圆，所以序列 $x(n)$是稳定的。例 2.5.5 中Ⅰ区域的 MATLAB 实现见 2.7.2 节。

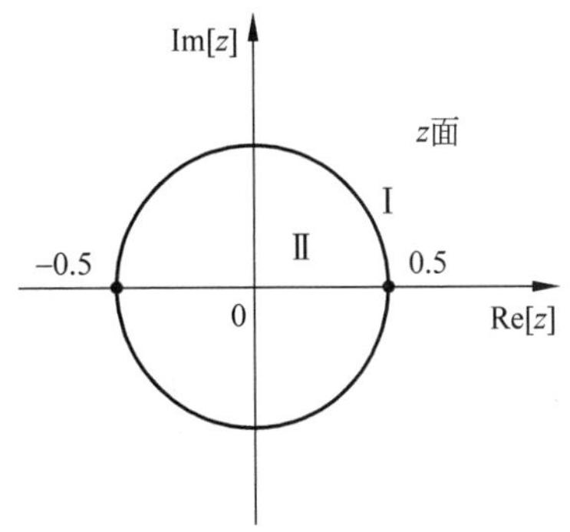

图 2.5.3 例 2.5.5 $X(z)$的极点分布

(2) ROC 是Ⅱ区域时：系数为 A_1、A_2 的项对应非因果序列，常数 A_0 项对应单位采样脉冲 $\delta(n)$。查表 2.5.1，得到该 ROC 对应的 IZT：

$$
\begin{aligned}
x(n) &= A_0\delta(n) - A_1(0.5)^n u(-n-1) - A_2(-0.5)^n u(-n-1) \\
&= 4\delta(n) - 3(0.5)^n u(-n-1) - (-0.5)^n u(-n-1)
\end{aligned}
\tag{2.5.24}
$$

因为该 ROC 不包含 z 平面上的单位圆，所以信号序列 $x(n)$是非稳定的。

例 2.5.6 给定 z 变换 $X(z)=\dfrac{1}{z^9(z+1)}$，求其逆 z 变换。

解：将给定 ZT 改写成 z^{-1} 的形式：

$$X(z) = z^{-10}\,\frac{1}{1+z^{-1}}$$

(1) 分式$\dfrac{1}{1+z^{-1}}$的一阶极点是 $z=-1$，z 平面上$|z|=1$ 的圆把 z 平面分成两部分：Ⅰ区域和Ⅱ区域，如图 2.5.4 所示。

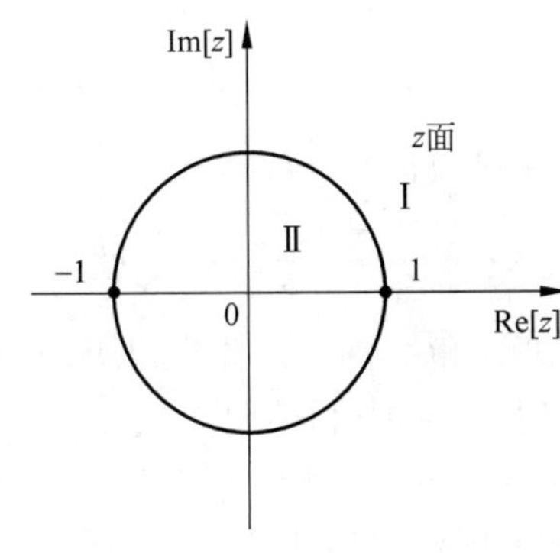

图 2.5.4 例 2.5.6 $X(z)$的极点分布

本题未给出 ZT 的 ROC，因为 ZT 的极点在 z 平面单位圆上，时域序列不是稳定的，但可以是因果的，故取时域为因果(右)序列。查表 2.5.1，分式$\dfrac{1}{1+z^{-1}}$ IZT 对应的因果序列为$(-1)^n u(n)$。

(2) 对(1)的结果进行修正：考虑到延迟因子 z^{-10}，利用 2.5.4 节将介绍的 ZT 的延迟性质，分式$\dfrac{1}{1+z^{-1}}$的 IZT 应延迟 10 个时间单位，得到所给 ZT 函数的 IZT：

$$
\begin{aligned}
x(n) &= (-1)^{n-10} u(n-10) \\
&= (-1)^n u(n-10)
\end{aligned}
\tag{2.5.25}
$$

3. 围线积分法(留数法)

用 z 平面上的围线积分求 IZT 要应用复变函数理论中的留数定理。

1) 留数定理

在复数 z 平面上，如果函数 $X(z)z^{n-1}$ 在逆时针围线 c 内的极点有 N_1 个，用 z_{1k}，$k=$

$1,2,\cdots,N_1$ 表示，则函数 $X(z)z^{n-1}$ 的围线积分可通过计算函数在围线 c 内极点处的留数和完成：

$$x(n)=\frac{1}{2\pi\mathrm{j}}\oint_c X(z)z^{n-1}\mathrm{d}z=\sum_{k=1}^{N_1}\mathrm{Res}[X(z)z^{n-1},z_{1k}] \tag{2.5.26}$$

其中，$\mathrm{Res}[f(z),a]$表示函数 $f(z)$在 $z=a$ 处的留数。式(2.5.26)中若 z_{1k} 是一阶极点，留数容易计算：

$$\mathrm{Res}[X(z)z^{n-1},z_{1k}]=(z-z_{1k})X(z)z^{n-1}\big|_{z=z_{1k}} \tag{2.5.27}$$

若 z_{1k} 是 N 阶极点，则留数计算较烦琐：

$$\mathrm{Res}[X(z)z^{n-1},z_{1k}]=\frac{1}{(N-1)!}\frac{\mathrm{d}^{N-1}}{\mathrm{d}z^{N-1}}[(z-z_{1k})^N X(z)z^{n-1}]\big|_{z=z_{1k}} \tag{2.5.28}$$

2）留数辅助定理

设 $X(z)=\dfrac{P(z)}{Q(z)}$，$P(z)$、$Q(z)$的阶次分别为 M、N；对于函数 $X(z)z^{n-1}$ 的逆时针围线积分，当 $N-M-n+1\geqslant 2$，即 $N-M-n\geqslant 1$ 时，如果围线 c 外的极点有 N_2 个，用 z_{2k}，$k=1,2,\cdots,N_2$ 表示，且均是一阶极点；或围线 c 外极点数 N_2 较小，可用留数辅助定理简化函数 $X(z)z^{n-1}$ 的围线积分计算：

$$\begin{aligned}x(n)&=\frac{1}{2\pi\mathrm{j}}\oint_c X(z)z^{n-1}\mathrm{d}z=\sum_{k=1}^{N_1}\mathrm{Res}[X(z)z^{n-1},z_{1k}]\\&=-\sum_{k=1}^{N_2}\mathrm{Res}[X(z)z^{n-1},z_{2k}]\end{aligned} \tag{2.5.29}$$

例 2.5.7 已知 ZT 函数 $X(z)=(1-az^{-1})^{-1}$，$|z|>a$，$0<a<1$，求其逆 z 变换 $x(n)$。

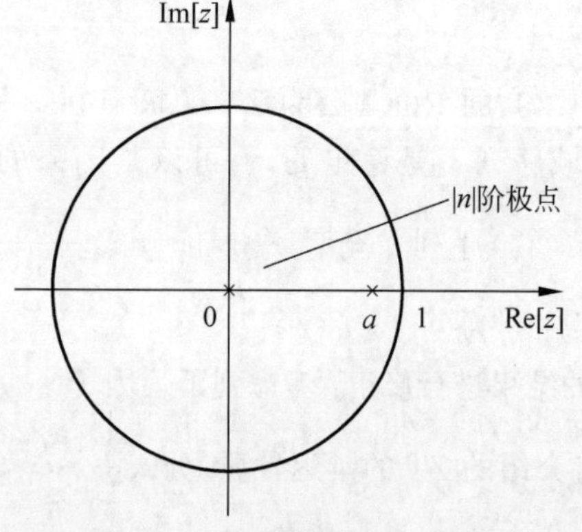

图 2.5.5 例 2.5.7 中 $n<0$ 时 $F(z)$极点分布

解：根据 IZT 的定义式(2.5.13)，给定函数的 IZT 为

$$x(n)=\frac{1}{2\pi\mathrm{j}}\oint_c (1-az^{-1})^{-1}z^{n-1}\mathrm{d}z \tag{2.5.30}$$

式(2.5.30)中的被积函数记为 $F(z)$：

$$F(z)=\frac{z^{n-1}}{1-az^{-1}}=\frac{z^n}{z-a} \tag{2.5.31}$$

为了用留数定理求解 $x(n)$，应先求出 $F(z)$的极点。依题意，收敛域上逆时针围线内，式(2.5.31)中当 $n<0$ 时极点有：$z=a$，$z=0$ 共两个极点，其中 $z=a$ 是一阶极点，$z=0$ 是一个 n 阶极点，如图 2.5.5 所示。当 $n\geqslant 0$ 时，只有 $z=a$ 的一阶极点。因此要分成 $n\geqslant 0$ 和 $n<0$ 两种情况求 $x(n)$，分别如式(2.5.32)和式(2.5.33)所示。

(1) $n\geqslant 0$ 时：

$$\begin{aligned}x(n)&=\mathrm{Res}[F(z),a]\\&=(z-a)\frac{z^n}{z-a}\bigg|_{z=a}\\&=a^n\end{aligned} \tag{2.5.32}$$

(2) $n<0$ 时：

$F(z)$有一阶极点 $z=a$，$|n|$阶极点 $z=0$，不易求留数，考虑采用留数辅助定理求解。此时 $n<0$，留数辅助定理成立的条件为 $N-M-n\geqslant 1$，等效为只要 $N-M\geqslant 0$，就可以改求逆时针围线圆外极点留数。本例中 $X(z)$分母、分子的阶次 $N=1$，$M=1$，满足 $N-M\geqslant 0$ 条件，但对于 $F(z)$，该题中围线外没有极点，故 $n<0$ 时，$x(n)=0$。

综合两部分结果，可得到该题的时域序列为

$$x(n)=a^n u(n) \tag{2.5.33}$$

2.5.4　z 变换的性质与定理

z 变换有许多重要的性质和定理，主要性质是线性、序列的位移、乘指数序列和序列卷积，其他的性质都可以从这几个基本的性质推导出。

1. 线性

z 变换是一种线性变换，它满足叠加原理，即有若式(2.5.34)、式(2.5.35)成立：

$$X(z)=\mathrm{ZT}[x(n)],\quad R_{x^-}<|z|<R_{x^+} \tag{2.5.34}$$

$$Y(z)=\mathrm{ZT}[y(n)],\quad R_{y^-}<|z|<R_{y^+} \tag{2.5.35}$$

则对于任意常数 a_1、a_2，z 变换都能满足式(2.5.36)：

$$a_1X(z)+a_2Y(z)=\mathrm{ZT}[a_1x(n)+a_2y(n)] \tag{2.5.36}$$

通常两序列和的 z 变换的收敛域为两个相加序列的 ZT 收敛域的公共区域：

$$R_{m^-}<|z|<R_{m^+} \tag{2.5.37}$$

其中，R_{m^-}，R_{m^+} 满足

$$R_{m^-}=\max(R_{x^-},R_{y^-}) \tag{2.5.38}$$

$$R_{m^+}=\min(R_{x^+},R_{y^+}) \tag{2.5.39}$$

如果式(2.5.36)左边 ZT 线性组合中某些零点与极点互相抵消，则最终收敛域可能扩大。如果无公共 ROC，则时域线性组合序列的 ZT 不存在。

2. 序列的移位(时域延时)

若

$$X(z)=\mathrm{ZT}[x(n)],\quad R_{x^-}<|z|<R_{x^+}$$

则式(2.5.40)成立：

$$\mathrm{ZT}[x(n-D)]=z^{-D}X(z),\quad R_{x^-}<|z|<R_{x^+} \tag{2.5.40}$$

时域序列延时后，其 ZT 的 ROC 不变。

3. 乘指数序列(z 域尺度变换)

若

$$X(z)=\mathrm{ZT}[x(n)],\quad R_{x^-}<|z|<R_{x^+}$$

$$y(n)=a^n x(n),\quad a\ 为常数$$

则 $y(n)$的 ZT 为

$$Y(z)=\mathrm{ZT}[a^n x(n)]=X(a^{-1}z),\quad |a|R_{x^-}<|z|<|a|R_{x^+} \tag{2.5.41}$$

4. 序列卷积

若

$$X(z)=\mathrm{ZT}[x(n)],\quad R_{x^-}<|z|<R_{x^+}$$
$$H(z)=\mathrm{ZT}[h(n)],\quad R_{h^-}<|z|<R_{h^+}$$
$$y(n)=h(n)*x(n)$$

则

$$Y(z)=\mathrm{ZT}[y(n)]=H(z)X(z),\quad R_{y^-}<|z|<R_{y^+} \tag{2.5.42}$$

式(2.5.42)为"时域卷积定理"：时域卷积的 ZT 等效于 z(复频)域各时域序列的 ZT 相乘。ROC 是 $H(z)$、$X(z)$的公共部分；若有极点被抵消，收敛域可扩大，即

$$R_{y^-}=\max(R_{x^-},R_{h^-}) \tag{2.5.43}$$

$$R_{y^+}=\min(R_{x^+},R_{h^+}) \tag{2.5.44}$$

时域卷积定理广泛应用在线性时不变系统分析中。如果 LTI 系统输入为 $x(n)$，系统的单位采样脉冲响应为 $h(n)$，则输出 $y(n)$是 $x(n)$与 $h(n)$的卷积；利用卷积定理，通过求出 $X(z)$和 $H(z)$，然后求出乘积 $X(z)H(z)$的逆 z 变换，可得 $y(n)$。

例 2.5.8 因果数字系统单位采样脉冲响应为 $h(n)=[3,1,4,2]$，求输入因果信号为 $x(n)=[2,1,5]$时系统的输出 $y(n)$。

解：依题意可得系统单位脉冲响应、输入信号的 ZT 分别为

$$H(z)=3+z^{-1}+4z^{-2}+2z^{-3}$$
$$X(z)=2+z^{-1}+5z^{-2}$$

根据时域卷积定理，系统输出 $y(n)$的 ZT 为

$$Y(z)=H(z)X(z)=6+5z^{-1}+24z^{-2}+13z^{-3}+22z^{-4}+10z^{-5}$$

上述 z 域两 z 变换相乘，可以用图 2.5.6 所示的多项式长乘式，长乘式应采用"就地相乘，不进位"的方法。

```
      3  1  4  2
  ×)  2  1  5
  ----------------------
      6  2  8  4
         3  1  4  2
           15  5 20 10
  ----------------------
      6  5 24 13 22 10
```

图 2.5.6 序列系数的长乘法

z 变换 $Y(z)$中 z^{-1} 各幂次的系数就是卷积输出的时域序列 $y(n)$：

$$y(n)=h(n)*x(n)=[6,5,24,13,22,10]$$

本例的 MATLAB 编程实现可参考 2.7.3 节例 2.7.1 的程序。

5. 初值定理

设 $x(n)$是因果序列：

$$X(z)=\mathrm{ZT}[x(n)]$$

则 $x(n)$的初值为

$$x(0)=\lim_{z\to\infty}X(z) \tag{2.5.45}$$

6. 终值定理

若 $x(n)$是因果序列，其 z 变换的极点，除在 $z=1$ 处可有一个一阶极点，其他极点均在 z 平面上单位圆内，则式(2.5.46)成立。

$$\lim_{n\to\infty} x(n) = \lim_{z\to 1}(z-1)X(z) = \text{Res}[X(z),1] \tag{2.5.46}$$

式(2.5.46)表明，由 $X(z)$可求序列的终值，在研究序列的稳定性时有用。

z 变换在数字信号处理中还有另外两个主要的应用：求序列的频谱和序列的能量。ZT 的下面两个性质说明了这两个应用的原理。

7. 序列频谱与其 ZT 的关系

若给定绝对可和的 $x(n)$序列，从定义可知 $x(n)$的 DTFT 是其频谱：

$$X(e^{j\omega}) = \sum_{n=-\infty}^{\infty} x(n)e^{-j\omega n} \tag{2.5.47}$$

而 $x(n)$序列的 ZT 为

$$X(z) = \sum_{n=-\infty}^{\infty} x(n)\, z^{-n} \tag{2.5.48}$$

如果 $X(z)$的 ROC 含 z 平面上的单位圆，可令 $z=e^{j\omega}$，代入式(2.5.48)，则对比式(2.5.47)可知序列的 z 变换在 z 平面单位圆上的函数值，就是序列的频谱。

注意：式(2.5.47)中的 ω 是数字频率，在采样频率为 f_s 时，与模拟角频率 Ω 的关系为

$$\omega = \frac{\Omega}{f_s} \tag{2.5.49}$$

对应地，模拟域频率表示的奈奎斯特间隔为 $\left[-\frac{f_s}{2}, +\frac{f_s}{2}\right]$；用数字域频率 ω 表示的奈奎斯特间隔为$[-\pi,+\pi]$。

8. 帕斯瓦尔(Parseval)定理

给定两个任意序列 $x(n)$、$y(n)$，其 ZT 分别如式(2.5.50)、式(2.5.51)所示：

$$X(z) = \text{ZT}[x(n)], \quad R_{x^-} < |z| < R_{x^+} \tag{2.5.50}$$

$$Y(z) = \text{ZT}[y(n)], \quad R_{y^-} < |z| < R_{y^+} \tag{2.5.51}$$

$X(z)$、$Y(z)$都是稳定的(绝对可和，在 z 平面单位圆上收敛)。$x(n)$、$y(n)$共轭相乘所得序列 $w(n)$为

$$w(n) = x(n)\, y^*(n) \tag{2.5.52}$$

$*$ 表示取共轭，当 $w(n)$也稳定时，则 $w(n)$的 ZT 为

$$W(z) = \text{ZT}[w(n)] = \sum_{n=-\infty}^{\infty} x(n)y^*(n)z^{-n}$$

$$= \frac{1}{2\pi j}\oint_c X(v)Y^*\left(\frac{z}{v^*}\right)v^{-1}dv \tag{2.5.53}$$

式(2.5.53)是帕斯瓦尔定理的原始形式，c 是被积函数 ROC 中逆时针围线。$W(z)$的

ROC 为

$$R_{x-}R_{y-}<|z|<R_{x+}R_{y+}$$

下面给出帕斯瓦尔定理的几种特殊形式。

(1) 令 $z=1$,式(2.5.53)具体为式(2.5.54):

$$W(1)=\sum_{n=-\infty}^{\infty}x(n)y^*(n)=\frac{1}{2\pi \mathrm{j}}\oint_c X(v)Y^*\left(\frac{1}{v^*}\right)v^{-1}\mathrm{d}v \qquad (2.5.54)$$

式(2.5.54)是帕斯瓦尔定理的常见形式。

(2) 帕斯瓦尔定理常见形式中,令 $y(n)=x(n)$,$v=\mathrm{e}^{\mathrm{j}\theta}$(围线取 z 平面上的单位圆),式(2.5.54)简化为

$$\begin{aligned}W(1)&=\sum_{n=-\infty}^{\infty}x(n)x^*(n)=\sum_{n=-\infty}^{\infty}|x(n)|^2 \quad (\text{时域平均能量})\\&=\frac{1}{2\pi}\int_{-\pi}^{\pi}X(\mathrm{e}^{\mathrm{j}\theta})X^*(\mathrm{e}^{\mathrm{j}\theta})\mathrm{d}\theta\\&=\frac{1}{2\pi}\int_{-\pi}^{\pi}|X(\mathrm{e}^{\mathrm{j}\theta})|^2\mathrm{d}\theta \quad (\text{频域平均能量})\end{aligned} \qquad (2.5.55)$$

式(2.5.55)是帕斯瓦尔定理的能量形式,表明序列 $x(n)$ 的时域能量和频域能量相等,"能量守恒"成立。

(3) 帕斯瓦尔定理原始形式中,令 $z=\mathrm{e}^{\mathrm{j}\omega}$,$v=\mathrm{e}^{\mathrm{j}\theta}$(积分环路取 z 平面上的单位圆),式(2.5.53)具体为

$$W(\mathrm{e}^{\mathrm{j}\omega})=\sum_{n=-\infty}^{\infty}x(n)y^*(n)\mathrm{e}^{-\mathrm{j}\omega n}=\frac{1}{2\pi}\int_{-\pi}^{\pi}X(\mathrm{e}^{\mathrm{j}\theta})Y(\mathrm{e}^{\mathrm{j}(\omega-\theta)})\mathrm{d}\theta \qquad (2.5.56)$$

式(2.5.56)表明时域序列共轭相乘,积的 ZT 在 z 平面单位圆($|z|=1$)上的函数值,是两序列的 ZT 在 z 平面单位圆($|v|=1$)上的卷积,"频域卷积定理",即帕斯瓦尔定理卷积形式的特例。

例 2.5.9 利用恒等式 $u(n)-u(n-1)=\delta(n)$ 和 z 变换的性质,求下列信号的 z 变换。

(1) $x(n)=u(n)$;

(2) $x(n)=-u(-n-1)$。

解:

(1) 依题意,$x(n)-x(n-1)=\delta(n)$,方程两端取 z 变换,可得

$$X(z)-z^{-1}X(z)=z^0=1$$

整理得

$$X(z)=\frac{1}{1-z^{-1}}$$

$X(z)$的极点为 $z=1$。因为信号 $x(n)$是因果的,故其 ROC 是$|z|>1$。

(2) 依题意有

$$\begin{aligned}x(n)-x(n-1)&=-u(-n-1)+u[-(n-1)-1]\\&=u(-n)-u(-n-1)=\delta(-n)=\delta(n)\end{aligned}$$

方程两端取 z 变换，可得

$$X(z)-z^{-1}X(z)=z^{0}=1$$

$$X(z)=\frac{1}{1-z^{-1}}$$

$X(z)$的极点为 $z=1$。因为信号 $x(n)$是非因果的，故其 ROC 是$|z|<1$。

可见，两个完全不同的信号序列，如图 2.5.7 所示，具有一样的 z 变换函数，但 ZT 函数的 ROC 不同。(1)中的信号是因果序列，(2)中的信号是非因果序列。区分两种信号的关键条件是它们 ZT 的收敛域不同。

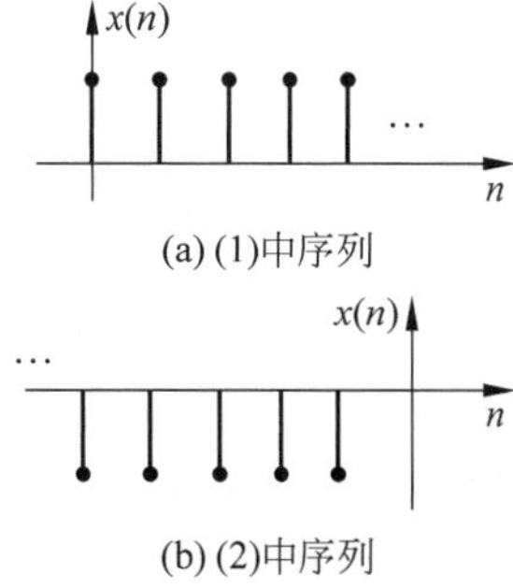

图 2.5.7　例 2.5.9 两个序列的时域波形

2.5.5　利用 z 变换求数字系统的输出

微课视频

将因果信号(序列)$x(n)$输入给定数字系统后，求对应的系统输出 $y(n)$，可以通过解该数字系统对应的时域 I/O 差分方程得到。通过 z 变换可将时域 I/O 差分方程变成 z 域上的代数方程，在某种意义下，可以使时域 I/O 差分方程求解过程简单。

设 N 阶 LTI 系统的时域线性常系数差方程表示为

$$\sum_{k=0}^{N}a_k y(n-k)=\sum_{r=0}^{M}b_r x(n-r) \tag{2.5.57}$$

1. 求系统的稳态解

如果输入序列 $x(n)$是在 $n=0$ 时刻以前($-\infty$)加到 LTI 系统上的，则 n 时刻的系统输出 $y(n)$是系统时域 I/O 差分方程的稳态解。对式(2.5.57)求 z 变换，根据 z 变换的线性和延时性质，得

$$\sum_{k=0}^{N}a_k z^{-k}Y(z)=\sum_{r=0}^{M}b_r z^{-r}X(z) \tag{2.5.58}$$

整理得输出 $y(n)$的 ZT：

$$\begin{aligned}Y(z)&=\frac{\sum\limits_{r=0}^{M}b_r z^{-r}}{\sum\limits_{k=0}^{N}a_k z^{-k}}X(z)\\&=H(z)X(z)\end{aligned} \tag{2.5.59}$$

其中，

$$H(z)=\frac{\sum\limits_{r=0}^{M}b_r z^{-r}}{\sum\limits_{k=0}^{N}a_k z^{-k}} \tag{2.5.60}$$

式(2.5.60)称为式(2.5.57)所描述系统的“系统函数”，是 z^{-1} 的多项式之比，多项式各幂次的系数也称为该数字系统的“结构参数”。数字系统的时域输出通过对 $Y(z)$进行逆 z 变换得

$$y(n)=\mathrm{IZT}[Y(z)]=\mathrm{IZT}[H(z)X(z)] \tag{2.5.61}$$

2. 求系统的完全响应

对于 N 阶 LTI 系统的时域 I/O 差分方程,求完全解(全响应)必须已知 N 个初始条件。设输入 $x(n)$是因果序列,即 $n<0$ 时,$x(n)=0$;已知初始条件 $y(-1),y(-2),\cdots,y(-N)$。考虑到 LTI 系统的输出是因果序列,对式(2.5.57)用 z 变换求 $y(n)$,必须用单边 z 变换。由于式(2.5.57)方程的右边 $x(n)$是因果序列,所以单边 z 变换与双边 z 变换是相同的;对式(2.5.57)方程左边,下面先求移位序列 $y(n-m)$的单边 z 变换。

设

$$Y(z)=\sum_{n=0}^{\infty}y(n)z^{-n}$$

$$\begin{aligned}\mathrm{ZT}[y(n-m)u(n)]&=\sum_{n=0}^{\infty}y(n-m)z^{-n}\\&=z^{-m}\sum_{n=0}^{\infty}y(n-m)z^{-(n-m)}\\&=z^{-m}\sum_{k=-m}^{\infty}y(k)z^{-k}\\&=z^{-m}\left[\sum_{k=0}^{\infty}y(k)z^{-k}+\sum_{k=-m}^{-1}y(k)z^{-k}\right]\\&=z^{-m}\left[Y(z)+\sum_{k=-m}^{-1}y(k)z^{-k}\right]\end{aligned} \tag{2.5.62}$$

按照式(2.5.62),对时域 I/O 差分方程式(2.5.57)进行单边 z 变换,得

$$\sum_{k=0}^{N}a_kz^{-k}\left[Y(z)+\sum_{i=-k}^{-1}y(i)z^{-i}\right]=\sum_{r=0}^{M}b_rX(z)z^{-r} \tag{2.5.63}$$

$$Y(z)=\frac{\sum_{r=0}^{M}b_rz^{-r}}{\sum_{k=0}^{N}a_kz^{-k}}X(z)-\frac{\sum_{k=0}^{N}a_kz^{-k}\sum_{i=-k}^{-1}y(i)z^{-i}}{\sum_{k=0}^{N}a_kz^{-k}} \tag{2.5.64}$$

根据 ZT 的线性性,式(2.5.64)的解可对右边两部分分别求解。右边第一部分与系统初始状态无关,对应解为 LTI 系统的零状态解 $y_{zs}(n)$;第二部分与输入信号 $x(n)$无关,对应解为 LTI 系统的零输入解 $y_{zi}(n)$。两部分之和为系统的完全响应 $y(n)$:

$$y(n)=y_{zs}(n)+y_{zi}(n) \tag{2.5.65}$$

求 LTI 系统的零状态解可以用双边或单边 z 变换,但求零输入解应考虑 LTI 系统输入输出信号的初始条件,必须用单边 z 变换。与式(2.5.59)比较可见,LTI 系统的稳态解就是系统的零状态解。

例 2.5.10 已知 LTI 系统的时域 I/O 差分方程 $y(n)=by(n-1)+x(n)$,式中输入 $x(n)=a^nu(n)$,初始条件 $y(-1)=2$,求系统输出 $y(n)$。

解:将已知系统的时域 I/O 差分方程两边进行单边 z 变换,延迟序列单边 ZT 按式(2.5.62)进行,得

$$Y(z)=bz^{-1}[Y(z)+y(-1)z]+X(z)$$

考虑到 $y(-1)=2$：

$$Y(z)=\frac{2b+X(z)}{1-bz^{-1}}$$

依题意，式中 $X(z)=\dfrac{1}{1-az^{-1}}$，$|z|>|a|$，于是：

$$Y(z)=\frac{2b}{1-bz^{-1}}+\frac{1}{(1-az^{-1})(1-bz^{-1})}$$

因系统输出是因果序列，故 $Y(z)$ 的收敛域为 $|z|>\max(|a|,|b|)$，对 $Y(z)$ 求 IZT 得

$$y(n)=\left\{2b^{n+1}+\left[\frac{1}{a-b}\right](a^{n+1}-b^{n+1})\right\}u(n)$$

2.6 用 z 变换分析系统的因果性、稳定性和频响特性

微课视频

2.6.1 传输函数与系统函数

第 1 章已介绍，数字系统的单位采样脉冲响应 $h(n)$，是系统对输入为单位脉冲序列 $\delta(n)$ 的零状态响应。$h(n)$ 的 DTFT $H(e^{j\omega})$ 一般称为系统的传输函数，表征了系统对输入数字频率为 ω 的信号的传输特性。而 $h(n)$ 的 z 变换 $H(z)$ 一般称为系统的系统函数，它表征了系统的复频域特性。对于稳定数字系统，$H(e^{j\omega})$ 可看成是 $H(z)$ 的特例。

重写系统函数 $H(z)$ 的一般表达式：

$$H(z)\equiv\frac{Y(z)}{X(z)}=\frac{\sum_{r=0}^{M}b_r z^{-r}}{\sum_{k=0}^{N}a_k z^{-k}} \tag{2.6.1}$$

写成因式分解的形式：

$$H(z)=A\frac{\prod_{r=1}^{M}(1-c_r z^{-1})}{\prod_{k=1}^{N}(1-d_k z^{-1})} \tag{2.6.2}$$

式(2.6.2)分子中，每个因子 $(1-c_r z^{-1})$ 在 $z=c_r$ 处提供 $H(z)$ 的一个零点，在 $z=0$ 处提供 $H(z)$ 的一个极点，$r=1,2,\cdots,M$；分母中，每个因子 $(1-d_k z^{-1})$ 在 $z=d_k$ 处提供 $H(z)$ 的一个极点，在 $z=0$ 处提供 $H(z)$ 的一个零点，$k=1,2,\cdots,N$。

可见，系统函数（即该系统）除比例因子 A 外，全由零点、极点来确定。

数字系统的时域、z 域、频域输入输出及其与表示系统特性的不同数学函数间关系如图 2.6.1 所示。输出的数学

x(n) → [h(n)] → y(n)

(a) 时域，系统表示为 $h(n)$

X(z) → [H(z)] → Y(z)

(b) z 域，系统表示为 $H(z)$

$X(e^{j\omega})$ → [$H(e^{j\omega})$] → $Y(e^{j\omega})$

(c) 频域，系统表示为 $H(e^{j\omega})$

图 2.6.1　时域、z 域、频域的系统输出

表达式分别为

时域：$y(n)=h(n)*x(n)$

z 域：$Y(z)=H(z)X(z)$

频域：$Y(e^{j\omega})=H(e^{j\omega})X(e^{j\omega})$

如果 $H(z)$的 ROC 包含 z 平面上的单位圆，则传输函数与系统函数间的关系如式(2.6.3)所示：

$$H(e^{j\omega})=H(z)\big|_{z=e^{j\omega}} \tag{2.6.3}$$

2.6.2 因果性和稳定性

系统函数 $H(z)$只有给定 ROC 后，才能唯一确定该数字系统。系统函数 $H(z)$在 z 平面上的 ROC 给定，常以 z 平面上的单位圆为参考，并可结合系统的零点、极点分布，分析系统的因果性、稳定性、频率响应特性等。设系统单位采样脉冲响应 $h(n)$的 ZT(即系统函数)具有形式：

$$H(z)=\frac{A_1}{1-p_1z^{-1}}+\frac{A_2}{1-p_2z^{-1}}+\frac{A_3}{1-p_3z^{-1}}+\cdots \tag{2.6.4}$$

其中，$p_i, i=1,2,3,\cdots$，是系统函数的极点。系统函数的 ROC 和系统的因果性有如下关系。

(1) 因果系统：系统函数 $H(z)$的 ROC 是 $H(z)$幅度最大的极点所对应的 z 平面上圆的圆外区域，即总 ROC 为$|z|>\max\limits_i|p_i|$。

(2) 非因果系统：系统函数 $H(z)$的 ROC 是幅度最小的极点所对应的 z 平面上圆的圆内区域，即总 ROC 为$|z|<\min\limits_i|p_i|$。

(3) 因果，非因果混合系统：系统函数 $H(z)$的 ROC 是 z 平面上两同心圆之间的区域，即总 ROC 为$|p_a|<|z|<|p_b|$。

其中，半径为$|p_a|$的内圆以内(含内圆上)的极点对应着数字系统因果部分的极点；半径为$|p_b|$的外圆外(含外圆上)的极点对应着数字系统非因果部分的极点。

关于系统函数的 ROC 和该系统的特性，可以用下列定理描述。

定理 2.6.1 一个线性时不变系统稳定的充要条件：系统函数 $H(z)$的 ROC 包含 z 平面上的单位圆。

定理 2.6.2 一个线性时不变系统是因果系统，则其 $H(z)$的 ROC 为 z 平面上的通过离原点最远的极点的圆外部，且该系统的单位采样脉冲响应 $h(n)$为因果序列，即总 ROC 为$|z|>\max\limits_i|p_i|$，$H(z)$的所有极点均在某个圆内。

推论 2.6.1 一个稳定的因果数字系统，其 $H(z)$的 ROC 包括 z 平面上的单位圆，且所有极点在单位圆内，单位圆上无极点；即 $H(z)$的 ROC 为 $r<|z|\leqslant\infty$，且 $0<r<1$。

如果 z 平面上的单位圆上有极点，则此数字系统为部分稳定的，其单位采样脉冲响应 $h(n)$是有界的振荡序列，如正弦序列等，$n\to\infty$时，$h(n)$不收敛到常数。

当把上述数字系统的系统函数 $H(z)$换成信号 $x(n)$的 ZT $X(z)$时，关于数字系统的因果性、稳定性的结论和定理，完全适用于进行信号的因果性、稳定性分析。

2.6.3　信号频谱/系统频响的几何解释

下面以数字系统频响为例，从几何的角度分析系统函数 $H(z)$零点、极点位置是如何影响系统的幅频响应和相频响应的。

对式(2.6.2)所示的稳定 LTI 数字系统，最简单的情况，设 $A=1$，且只有一个零点 $c_r=|c_r|e^{j\varphi_1}$，$|c_r|>1$，为实数，一个极点 $d_k=|d_k|e^{j\omega_1}$，$0<|d_k|<1$，为实数。式(2.6.2)简化为

$$H(z)=A\frac{\prod_{r=1}^{M}(1-c_rz^{-1})}{\prod_{k=1}^{N}(1-d_kz^{-1})}=\frac{(1-c_rz^{-1})}{(1-d_kz^{-1})} \tag{2.6.5}$$

在式(2.6.5)中，如果令 $z=e^{j\omega}$(取 z 平面单位圆上的值)，则得系统频响：

$$H(e^{j\omega})=\frac{1-c_re^{-j\omega}}{1-d_ke^{-j\omega}}=\frac{e^{j\omega}-c_r}{e^{j\omega}-d_k} \tag{2.6.6}$$

图 2.6.2 给出了数字系统的系统函数 $H(z)$在 z 平面上的零点“∘”和极点“×”分布，其中 B 点值 $z=e^{j\omega}$。

1. 幅频特性

数字系统频率响应，式(2.6.6)的模$|H(e^{j\omega})|$叫做幅频特性，又称振幅响应、幅度响应：

$$|H(e^{j\omega})|=\frac{|e^{j\omega}-c_r|}{|e^{j\omega}-d_k|} \tag{2.6.7}$$

参考图 2.6.2，由式(2.6.7)知，数字系统幅频特性分子是 z 平面单位圆上点 B 对零点 c_r 的距离，分母是 B 点对极点 d_k 的距离。当单位圆上的 B 点 $z=e^{j\omega}$ 在极点 d_k 附近时，$\omega\approx\omega_1$，B 与 d_k 间的距离最小，幅频特性出现峰值点。当单位圆上的 B 点 $z=e^{j\omega}$ 在零点 c_r 附近时，$\omega\approx\varphi_1$，B 与 c_r 间的距离最小，幅频特性出现谷值点。图 2.6.3 给出数字频率 ω 变化时数字系统的幅频特性$|H(e^{j\omega})|$谷点和峰点的分布。

从工程应用角度来看，图 2.6.2 中 z 平面单位圆上点 B 幅角的物理意义是“数字频率 ω”，可理解为该数字系统所处理的输入序列(信号)的数字频率；所以幅频特性的谷点，表示该系统对输入序列中频率为谷点频率的分量信号幅度衰减较大。

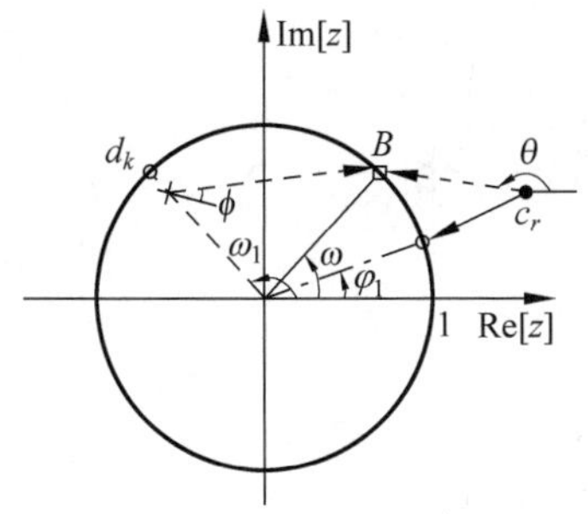

图 2.6.2　系统频响零点、极点示意图

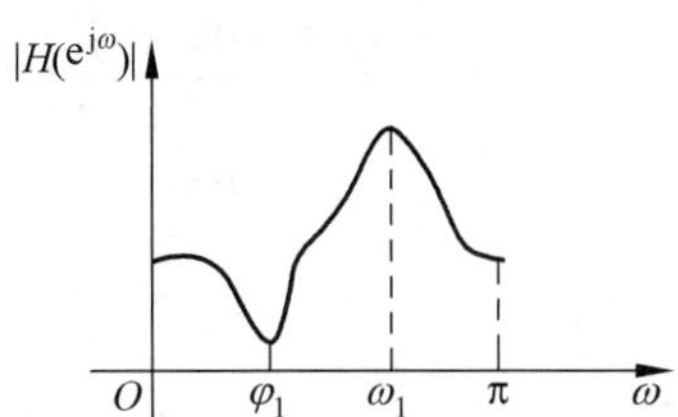

图 2.6.3　零点、极点对$|H(e^{j\omega})|$的影响

2. 相频特性

数字系统频率响应的相位 $\arg[H(e^{j\omega})]=\arctan\dfrac{\mathrm{Im}[H(e^{j\omega})]}{\mathrm{Re}[H(e^{j\omega})]}$称为系统的相位响应(相频特性)。相频特性反映了数字系统对频率为 ω 的输入序列的相位影响。

结合图 2.6.2 所示系统的简单零点、极点分布例子,数字系统频率响应的相位等于零点 c_r 至 $e^{j\omega}$(B 点)矢量的幅角 θ 减去极点 d_k 至 $e^{j\omega}$(B 点)矢量的幅角 ϕ。

由上述直观的几何分析可见,只要适当地控制系统函数 $H(z)$的极点、零点在 z 平面上的分布,就能改变数字系统(滤波器)的频率响应特性,实现期望的数字信号处理效果。

例 2.6.1 设某线性时不变系统的输入输出分别为 $x(n)$、$y(n)$,用时域 I/O 差分方程表示为 $y(n)=y(n-1)+y(n-2)+x(n-1)$。

(1) 求系统的系统函数 $H(z)$;

(2) 画出 $H(z)$的零极点图,并指出其收敛域;

(3) 画出系统的传输函数 $H(e^{j\omega})$。

解:

(1) 对给定的时域 I/O 差分方程两边取 ZT:

$$Y(z)=z^{-1}Y(z)+z^{-2}Y(z)+z^{-1}X(z)$$

整理得系统函数:

$$H(z)=\frac{Y(z)}{X(z)}=\frac{z^{-1}}{1-z^{-1}-z^{-2}}$$

(2) 由 $H(z)$可以求出系统的一个零点 $z_1=0$,两个极点分别为 $p_1=-0.618$,$p_2=1.618$。在 MATLAB 中,如果用数组 b 和 a 表示 $H(z)$以 z^{-1} 为变量的分子、分母多项式中各升序幂次的系数数组,如本例中:

$$b=[0\quad 1],\quad a=[1\quad -1\quad -1]$$

可以调用 MATLAB 工具库函数 zplane(b,a)方便地画出数字系统的系统函数在 z 平面上的零点、极点分布图,如图 2.6.4 所示。其中可能的 ROC 有三个区域:

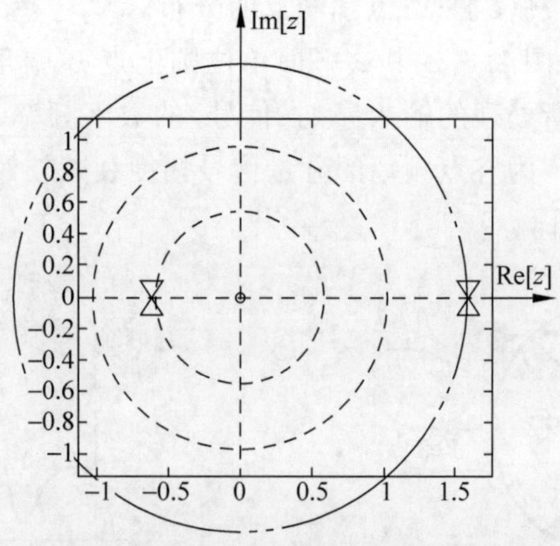

图 2.6.4 例 2.6.1 中 $H(z)$零点、极点图

Ⅰ区域:$|z|>\max|z_{p_i}|_{i=1,2}=1.618$。以此区域为系统函数的 ROC 时,因为是半径为

1.618 的圆外，表示系统为因果的；但此区域不含 z 平面上的单位圆，所以系统是不稳定的。

Ⅱ区域：类似分析，若以 $0.618<|z|<1.618$ 的环状区域为系统函数的 ROC 时(含 z 平面上的单位圆)，则系统是稳定、部分非因果的。

Ⅲ区域：若以 $|z|<0.618$，z 平面上半径为 0.618 的圆内区域为 ROC 时，则系统是不稳定、非因果的。

显然，系统函数的收敛域不同，对应着完全不一样特性的数字系统。

(3) 工程上大多数使用的数字系统是稳定的，所以，下面对收敛域Ⅱ对应的稳定系统，研究它的传输函数。

对系统函数 $H(z)$，将 $z=\mathrm{e}^{\mathrm{j}\omega}$ 代入得系统传输函数 $H(\mathrm{e}^{\mathrm{j}\omega})$，由复函数 $H(\mathrm{e}^{\mathrm{j}\omega})$ 可分别画出其幅频特性和相频特性，如图 2.6.5 所示。本例题的 MATLAB 程序实现参见 2.7.4 节。系统频响讨论如下：

幅频特性：当频率为 $\omega=0,\pi$ 时，两极点到单位圆上 $z=\mathrm{e}^{\mathrm{j}\omega}$ 的距离最短，其积最小，形成幅频特性的峰值点。当频率约为 $\omega=\pi/2=1.57\mathrm{rad}$ 时，两极点到单位圆上 $z=\mathrm{e}^{\mathrm{j}\omega}$ 的距离之积最大，形成幅频特性的谷点。

z 平面原点处的零点不影响幅频特性。

相频特性：类似地，可由图 2.6.5 了解系统频响在通带、阻带上的线性相位特征。

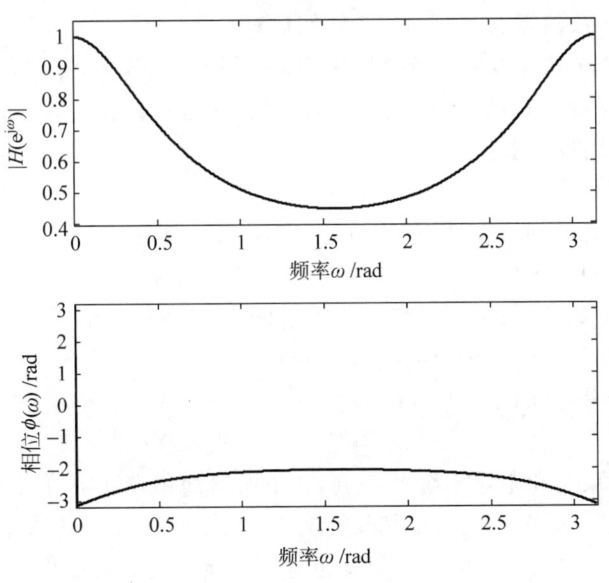

图 2.6.5　例 2.6.1 中系统传输函数 $H(\mathrm{e}^{\mathrm{j}\omega})$

3. 几种实际应用中常见的数字系统及其频响特性

根据系统函数 $H(z)$ 的零点、极点在 z 平面上的分布特点，实际应用中常见的数字系统有如下几种。

(1) 因果稳定系统，可细分为最小相位系统和最大相位系统。

最小相位系统：系统函数的全部极点、零点均在 z 平面单位圆内。

最大相位系统：系统函数的全部极点都在 z 平面单位圆内，全部零点在单位圆外。

(2) 因果稳定混合相位系统。

系统函数的全部极点在 z 平面单位圆内;零点在 z 平面单位圆内、圆外都有。

(3) 全通系统。

数字系统的振幅特性对所有频率 ω 都等于常数,不失一般地取 1,$|H(e^{j\omega})|\equiv 1$。显然,全通系统是纯相位滤波系统,常用于相位均衡。

可以证明:任何非最小相位系统都可表示为一个最小相位系统与一个全通系统的级联,所以下面对全通系统和最小相位系统再进行更进一步的讨论。

① 全通系统

全通系统的定义:数字滤波器的幅频特性对所有频率均等于常数。即

$$H(e^{j\omega}) \equiv H_g(\omega)e^{j\theta(\omega)} = e^{j\theta(\omega)}, \quad 0 \leqslant \omega \leqslant 2\pi \tag{2.6.8}$$

式(2.6.8)中,不失一般,取幅度特性 $H_g(\omega)\equiv 1$,$\theta(\omega)$为相位特性,是**非正的**实函数。

信号经过全通系统后,输出信号和输入的幅度谱一样。仅相位有改变,得到纯相位滤波,故信号处理中全通系统可用于相位均衡。

N 阶全通数字滤波器的一般系统函数表示为

$$H_{ap}(z) = \prod_{k=1}^{N} \frac{z^{-1} - z_k}{1 - z_k^* z^{-1}} \tag{2.6.9}$$

由式(2.6.9)可知,当 $z=z_k^{-1}$ 是全通系统函数 $H_{ap}(z)$的零点时,则 $z=z_k^*$ 必是 $H_{ap}(z)$的极点,即全通系统函数的零点、极点呈"共轭倒数对"。

综合起来,因为全通滤波器系统是因果的,其系统函数分子、分母多项式的系数是实数,所以,全通滤波器系统函数的零点、极点必为实数,或是呈共轭对存在;且全通系统的零点和极点之间呈共轭倒数关系。

② 最小相位系统

对因果稳定系统,若系统函数 $H(z)$的**所有**零点亦均在 z 平面单位圆内,则称之为"最小相位系统",记为 $H_{min}(z)$。

另外,若系统函数 $H(z)$的**所有**零点均在单位圆外,则称为"最大相位系统",记为 $H_{max}(z)$。最小相位系统的几个重要特点如下:

a. 任何非最小相位系统函数 $H(z)$均可分解为 $H_{min}(z)$和全通 $H_{ap}(z)$系统的级联:

$$H(z) = H_{min}(z)H_{ap}(z) \tag{2.6.10}$$

根据最小相位系统和全通系统的特点,在滤波器优化设计中可考虑:将系统函数位于 z 平面单位圆外的零(或极)点 z_k,用其共轭倒数 $1/z_k^*$ 代替时,不影响系统幅频特性;这样可将系统函数 z 平面单位圆外的极点用其相对 z 平面单位圆的镜像点代替,使滤波器成为因果稳定的。

另外,将非最小相位系统函数 $H(z)$位于 z 平面单位圆外的所有零点 z_{0k} 用其共轭倒数 $1/z_{0k}^*$ 代替($k=1,2,\cdots,m_0$,其中 m_0 是单位圆外的零点数目),可构造最小相位系统函数 $H_{min}(z)$,且 $H_{min}(z)$和 $H(z)$的幅频特性一样。

b. 幅频特性相同的所有因果稳定系统中,最小相位系统的输出信号相对输入信号的相位延迟最小。

这个特点的物理意义反映在时域响应上。一方面表现为输出波形相对于输入波形时间延迟最小。设 $h_{min}(n)$、$h(n)$分别表示最小相位系统和非最小相位系统的单位采样脉冲响

应，则有

$$|h_{\min}(0)|>|h(0)| \tag{2.6.11}$$

式(2.6.11)用 ZT 的初值定理可证。

另一方面表现为输出信号能量延迟最小。可由积累能量 $E(m)$的下列关系说明

$$E(m)_{\min}=\sum_{n=0}^{m}h_{\min}^{2}(n)\geqslant E(m)=\sum_{n=0}^{m}h^{2}(n) \tag{2.6.12}$$

式(2.6.12)用帕斯瓦尔定理可以证明。由式(2.6.12)可见两个系统同样长响应的积累能量 $E(m)$，以最小相位系统的大。当输出信号能量集中在 n 小的时段，就可以说数字系统的能量延迟小。

c. 最小相位系统的逆系统存在。

设因果稳定的最小相位系统的系统函数为

$$H(z)=\frac{B(z)}{A(z)} \tag{2.6.13}$$

其逆系统为

$$H_{\text{inv}}(z)=\frac{1}{H(z)}=\frac{A(z)}{B(z)} \tag{2.6.14}$$

也是因果稳定的，逆系统存在。在通信工程应用中，“信道均衡器”近似是信道滤波器的逆滤波器。

例 2.6.2　给定 3 个因果稳定数字系统，系统函数 $H_1(z)$、$H_2(z)$、$H_3(z)$的零点、极点分布如图 2.6.6 所示。3 个系统的极点相同：$p_1=-0.9$，$p_2=0.9$。设图中 $r=0.5$，$\varphi=\pi/3$。试：写出系统函数 $H_1(z)$、$H_2(z)$、$H_3(z)$的表达式；绘出其幅频特性，相频特性，单位采样脉冲响应 $h_1(n)$、$h_2(n)$、$h_3(n)$的波形及相应的积累能量曲线；验证最小相位系统性质。

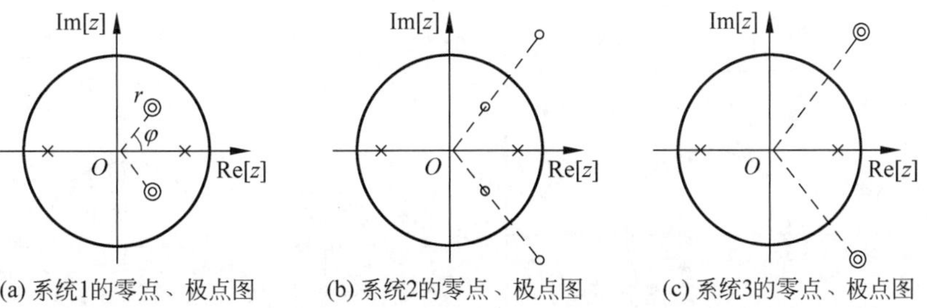

(a) 系统1的零点、极点图　(b) 系统2的零点、极点图　(c) 系统3的零点、极点图

图 2.6.6　例 2.6.2 中给定的 3 个系统的零点、极点分布

解：不考虑各系统常数倍增益差别的情况下，根据所给的系统零点、极点分布，首先可知，$H_1(z)$、$H_2(z)$、$H_3(z)$分别为最小相位系统、混合相位系统、最大相位系统。3 个系统函数的表达式如式(2.6.15)所示：

$$H_i(z)=c_i\frac{\prod_{k=1}^{4}(1-r_k\mathrm{e}^{\mathrm{j}\varphi_k}z^{-1})}{\prod_{m=1}^{2}(1-p_m z^{-1})},\quad i=1,2,3 \tag{2.6.15}$$

其中，系数 c_i 是为了适应 3 个系统幅频特性比例的常数增益。若以系统 1 为参考，即令 $c_1=1$，并在 $z=\mathrm{e}^{\mathrm{j}0}$ 处，令$|H_1(\mathrm{e}^{\mathrm{j}0})|=|H_2(\mathrm{e}^{\mathrm{j}0})|=|H_3(\mathrm{e}^{\mathrm{j}0})|$，可确定 c_2、c_3。代入已知的极点、零点、极坐标表示数据并整理得

$$H_1(z)=\frac{(1-0.5\mathrm{e}^{\mathrm{j}\frac{\pi}{3}}z^{-1})^2(1-0.5\mathrm{e}^{-\mathrm{j}\frac{\pi}{3}}z^{-1})^2}{1-0.81z^{-2}}$$

$$H_2(z)=c_2\,\frac{(1-0.5\mathrm{e}^{\mathrm{j}\frac{\pi}{3}}z^{-1})(1-0.5\mathrm{e}^{-\mathrm{j}\frac{\pi}{3}}z^{-1})(1-2\mathrm{e}^{\mathrm{j}\frac{\pi}{3}}z^{-1})(1-2\mathrm{e}^{-\mathrm{j}\frac{\pi}{3}}z^{-1})}{1-0.81z^{-2}}$$

$$=\frac{1}{4}\,\frac{(1-0.5\mathrm{e}^{\mathrm{j}\frac{\pi}{3}}z^{-1})(1-0.5\mathrm{e}^{-\mathrm{j}\frac{\pi}{3}}z^{-1})(1-2\mathrm{e}^{\mathrm{j}\frac{\pi}{3}}z^{-1})(1-2\mathrm{e}^{-\mathrm{j}\frac{\pi}{3}}z^{-1})}{1-0.81z^{-2}}$$

$$H_3(z)=c_3\,\frac{(1-2\mathrm{e}^{\mathrm{j}\frac{\pi}{3}}z^{-1})^2(1-2\mathrm{e}^{-\mathrm{j}\frac{\pi}{3}}z^{-1})^2}{1-0.81z^{-2}}$$

$$=\frac{1}{16}\,\frac{(1-2\mathrm{e}^{\mathrm{j}\frac{\pi}{3}}z^{-1})^2(1-2\mathrm{e}^{-\mathrm{j}\frac{\pi}{3}}z^{-1})^2}{1-0.81z^{-2}}$$

图 2.6.7 是用 MATLAB 软件中 zplane(b,a)画出的 3 个系统的零点、极点图。

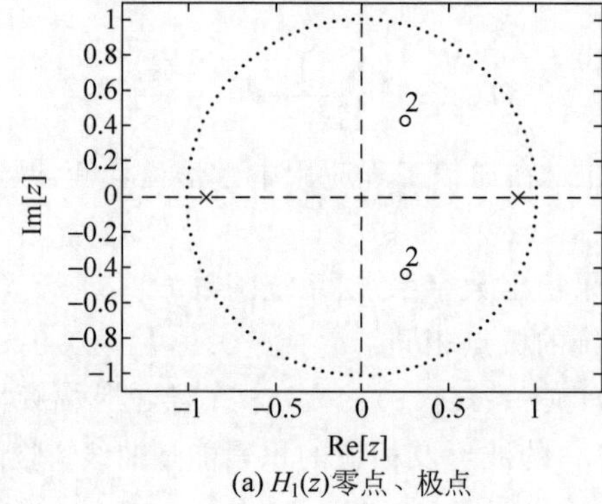

(a) $H_1(z)$零点、极点

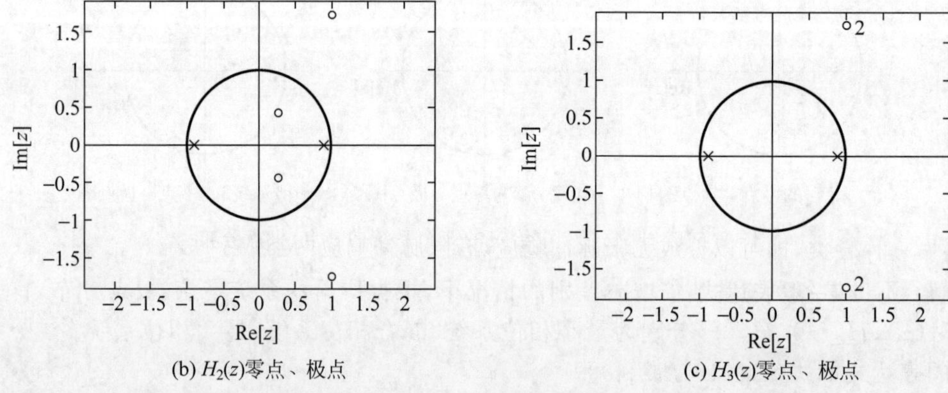

(b) $H_2(z)$零点、极点

(c) $H_3(z)$零点、极点

图 2.6.7 MATLAB zplane(b,a)绘出的系统 z 平面零点、极点图

图 2.6.8 和图 2.6.9 分别画出了所求 3 个系统函数的幅频响应、相频响应、单位采样脉冲响应和积累能量曲线。由图 2.6.8 和图 2.6.9 可见：例 2.6.2 所给的 3 个系统由于极点相同,其幅频特性是一样的；由于零点分布不同,其相频特性不同。其中最小相位系统的输出相对于输入信号的相位延迟最小,$h_1(n)$波形延迟最小,积累能量 $E_1(M)=\sum_{n=0}^{M}|h_1(n)|^2$

延迟最小。验证了本节所介绍的常见系统特征。例 2.6.2 的 MATLAB 实现见 2.7.4 节。

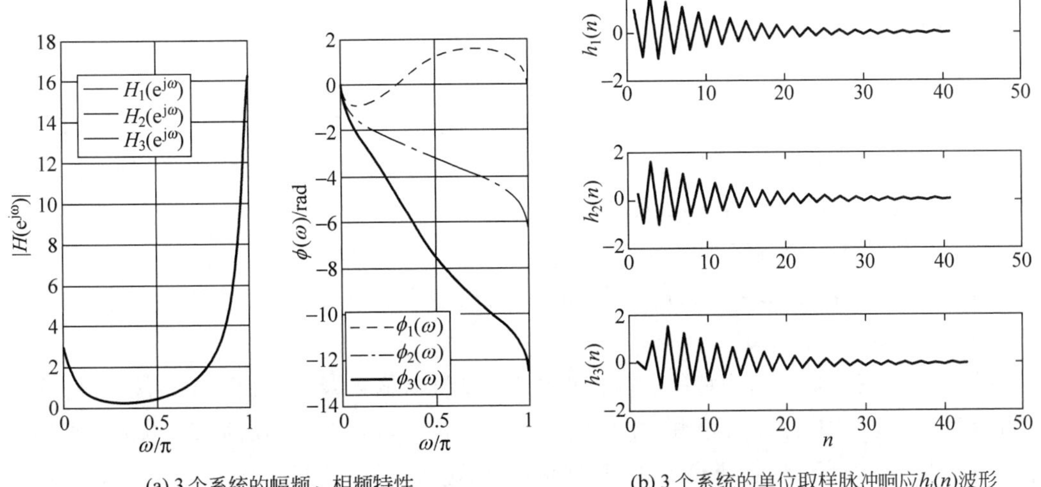

(a) 3 个系统的幅频、相频特性　　(b) 3 个系统的单位取样脉冲响应$h_i(n)$波形

图 2.6.8　$H_1(z)$、$H_2(z)$、$H_3(z)$的频域、时域特性比较

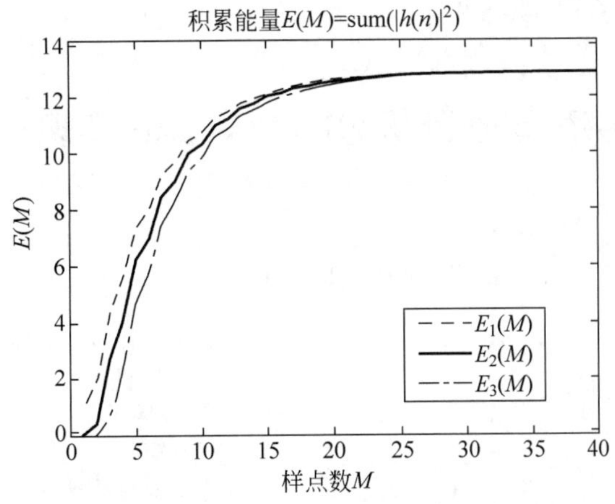

图 2.6.9　$H_1(z)$、$H_2(z)$、$H_3(z)$的积累能量曲线

根据系统函数 $H(z)$有理分式的具体表达(系统函数零点、极点的具体特点),数字系统还有另一种分类,即可以分成无限脉冲响应、有限脉冲响应两类数字系统。设数字滤波器的系统函数具有一般表达式:

$$H(z) \equiv \frac{Y(z)}{X(z)} = \frac{\sum_{r=0}^{M} b_r z^{-r}}{\sum_{k=0}^{N} a_k z^{-k}}$$

(1) 无限脉冲响应数字滤波器。

① 系统函数 $H(z)$分子多项式的幂次 $M=0$,分子是常数,$H(z)$表示全极点无限脉冲响应(infinite impulse response,IIR)系统。

第 5 章将会详细介绍全极点 IIR 滤波器的系统结构特征:输入输出间有反馈环节(递

归型),即输出经适当延时,反馈到输入端。因此全极点 IIR 系统又可称为自回归(auto regressive,AR)滤波器。

② 系统函数 $H(z)$分子、分母多项式的幂次 M、N 均大于 0,有非零的零点、非零的极点,是普通的 IIR 系统。

这种 IIR 滤波器的结构特征：输入输出间有反馈环节,并且与输入及其延时加权和后共同影响输出。因此这种有非零的零点、非零的极点的 IIR 系统又可称为自回归滑动平均(auto regressive moving average,ARMA)滤波器。

(2) 有限脉冲响应数字滤波器。

系统函数 $H(z)$分母多项式的幂次 $N=0$,分母是常数,$H(z)$表示全零点有限脉冲响应(finite impulse response,FIR)系统。

这种 FIR 滤波器的结构特征：输入输出间无反馈,输入及其延时进行加权和后输出。因此这种全零点 FIR 系统又可称为滑动平均(moving average,MA)滤波器,也称为平均器,第 5 章中将介绍它有横向(或直接卷积)型系统结构。

微课视频

2.7 MATLAB 实现

2.7.1 周期序列傅里叶级数的 MATLAB 实现

例 2.3.1 的 MATLAB 实现。

根据给定的序列 $R_4(n)$和周期,编写相应的程序：

```
xn = [1,1,1,1,0,0,0,0]; N = 8;              % 设定序列补零和周期
n = [0:1:N - 1];k = [0:1:N - 1];            % 设定 n 和 k
WN = exp( - j * 2 * pi/N);                  % 设定 WN 因子
nk = n' * k;WNnk = WN.^nk;                  % 计算 W 矩阵
Xk = xn * WNnk;                             % 计算 DFS 的系数 Xk
disp(xn);disp(Xk);                          % 显示计算结果(系数)
```

程序第 4 行把 $\boldsymbol{n}$ 转置为 $\boldsymbol{n}'$,再与 $\boldsymbol{k}$ 进行矩阵相乘,得到的整数方阵是 $\boldsymbol{W}$ 矩阵的指数,利用矩阵的指数运算可以求出 $\boldsymbol{W}$ 矩阵。第 5 行进行矩阵相乘,求出离散傅里叶级数的系数。

程序的运行结果见表 2.7.1。

表 2.7.1 周期为 8 的序列的 DFS 主值

k	0	1	2	3	4	5	6	7
$X(k)$	4.0	1.0−2.41i	0	1.0−0.41i	0	1.0+ 0.41i	0	1.0+ 2.41i

在上述程序中,只需修改输入为 Xk,输出为 xn,程序第 4 行、第 5 行改为以下程序即可求出 DFS 反变换(IDFS)的系数。

```
nk = n' * k;IWNnk = WN.^( - nk);           % 计算 W 逆矩阵
xn = (Xk * WNnk)/N;                         % 计算 IDFS 的系数 xn
```

2.7.2 序列逆 z 变换的 MATLAB 实现

这里仅给出例 2.5.5 中 z 变换 $X(z)=\dfrac{8+z^{-1}-z^{-2}}{1-0.25z^{-2}}$ 对应因果系统的逆 z 变换。

解：将 $X(z)$ 变换成有理分式，且分子和分母多项式都按 z 的降幂排列。先求出 $X(z)$ 的留数和极点，得部分分式展开表示，程序如下：

```
b = [8,1, - 1]; a = [1,0, - 0.25];          % 多项式的系数
[r,p,c] = residuez(b,a);                     % 求留数、极点和系数项
disp('留数: ');disp(r');                     % 显示输出参数
disp('极点: ');disp(p');
disp('系数项: ');disp(c');
```

当 $X(z)$ 的分子、分母阶次分别为 M、N 时，且 $M\geqslant N$，程序计算出 $[r,p,k]=\text{residuez}(\text{b},\text{a})$ 表示的部分分式：

$$
\begin{aligned}
X(z)=&\frac{r(1)}{1-p(1)z^{-1}}+\cdots+\frac{r(N)}{1-p(N)z^{-1}}+k(1)\\
&+k(2)z^{-1}+\cdots+k(M-N+1)z^{-(M-N)}
\end{aligned}
$$

程序运行结果为

```
留数:     3.0000     1.0000
极点:     0.5000   - 0.5000
系数项:       4
```

得到 $X(z)$ 的部分分式形式为

$$
X(z)=4+\frac{3}{1-0.5z^{-1}}+\frac{1}{1+0.5z^{-1}}
$$

所以逆变换为

$$
x(n)=4\delta(n)+[3(0.5)^n+(-0.5)^n]u(n)
$$

2.7.3 系统时域响应的 MATLAB 实现

在介绍过利用 z 变换求解系统的时域 I/O 差分方程后，下面举例说明输入序列经过系统时，如何利用系统函数 $H(z)$ 求解系统时域响应 $y(n)$。

例 2.7.1 已知系统函数为 $H(z)=\dfrac{-2z^{-1}}{1-0.75z^{-1}-0.25z^{-2}+0.1875z^{-3}}$，求输入因果序列 $x(n)=[2,-1,0.25]$ 时系统的时域响应。

解：输入序列可表示为 $x(n)=2\delta(n)-\delta(n-1)+0.25\delta(n-2)$，其 z 变换为 $X(z)=2-z^{-1}+0.25z^{-2}$，因此系统在 z 域上的输出为

$$
Y(z)=H(z)X(z)=\frac{B(z)}{A(z)}
$$

系统函数 $H(z)$ 的系数 $b=[0,-2]$，$a=[1,-0.75,-0.25,0.1875]$，$x=[2,-1,0.25]$，可用函数 conv 计算多项式乘法，以确定 $Y(z)$ 的分子多项式 $B(z)$ 和分母多项式

$A(z)$系数，然后利用函数 residuez 求留数和极点等。这部分程序段如下：

```
>> x = [2, - 1,0.25];
nfx = length(x) - 1;                         % 计算输入序列的终止时间
b = [0, - 2];a = [1, - 0.75, - 0.25,0.1875];  % 系统函数多项式的系数
B = conv(b,x); A = a;                        % 确定 Y(z)的分子、分母多项式系数
[r,p,c] = residuez(B,A);                     % 求留数、极点和系数项
disp('留数: ');disp(r');                     % 显示输出参数
disp('极点: ');disp(p');
disp('系数项: ');disp(c');
```

程序运行结果为

```
留数:     - 5.3333      4.0000      4.0000
极点:       0.7500      0.5000    - 0.5000
系数项:    - 2.6667
```

得到$Y(z)$的部分分式形式为

$$Y(z)=-2.667+\frac{-5.333}{1-0.75z^{-1}}+\frac{4}{1-0.5z^{-1}}+\frac{4}{1+0.5z^{-1}}$$

最后得到系统的时域响应为

$$\begin{aligned}y(n)=&-2.667\delta(n)-5.333\times 0.75^n u(n)+4\times(0.5)^n u(n)\\&+4\times(-0.5)^n u(n)\end{aligned}$$

2.7.4 系统频率响应的 MATLAB 实现

MATLAB 提供的函数 freqz 可以计算系统单位采样脉冲响应的傅里叶变换$H(\mathrm{e}^{\mathrm{j}\omega})$在给定离散频率点上的采样值。

设数字系统频率响应$H(\mathrm{e}^{\mathrm{j}\omega})$的有理多项式形式为

$$H(\mathrm{e}^{\mathrm{j}\omega})=\frac{B(z)}{A(z)}=\frac{b_0+b_1\mathrm{e}^{-\mathrm{j}\omega}+\cdots+b_M\mathrm{e}^{-\mathrm{j}M_\omega}}{a_0+a_1\mathrm{e}^{-\mathrm{j}\omega}+\cdots+a_N\mathrm{e}^{-\mathrm{j}N_\omega}}$$

则函数 freqz 共有 5 种调用方式，分别阐述如下。

(1) $[H,w]=\mathrm{freqz}(b,a,N)$

其中，输入参数b和a分别表示$H(\mathrm{e}^{\mathrm{j}\omega})$的分子和分母按$\mathrm{e}^{\mathrm{j}\omega}$降幂排列的多项式系数，此函数在$z$平面单位圆上半部分等间隔地计算$N$个点处的频率响应，返回参数为系统频率响应在$[0,\pi]$频率范围上的$N$点频率矢量$w$和$N$点复数频率响应矢量$H$。注意$N$的默认值为 512。

(2) $H=\mathrm{freqz}(b,a,w)$

返回参数为矢量w指定的频率点上的频率响应，频率范围为$0\sim\pi$。

(3) $H=\mathrm{freqz}(b,a,F,F_s)$

给定采样频率F_s，返回参数为矢量F指定的频率点上的复数频率响应，频率的单位为 Hz。

(4) $[H,w]=\mathrm{freqz}(b,a,N,\text{'whole'})$

在z平面整个单位圆上等间隔地计算N点频率响应，频率范围为$0\sim 2\pi$。

(5) $[H, F]$ = freqz(b, a, N, F_s)和$[H, F]$ = freqz$(b, a, N$, 'whole', $F_s)$ 给定单位为 Hz 的采样频率 F_s，返回单位为 Hz 的频率 F。

例 2.7.2 研究线性时不变系统特征的 MATLAB 实现。

```
% zero/pole plot
b = [0 1]; a = [1 - 1 - 1]; zplane(b,a);
[z,p] = tf2zp(b,a)
[h,w] = freqz(b,a);
figure
subplot (2,1,1); plot(w,abs(h));
axis([0,pi, min(abs(h)) - 0.05, max(abs(h)) + 0.05]); ylabel('|H(e^j^\omega)|');
subplot(2,1,2);plot(w,angle(h));
axis([0,pi, min(angle(h)) - 0.05, max(angle(h)) + 0.05]);
xlabel('\omega/\pi(rad.)');ylabel('Phase of H(e^j^\omega) in rad');
```

例 2.7.3 最小、混合、最大相位系统的频域、时域特性比较的 MATLAB 实现。

```
% minimum phase - shift system
clear; close all
z1 = [.5 * exp(j * pi/3) .5 * exp(j * pi/3) .5 * exp( - j * pi/3) .5 * exp( - j * pi/3)]'; k1 = 1;
p = [ - .9 .9]';
z2 = [.5 * exp(j * pi/3) .5 * exp( - j * pi/3) 2 * exp(j * pi/3) 2 * exp( - j * pi/3)]'; k2 = 1/4;
z3 = [2 * exp(j * pi/3) 2 * exp(j * pi/3) 2 * exp( - j * pi/3) 2 * exp( - j * pi/3)]'; k3 = 1/16;
[b1,a1] = zp2tf(z1,p,k1);[b2,a2] = zp2tf(z2,p,k2);[b3,a3] = zp2tf(z3,p,k3);
[H1,w] = freqz(b1,a1);[H2,w] = freqz(b2,a2);[H3,w] = freqz(b3,a3);
subplot(1,2,1); plot(w/pi,abs(H1),'r - ',w/pi,abs(H2),'c',w/pi,abs(H3));grid on;
legend('H_1(e^j^\omega)','H_2(e^j^\omega)','H_3(e^j^\omega)',0);
ylabel('|H(e^j^\omega)|');xlabel('\omega /\pi');
subplot(1,2,2); plot(w/pi,unwrap(angle(H1)),'r -- ','LineWidth',2);hold on
plot(w/pi,unwrap(angle(H2)),'k - . ','LineWidth',2);hold on
plot(w/pi,unwrap(angle(H3)),'LineWidth',2);grid on;
legend('\phi_1(\omega)','\phi_2(\omega)','\phi_3(\omega)',0);
ylabel('\phi(\omega) / rad');xlabel('\omega /\pi');
N = 40;x = [1 zeros(1,N)];
h1 = filter(b1,a1,x);h2 = filter(b2,a2,x);h3 = filter(b3,a3,x);
figure
subplot(3,1,1); plot(h1);ylabel('h_1(n)');
subplot(3,1,2); plot(h2);ylabel('h_2(n)');
subplot(3,1,3); plot(h3);ylabel('h_3(n)'); xlabel('n');
figure
E1 = zeros(1,N);E1(1) = abs(h1(1)) * abs(h1(1));
E2 = zeros(1,N);E2(1) = abs(h2(1)) * abs(h2(1));
E3 = zeros(1,N);E3(1) = abs(h3(1)) * abs(h3(1));
for n = 2:N
E1(n) = E1(n - 1) + abs(h1(n)) * abs(h1(n));E2(n) = E2(n - 1) + abs(h2(n)) * abs(h2(n));
E3(n) = E3(n - 1) + abs(h3(n)) * abs(h3(n));
end
plot([1:N],E1,'r -- ',[1:N],E2,'k - ',[1:N],E3,'b - . ');legend('E_1(M)','E_2(M)','E_3(M)',0);
ylabel(' E(M) ');xlabel('Sample datas M');title('Accumulated Energy, E(M) = sum(|h(n)|^2) ');
```

2.8 习题

2.1 设序列 $x(n)$的傅里叶变换为 $X(\mathrm{e}^{\mathrm{j}\omega})$,求下列序列的傅里叶变换:

(1) $x^*(n)$;

(2) $\mathrm{Re}[x(n)]$;

(3) $x(2n)$;

(4) $g(n)=\begin{cases}x(n/2), & n\text{ 为偶数}\\0, & n\text{ 为奇数}\end{cases}$。

2.2 求下列序列 $x(n)$的频谱 $X(\mathrm{e}^{\mathrm{j}\omega})$:

(1) $\delta(n-n_0)$;

(2) $\mathrm{e}^{-\alpha n}u(n)$;

(3) $\mathrm{e}^{-(2+\mathrm{j}\omega_0)n}u(n)$;

(4) $\mathrm{e}^{-\alpha n}u(n)\cos(\omega_0 n)$。

2.3 设序列 $x(n)$的傅里叶变换为 $X(\mathrm{e}^{\mathrm{j}\omega})$,试利用 $x(n)$表示所求出的下列函数对应的序列:

(1) $X(\mathrm{e}^{\mathrm{j}(\omega-\omega_0)})$;

(2) $\mathrm{Re}[X(\mathrm{e}^{\mathrm{j}\omega})]$;

(3) $\mathrm{Im}[X(\mathrm{e}^{\mathrm{j}\omega})]$。

2.4 求以下序列的 z 变换,并求出其对应的零点、极点和收敛域:

(1) $x(n)=a^{|n|}\quad 0<|a|<1$;

(2) $x(n)=Ar^n\cos(\omega_0 n+\phi)u(n)\quad 0<r<1$;

(3) $x(n)=\left(\frac{1}{2}\right)^n u(n)$;

(4) $x(n)=-\left(\frac{1}{2}\right)^n u(-n-1)$;

(5) $x(n)=2^{-n}[u(n)-u(n-10)]$。

2.5 试利用 $x(n)$的 z 变换求 $n^2x(n)$的 z 变换。

2.6 有一右边序列 $x(n)$,其 z 变换为

$$X(z)=\frac{1}{\left(1-\frac{1}{2}z^{-1}\right)(1-z^{-1})}$$

(1) 将上式做部分分式展开(用 z^{-1} 表示),由展开式求 $x(n)$;

(2) 将上式表示成 z 的多项式之比,再做部分分式展开,由展开式求 $x(n)$,并说明得到的序列与(1)所得的是一样的。

2.7 有一信号 $y(n)$,它与另两个信号 $x_1(n)$和 $x_2(n)$的关系是

$$y(n)=x_1(n+3)*x_2(-n+1)$$

其中，$x_1(n)=\left(\frac{1}{2}\right)^n u(n)$；$x_2(n)=\left(\frac{1}{3}\right)^n u(n)$。已知 $\mathrm{ZT}(a^n u(n))=\frac{1}{1-az^{-1}}$，$|z|>|a|$。利用 z 变换的性质求 $y(n)$ 的 z 变换 $Y(z)$。

2.8　设 $x(n)$ 是一离散时间信号，其 z 变换 $X(z)$ 已知。求下列信号的 z 变换：

(1) $x_1(n)=\nabla x(n)$，这里 ∇ 记作一次后项差分算子，定义为 $\nabla x(n)=x(n)-x(n-1)$；

(2) $x_2(n)=\begin{cases} x(n/2), & n\ 为偶数 \\ 0, & n\ 为奇数 \end{cases}$；

(3) $x_3(n)=x(2n)$。

2.9　已知序列的 ZT：

$$X(z)=\frac{3}{1-0.5z^{-1}}+\frac{2}{1-2z^{-1}}$$

求出对应 $X(z)$ 的各种可能的序列表达式。

2.10　已知 $x(n)=(a)^n u(n)$，$0<a<1$，分别求：

(1) $x(n)$ 的 z 变换；

(2) $nx(n)$ 的 z 变换；

(3) $x(-n)$ 的 z 变换。

2.11　设线性时不变系统的系统函数 $H(z)$ 为

$$H(z)=\frac{1-a^{-1}z^{-1}}{1-az^{-1}},\quad a\ 为实数$$

(1) 在 z 平面上用几何法证明该系统是全通网络，即 $|H(\mathrm{e}^{\mathrm{j}\omega})|=$ 常数；

(2) 参数 a 如何取值，才能使因果系统稳定？画出零点、极点分布并指出收敛域。

2.12　已知线性因果网络的输入输出分别为 $x(n)$、$y(n)$，用下面 I/O 差分方程描述：

$$y(n)=0.9y(n-1)+x(n)+0.9x(n-1)$$

(1) 求网络的系统函数 $H(z)$ 及其单位采样脉冲响应 $h(n)$；

(2) 写出网络传输函数 $H(\mathrm{e}^{\mathrm{j}\omega})$ 的表达式，并定性画出其幅频特性曲线；

(3) 设输入 $x(n)=\mathrm{e}^{\mathrm{j}\omega_0 n}$，求输出 $y(n)$。

思政小课堂

思政主题：傅里叶变换在通信、语音、图像、生物医学、航空航天等领域的应用

思政方向：培养工匠精神，培养理论联系实践的思维方式，培养创新品质

傅里叶变换虽然表面上只是一个数学公式，但是它有非常奇妙的内涵，可以将很多复杂的问题得以简单处理，在物理学、数学、声学、光学、天文学、密码学及各个工程领域都有着广泛的应用。小到解微分方程，大到对太空中遥远天体的观测，都需要傅里叶变换。

我们日常生活中使用的很多科技产品都有傅里叶变换的身影，例如：手机通信的 4G/5G Wi-Fi 信号、播放的 MP3 音乐、查看的 JPG 图片等。下面我们来讲讲傅里叶变换是如何服务于这些日常应用的。

1. 通信领域的应用

傅里叶变换是通信学科发展的基石，通信系统中的调制、编码、传输等功能都需要用到傅里叶变换。

当前使用比较广泛的4G和5G通信信号主要采用的调制方式是正交频分复用(orthogonal frequency division multiplexing，OFDM)技术。OFDM技术利用互相正交的子载波实现多载波通信，该技术调制和解调的核心原理正是傅里叶变换。而OFDM技术对傅里叶变换的使用，使它成为各类多载波传输方案中实现复杂度最低、应用最广的一种。

OFDM技术能同时传输多个子载波的关键在于：需要频域子载波之间互相正交，子载波的频谱相互重叠。而频域子载波之间的正交变换正是使用快速傅里叶变换(FFT)实现的。所以，在发射端，OFDM系统不需要发送多个子载波信号，而是使用逆快速傅里叶变换(IFFT)模块将大量正交的窄带子载波频域信号同时变换成时域信号，从而实现多载波映射叠加一起发送。在接收端，OFDM系统摒弃传统的积分方法或带通滤波器分离其余的正交子载波，而是用FFT模块把重叠的多个载波一次性分隔出来，多个携带信号的计算次数也就可以减少为一次，从而大大降低了系统的复杂性。

2. 数据压缩的应用

图B.1是一张人脸和它对应的傅里叶变换，可以看出，所有的频域信号大多都分布在中心周围，而大部分周边区域都是黑色的(即零)。这是一个意味深长的事实：一个在空域中看起来占满全空间的信号，转换到频域中很可能只占用了极小一块区域。这就导出了一个极为有用的结论：描述同一信号，需要的频域信息远小于空域信息。所以，为了大幅减少数据量，只需对这张图进行傅里叶变换，然后记录不接近零的频域信息。这正是今天大多数数据压缩方法的基础思想。

(a) 时域像素图

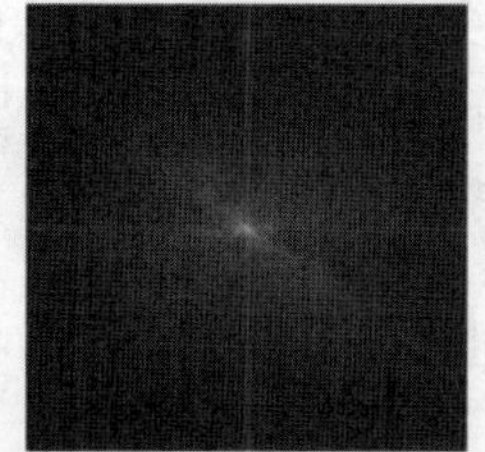

(b) 频域像素图

图B.1 一张图像的时域像素图和频域像素图

在互联网时代，大量的多媒体信息需要在尽量节省带宽和时间的前提下被传输，所以数据压缩一直都是最核心的问题之一。而今天几乎所有流行的数据压缩格式，无论是声音的MP3格式还是图像的JPG格式，都是利用傅里叶变换才得以发明的。从这个意义上来说，现代信息社会几乎全部都建立在傅里叶的理论基础之上。这当然是傅里叶本人也始料未及的。

3. 语音和图像领域的应用

抗噪耳机的原理也和傅里叶变换有关。它利用麦克风记录耳机周围的环境噪声，测量整个频谱的频率内容,然后将声音内容反向添加到耳机中的音频混音中,抵消周围噪声,达到抗噪效果。

冈萨雷斯在《数字图像处理》一书中,将傅里叶变换比作一个玻璃棱镜。棱镜可以将光分解为不同颜色,颜色由波长(或频率)决定。傅里叶变换可以看作数学上的棱镜,将函数基于频率分解为不同的成分,如图 B.2 所示。

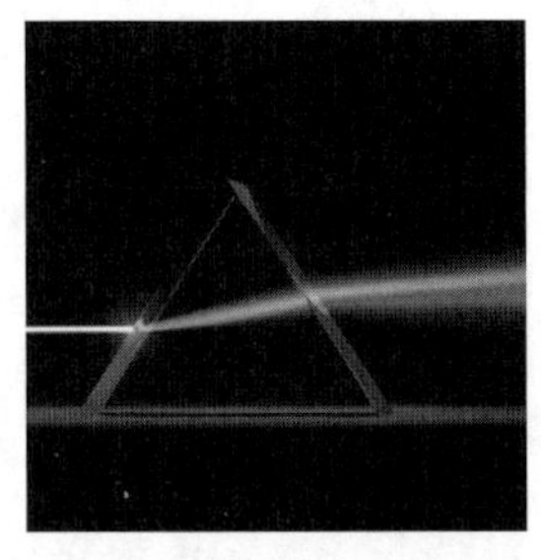

(a) 光通过玻璃棱镜的光谱分解现象

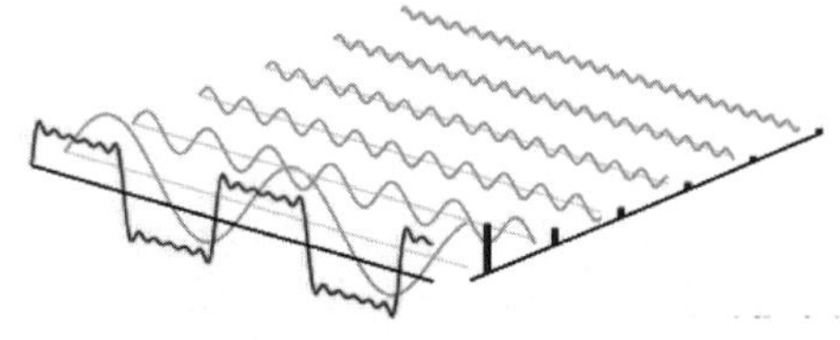

(b) 时域信号通过傅里叶变换后的频谱分解现象

图 B.2　光谱分解现象和频谱分解现象

去掉人脸图像上的痘痘、图像的斑点等这些美化功能背后的原理也是基于傅里叶变换。因为照片中有比较大变化的颜色区域,经过傅里叶变换会表现为一个高频信号,利用图像处理软件上的滤波器可以减弱这个高频信号,再经过傅里叶反变换,使图像达到局部美化的效果。

实际上,傅里叶变换远不止数学和物理学上的价值,它几乎存在于生活和科学的各个领域——研究不同的潜水器结构与水流的相互作用,试图预测即将到来的地震,识别距离遥远的星系的组成部分,寻找热量大爆炸残余物中的新物理成分,以 X 射线衍射模式揭示蛋白质的结构,为 NASA 分析数字信号,研究乐器的声学原理,改进水循环的模型,寻找脉冲星(自转的中子星),用核磁共振研究分子结构。甚至,傅里叶变换已经被用于鉴定画作真伪,如通过破译油画中的化学物质来识别假冒的杰克逊·波洛克绘画。

第3章 离散傅里叶变换

CHAPTER 3

3.1 引言

前面介绍了离散时间域信号(序列)的傅里叶变换(DTFT)和 z 变换。DTFT 和 z 变换是与连续时间信号的傅里叶变换(CTFT)和拉普拉斯(Laplace)变换相对应的,是对绝对可和、任意长序列进行谱分析和变换域分析的数学工具。

回顾在时间域具有不同特征的信号的谱分析及其频域表述,习惯上称对连续时间域信号 $x(t)$的频谱分析计算为傅里叶变换,如果时间连续信号又是周期的,其频域特征常用傅里叶级数(Fourier series,FS)描述;而对于离散时间信号 $x(n)$的频谱分析计算则称为序列的傅里叶变换,又称为离散时间傅里叶变换,当离散时间信号又具有周期性时,其频域特征则常以离散傅里叶级数(DFS)描述。

傅里叶变换处理的连续时间域信号及所得到的模拟域频谱函数的特点如图 3.1.1 所示。其中,信号时间参数 t 和角频率参数 Ω 均属于模拟域,是连续变量,在实数域取值,有对应的物理量纲。

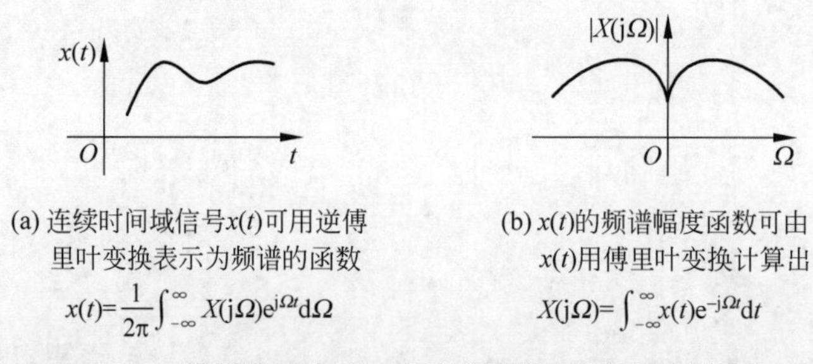

图 3.1.1 模拟域连续时间信号及其傅里叶变换波形示意

连续时间周期信号的时域、频域波形特点如图 3.1.2 所示。设 $x(t)$的周期为 T_0,则对应的基波角频率 $\Omega_0=\dfrac{2\pi}{T_0}$(单位为 rad/s)是确定的实数。图 3.1.2 中时间参数 t 可在实数域上连续取值;频谱函数又称傅里叶级数的系数,是线谱,对应的频点为 $k\Omega_0$,k 为整数。这里时间和频率参数也可理解为模拟域参数。

序列的傅里叶变换(DTFT)对应的信号序列时域、频域特征如图 3.1.3 所示。由图 3.1.3 可见,主要有如下特点。

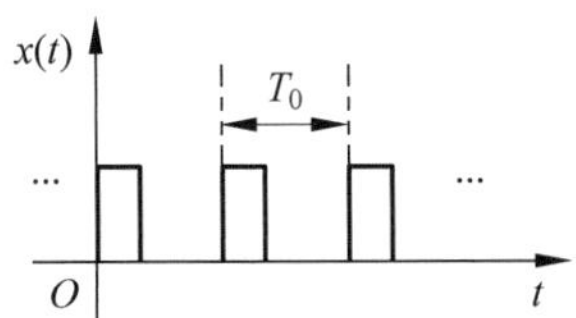

(a) 连续时间周期信号$x(t)$可表示为傅里叶级数的叠加

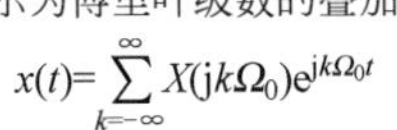

$$x(t)=\sum_{k=-\infty}^{\infty}X(\mathrm{j}k\Omega_0)\mathrm{e}^{\mathrm{j}k\Omega_0 t}$$

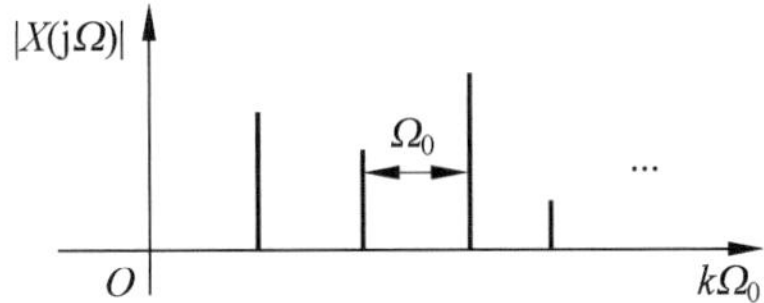

(b) $x(t)$的傅里叶级数的系数幅度可由$x(t)$计算其傅里叶级数的系数得到

$$X(\mathrm{j}k\Omega_0)\equiv\frac{1}{T_0}\int_{-T_0/2}^{T_0/2}x(t)\mathrm{e}^{-\mathrm{j}k\Omega_0 t}\mathrm{d}t,k\text{为整数}$$

图 3.1.2 连续时间周期信号的时域、频域波形特点

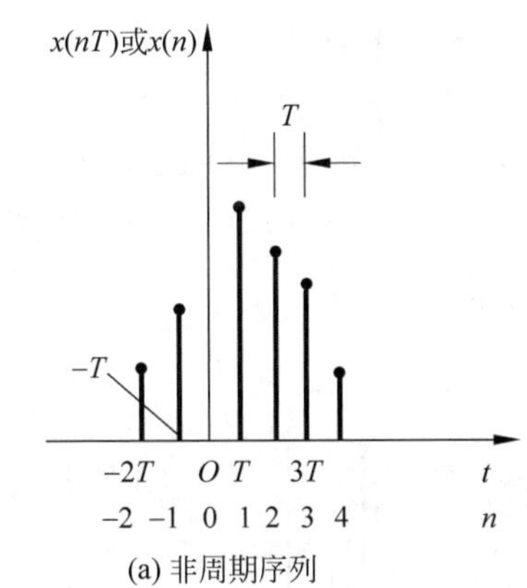

(a) 非周期序列

(b) 傅里叶变换

图 3.1.3 非周期序列及其傅里叶变换

注：DTFT 以数字频率为参数时，其周期为 2π

(1) DTFT 分析对欲处理的时域序列 $x(n)$的长度无限制，一般针对的是非周期序列。参数 T 是时域序列样值点之间的时间间隔。如果 $x(n)$是由连续函数采样得到的，采样频率为 f_s(单位为 Hz)，则有 $T=\frac{1}{f_s}$。

(2) 连续时间信号 $x(nT)$的傅里叶变换(FT)结果 $X(\mathrm{j}\Omega)$是模拟角频率 Ω(单位为 rad/s)的连续函数，频率变量 Ω 是连续的；而序列 $x(n)$的 DTFT 分析结果 $X(\mathrm{e}^{\mathrm{j}\omega})$一般以数字频率 $\omega=\Omega T$ 为变量，需注意频率变量 ω(单位为 rad)也是连续的。

由

$$e^{-j(\omega+2\pi)n}=e^{-j\left(\Omega+\frac{2\pi}{T}\right)Tn}=e^{-j2\pi n}e^{-j\Omega Tn}=e^{-j\omega n}$$

得：

$$X(e^{j(\omega+2\pi)})=X(e^{j\omega})$$

$$X\left[j\left(\Omega+\frac{2\pi}{T}\right)\right]=X(j\Omega)$$

因此，序列 $x(n)$的 DTFT 结果 $X(e^{j\omega})$是数字频率的周期函数，周期为 2π；而连续时间信号 $x(nT)$的 FT 结果 $X(j\Omega)$是模拟角频率的周期函数，周期为$\frac{2\pi}{T}$。

(3) 序列 $x(n)$的 DTFT 计算在定义上要求做无限项的求和，实际数值计算总是取有限长的截断序列，这使计算结果相对理论结果会产生误差。

当离散时间序列又具有周期性时，其时域波形特点如图 3.1.4(a)所示。因为周期序列的周期特性，其时域序列可展开成离散傅里叶级数(DFS)，从周期序列的 DFS 展开式可见，周期序列的频谱函数定义在无限多个频点上，其频谱结构是周期线谱；各离散频点的幅度为$|\widetilde{X}(k)|$，如图 3.1.4(b)所示。

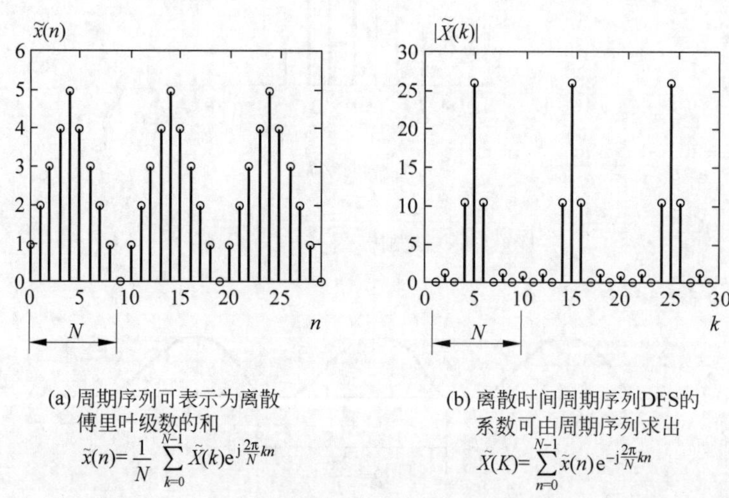

(a) 周期序列可表示为离散傅里叶级数的和 $\tilde{x}(n)=\frac{1}{N}\sum_{k=0}^{N-1}\tilde{X}(k)e^{j\frac{2\pi}{N}kn}$

(b) 离散时间周期序列DFS的系数可由周期序列求出 $\tilde{X}(K)=\sum_{n=0}^{N-1}\tilde{x}(n)e^{-j\frac{2\pi}{N}kn}$

图 3.1.4 离散时间周期序列及其离散傅里叶级数的系数

本章将介绍便于在计算机上实现的，可对有限长的离散时间信号进行谱分析的新的变换算法：离散傅里叶变换(DFT)。离散傅里叶变换的特点是：

(1) 对时域有限长的信号序列，用有限长的频谱序列(DFT 的结果)，估计信号序列的频率成分。

(2) DFT 的结果是离散数字频率的函数，隐含有周期性。

(3) DFT 的快速实现算法统称为快速傅里叶变换(FFT)，是数字信号处理的基础。

离散傅里叶变换(DFT)及其快速算法(FFT)主要有三个用处：

(1) 离散时间信号(序列)频谱的数值计算。计算机只能对有限的离散数据进行处理，处理结果也是离散数值。

(2) 通过 FFT 能够实现高效卷积。

(3) 波形编码，尤其是利用 DFT 的变形——离散余弦变换(discrete cosine transform，DCT)实现。

总结：在信号处理过程中，如傅里叶变换，常涉及信号在时域和频域间的相互转换；若一个域中的函数是周期的，则其相应的变换式在另一个域中是采样形式（离散的）；反过来，若一个域中的函数是采样形式（离散的），其相应的变换式在另一个域中一定是周期的（可理解为周期延拓的结果），如表 3.1.1 所示。

表 3.1.1 时域和频域的波形特征的对应关系

类型	函数性质			
时域函数	连续的	非周期	具有周期(T)	采样形式（样值点间隔为 T_s，对应的采样率为 f_s）
频域函数	非周期	连续的	离散的线谱，角频率间隔 $\Omega=2\pi/T$	具有周期性 （模拟频率域周期为 f_s；数字频率域周期为 2π）

本章还将介绍 DFT 和其他信号类型的傅里叶变换相关联时所应满足的条件，最后对用 DFT 分析现实中经常遇到的连续时间信号和离散时间信号的频谱时遇到的主要问题（混叠，频率泄漏，栅栏效应）及解决思路进行归纳总结。

3.2 离散傅里叶变换的定义

3.2.1 离散傅里叶变换和逆离散傅里叶变换的定义

设离散时间信号 $x(n)$，$n=0,1,\cdots,L-1$，是长度为 L 的有限长序列，其 $N(N\geqslant L)$点离散傅里叶变换（DFT）定义为

$$X(k)\equiv \mathrm{DFT}[x(n)]=\sum_{n=0}^{N-1}x(n)\mathrm{e}^{-\mathrm{j}\frac{2\pi}{N}kn} \tag{3.2.1a}$$

定义 N 点 DFT 的变换因子为 $W_N=\mathrm{e}^{-\mathrm{j}\frac{2\pi}{N}}$，则式(3.2.1a)可写为

$$X(k)=\sum_{n=0}^{N-1}x(n)\,W_N^{kn} \tag{3.2.1b}$$

一般情况下，可假设序列 $x(n)$长度区间外的序列值为零，则式(3.2.1b)的求和具体为

$$X(k)=\sum_{n=0}^{L-1}x(n)W_N^{kn} \tag{3.2.1c}$$

$$\equiv|X(k)|\mathrm{e}^{\mathrm{j}\theta(k)},\quad k=0,1,2,\cdots,N-1 \tag{3.2.1d}$$

其中，N 称为离散傅里叶变换的区间长度或 DFT 窗长度，习惯上称为 DFT 的变换点数；$|X(k)|$、$\theta(k)$分别称为序列 $x(n)$的幅度谱和相位谱。显然 DFT 是把时域有限长序列 $x(n)$变换成数字频率域的有限长序列 $X(k)$。

对 $X(k)$进行逆离散傅里叶变换（inverse discrete Fourier transform，IDFT），可得到对应的时域有限长序列 $x(n)$，IDFT 定义为

$$\begin{aligned}x(n)&=\mathrm{IDFT}[X(k)]\\&=\frac{1}{N}\sum_{k=0}^{N-1}X(k)\mathrm{e}^{\mathrm{j}\frac{2\pi}{N}kn}\\&=\frac{1}{N}\sum_{k=0}^{N-1}X(k)W_N^{-kn},\quad n=0,1,2,\cdots,L-1,\cdots,N-1\end{aligned} \tag{3.2.2}$$

由式(3.2.2)可见，N 点 DFT 的逆变换得到的时域有限长序列是 N 点的，而原时域序列长是 L 点的。须特别注意，当 $N>L$ 时，从理论上讲，IDFT 求出的 $x(n)$ 在 $n=0,1,\cdots,L-1$ 的区间上等于原有限长时域序列；而在 $L-1<n\leqslant N-1$ 的区间上，$x(n)$ 序列值等于 0。实际因计算机的运算误差，N 点 IDFT 算出的 N 点时间序列可能和原输入时域序列有误差。

另外，在保证从 IDFT 结果中能唯一地恢复原时域序列的前提下，为了减少计算量，对长为 L 的序列 $x(n)$ 进行 DFT 分析时，通常取变换区间长度为 $N=L$ 的 DFT 就可以。

实际应用中有趣的一点是：从 DFT、IDFT 的数学定义上，根据 $W_N=\mathrm{e}^{-\mathrm{j}\frac{2\pi}{N}}$ 因子的特性 $W_N{}^*=\mathrm{e}^{\mathrm{j}\frac{2\pi}{N}}=W_N{}^{-1}$，计算序列 $x(n)$ 的 N 点 DFT 及计算 N 点 IDFT 可以共享同一个已有的 DFT 算法程序实现。说明如下。

(1) 设通过已有算法程序，得到序列 $x(n)$ 的 N 点 DFT $X(k)$：

$$X(k)=\sum_{n=0}^{N-1}x(n)W_N^{kn},\quad k=0,1,\cdots,N-1$$

(2) 根据 $X(k)$，计算 N 点 IDFT，求时域序列 $x(n)$：

- 将 DFT 的定义式 $X(k)$ 取共轭，得

$$X^*(k)=\sum_{n=0}^{N-1}x^*(n)W_N^{-kn},\quad k=0,1,\cdots,N-1$$

- 对 $X^*(k)$ 计算 N 点 DFT，得

$$x'(n)=\sum_{k=0}^{N-1}X^*(k)W_N^{kn},\quad n=0,1,\cdots,N-1$$

- 对结果再取共轭：

$$x'(n)^*=\sum_{k=0}^{N-1}X(k)W_N^{-kn},\quad n=0,1,\cdots,N-1$$

- 对结果乘以 $\frac{1}{N}$，得到序列：

$$x(n)=\frac{1}{N}x'(n)^*=\frac{1}{N}\sum_{k=0}^{N-1}X(k)W_N^{-kn},\quad n=0,1,\cdots,N-1$$

恰好是式(3.2.2)给出的 IDFT 的定义式。根据这个特点，编一个 DFT 子程序，完成 DFT 运算；只要再配合两次共轭运算，就能通过 DFT 实现 IDFT 的运算。

从 DFT 的定义可知，序列 $x(n)$ 的长度 L 和 DFT 变换区间长度 N 可以不同。$N>L$ 的 DFT 计算，数学上可理解为原序列 $x(n)$ 后面补 $N-L$ 个零的序列的 N 点 DFT。显然，序列 $x(n)$ 后补零不影响其 N 点 DFT 的结果。证明如下。

证明：设 $x_1(n)$ 长为 L，$n=0,1,\cdots,L-1$；$x_1'(n)$ 是后面增补 $N-L$ 个零后的序列，长 N，$n=0,1,\cdots,L-1,\cdots,N-1$，如图 3.2.1 所示。它们的 N 点 DFT 分别为

$$\begin{aligned}X_1(k)&=\mathrm{DFT}[x_1(n)]\\&=\sum_{n=0}^{L-1}x_1(n)W_N^{kn},\quad k=0,1,\cdots,N-1\end{aligned}$$

$$X_1'(k)=\mathrm{DFT}[x_1'(n)]=\sum_{n=0}^{N-1}x_1'(n)W_N^{kn}$$

$$=\sum_{n=0}^{L-1}x_1(n)W_N^{kn},\quad k=0,1,\cdots,N-1$$

显然：$X_1'(k)=X_1(k)$。

通过上面的证明，我们已了解，序列 $x(n)$ 及其后补零序列进行相同变换区间长度的 DFT 的结果是一样的；但序列 $x(n)$ 及其前补零序列进行相同变换区间长度的 DFT 的结果则是不一样的。下面介绍这两个序列的 DFT 之间的差异。

对长为 L 的 $x(n)$ 序列，前面补 D 个零后，得到长为 $L+D$ 的序列，记为 $g(n)$，$n=0,1,\cdots,L+D-1$。为了比较 $x(n)$ 和 $g(n)$ 的 DFT 之间的关系，取 DFT 的点数 $N\geqslant L+D$，为计算简单，取 $N=L+D$，如图 3.2.2 所示。根据定义，$x(n)$、$g(n)$ 的 N 点 DFT 分别为

$$\begin{aligned}X(k)&=\sum_{n=0}^{N-1}x(n)W_N^{kn}\\&=\sum_{n=0}^{L-1}x(n)\mathrm{e}^{-\mathrm{j}\frac{2\pi}{N}kn},\quad k=0,1,2,\cdots,N-1\end{aligned}\tag{3.2.3}$$

$$G(k)=\sum_{n=0}^{N-1}g(n)W_N^{kn}=\sum_{n=D}^{N-1}g(n)\mathrm{e}^{-\mathrm{j}\frac{2\pi}{N}kn}\tag{3.2.4}$$

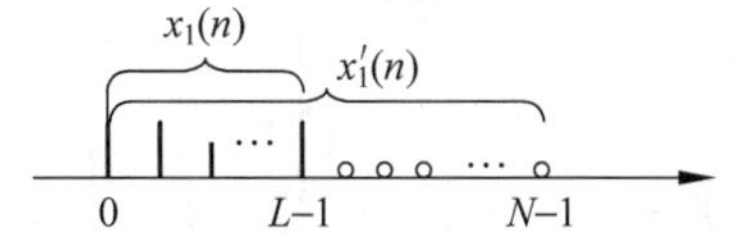

图 3.2.1　L 点序列及其后补零序列

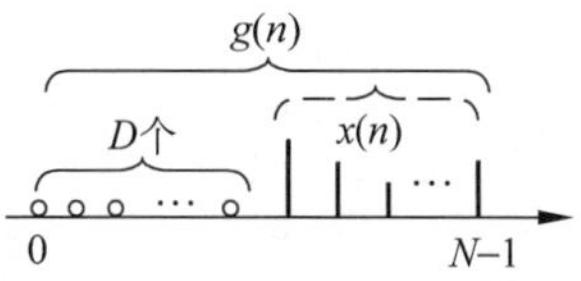

图 3.2.2　L 点序列及其前补零序列

式(3.2.4)取变量代换 $n=n'+D$，则 $g(n)=x(n')$；$n=D,N-1$ 时，对应 $n'=0,L-1$，故：

$$\begin{aligned}G(k)&=\sum_{n=0}^{L-1}x(n)\mathrm{e}^{-\mathrm{j}\frac{2\pi}{N}k(n+D)}\\&=\mathrm{e}^{-\mathrm{j}\frac{2\pi}{N}Dk}\sum_{n=0}^{L-1}x(n)\mathrm{e}^{-\mathrm{j}\frac{2\pi}{N}kn}\\&=W_N^{Dk}X(k),\quad k=0,1,\cdots,N-1\end{aligned}\tag{3.2.5}$$

比较式(3.2.3)和式(3.2.5)可见：$x(n)$ 前补 D 个零的序列 $g(n)$ 的 N 点 DFT $G(k)$ 的相位相对于原 $x(n)$ 的 N 点 DFT $X(k)$ 的相位，叠加了一线性相移 $\left(-\frac{2\pi}{N}Dk\right)$；因为 $|W_N^{Dk}|=1$，$G(k)$ 和 $X(k)$ 的幅度是相同的。

在同一个工程实践中，当有两个有限长序列 $x_1(n)$，$x_2(n)$ 均要进行 DFT 分析，如果 $x_1(n)$ 长为 L，$x_2(n)$ 长为 N，$L<N$，为了模块化的计算程序的统一应用，DFT 分析子程序常按长的序列取变换区间长度，如进行 N 点 DFT。按式(3.2.1a)的定义分别计算：

$$X_1(k)=\mathrm{DFT}[x_1(n)]$$

$$X_2(k)=\mathrm{DFT}[x_2(n)]$$

这样做带来的方便之处：各不同信号片断可以用同一个 DFT 子程序实现处理；且当要对这些数据片段进行加权组合，产生新的处理对象时，对应的数字频率域的序列(即频谱序列)也遵循同样的加权组合，结果的长度就等于原离散傅里叶变换的点数，也是规格化的。

例 3.2.1 给定长度 $L=8$ 的序列 $x(n)=[1,1,1,1,0,0,0,0]$。

(1) 求其 $N=16$ 点 DFT $X(k)$；

(2) 前补 3 个零。求其 $N=16$ 点 DFT $X_D(k)$。

解：例 3.2.1 的 MATLAB 程序参考实现见 3.8.1 节。

运行 3.8.1 节给出的程序，结果如图 3.2.3 和图 3.2.4 所示。

也可根据定义计算：

$$X(k)=\sum_{n=0}^{7}x(n)\mathrm{e}^{-\mathrm{j}\frac{2\pi}{16}kn}=\sum_{n=0}^{3}x(n)\mathrm{e}^{-\mathrm{j}\frac{2\pi}{16}kn},\quad k=0,1,2,\cdots,15$$

$$X_D(k)=\mathrm{e}^{-\mathrm{j}\frac{2\pi}{16}3k}X(k)=W_{16}^{3k}X(k),\quad k=0,1,\cdots,15$$

图 3.2.3 给出了 8 点序列 $x(n)$ 及其前补零序列 $x_D(n)$ 的时域波形及其 16 点 DFT 的幅度谱，显然对同样点数的 DFT，前补零序列和原序列的幅度谱相同。图 3.2.4 是两个序列相应的 DFT 之相位谱；为了清楚地观察两个序列的相位谱关系，图 3.2.4 还画出了两个序列相位谱的差，可见前补零序列的相位谱相对于原序列的相位谱随数字频率的变化而出现线性附加相位移。

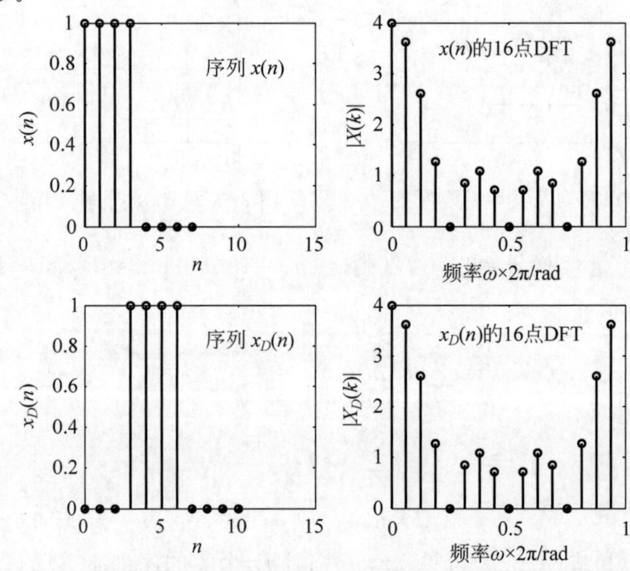

图 3.2.3 例 3.2.1 中 8 点序列及其前补零序列时域及 DFT 幅度谱波形

在工程实践中，经常会遇到的问题是要对已获得的时域离散信号(序列)进行频谱分析时，先要确定用多少点数的 DFT 比较合适；或者考虑，用现成的 DSP 芯片对给定的数据进行分析是否适当。回答这些问题要考虑多种因素。其中之一是要了解对某一有限长的时域序列，其不同变换区间长度 DFT 之间存在什么样的联系。

给定时域序列为 $x(n)$，$0\leqslant n\leqslant N-1$，根据定义，其 N 点 DFT：

$$\begin{aligned}X(k)&=\sum_{n=0}^{N-1}x(n)W_N^{kn}\\&=\sum_{n=0}^{N-1}x(n)\mathrm{e}^{-\mathrm{j}\frac{2\pi}{N}kn},\quad k=0,1,\cdots,N-1\end{aligned}\tag{3.2.6}$$

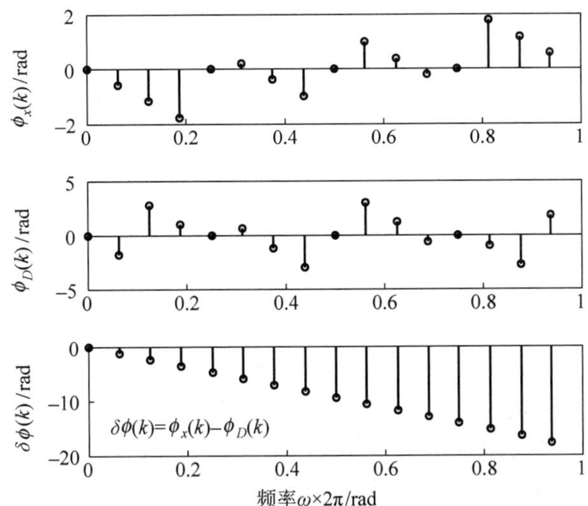

图 3.2.4　8 点序列 $x(n)$及其前补零序列的 16 点 DFT 相位谱及线性相移

式(3.2.6)表明，N 点 DFT 离散数字频率间隔 $\omega_1=\dfrac{2\pi}{N}$。

(1) 考虑 $x(n)$的 $L=rN$ 点 DFT $G(k)$，r 为整数，即 L 是 N 的整倍数。

先对 $x(n)$后补零成为 L 点序列，再根据定义求 rN 点 DFT：

$$\begin{aligned}G(k)&=\sum_{n=0}^{rN-1}x(n)W_{rN}^{kn},\quad k=0,1,2,\cdots,N-1,N,\cdots,rN-1\\&=\sum_{n=0}^{rN-1}x(n)\,\mathrm{e}^{-\mathrm{j}\frac{2\pi}{rN}kn}\quad\text{（因为 } x(n)\text{ 只有前 } N\text{ 点，所以该求和具体如下）}\\&=\sum_{n=0}^{N-1}x(n)\mathrm{e}^{-\mathrm{j}\frac{2\pi}{N}\left(\frac{k}{r}\right)n}\end{aligned}$$

当 k 是 r 的整数倍时：

$$G(k)=X\left(\frac{k}{r}\right)\tag{3.2.7}$$

$G(k)$的离散数字频率间隔 $\omega_1'=\dfrac{2\pi}{rN}$，比原 N 点 DFT 离散数字频率间隔 $\omega_1=\dfrac{2\pi}{N}$小。所以 rN 点 DFT $G(k)$谱线数目在 2π 的数字频率范围内是 $X(k)$的 r 倍，更加密集，如图 3.2.5 中 z 平面单位圆上等间隔相邻点之间的角度差形象地表示了相应点数的 DFT 的离散数字频率间隔。

(2) 考虑 $x(n)$的 L 点 DFT $G(k)$，其中 $L\neq rN$，不是原 DFT 变换区间长度的整数倍。

先对 $x(n)$后补零成为 L 点序列，再根据 DFT 的定义，当 $L>N$ 时，则 $x(n)$的 L 点 DFT $G(k)$的数字频率离散间隔 $\omega_1'=\dfrac{2\pi}{L}$。$G(k)$谱线数目在 2π 的数字频率范围内比 $x(n)$原来的 N 点 DFT $X(k)$多 $L-N$ 根谱线，也更加密集。设 z 平面单位圆上的点的幅角为数字频率值，如图 3.2.6 形象地给出了 10 点 DFT 的数字频率值在 z 平面单位圆上的位置。

例 3.2.2　设长为 8 的时域序列 $x(n)=[1,1,1,1,0,0,0,0]$。

(1) 求其 $N=8$ 点 DFT；

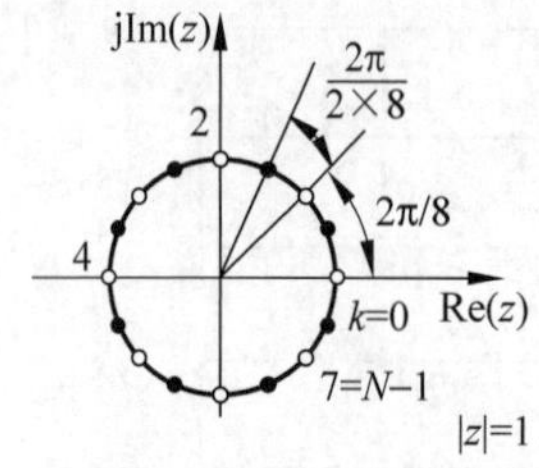

图 3.2.5　8点及16点DFT中的数字频率值在 z 平面单位圆上的分布

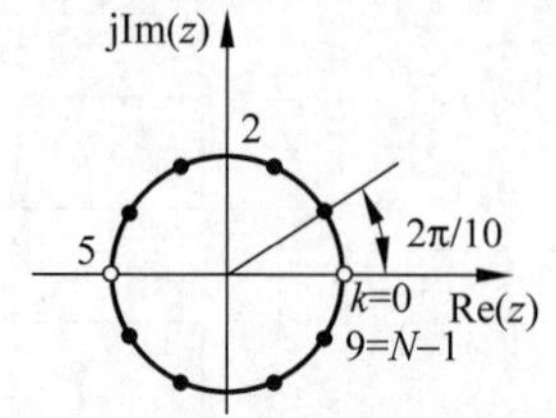

图 3.2.6　10点DFT中的10个数字频率值在 z 平面单位圆上的分布

(2) 后补8个零,即 $r=2$,求其 $N=16$ 点 DFT;

(3) 后补3个零,即 $L=11$,求其 $N=11$ 点 DFT。

解:例3.2.2的MATLAB程序参考实现见3.8.1节。

运行3.8.1节给出的程序,结果如图3.2.7和图3.2.8所示。

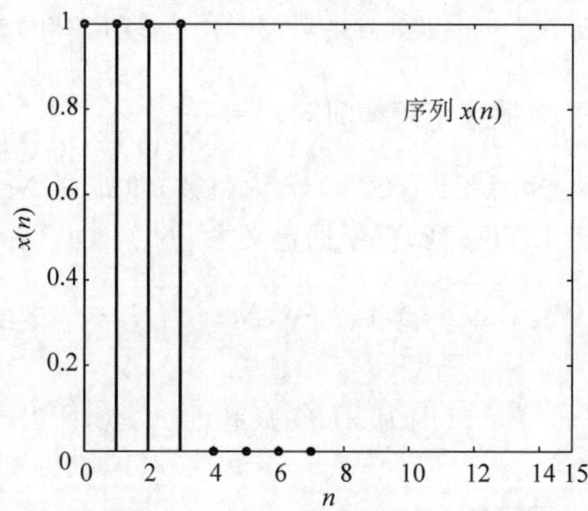

图 3.2.7　例3.2.2中8点序列 $x(n)$ 的时域波形

也可根据定义式(3.2.1a)计算出 $x(n)$ 的 $N=8$、16、11点离散傅里叶变换。

(1) 8点DFT:

$$X(k)=\sum_{n=0}^{7}x(n)\mathrm{e}^{-\mathrm{j}\frac{2\pi}{8}kn}=\sum_{n=0}^{3}x(n)\mathrm{e}^{-\mathrm{j}\frac{\pi}{4}kn},\quad k=0,1,2,\cdots,7$$

(2) 16点DFT:

$$X(k)=\sum_{n=0}^{15}x(n)\mathrm{e}^{-\mathrm{j}\frac{2\pi}{16}kn}=\sum_{n=0}^{3}x(n)\mathrm{e}^{-\mathrm{j}\frac{\pi}{8}kn},\quad k=0,1,\cdots,15$$

(3) 11点DFT:

$$X(k)=\sum_{n=0}^{10}x(n)\mathrm{e}^{-\mathrm{j}\frac{2\pi}{11}kn}=\sum_{n=0}^{3}x(n)\mathrm{e}^{-\mathrm{j}\frac{2\pi}{11}kn},\quad k=0,1,\cdots,10$$

图3.2.7是给定的 $x(n)$ 序列时域波形。图3.2.8画出了 $N=8$、16、11点离散傅里叶变换的幅度分布。由图3.2.8可见,DFT的结果仅出现在数字频率 $\frac{2\pi}{N}k,k=0,1,\cdots,N-1$ 处;因16点DFT与8点DFT涉及8个相同的数字频率值,正如式(3.2.7)描述的,这些频率处的序列频谱值相等。

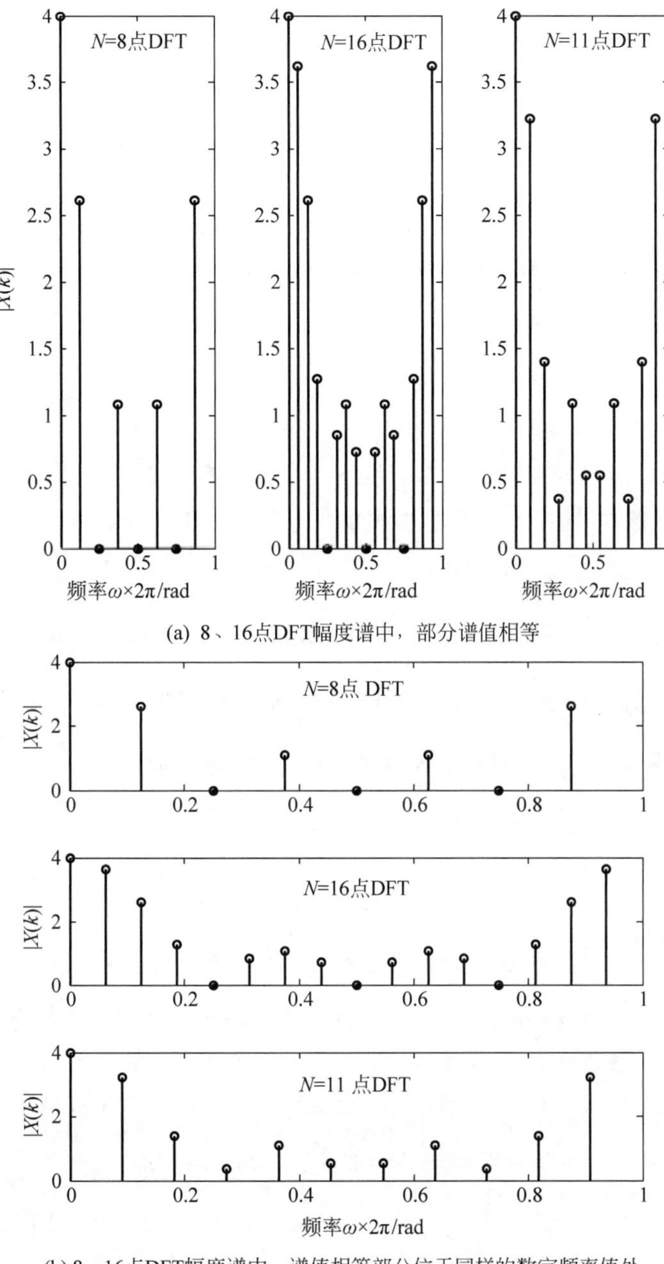

图 3.2.8　例 3.2.2 序列 $x(n)$ 的 8 点、16 点和 11 点 DFT 谱线的幅度波形比较

3.2.2　离散傅里叶变换和 z 变换的关系

微课视频

设序列 $x(n)$ 长 $M=N$ 时，其 z 变换和 N 点 DFT 根据定义分别为

$$X(z)=\sum_{n=0}^{N-1}x(n)\,z^{-n}\quad（且设其 ROC 含 z 平面上的单位圆）\tag{3.2.8}$$

$$X(k) \equiv \mathrm{DFT}[x(n)] = \sum_{n=0}^{N-1} x(n) W_N^{kn}, \quad k = 0,1,2,\cdots,N-1 \tag{3.2.9}$$

显然，当 $z = z_k = W_N^{-k} = \mathrm{e}^{\mathrm{j}\frac{2\pi}{N}k}$，$k=0,1,2,\cdots,N-1$，则 z 变换和 DFT 的函数值是相等的；而 z_k 是 z 平面单位圆上的点，相邻 z_k 点的角度间隔 $\omega_1 = \frac{2\pi}{N}$。另外根据 z 变换和 DTFT 的关系可知：序列 $x(n)$ 的 z 变换 $X(z)$ 在单位圆上(即 $z=\mathrm{e}^{\mathrm{j}\omega}$ 时)的函数值就是序列(系统)的频谱特性(DTFT)。因此，z_k 处 $X(z)$ 的函数值就是序列的 DTFT，$X(\mathrm{e}^{\mathrm{j}\omega})$ 在 $[0,2\pi]$ 范围的 N 点等间隔采样，可记为 $X(\mathrm{e}^{\mathrm{j}k\omega_1})$。

显然相邻 z_k 的角度间隔 $\omega_1 = \frac{2\pi}{N}$ 也就是序列 $x(n)$ 的 DTF $X(\mathrm{e}^{\mathrm{j}\omega})$ 在 $[0,2\pi]$ 范围上 N 点等间隔采样的采样频率间隔。

综上所述，当给定时域序列 $x(n)$，可按下列步骤从其 z 变换求出其 N 点 DFT：

$x(n)$ → 求 z 变换，$X(z)$，且其收敛域包含 z 平面上的单位圆

→ 令 $z = z_k = W_N^{-k} = \mathrm{e}^{\mathrm{j}\frac{2\pi}{N}k} \equiv \mathrm{e}^{\mathrm{j}k\omega_1}, \quad k=0,1,2,\cdots,N-1$

→ 代入 $X(z)$，得到离散频点处的函数值 $X(\mathrm{e}^{\mathrm{j}k\omega_1})$，其中：$\omega_1 = \frac{2\pi}{N}$

→ $X(k) \equiv X(\mathrm{e}^{\mathrm{j}k\omega_1}), \quad k=0,1,2,\cdots,N-1$，即为 $x(n)$ 的 N 点 DFT 序列

数字频率间隔 $\omega_1 = \frac{2\pi}{N}$，和对应的模拟频率间距 f_1 的关系如下：

$$\omega_1 = \Omega_1 T = 2\pi f_1 T \tag{3.2.10a}$$

$$f_1 = \frac{\omega_1}{2\pi T} = \frac{1}{NT} = \frac{f_s}{N} \tag{3.2.10b}$$

其中，T 为采样序列的时间间隔。如果给定系统的采样频率 f_s，则 $f_s = \frac{1}{T}$。

通过上面的分析可以推知序列(离散时间信号)的 DFT 具有如下的物理意义：

信号 $x(n)$ 的离散傅里叶变换 $X(k)$ 是对其 z 变换 $X(z)$ 在 z 平面单位圆上的 N 点等间隔采样，$k=0,1,\cdots,N-1$。等效于对 $x(n)$ 的 DTFT $X(\mathrm{e}^{\mathrm{j}\omega})$ 在 $[0,2\pi]$ 频率范围内的 N 点等间隔采样 $X(\mathrm{e}^{\mathrm{j}k\omega_1})$，序号 k 采样点处的离散数字频率值为：$\omega_k = k\omega_1 = k\,\frac{2\pi}{N}$；将数字频率 ω_k 隐去其频率单位，简记为频率序号 k，对应的就是信号 $x(n)$ 的 DFT 函数 $X(k)$。显然当 DFT 变换区间长度 N 不同，在 $0\sim2\pi$ 范围内对 $X(\mathrm{e}^{\mathrm{j}\omega})$ 的采样频率间隔 ω_1 和点数不同，得到的 DFT 结果自然不同。

总结 DFT 的主要特点：

(1) DFT 是关于有限长序列的离散傅里叶变换；

(2) DFT 只有 N 个独立复值，是数字频率域上的有限长序列；

(3) DFT 隐含有周期性。

这是因为在 DFT、IDFT 中，$x(n)$、$X(k)$ 均为有限长序列，且 $W_N^k = W_N^{(k+mN)}$，所以序列 $x(n)$ 的 DFT 结果 $X(k)$ 在数字频率域“隐含有”以 N 为周期的特点，即 $X(k+mN)=X(k)$；$X(k)$ 的 IDFT 结果在离散时间域也“隐含有”以 N 为周期的特点，即 $x(n+mN)=x(n)$。

下面讨论的周期序列与有限长序列的内在联系，可以从另一个角度，理解离散傅里叶变换隐含有周期性的特点。

3.2.3　周期序列与有限长序列的内在联系

因为周期序列 $\tilde{x}(n)$及其频谱(DFS)$\widetilde{X}(k)$都是周期离散序列，所以只要知道它们一个周期内的内容，其他的所有情况就完全确定了。因此把前面介绍的离散傅里叶级数(DFS)和逆离散傅里叶级数(IDFS)的无限长序列的序号取值范围都限定在一个周期内，这时离散时间域周期序列 $\tilde{x}(n)$可由主值区间上的主值序列表示。

1. 主值区间

周期为 N 的序列 $\tilde{x}(n)$的序号取值为 $n=0,1,2,\cdots,N-1$ 的范围称为主值区间。

2. 主值序列

周期为 N 的序列 $\tilde{x}(n)$在主值区间上的函数值称为周期序列的主值序列，常记为 $x(n)$。这时，$\tilde{x}(n)$又可称为 $x(n)$的周期延拓。

周期序列 $\tilde{x}(n)$的主值区间和主值序列 $x(n)$如图 3.2.9 所示。

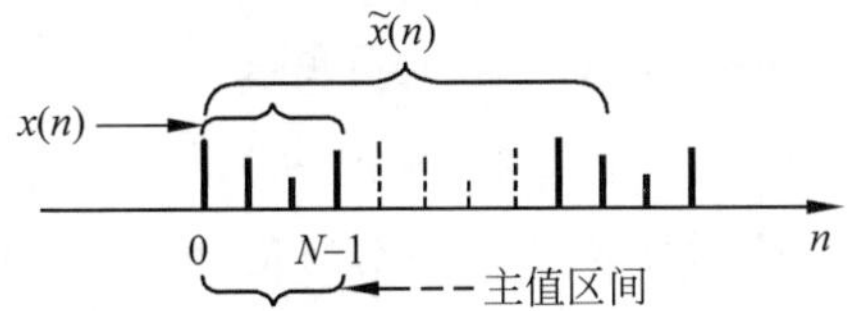

图 3.2.9　周期序列$\tilde{x}(n)$的主值区间和主值序列 $x(n)$

3. 周期序列与主值序列的关系

(1) 时域关系：$x(n)$是周期序列 $\tilde{x}(n)$的主值序列；$\tilde{x}(n)$是 $x(n)$的周期延拓。两者可以相互表示：

$$x(n)=\begin{cases}\tilde{x}(n), & 0\leqslant n\leqslant N-1, N\text{ 为周期序列的周期}\\ 0, & \text{其他}\end{cases} \tag{3.2.11}$$

$$\tilde{x}(n)=\sum_{m=-\infty}^{\infty}x(mN+n_1) \tag{3.2.12a}$$

其中，$n=mN+n_1$，在$(-\infty,+\infty)$的整数区间任意取值，$0\leqslant n_1\leqslant N-1$。式(3.2.12a)就是周期延拓的数学表示。习惯上常省略等号右边的下标，周期延拓简记为

$$\tilde{x}(n)=\sum_{m=-\infty}^{\infty}x(mN+n),\quad n\text{ 在}(-\infty,+\infty)\text{ 整数区间上任意取值} \tag{3.2.12b}$$

(2) 频域关系：设 $X(k)$是 $x(n)$的 N 点 DFT，$\widetilde{X}(k)$是周期为 N 的 $\tilde{x}(n)$的 DFS。则在数字频率域 $X(k)$是周期序列 $\widetilde{X}(k)$的主值序列；$\widetilde{X}(k)$是 $X(k)$的周期延拓。

4. 余数运算(求 N 模数)

定义：余数运算的结果为整数域上任意数 n 除以 N 所得的余数 n_1。

由欧几里得除法可得，任给整数 $n>N$，总存在整数 m、n_1，满足：

$$n=mN+n_1,\quad m\text{ 为整数},\quad 0\leqslant n_1\leqslant N-1 \tag{3.2.13}$$

反过来，如果式(3.2.13)成立，则 n_1 称为 n 除以 N 的余数。该余数运算可用式(3.2.14)表示：

$$((n))_N=n_1 \tag{3.2.14}$$

这里 $((n))_N$ 看成余数运算的运算符号。例如，序列 $\tilde{x}(n)$ 的周期为 9，n 为任意整数。其主值序列记为 $x(n_1)$，$0\leqslant n_1\leqslant 8$：

$$\tilde{x}(25)=x((25))_9=x(7)$$
$$\tilde{x}(-5)=x((-5))_9=x(4)$$

周期序列 $\tilde{x}(n)$ 的函数值可通过模 N 的余数运算，用其主值序列的相应函数值 $x(n_1)$ 求出。

利用列长为 N 的单位矩形序列符号 $R_N(n)$ 和余数运算符号，周期为 N 的周期序列和其主值序列的时域关系可记为紧凑形式：

$$x(n)=\tilde{x}(n)R_N(n) \tag{3.2.15}$$

其中，$R_N(n)$ 是单位矩形序列，$0\leqslant n\leqslant N-1$，列长为 N。

$$\tilde{x}(n)=x((n))_N=x(n_1),\quad 0\leqslant n_1\leqslant N-1,\quad (((n))_N\text{ 是余数运算}) \tag{3.2.16}$$

式(3.2.16)表明：周期延拓后任意序号 n 对应的序列值 $\tilde{x}(n)$ 可用主值序列的相应值 $x(n_1)$ 求出。类似地，主值序列的 DFT $X(k)$ 和周期序列的 DFS $\widetilde{X}(k)$ 在数字频率域有如下的相互关系：

$$X(k)=\widetilde{X}(k)R_N(k) \tag{3.2.17}$$

其中，$R_N(k)$ 是长为 N 的单位矩形序列，$k=0,1,\cdots,N-1$。

$$\widetilde{X}(k)=X((k))_N,\quad -\infty<k<+\infty\quad (((k))_N\text{ 是余数运算}) \tag{3.2.18}$$

式(3.2.17)表明：有限长序列 $x(n)$ 的 N 点 DFT $X(k)$ 是其周期延拓序列 $x((n))_N$ 的 DFS $\widetilde{X}(k)$ 的主值序列。

N 点 DFT 从物理上可看成对离散时间傅里叶变换(DTFT)的(频域)采样，采样间隔为数字频率 ω_1。类似于对连续信号以时间间隔 T 的采样，会导致信号频谱的周期延拓，并且延拓周期为 $\frac{1}{T}=f_s$；在频率域对 DTFT 以间隔 ω_1，即进行频率间隔为 f_1 的采样也会引起时域序列的周期化——周期延拓。原有限长序列 $x(n)$ 经过此周期延拓成为周期序列 $\tilde{x}(n)$，且周期为 $\frac{1}{f_1}=NT$，其中 N 为频率范围 $0\sim f_s$，即 2π 内对 DTFT 采样的采样点数；隐去具体时间间隔 T，该周期序列 $\tilde{x}(n)$ 的周期可计为 N。图 3.2.10 给出相关变换的关系示意。

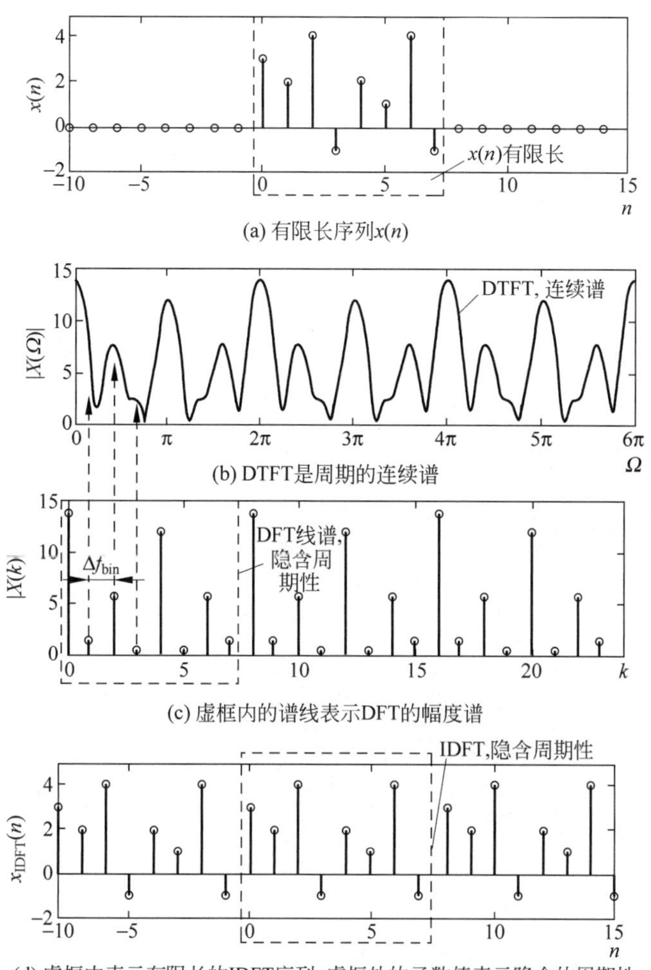

图 3.2.10 序列的 DTFT、DFT、IDFT 的物理特性示意

反过来，采样后的 DTFT 频谱函数就是周期离散序列 $\tilde{x}(n)$的 DFS 的系数，等于离散数字频率点 $\omega_k=k\omega_1=k\dfrac{2\pi}{N}$处的 DTFT 函数值：

$$\widetilde{X}(\mathrm{e}^{\mathrm{j}\omega})\big|_{\omega=(2\pi/N)k}=\sum_{n=0}^{N-1}\tilde{x}(n)\,\mathrm{e}^{-\mathrm{j}\frac{2\pi}{N}kn}\equiv\widetilde{X}(k),\quad k\text{ 为任意整数}$$

$\widetilde{X}(k)$是离散数字频率的周期序列。虽然 k 任意，因为 $N\omega_1=N\dfrac{2\pi}{N}=2\pi$，一个周期内有 N 点，这 N 个独立的函数值就是周期序列的离散傅氏级数(DFS)系数 $\widetilde{X}(k)$的主值序列。这 N 个离散的数字频率点从几何上可看成 z 平面上单位圆的 N 个等分点所对应的极角。如图 3.2.11 所示，$N=6$，对应的数字频率分别为 0，$\pi/3$，$2\pi/3$，π，$4\pi/3$，$5\pi/3$。

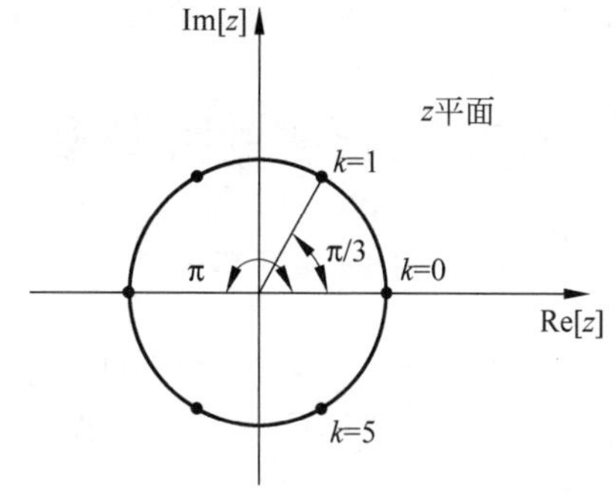

图 3.2.11 z 平面单位圆上 6 等分点的极角

3.3 离散傅里叶变换的性质

微课视频

3.3.1 线性性质

设 $x_1(n)$ 和 $x_2(n)$ 是两个长度分别为 N_1,N_2 的有限长序列,其线性组合为序列:

$$x_3(n)=a\,x_1(n)+b\,x_2(n)$$

其中,a、b 为任意常数,序列 $x_3(n)$ 的长为 $N=\max[N_1,N_2]$。若序列 $x_1(n)$、$x_2(n)$ 和 $x_3(n)$ 的 N 点 DFT 分别记为 $X_1(k)$、$X_2(k)$ 和 $X_3(k)$,则:

$$X_3(k)=\mathrm{DFT}[a\,x_1(n)+b\,x_2(n)]=aX_1(k)+bX_2(k) \tag{3.3.1}$$

3.3.2 序列的和

对长为 N 的序列 $x(n)$,其 N 点 DFT 记为 $X(k)$,则式(3.3.2)成立。

$$\sum_{n=0}^{N-1}x(n)=X(k)\,|_{k=0} \tag{3.3.2}$$

证明:由 DFT 的定义

$$X(k)=\sum_{n=0}^{N-1}x(n)\,W_N^{kn}\,|_{k=0},\quad 当\ k=0,\quad W_N^0=1$$

故

$$X(0)=\sum_{n=0}^{N-1}x(n)$$

有限长序列 $x(n)$ 的各采样值和等于其 DFT 在 $k=0$ 处的函数值。

3.3.3 序列的初值

对长为 N 的序列 $x(n)$,其 N 点 DFT 记为 $X(k)$,则式(3.3.3)成立。

$$x(0)=\frac{1}{N}\sum_{k=0}^{N-1}X(k) \tag{3.3.3}$$

由逆离散傅里叶变换的定义可以证明式(3.3.3)。

微课视频

3.3.4 序列的圆周移位(循环移位)

1. 圆周移位(循环移位)

考虑在一个直角坐标系中,以原点为圆心画一个圆,将有限长序列 $x(n)$,$0\leqslant n\leqslant N-1$,均匀排列在这个圆周的 N 等分点上,正水平轴方向与圆周相交的点记为 $n=0$ 的序列值;显然,圆周上相邻两序列值间隔 $\frac{2\pi}{N}$ 的角度。

如果将整个序列 $x(n)$ 逆时针方向沿圆周旋转(移位) $m\frac{2\pi}{N}$ 的角度，其中 $m>0$(若 $m<0$，则整个序列顺时针旋转)；再从水平正轴方向开始作为旋转后所得序列 $x_m(n)$，$0\leqslant n\leqslant N-1$ 的起始点，则就是原序列移 $|m|$ 个单位的圆周移位序列。这种在圆周上的序列圆周移位，用数学定义式表示如下：

$$x_m(n)=x((n-m))_N R_N(n) \tag{3.3.4}$$

其中，$x((n-m))_N$ 是周期为 N 的周期序列，由原长为 N 的序列 $x(n)$ 周期延拓并移位 m 个单位得到。$R_N(n)$ 为长为 N 的单位矩形序列，在这里起到取出主值的作用。

从一维时间轴上，如图 3.3.1 所示，对式(3.3.4)表达的序列循环移位(又称圆周移位，本书两种叫法不再区分)的物理过程进行如下解释：

(1) 给定有限长序列 $x(n)$；

(2) 将 $x(n)$ 周期延拓，得到无限长的周期序列 $\tilde{x}(n)=x((n))_N$；

(3) 若右移位 m 个单位，则 $m>0$，得到移位 m 个单位的序列：

$$\tilde{x}(n-m)=x((n-m))_N$$

图 3.3.1 中 $m=-2$，表示左移位 2 个单位：

$$\tilde{x}(n-m)=\tilde{x}(n+2)=x((n+2))_N$$

(4) 取出主值序列：

$$x_m(n)=x((n-m))_N R_N(n)$$

$x(n)$ 循环移 $|m|$ 单位的结果是与原 $x(n)$ 同样长的有限长序列。

当把有限长序列均匀地排列到一个圆周上时，如图 3.3.2 所示，又可以从二维几何角度，对序列圆周移位(循环移位)过程进行如下解释：

(1) 将 $x(n)$，$0\leqslant n\leqslant N-1$，均匀排列在 N 等分的圆周上，图 3.3.2(a)中不同的序列值用不同的符号点区别。正水平轴方向排列 $n=0$ 的序列值。圆周上相邻两序列值间隔角度 $\frac{2\pi}{N}$；

(2) 将整个 $x(n)$ 序列值逆时针方向沿圆周旋转(移位) $m\frac{2\pi}{N}$ 的角度，$m>0$。图 3.3.2(b)中 $m=2$，如果是顺时针旋转，则对应于 $m<0$；

(3) 从正水平方向开始逆时针地赋予序列值的序号 n，$0\leqslant n\leqslant N-1$，得到 $x(n)$ 的圆周移位 m 个间隔的序列，如图 3.3.2(c)所示。

$$x_m(n)=x((n-m))_N R_N(n)$$

从这个过程可见，圆周移 m 个单位，所得序列相对原序列 $x(n)$，只是顺序的重新定义。

2. 时域圆周移位定理

设序列 $x(n)$ 的长为 N。其 N 点 DFT 记为

$$X(k)=\text{DFT}[x(n)]=\sum_{n=0}^{N-1}x(n)W_N^{kn}$$

$x(n)$ 在圆周上移位 m 个单位的时间移位序列记为

$$x_m(n)=x((n-m))_N R_N(n)$$

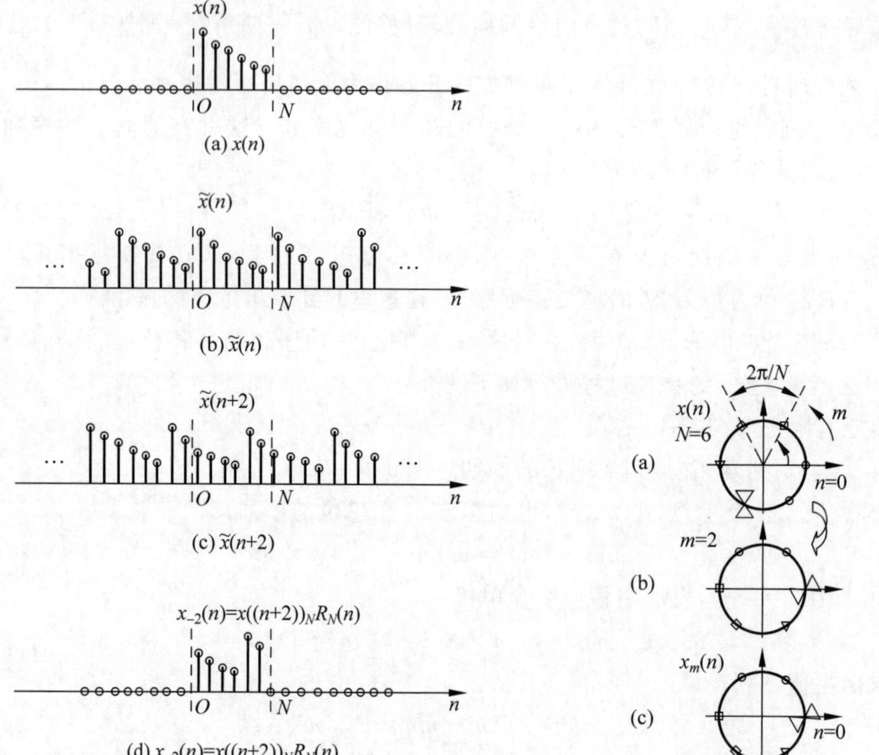

图 3.3.1　循环移位过程一维示意图　　　　图 3.3.2　圆周移位过程二维示意图

则 $x_m(n)$ 的 DFT 为

$$X_m(k)=\mathrm{DFT}[x_m(n)]=W_N^{km}X(k),\quad k=0,1,\cdots,N-1 \tag{3.3.5}$$

其中，$W_N=\mathrm{e}^{-\mathrm{j}\frac{2\pi}{N}}$。式(3.3.5)表明，时域移 m 个单位的序列之 DFT 相对于原序列的 DFT 有斜率为 $m\dfrac{2\pi}{N}$ 的附加线性相位移，附加相位移 $\Delta\varphi(k)=k\cdot m\dfrac{2\pi}{N}$。

证明：

$$\begin{aligned}X_m(k)&=\mathrm{DFT}[x_m(n)]\\&=\sum_{n=0}^{N-1}x((n-m))_N R_N(n)W_N^{kn},\quad \text{作变量代换 } i=n-m\\&=\sum_{i=-m}^{-m+N-1}x(i)W_N^{k(i+m)}\end{aligned}$$

因为 $x(n)$ 的圆周移位均匀地分布在圆周上，所以对 $x(n)$ 在 $[-m,-m+N-1]$ 范围上求和等同于对 $x(n)$ 在 $[0,N-1]$ 范围上的求和。所以

$$\begin{aligned}X_m(k)&=W_N^{km}\sum_{i=0}^{N-1}x(i)W_N^{ki}\\&=W_N^{km}X(k)\\&=\mathrm{e}^{-\mathrm{j}\frac{2\pi}{N}km}X(k)\end{aligned}$$

3. 频域圆周移位定理——调制特性

如果给定长为 N 的序列 $x(n)$的离散傅里叶变换 $X(k)$，则其 IDFT 为时域序列 $x(n)$：

$$x(n)=\mathrm{IDFT}[X(k)]=\frac{1}{N}\sum_{k=0}^{N-1}X(k)W_N^{-kn}$$

设 $X(k)$在数字频率域的圆周移位为 $X_m(k)=X((k-m))_N R_N(k)$，则其 IDFT 为时域序列：

$$\begin{aligned} x'(n) &= \mathrm{IDFT}[X_m(k)]=W_N^{-nm}x(n) \\ &= \mathrm{e}^{\mathrm{j}\frac{2\pi}{N}nm}x(n) \end{aligned} \tag{3.3.6}$$

式(3.3.6)的证明类似于时域圆周移位定理，可用 IDFT 的定义直接证明。

根据欧拉公式：$\mathrm{e}^{\mathrm{j}\frac{2\pi}{N}nm}=\cos\left(\frac{2\pi}{N}m\ n\right)+\mathrm{j}\sin\left(\frac{2\pi}{N}m\ n\right)$。当数字系统的采样频率为 f_s 时，数字频率$\frac{2\pi}{N}m-2\pi f/f_s$，即对应于模拟频率 $f=\frac{f_s}{N}m$。式(3.3.6)右边表达式物理上可解释为用时域序列 $x(n)$对频率为$\frac{f_s}{N}m$ 的载波进行幅度调制。

根据幅度调制的特点，序列 $x(n)$的频谱将被搬移到“载波频率”$\Omega=2\pi\frac{f_s}{N}m$ 附近。故频域圆周移位定理具有“调制特性”的物理意义是：把序列 $x(n)$的 DFT $X(k)$在数字频率域上进行圆周移位 m 个单位得到 $X_m(k)$，对应的是原序列 $x(n)$在离散时间域上的“幅度调制序列 $\mathrm{e}^{\mathrm{j}\frac{2\pi}{N}nm}x(n)$”的谱。

3.3.5 圆周卷积(循环卷积)及其与有限长序列线性卷积的关系

1. 时域圆周卷积定理

设 $x_1(n)$，$x_2(n)$长分别为 N_1，N_2；它们的 N(即 $\max[N_1,N_2]$)点 DFT 分别记为 $X_1(k)$、$X_2(k)$。若 $X_3(k)=X_1(k)X_2(k)$，$k=0,1,\cdots,N-1$，则

$$\begin{aligned} x_3(n) &= \mathrm{IDFT}[X_3(k)],\quad n=0,1,\cdots,N-1 \\ &= \sum_{m=0}^{N-1}x_1(m)x_2((n-m))_N R_N(n) \qquad (3.3.7\mathrm{a}) \\ &\equiv x_1(n)\ \textcircled{N}\, x_2(n) \end{aligned}$$

或

$$\begin{aligned} x_3(n) &= \sum_{m=0}^{N-1}x_2(m)x_1((n-m))_N R_N(n) \qquad (3.3.7\mathrm{b}) \\ &\equiv x_2(n)\ \textcircled{N}\, x_1(n) \end{aligned}$$

其中，$x_2((n-m))_N R_N(n)$、$x_1((n-m))_N R_N(n)$分别是 $x_2(n)$、$x_1(n)$的 N 点圆周移位序列，$x_1(n)$、$x_2(n)$序列中较短的序列要先后补零成 N 长，所以圆周移位序列的长为 N。符号Ⓝ表示 N 点圆周卷积运算，也可以用符号⊛表示，以区别线性卷积常用运算符 $*$。

式(3.3.7)表示的运算定义为两个序列 $x_1(n)$、$x_2(n)$的 N 点圆周卷积,也称为 N 点循环卷积(简称圆周卷积或循环卷积)。

显然,因式(3.3.7)中序列 $x_3(n)$长为 N,故两个序列 $x_1(n)$、$x_2(n)$的 N 点圆周卷积的结果是长为 N 的序列;一般地,设两个序列长分别为 N_1、N_2,则两者的圆周卷积结果至少是长为 N(即 $\max[N_1,N_2]$)的序列。圆周卷积的具体计算可由式(3.3.7)给出的定义进行,更形象的图解方法将在下面通过例题给出。

时域圆周卷积定理表明:两时域序列的 DFT 之积,是离散时间域上这两个序列的圆周卷积的 DFT。

2. 频域循环卷积定理

设 $x_1(n)$、$x_2(n)$的 N 点 DFT 为 $X_1(k)$、$X_2(k)$,$k=0,1,\cdots,N-1$。如果 $x_3(n)=x_1(n)\,x_2(n)$,其 N 点 DFT 为

$$
\begin{aligned}
X_3(k)=\mathrm{DFT}[x_3(n)] &\equiv \frac{1}{N}X_1(k)\ Ⓝ X_2(k)\\
&=\frac{1}{N}\sum_{j=0}^{N-1}X_1(j)\,X_2((k-j))_N R_N(k) \qquad (3.3.8a)\\
&=\frac{1}{N}\sum_{j=0}^{N-1}X_2(j)X_1((k-j))_N R_N(k) \qquad (3.3.8b)\\
&\equiv \frac{1}{N}X_2(k)\ Ⓝ X_1(k)
\end{aligned}
$$

其中,$X_1((k-j))_N R_N(k)$、$X_2((k-j))_N R_N(k)$是 $X_1(k)$、$X_2(k)$的圆周移位。式(3.3.8)就是频域循环(圆周)卷积定理。

频域圆周卷积定理表明:离散时间域上两序列之积的 DFT,对应着离散数字频率域上这两个序列的 DFT 之圆周卷积。

3. 循环卷积的计算

不管是时域序列的圆周卷积还是频域序列的圆周卷积,计算方法是一样的。下面根据式(3.3.7)表示的圆周卷积的定义,从表达式的物理意义出发,通过例子说明 N 点圆周卷积的图解计算方法。

例 3.3.1 设 $x_1(n)=[1,1,1,0,0,0,0,0]$;$x_2(n)=[1,1,0,0,0,0,0,1]$;求其 8 点圆周卷积,$x_3(n)=x_1(n)$Ⓝ$x_2(n)$。

解:因为 $x_1(n)$、$x_2(n)$长度均为 8,恰好与要求的圆周卷积的最少点数相等,均不再需要进行后补零处理。

图解法计算圆周卷积的第一步:将 $x_1(n)$、$x_2(n)$按逆时针方向均匀地排列到单位圆的 8 个等分点上。序号 n 换成 m,正水平方向为 $m=0$ 的序列值,以便区别最终圆周卷积结果的顺序号 n,如图 3.3.3(d)和图 3.3.3(b)所示。针对式(3.3.7a)和式(3.3.7b)两个定义式,给出下面两个图解方法流程,两个方法的计算结果是完全等效的。

1) 方法 1

(1) 将 $x_1(m)$循环反序:等效于有限长序列在圆周上反序,即原序列相对水平对称轴

对折，简记为 $x_1(-m)$，如图 3.3.3(a)所示，原序列**相对水平轴**的**对称点序列值互换**。

(2) 循环反序序列 $x_1(-m)$逆时针移位 n 个单位，图 3.3.3(a)表示 $n=0$ 的情况。

(3) 步骤(2)得到的序列与如图 3.3.3(b)所示序列 $x_2(m)$的对应点函数值两两相乘，并将 8 个积求和，得到 $x_3(n)$：

$$
\begin{aligned}
x_3(n) &= x_2(n) \, Ⓝ \, x_1(n) \\
&= \sum_{m=0}^{7} x_2(m) x_1((n-m))_8 R_8(n)
\end{aligned}
$$

(4) 令 $n=0,1,\cdots,7$，重复步骤(2)和步骤(3)。得到完整的圆周卷积结果，如图 3.3.3(c)所示，图 3.3.3(c)括号中的数值为该顺序点的序列值，正水平方向为 $n=0$ 的序列值。表 3.3.1 也给出了 $x_1(n)$和 $x_2(n)$的 8 点循环卷积的结果。

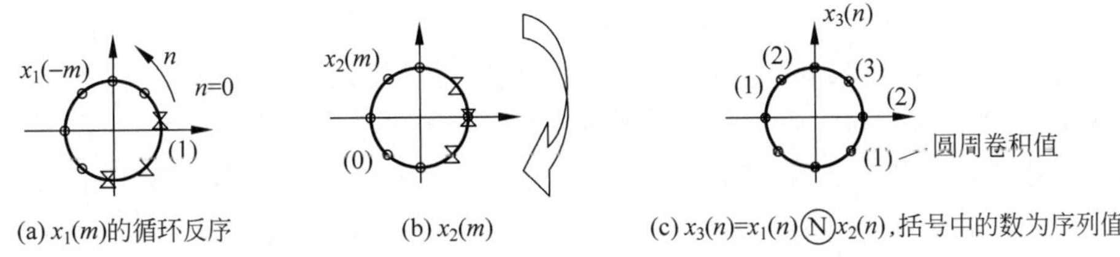

(a) $x_1(m)$的循环反序 (b) $x_2(m)$ (c) $x_3(n)=x_1(n)Ⓝx_2(n)$，括号中的数为序列值

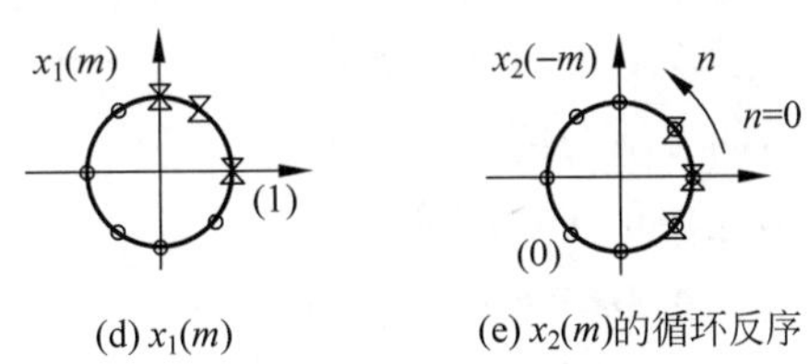

(d) $x_1(m)$ (e) $x_2(m)$的循环反序

图 3.3.3 序列(圆周卷积)循环卷积过程图解

表 3.3.1 例 3.3.1 的循环卷积结果

n	0	1	2	3	4	5	6	7
$x_3(n)$	2	3	2	1	0	0	0	1

2) 方法 2

(1) 由于序列的循环卷积具有可交换性，所以也可以把 $x_2(m)$循环反序，如图 3.3.3(e)所示。

(2) 将 $x_2(-m)$逆时针移位 n 个单位，图 3.3.3(e)表示 $n=0$ 的情况。

(3) 将步骤(2)得到的序列与图 3.3.3(d)所示的 $x_1(m)$序列对应顺序点序列值两两相乘并将 8 个积相加，得 $x_3(n)$：

$$
x_3(n) = x_1(n) \, Ⓝ \, x_2(n) = \sum_{m=0}^{7} x_1(m) x_2((n-m))_8 R_8(n)
$$

(4) 令 $n=0,1,\cdots,7$，重复步骤(2)和步骤(3)得到最终的圆周卷积序列。结果与方法 1 的完全一样。

4. 循环卷积和线性卷积的关系

在实际数字信号处理中，(数字信号)序列 $x(n)$通过单位采样脉冲响应为 $h(n)$的数字系统,则输出 $y(n)$是输入序列和系统单位采样脉冲响应的**线性卷积**,如图 3.3.4 所示。

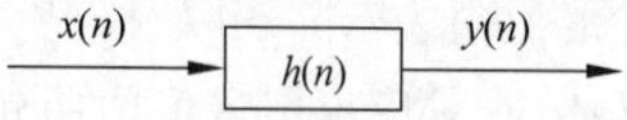

$$y(n)=x(n)*h(n)$$

$x(n)$ → $h(n)$ → $y(n)$

图 3.3.4　序列通过单位采样脉冲响应为 $h(n)$的数字系统

线性卷积能否用运算更快的圆周卷积实现?回答是肯定的,但需要在一定的条件下才能实现。

首先,考虑到两列长为 N 的序列,它们的循环卷积结果仍是长为 N 的序列,而它们的线性卷积结果是长为 $2N-1$ 的序列。更一般地,给定两列长分别为 M、N 的序列,它们的线性卷积结果是长为 $N+M-1$ 的序列,它们之间圆周卷积结果的长为 $\max(N,M)$。

为了能用循环卷积代替线性卷积,就要保证循环卷积的结果恰好是期望的线性卷积结果;显然,圆周卷积结果至少应该和线性卷积结果一样长。为此,按下列方法计算循环卷积的点数 L,就可以通过 L 点的圆周卷积实现两序列的线性卷积。

设序列 $x(n)$、$h(n)$的长分别为 M、N,则知其线性卷积 $y(n)$是长为 $N+M-1$ 点的序列。

一般地,取 $L\geqslant N+M-1$。将 $x(n)$和 $h(n)$后面分别补 $L-M$、$L-N$ 个零,使其长均为 L 点;对这两个后补零后得到的新的长为 L 的序列进行 L 点的圆周卷积,则结果是长 L 点的序列。可以证明,这 L 点圆周卷积结果的前 $N+M-1$ 点序列值即等于原两序列的线性卷积结果。

若取圆周卷积的点数 L 小于线性卷积结果长 $N+M-1$,则由于圆周卷积隐含的周期延拓特性,两序列的 L 点圆周卷积结果可看成是周期为 L(小于 $M+N-1$)的周期序列的主值序列,圆周卷积结果不能正确地表示线性卷积结果。

例 3.3.2　设 $x_1(n)$和 $x_2(n)$是两个 4 点序列:

$$x_1(n)=\{1,2,2,1\},\quad x_2(n)=\{1,-1,1,-1\},\quad n=0,1,2,3$$

(1) 确定它们的线性卷积 $x_3(n)$;

(2) 计算补零后的 7 点循环卷积 $x_4(n)$;

(3) 讨论不补零的 4 点循环卷积和其他补零数目的循环卷积结果之间的区别。

解:例 3.3.2 的 MATLAB 程序参考实现见 3.8.2 节。

根据给定的两个序列,可画出 $x_1(n)$和 $x_2(n)$的时域波形,如图 3.3.5 所示。

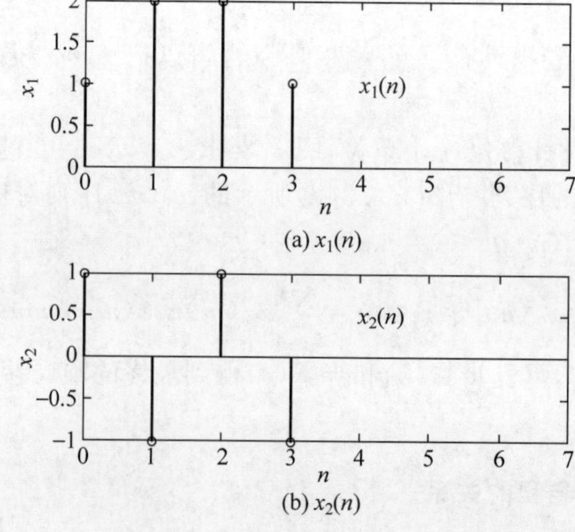

图 3.3.5　例 3.3.2 的两时域序列

(1) $x_1(n)$和$x_2(n)$的线性卷积结果应长：4+4−1=7点。运行3.8.2节的有关MATLAB参考程序，得到$x_1(n)$和$x_2(n)$的线性卷积结果。图3.3.6中x_3画出了线性卷积结果波形$x_3(n)$：

$$x_3(n)=\{1,1,1,0,-1,-1,-1\},\quad n=0,1,\cdots,6$$

(2) 依题目给定条件知，两序列的循环卷积至少长max[4,4]=4点，但为保证循环卷积与线性卷积结果一致，应将两序列后补至少7−4=3个零，再进行延长序列的循环卷积，即循环卷积点数$N\geqslant 7$。

运行3.8.2节的有关MATLAB参考程序结果如图3.3.6所示，其中x_4、x_5分别画出了$x_1(n)$和$x_2(n)$的7点、6点圆周卷积结果波形$x_4(n)$、$x_5(n)$：

$$x_4(n)=\{1,1,1,0,-1,-1,-1\},\quad n=0,1,\cdots,6$$

$$x_5(n)=\{0,1,1,0,-1,-1\},\quad n=0,1,\cdots,5$$

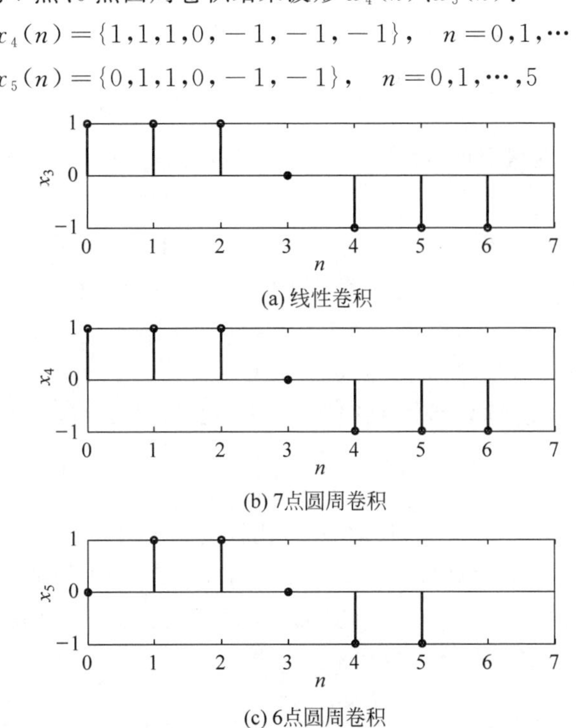

(a) 线性卷积

(b) 7点圆周卷积

(c) 6点圆周卷积

图3.3.6　例3.3.2线性卷积和圆周卷积的比较

(3) 讨论。比较图3.3.6中$x_4(n)$、$x_3(n)$波形可见，7点圆周卷积完全等于给定序列的线性卷积。验证了我们所介绍的，即在给定条件下，可通过圆周卷积实现线性卷积的原则。

再比较图3.3.6中6点圆周卷积结果$x_5(n)$和7点圆周卷积结果$x_4(n)$波形可见，$x_5(n)$的长度为6点，比$x_4(n)$少了1点，且$x_5(0)=0$，而$x_4(0)=1$。

可以证明：6点圆周卷积结果$x_5(n)$可以通过将7点圆周卷积结果$x_4(n)$以6为周期进行周期延拓，并取延拓后的6点主值序列得到。显然，长为7的序列$x_4(n)$在这个延拓过程中，其首尾序列值将会“混叠”，结果导致$x_5(0)=x_4(0)+x_4(6)=1+(-1)=0$，正如图3.3.6所示的波形$x_5(n)$。

根据上述不同点数的圆周卷积结果的关系特点，请读者思考：本例中，如果直接进行$x_1(n)$和$x_2(n)$的4点圆周卷积，将其结果和这两个序列的线性卷积相比较，4点圆周卷积结果哪些点与线性卷积的结果不同？提示：把线性卷积结果序列以 4 为周期进行周期延拓，再取 4 点的主值序列，就是 4 点圆周卷积的结果。

5. 圆周卷积的应用

实现快速卷积：因为有限长圆周卷积的快速计算可以通过 DFT 的快速实现(FFT)进行，从而，用圆周卷积代替线性卷积，则等效于快速线性卷积。

如图 3.3.4 所示，设输入序列 $x(n)$长为 L，系统单位采样脉冲响应 $h(n)$长为 M，系统的时域输出 $y(n)$为线性卷积：

$$y(n)=x(n)*h(n)$$

可通过计算 $x(n)$、$h(n)$的 $N=L+M-1$ 点圆周卷积，快速实现。具体步骤如下：

(1) 计算 $x(n)$、$h(n)$的 N 点 DFT(FFT)，$X(k)$，$H(k)$；

(2) 计算 $X(k)\cdot H(k)$；

(3) 根据时域圆周卷积定理，对步骤(2)的结果进行 IDFT 即为 $x(n)$与 $h(n)$的圆周卷积 $x(n)\textcircled{N}h(n)$；

(4) 根据圆周卷积与线性卷积的关系，步骤(3)的结果即为系统的时域输出 $y(n)$。

下面讨论快速卷积和直接卷积的运算量差异。根据定义，直接进行 $x(n)$与 $h(n)$的线性卷积，其乘法运算量为

$$m_{\mathrm{d}}=LM \tag{3.3.9}$$

后面将介绍，通过快速傅里叶变换(FFT)实现快速卷积的乘法运算量为

$$m_{\mathrm{F}}=\frac{3}{2}N\log_2 N+N,\quad N=L+M-1 \tag{3.3.10}$$

当 L 不太大，且 $x(n)$与 $h(n)$的长近似时，比较适合用式(3.3.10)表示的 N 点 FFT 的乘法运算量估计快速卷积的运算量；当 $L\approx M>64$ 时，随着 M 的增加，有 $m_{\mathrm{F}}\ll m_{\mathrm{d}}$。对于 L 很大，且 $L\gg M$ 的情况，$N=L+M-1$ 将会非常大，这时更常用的快速卷积是分段圆周卷积(如重叠相加，重叠保留法)。这方面的内容将在第 4 章具体介绍。

微课视频

3.3.6 序列的相关性

两 N 点序列 $x(n)$、$y(n)$的相关主要有线性相关和圆周相关(也称循环相关)。

1) N 点圆周相关定义

$$r_{xy}(m)=\sum_{n=0}^{N-1}x(n)y^*((n-m))_N R_N(m) \tag{3.3.11a}$$

$$=\sum_{n=0}^{N-1}x((n+m))_N R_N(m)y^*(n) \tag{3.3.11b}$$

其中，相关延迟 m 等于 $x(n)$的时间序号减去 $y^*(n-m)$的时间序号；$x((n+m))_N R_N(m)$、$y((n-m))_N R_N(m)$分别是 $x(n)$、$y(n)$的 m 单位圆周移位，但序列不需要反褶。

2) 两序列的线性相关定义

$$r_{xy}(m)=\sum_{n=-\infty}^{\infty}x(n)y^*(n-m) \tag{3.3.12a}$$

$$= \sum_{n=-\infty}^{\infty} x(n+m)y^*(n) \tag{3.3.12b}$$

$$= r_{yx}^*(-m) \tag{3.3.12c}$$

其中，m 是相关延迟，$x(n+m)$、$y(n-m)$分别是 $x(n)$、$y(n)$的 m 单位线性移位，也不需要反褶。

3）N 点圆周相关与线性相关的关系

式(3.3.12)是计算两个序列线性相关的理论模型，求和限在$\{-\infty,+\infty\}$之间，表示线性相关计算应包括全部序列值的影响。当两个序列 $x(n)$、$y(n)$为有限长，分别为 N_1 点、N_2 点时，将序列 $x(n)$、$y(n)$后补零成 $N \geqslant N_1+N_2-1$ 点长后，求出的 N 点圆周相关序列的前 N_1+N_2-1 点等于其线性相关序列。

4）讨论

(1) 比较式(3.3.7)和式(3.3.11)可知：圆周卷积要将一个序列循环反褶后再移位计算；而圆周相关不需循环反褶，只要移位，就可以求出两序列的相关序列。

(2) 定义式(3.3.11)通常称为序列 $x(n)$、$y(n)$的 N 点互圆周相关。如果序列的相关是对同一个序列进行的，则习惯上称之为序列 $x(n)$ N 点自圆周相关。

$$r_{xx}(m) = \sum_{n=0}^{N-1} x(n)x^*((n-m))_N R_N(m) \tag{3.3.13}$$

当一个较短的序列和一个很长的序列计算圆周相关时，类似于圆周卷积，也存在分段相关的方法。本书不做介绍。

3.3.7 帕斯瓦尔定理

帕斯瓦尔定理：设有限长序列 $x(n)$、$y(n)$的 N 点 DFT 分别为 $X(k)$、$Y(k)$，则

$$\sum_{n=0}^{N-1} x(n)y^*(n) = \frac{1}{N}\sum_{k=0}^{N-1} X(k)Y^*(k) \tag{3.3.14}$$

如果 $y(n)=x(n)$，则式(3.3.14)左边是时域有限序列的能量 E，右边是序列的谱域能量和，即

$$E = \sum_{n=0}^{N-1} |x(n)|^2 = \frac{1}{N}\sum_{k=0}^{N-1} |X(k)|^2 \tag{3.3.15}$$

显然，帕斯瓦尔定理把序列时域能量表达与其频域能量表达联系起来了，因此，有的文献称该定理为“能量定理”。式(3.3.15)也可理解为信号能量守恒的体现。

比较序列自相关定义式(3.3.13)和式(3.3.15)可见，相关间隔为零的自相关序列值：

$$r_{xx}(m)\big|_{m=0} = r_{xx}(0) = \text{序列的能量}$$

对有限长序列，式(3.3.15)表示能量 E，也即 $r_{xx}(0)$有限，因此有限长序列一定是能量有限信号。这与“通信原理”课程中介绍的零均值平稳随机过程的自相关函数的性质类似，即自相关函数值 $R(0)$为功率有限信号的平均功率。

3.3.8 有限长序列及其离散傅里叶变换的奇偶性和对称性

微课视频

类似于第 2 章中讨论的 DTFT 的对称性，有限长序列 $x(n)$及其 DFT(离散傅里叶变

换)$X(k)$也可以定义对称性。但是,假设有限长序列长为 N,定义区间为$[0,N-1]$,其 N 点 DFT 的列长也为 N,则其奇偶性和对称性应理解为关于“中心($N/2$)点”的对称性。下面讨论有限长序列及其 DFT 相关的共轭对称性和奇偶性的定义和性质。

1. 有限长共轭对称序列和共轭反对称序列

设 $x_{\mathrm{ep}}(n)$,$x_{\mathrm{op}}(n)$分别表示有限长共轭对称序列和共轭反对称序列。则有如下定义式:

$$x_{\mathrm{ep}}(n)=x_{\mathrm{ep}}^{*}(N-n),\quad 0\leqslant n\leqslant N-1 \tag{3.3.16a}$$

$$x_{\mathrm{op}}(n)=-x_{\mathrm{op}}^{*}(N-n),\quad 0\leqslant n\leqslant N-1 \tag{3.3.16b}$$

当 N 为偶数时,定义式(3.3.16a)和式(3.3.16b)中的 N 可换成$\dfrac{N}{2}-n$,得到另一种定义式:

$$x_{\mathrm{ep}}\left(\frac{N}{2}-n\right)=x_{\mathrm{ep}}^{*}\left(\frac{N}{2}+n\right),\quad 0\leqslant n\leqslant \frac{N}{2}-1 \tag{3.3.17a}$$

$$x_{\mathrm{op}}\left(\frac{N}{2}-n\right)=-x_{\mathrm{op}}^{*}\left(\frac{N}{2}+n\right),\quad 0\leqslant n\leqslant \frac{N}{2}-1 \tag{3.3.17b}$$

图 3.3.7 给出了 $N=7$ 和 $N=8$ 两种长度对应的共轭对称和共轭反对称序列示意图,可清楚地说明有限长序列的“中心”对称性。图 3.3.7 中 * 表示对应点为序列值取共轭后的值。

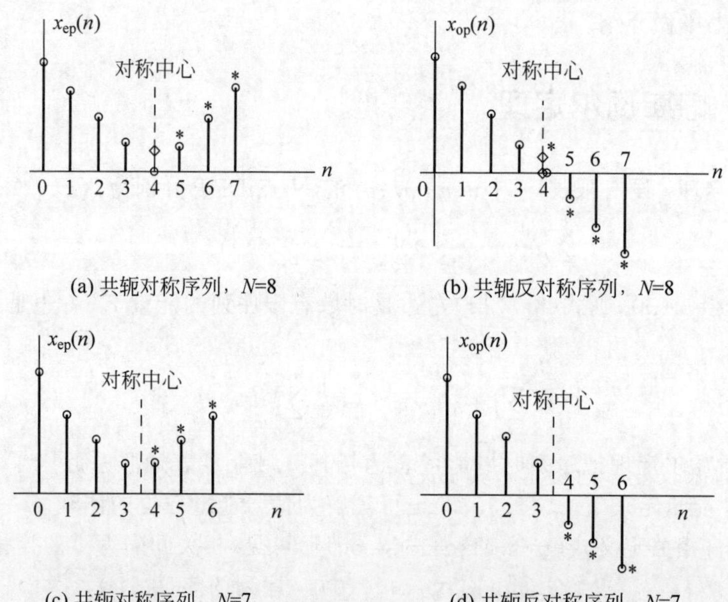

图 3.3.7 共轭对称和共轭反对称序列示意图

性质 3.3.1 任何有限长序列 $x(n)$均可分解为共轭对称分量和共轭反对称分量之和,即

$$x(n)=x_{\mathrm{ep}}(n)+x_{\mathrm{op}}(n),\quad 0\leqslant n\leqslant N-1 \tag{3.3.18}$$

若给定序列 $x(n)$,其共轭对称分量 $x_{\mathrm{ep}}(n)$和共轭反对称分量 $x_{\mathrm{op}}(n)$可由如下计算获得。

将式(3.3.18)中的 n 换成 $N-n$，并取复共轭，再将定义式(3.3.16a)，式(3.3.16b)代入得到

$$\begin{aligned} x^*(N-n) &= x_{ep}^*(N-n) + x_{op}^*(N-n) \\ &= x_{ep}(n) - x_{op}(n), \quad 0 \leqslant n \leqslant N-1 \end{aligned} \tag{3.3.19}$$

式(3.3.18)分别加、减式(3.3.19)，整理可得

$$x_{ep}(n) = \frac{1}{2}[x(n) + x^*(N-n)], \quad 0 \leqslant n \leqslant N-1 \tag{3.3.20a}$$

$$x_{op}(n) = \frac{1}{2}[x(n) - x^*(N-n)], \quad 0 \leqslant n \leqslant N-1 \tag{3.3.20b}$$

注意：有限长序列的长度 N 不管是偶数还是奇数，其第 1 个样本 $x(0)$，在$[0,N-1]$的定义区间上都没有其对称样本，如图 3.3.7 所示。

仔细观察定义式(3.3.16a)和式(3.3.16b)可见，当 $n=0$ 时，有 $x_{ep}(0)=x_{ep}^*(N)$，$x_{op}(0)=-x_{op}^*(N)$；而长为 N 的序列定义区间是$[0,N-1]$，则 $x_{ep}(N)$、$x_{op}(N)$的取值是多少？这个问题的物理解释如下：

首先，性质 3.3.1 中，有限长序列 $x(n)$的共轭对称分量 $x_{ep}(n)$和共轭反对称分量 $x_{op}(n)$在有的文献上分别称为“**圆周共轭对称分量**”和“**圆周共轭反对称分量**”。

其次，长为 N 的有限长序列 $x(n)$若理解成某周期为 N 的周期序列 $\tilde{x}(n)$的主值序列，则 $x(n)$的 $x_{ep}(n)$分量和 $x_{op}(n)$分量，对应地分别为周期序列 $\tilde{x}(n)$的共轭对称分量 $\tilde{x}_e(n)$和共轭反对称分量 $\tilde{x}_o(n)$的主值序列，参见第 2 章 2.2.2 节“对称性”的内容。因此，从周期为 N 的周期序列 $\tilde{x}_e(n)$、$\tilde{x}_o(n)$看，$x_{ep}(N)=\tilde{x}_e(N)$，$x_{op}(N)=\tilde{x}_o(N)$的取值也就得到了合理解释。

最后，考虑到周期序列 $\tilde{x}(n)$的共轭对称分量 $\tilde{x}_e(n)$、共轭反对称分量 $\tilde{x}_o(n)$亦是周期序列，故 $x_{ep}(N)$、$x_{op}(N)$数值与其主值序列 $x_{ep}(n)$、$x_{op}(n)$中的 $x_{ep}(0)$、$x_{op}(0)$呈对称关系。

类似地，式(3.3.20a)、式(3.3.20b) 中，$n=0$ 时，令序列值 $x(N)=\tilde{x}(N)$就是自然而然的了。

2. DFT 的共轭对称性

根据已经掌握的基础知识，我们知道任何复序列都可以分解为纯实序列和纯虚序列分量之和，也可以分解为共轭对称和共轭反对称序列分量之和。

给定任意有限长复序列 $x(n)$，其 DFT 记为 $X(k)$。则 $x(n)$有如下分解形式：

$$x(n) = x_{ep}(n) + x_{op}(n)$$

即，分解为共轭对称序列和共轭反对称序列之和，由式(3.3.20a)和式(3.3.20b)可计算各分量。或者：

$$x(n) = x_r(n) + jx_i(n)$$

即，分解为实序列 $x_r(n)$和纯虚序列 $jx_i(n)$之和。其中各分量可由式(3.3.21a)和式(3.3.21b)计算：

$$x_r = \mathrm{Re}[x(n)] = \frac{1}{2}[x(n) + x^*(n)] \quad (\text{为 } x(n) \text{ 的纯实分量序列}) \tag{3.3.21a}$$

$$jx_i(n) = j\mathrm{Im}[x(n)] = \frac{1}{2}[x(n) - x^*(n)] \quad (\text{为 } x(n) \text{ 的纯虚分量序列}) \tag{3.3.21b}$$

类似地，$x(n)$的 DFT $X(k)$在数字频率域也可分解如下：

$$X(k)=X_{\mathrm{ep}}(k)+X_{\mathrm{op}}(k) \quad \text{（分解为共轭对称序列和共轭反对称序列之和）}$$
$$=X_{\mathrm{R}}(k)+\mathrm{j}X_{\mathrm{I}}(k) \quad \text{（分解为实序列 } X_{\mathrm{R}}(k) \text{ 和纯虚序列 } \mathrm{j}X_{\mathrm{I}}(k) \text{ 之和）}$$

实际上，由 DFT 的线性性和序列的共轭对称、共轭反对称的定义，可以证明：

$$\mathrm{DFT}[x_{\mathrm{r}}(n)]=X_{\mathrm{ep}}(k) \tag{3.3.22a}$$

$$\mathrm{DFT}[\mathrm{j}x_{\mathrm{i}}(n)]=X_{\mathrm{op}}(k) \tag{3.3.22b}$$

其中，$X_{\mathrm{ep}}(k)$、$X_{\mathrm{op}}(k)$分别为 $x(n)$的 DFT $X(k)$的共轭对称、共轭反对称分量序列。对应地：

$$\mathrm{DFT}[x_{\mathrm{ep}}(n)]=\mathrm{Re}[X(k)]=X_{\mathrm{R}}(k) \tag{3.3.23a}$$

$$\mathrm{DFT}[x_{\mathrm{op}}(n)]=\mathrm{jIm}[X(k)]=\mathrm{j}X_{\mathrm{I}}(k) \tag{3.3.23b}$$

其中，$X_{\mathrm{R}}(k)$、$\mathrm{j}X_{\mathrm{I}}(k)$分别为 DFT $X(k)$的纯实、纯虚分量序列。

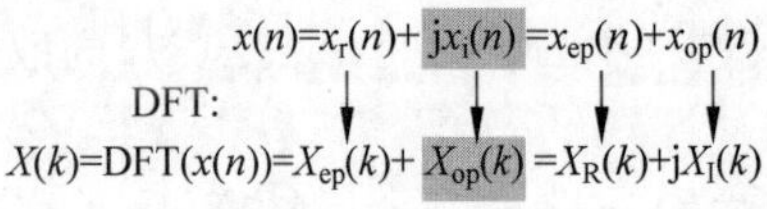

$x(n)=x_r(n)+\mathrm{j}x_i(n)=x_{ep}(n)+x_{op}(n)$

DFT:

$X(k)=\mathrm{DFT}(x(n))=X_{ep}(k)+X_{op}(k)=X_R(k)+\mathrm{j}X_I(k)$

图 3.3.8 有限长序列的分解序列与其 DFT 序列的分解序列之间的对应关系

图 3.3.8 给出了有限长复序列 $x(n)$及其分解序列与相应的 DFT 之间的对应关系。即时域实序列的 DFT 是频域的共轭对称序列，共轭对称序列的 DFT 则是频域的实序列；时域共轭反对称序列的 DFT 是频域的纯虚序列。性质 3.3.2 给出了更具体的时域序列的 DFT 特性。

性质 3.3.2 设 $x(n)$是长度为 N 的实序列，则分解式 $x(n)=x_{\mathrm{ep}}(n)+x_{\mathrm{op}}(n)$，其中，$0\leqslant n\leqslant N-1$ 中的 $x_{\mathrm{ep}}(n)$、$x_{\mathrm{op}}(n)$均为实序列，且分别为“中心”偶对称和“中心”奇对称的序列。若记 $X(k)=\mathrm{DFT}[x(n)]$，则

(1) $X(k)=X^{*}(N-k),\quad 0\leqslant k\leqslant N-1$（是共轭对称序列）； (3.3.24)

(2) 如果 $x(n)=x(N-m)$，是“中心”实偶对称的，则

$$X(k)=X(N-k),\quad 0\leqslant k\leqslant N-1 \text{（是实偶对称序列）} \tag{3.3.25}$$

(3) 如果 $x(n)=-x(N-n)$，是“中心”实奇对称的，则

$$X(k)=-X(N-k)$$

且

$$X(k)=\mathrm{j}X_{\mathrm{I}}(k),\quad 0\leqslant k\leqslant N-1 \tag{3.3.26}$$

是纯虚奇对称的，其中 $X_{\mathrm{I}}(k)$是实序列。

证明：以性质 3.3.2 中式(3.3.26)为例。根据 DFT 的定义：

$$X(k)=\sum_{n=0}^{N-1}x(n)\mathrm{e}^{-\mathrm{j}\frac{2\pi}{N}kn}$$

将 $x(n)=-x(N-n)$代入，并进行 $N-n=m$ 变量代换：

$$X(k)=-\sum_{n=0}^{N-1}x(N-n)\mathrm{e}^{-\mathrm{j}\frac{2\pi}{N}kn}$$
$$=-\sum_{m=N}^{1}x(m)\mathrm{e}^{\mathrm{j}\frac{2\pi}{N}km} \tag{3.3.27}$$

若把 $x(n)$的 N 个序列值均匀地排列到单位圆上，显然式(3.3.27)右边求和等效为 m 在$[0,N-1]$范围内的求和：

$$X(k) = -\sum_{m=0}^{N-1} x(m) e^{j\frac{2\pi}{N}km} \tag{3.3.28}$$

又因：

$$X(N-k) = \sum_{n=0}^{N-1} x(n) e^{-j\frac{2\pi}{N}(N-k)n} = \sum_{n=0}^{N-1} x(n) e^{j\frac{2\pi}{N}kn} \tag{3.3.29}$$

比较式(3.3.28)和式(3.3.29)的右边，有

$$X(k) = -X(N-k), \quad 0 \leqslant k \leqslant N-1$$

将式(3.3.28)两边取共轭，考虑到 $x(n)$ 是实序列，有

$$X^*(k) = -\sum_{m=0}^{N-1} x(m) e^{-j\frac{2\pi}{N}km} = -X(k) \tag{3.3.30}$$

仅当 $X(k)=jX_I(k)$，$X_I(k)$ 为实序列时，式(3.3.30)才会成立。

3. 应用

实际应用中，经常要对实序列进行 N 点 DFT 计算，利用上面所介绍的离散傅里叶变换的共轭对称性和奇偶对称性可减少运算量，提高计算效率。

(1) 计算 N 点 DFT，当 N 为偶数时，只要计算前 $\frac{N}{2}+1$ 点；当 N 为奇数时，只要计算前 $\frac{N+1}{2}$ 点；其他点按照式(3.3.24)可求，可减少近一半的计算量。

(2) 利用 DFT 的共轭对称性，计算一个 N 点 DFT $X(k)$ 可得两个不同实序列的 N 点 DFT。设 $x_r(n)$、$x_i(n)$ 为两个实序列，下面介绍通过一次 N 点 DFT，得到这两个序列的 DFT $X_r(k)$、$X_i(k)$，$k=0,1,\cdots,N-1$。构造新复序列：

$$x(n) = x_r(n) + jx_i(n)$$

对 $x(n)$ 进行 N 点 DFT，得 $X(k)=X_{ep}(k)+X_{op}(k)$。由式(3.3.20a)和式(3.3.20b)可求出 $X_{ep}(k)$、$X_{op}(k)$ 分量，再利用式(3.3.22a)和式(3.3.22b)得

$$\frac{1}{2}[X(k) + X^*(N-k)] = \text{DFT}[x_r(n)] = X_r(k), \quad k=0,1,\cdots,N-1$$

$$-j\frac{1}{2}[X(k) - X^*(N-k)] = \text{DFT}[x_i(n)] = X_i(k), \quad k=0,1,\cdots,N-1$$

3.4 频域采样

微课视频

设列长为 M 的序列 $x(n)$，其 z 变换为 $X(z)$，其 N 点 DFT 为 $X(k)$，$k=0,1,\cdots,N-1$。其 N 点 IDFT 为

$$x_N(n) = \text{IDFT}[X(k)], \quad n=0,1,\cdots,N-1 \tag{3.4.1}$$

根据 IDFT 隐含有周期性的特点，$x_N(n)$ 可看成周期为 N 的时域序列的主值序列。数字信号处理中会遇到的问题如下：

(1) $x(n)$ 和 $x_N(n)$ 的关系如何？

(2) $X(z)$ 和 $X(k)$ 的关系如何？

(3) 能否由 $X(k)$重建 $X(z)$?

本节介绍的频域采样及频域采样定理,可以在一定程度上回答和解释上述问题。

性质 3.4.1 频域采样。

长为 M 的序列 $x(n)$的 z 变换 $X(z)$:

$$X(z)=\sum_{n=-\infty}^{\infty}x(n)z^{-n}$$

因 $x(n)$长为 M,有

$$X(z)=\sum_{n=0}^{M-1}x(n)z^{-n}$$

当 $N\geqslant M$ 时,可等效写为

$$X(z)=\sum_{n=0}^{N-1}x(n)z^{-n} \tag{3.4.2}$$

且 $X(z)$的收敛域包含 z 平面上的单位圆,即 $x(n)$存在傅里叶变换。

令 $z=z_k=e^{j\frac{2\pi}{N}k}$,$k=0,1,\cdots,N-1$,在 z 平面单位圆上对 $X(z)$等间隔采样 N 点,得到:

$$X(k)=X(z)\big|_{z=z_k},\quad k=0,1,\cdots,N-1 \tag{3.4.3a}$$

代入式(3.4.2),得:

$$X(k)=\sum_{n=0}^{N-1}x(n)e^{-j\frac{2\pi}{N}kn} \tag{3.4.3b}$$

式(3.4.3a)中右边表示在数字频率区间[0,2π]上,对 $x(n)$的离散时间傅里叶变换(DTFT)$X(e^{j\omega})$的 N 点等间隔采样,式(3.4.3b)正是 $x(n)$的 N 点 DFT 定义式,即 $x(n)$的 z 变换 $X(z)$在 z 平面单元圆上的 N 点等间隔采样就是 $x(n)$的 N 点 DFT 序列 $X(k)$。

如果对 $x(n)$的 N 点 DFT 序列 $X(k)$进行 IDFT,根据 IDFT 隐含的周期特性,由式(3.4.1)得到的时域序列 $x_N(n)$长为 N,而原 $x(n)$的长为 M。频域采样定理给出了 $x_N(n)$和 $x(n)$两者之间的关系。

频域采样定理 如果序列 $x(n)$的长度为 M,则只有当对其 DTFT $X(e^{j\omega})$进行的频域采样点数 $N\geqslant M$ 时,才有

$$x_N(n)=\text{IDFT}[X(k)]=x(n),\quad n=0,1,\cdots,M-1 \tag{3.4.4}$$

式(3.4.4)表示可由序列的 DTFT 的适当的频域采样序列 $X(k)$无失真地恢复原有限长时域序列 $x(n)$。否则由 DTFT 的采样序列逆变换得到的时域序列,相对原有限长时域序列有时域混叠现象,会产生失真。

根据 DFT 与 DFS 的关系:$X(k)$是 $x_N(n)$以 N 为周期的周期延拓序列 $\tilde{x}(n)$的 DFS 的主值序列。可以证明 $x_N(n)$是原序列 $x(n)$以 N 为周期的周期延拓序列的主值序列。当 $N<M$ 时,$x(n)$以 N 为周期的周期延拓会产生时域混叠现象。

显然,对无限长的时域序列,无论对其 DTFT 在数字频域的采样点 N 多大,由频域采样序列 $X(k)$的 IDFT 恢复的时域序列都不能完全消除时域混叠现象。加大数字频域的采样点 N,只能使恢复的信号逼近 $x(n)$,减小误差。

下面给出在满足频域采样定理的条件下,用频域采样序列 $X(k)$恢复原有限长序列 $x(n)$的 z 变换 $X(z)$的公式。根据有限长序列的 z 变换和 IDFT 的定义,具体推导如下。

设序列 $x(n)$的长度为 M,在频域 0~2π 对其 z 变换等间隔采样 N 点,$N\geqslant M$,则有

$$X(z)=\sum_{n=0}^{N-1}x(n)z^{-n}$$

$$X(k)=X(z)\big|_{z=e^{j\frac{2\pi}{N}k}},\quad k=0,1,\cdots,N-1$$

式中，

$$x(n)=\text{IDFT}[X(k)]=\frac{1}{N}\sum_{k=0}^{N-1}X(k)W_N^{-kn}\quad（这里\ W_N=e^{-j\frac{2\pi}{N}}）$$

将上面的 $x(n)$ 代入 $X(z)$ 的表示式中得：

$$\begin{aligned}X(z)&=\sum_{n=0}^{N-1}\left[\frac{1}{N}\sum_{k=0}^{N-1}X(k)W_N^{-kn}\right]z^{-n}\\&=\frac{1}{N}\sum_{k=0}^{N-1}X(k)\sum_{n=0}^{N-1}W_N^{-kn}z^{-n}\\&=\frac{1}{N}\sum_{k=0}^{N-1}X(k)\frac{1-W_N^{-kN}z^{-N}}{1-W_N^{-k}z^{-1}}\end{aligned}$$

式中，$W_N^{-kN}=1$，故：

$$X(z)=\frac{1}{N}\sum_{k=0}^{N-1}X(k)\frac{1-z^{-N}}{1-W_N^{-k}z^{-1}}\tag{3.4.5a}$$

$$=\frac{1-z^{-N}}{N}\sum_{k=0}^{N-1}\frac{X(k)}{1-W_N^{-k}z^{-1}}\tag{3.4.5b}$$

令

$$\varphi_k(z)=\frac{1}{N}\frac{1-z^{-N}}{1-W_N^{-k}z^{-1}}\tag{3.4.6}$$

则

$$X(z)=\sum_{k=0}^{N-1}X(k)\varphi_k(z)\tag{3.4.7}$$

式(3.4.7)称为用有限长时域序列的 DFT $X(k)$ 表示 $X(z)$ 的 z 域内插公式，式(3.4.6)中的 $\varphi_k(z)$ 称为 z 域内插函数。当 $z=e^{j\omega}$ 时，式(3.4.6)和式(3.4.7)就成为在满足频域采样定理条件下，由有限长时域序列 $x(n)$ 的离散傅里叶变换 $X(k)$ 恢复 $x(n)$ 的傅里叶变换 $X(e^{j\omega})$ 的频率域内插函数和内插公式，即

$$\begin{aligned}\varphi_k(\omega)&=\frac{1}{N}\frac{1-e^{-j\omega N}}{1-e^{-j\left(\omega-\frac{2\pi}{N}k\right)}}\\&=\frac{1}{N}\frac{\sin\left(\frac{\omega}{2}N\right)}{\sin\left(\frac{\omega}{2}-\frac{\pi k}{N}\right)}e^{-j\left(\frac{N-1}{2}\omega+\frac{\pi k}{N}\right)}\\&=\frac{1}{N}\frac{\sin\left[\left(\frac{\omega}{2}-\frac{\pi k}{N}\right)N\right]}{\sin\left(\frac{\omega}{2}-\frac{\pi k}{N}\right)}e^{j\frac{\pi k}{N}(N-1)}e^{-j\frac{N-1}{2}\omega}\end{aligned}$$

$$X(e^{j\omega})=\sum_{k=0}^{N-1}X(k)\varphi_k(\omega)$$

进一步化简，得：

$$X(e^{j\omega})=\sum_{k=0}^{N-1}X(k)\varphi\left(\omega-\frac{2\pi}{N}k\right) \tag{3.4.8}$$

其中，

$$\varphi(\omega)=\frac{1}{N}\frac{\sin\left(\frac{\omega}{2}N\right)}{\sin\left(\frac{\omega}{2}\right)}e^{-j\omega\left(\frac{N-1}{2}\right)} \tag{3.4.9}$$

在第5章中，我们将看到，z 域 $X(z)$ 的插值公式(3.4.5b)正是有限长单位采样响应系统的可能实现结构之一——“频率采样型”的理论根据。

3.5 用离散傅里叶变换对连续时间信号进行谱分析

第4章将要介绍的DFT的快速算法(FFT)的出现，使DFT在许多领域，如数字通信、音视频信息处理、功率谱估计、系统分析、雷达理论、光学、医学、地震等领域有着广泛应用。在众多的数值分析应用中，时域以卷积运算和相关运算的处理为基础，频域以傅里叶变换类谱分析为基础。本节主要介绍用DFT对连续时间信号进行谱分析方面的最基本的概念和应用。

微课视频

3.5.1 离散傅里叶变换是对连续时间信号傅里叶变换的近似

对信号进行谱分析的基本目标是：得到待分析信号频率特性，即分析信号主要能量(功率)所在的频率范围或可能包含的频率分量，以及所得信号频谱中各分量的相对电平关系。对连续时间信号进行谱分析的基本方法——傅里叶变换(FT)虽然很精确，但其不能充分发挥计算机数值计算的优势。实际中，常用离散傅里叶变换(DFT)代替，近似实现连续时间信号的傅里叶变换。因为离散傅里叶变换可以通过快速算法(FFT)，在计算机或数字信号处理器(DSP)平台上高效、实时地实现。

考虑到DFT是对离散时间有限长序列 $x(n)$ 定义的，因此对连续时间信号 $x'(t)$ 应用DFT进行谱分析，必然涉及两方面的处理：一是要对 $x'(t)$ 采样，使之成为时间离散的序列；二是要截断，取得有限长信号。这两个处理使得用DFT对连续时间信号进行谱分析，仅是傅里叶变换分析的近似。两种分析结果的近似程度(误差大小)与待分析信号 $x'(t)$ 的固有带宽、采样频率、截取长度等物理参数以及DFT的点数等计算参数有关。

设连续时间信号 $x'(t)$ 是带限的，其频率范围为 $[0,f_h]$，信号持续时间 t 任意，对其截断，截取持续时间总长度为 T_L 的一段，记为 $x(t)$。根据奈奎斯特采样定理，选择采样频率 $f_s\geqslant 2f_h$，对 $x(t)$ 在时间 t 轴上等间隔$\left(\text{间隔 } T=\frac{1}{f_s}\right)$采样得序列 $x(n)$，准备进行DFT分析。

这里要注意的问题是：截取的有限长(T_L)信号片段 $x(t)$ 的频谱结构 $X(j\Omega)$ 是确定的，假设 $X(j\Omega)$ 能反映原始信号 $x'(t)$ 的频谱结构，对 $x(t)$ 进行采样，进行DFT分析才是有意义的。对时长 T_L 的信号片段 $x(t)$采样，采样信号序列的频谱是 $X(j\Omega)$以周期 f_s 延拓的周期谱，采样频率 f_s 足够高，可保证在奈奎斯特频率间隔 $\left[-\frac{f_s}{2},\frac{f_s}{2}\right]$ 内采样信号序列 $x(n)$的频谱和截断所得的连续信号 $x(t)$的频谱 $X(j\Omega)$一样。

还要注意选择合适点数的 DFT 进行谱分析，结果才能更好地近似有限长信号 $x(t)$的频谱 $X(j\Omega)$。这些问题可通过具体的“物理”频率分辨率和“计算”频率分辨率指标进行定量描述。“频率分辨率”是谱分析质量的基本参数之一，指可分辨信号中频率分量或者频率变化的能力。

3.5.2 频率分辨率

数字信号处理中的分辨率可指时间分辨率和频率分辨率，其中频率分辨率又可分为物理频率分辨率(physical frequency resolution)和计算频率分辨率(computational frequency resolution)。形象地讲，频率分辨率是指离散频谱中相邻两点间的频率间隔，即可识别的最小频率变化；当两相邻离散谱线之一为零频率(直流分量)时，另一谱线对应的频率则是信号中的最小非零频率分量，所以频率分辨率也可理解为“可识别的最小频率分量”。

1. 物理频率分辨率 Δf

设给定的有限长信号 $x(t)$(模拟/数字)的总持续时间长度为 T_L，如图 3.5.1 所示。物理频率分辨率 Δf 定义为

$$\Delta f=\frac{1}{T_L} \tag{3.5.1}$$

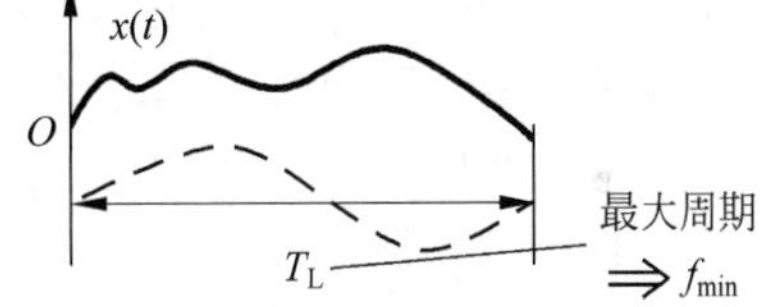

图 3.5.1 总时长为 T_L 的信号中可能的最小频率分量 f_{min}

从图 3.5.1 可见，时长为 T_L 的信号 $x(t)$中可能的信号周期小于或等于 T_L，表示信号 $x(t)$中可能包含的最小频率分量 $f_{min}=\frac{1}{T_L}$。显然这段信号的 T_L 越长，信号能包含的最低频率分量就越小。对应地，对该信号做频谱分析时，可识别的信号频率分量大于或等于物理频率分辨率 Δf，根据式(3.5.1)，物理频率分辨率 Δf 由拟处理信号的总时长确定；反过来讲，物理频率分辨率 Δf 是频谱分析应能分辨的最小频率差。

给定系统采样频率 f_s 后，有限时长 T_L 内信号 $x(t)$可包含的采样点数 $L=T_Lf_s$。因此在给定系统采样频率 f_s 的条件下，物理频率分辨率 Δf 还可由记录数据的采样序列长 L 确定：

$$\Delta f=\frac{1}{T_L}=\frac{f_s}{L} \tag{3.5.2}$$

2. 计算频率分辨率 Δf_{bin}

设已知系统的采样频率 f_s，对截断得到的有限长采样序列 $x(n)$进行 N 点 DFT，可得到频域序列 $X(k)$。$X(k)$等于对采样信号 $x(n)$的 DTFT 频谱 $X(e^{j\omega})$在奈奎斯特频率范围

$[0,f_s]$内进行频域采样，其中$\left[\frac{f_s}{2},f_s\right]$范围上的频谱对应于原 DTFT 频谱的负频率范围$\left[-\frac{f_s}{2},0\right]$的频谱水平右移 f_s。从谱分析的物理意义上讲，DFT 处理有限长连续时间信号 $x(t)$的本质之一是用数字频率的频谱序列值 $X(k)$近似原信号 $x(t)$的连续频谱函数 $X(\mathrm{j}\Omega)$。

因为在时域对连续时间信号 $x(t)$采样后，$x(t)$的连续频谱函数 $X(\mathrm{j}\Omega)$在模拟频率域以 f_s 为周期进行周期延拓就是采用序列 $x(n)$的频谱函数；对应到数字频率域，即为周期为 2π 的频谱函数 $X(\mathrm{e}^{\mathrm{j}\omega})$，所以 N 点 DFT 计算能反映的信号最小频率变化(频域采样间隔)为$\frac{f_s}{N}$(单位为 Hz)或$\frac{2\pi}{N}$。因此，N 点 DFT 对应的计算频率分辨率 Δf_{bin} 定义为

$$\Delta f_{\mathrm{bin}}=\frac{f_s}{N} \tag{3.5.3}$$

3. 物理频率分辨率 Δf 和计算频率分辨率 Δf_{bin} 的比较

对任意长的连续时间信号 $x'(t)$的 T_L 长的时域记录 $x(t)$以采样频率 f_s 进行采样得 $x(n)$。这种截断处理对应的物理频率分辨率 Δf 根据式(3.5.1)的定义，有如下特点。

(1) 取决于实际有限长信号(采样)序列 $x(n)$的参数。时域序列一定，Δf 就是确定的。

(2) $x(n)$的固有频谱(DTFT)只能区分出 $x'(t)$的频率分量中频差大于或等于物理频率分辨率的各频率分量。

(3) 若 $x'(t)$的频率分量中确实有频差小于物理频率分辨率的分量，则这些分量在 $x(n)$的频谱中会显示出"混叠效应"，从而在 DFT 谱分析中无法辨识。

用 N 点 DFT 进行序列频谱分析，给定采样频率 f_s，计算频率分辨率 Δf_{bin}，根据式(3.5.3)的定义可知，Δf_{bin} 是由 DFT 的点数 N 限定的。

因此，在给定采样频率 f_s 的条件下，若长为 T_L(或长为 L 点)的序列 $x(n)$的频谱物理频率分辨率 $\Delta f=\frac{1}{T_L}=\frac{f_s}{L}$足够高，就可以清楚地显示原 $x'(t)$的最小频率变化 $\Delta f_{\min}$ 情况，则 DFT 点数 N 增加，会得到更多离散频率点 $\omega_k=k\frac{2\pi}{N}(k=0,1,\cdots,N-1)$处的频谱值，即 DFT 各谱线对应角频率间隔 $\Omega_1=\frac{2\pi}{NT}=2\pi\frac{f_s}{N}$减小，使计算频率分辨率 Δf_{bin} 提高，可分辨出序列 $x(n)$中具有更小频率变化的有关频率分量，从而提高对原连续时间信号 $x'(t)$的频率成分的估计精度。

若截断信号的物理频率分辨率 Δf 差，即 $x(t)$的总长度(T_L)短，则对应 $x(n)$总点数 L 少，$x(n)$的频谱已不能反映原 $x'(t)$的实际最小频率变化 $\Delta f_{\min}$，即物理频率分辨率 $\Delta f>\Delta f_{\min}$；则通过增加 DFT 的点数 N，虽然提高了计算频率分辨率，Δf_{bin} 很小，但也无法识别实际 $x'(t)$中的具有最小频率变化 $\Delta f_{\min}$ 的相关频率分量。

微课视频

3.5.3 离散傅里叶变换分析连续时间信号 $x(t)$实例

例 3.5.1 设模拟信号 $x(t)$有 3 个频率分量 $f_1=2\mathrm{kHz}$，$f_2=2.5\mathrm{kHz}$，$f_3=3\mathrm{kHz}$，具体

如下：

$$x(t)=\cos(2\pi f_1 t)+\cos(2\pi f_2 t)+\cos(2\pi f_3 t),\quad t\ \text{的单位是 ms}$$

以采样频率 $f_s=10\text{kHz}$ 对其采样。取采样序列的采样点数 $L=10,20$ 两种情况，对每种情况分别进行 $N=32,64$ 点的 DFT。问所得频谱能否区分 $x(t)$ 中的 3 个频率分量？

解：例 3.5.1 的 MATLAB 程序参考实现见 3.8.3 节。

给定模拟信号的最高频率成分为 3kHz，故选择 10kHz 的采样频率对 $x(t)$ 进行时域采样，满足奈奎斯特定理，采样不会引起信号失真。运行 3.8.3 节中的相应程序，可绘出对连续时间信号 $x(t)$ 以 $f_s=10\text{kHz}$ 进行时域采样后，根据两种持续时间长度截断所得到的序列 $x_1(n)$、$x_2(n)$ 的时域波形，如图 3.5.2 所示。

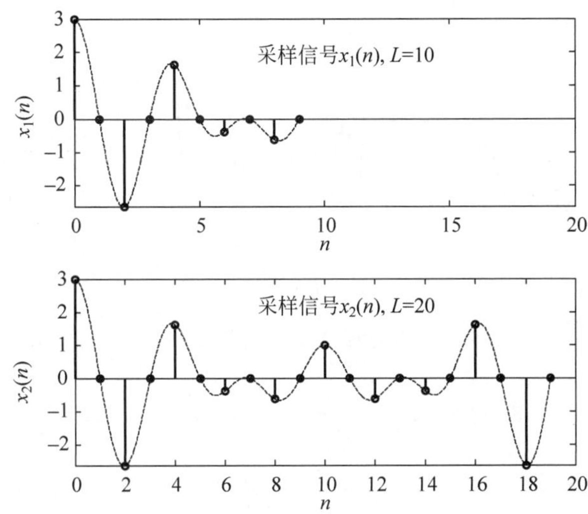

图 3.5.2 连续时间信号以 f_s 采样后，分别取 $L=10,20$ 个样值的时域波形

根据频率分辨率的定义，采样频率 $f_s=10\text{kHz}$ 时，取 L 个样点的序列 $x(n)$ 对应的物理频率分辨率 $\Delta f=\frac{f_s}{L}$；N 点 DFT 对应的计算频率分辨率 $\Delta f_{\text{bin}}=\frac{f_s}{N}$。下面就采样点数 L、DFT 的点数 N 取不同值时，对模拟信号 $x(t)$ 进行谱分析的结果（特别是频谱分析误差）进行研究。

依题意可知，模拟信号 $x(t)$ 的最低频率分量为 2kHz，而最小频率间隔 $\Delta f_{\min}=0.5\text{kHz}$；综合考虑，为了能正确检测 $x(t)$ 的各频率成分，选择的频谱分析系统的频率分辨率值最好小于 0.5kHz。

(1) 采样点数 $L=10$ 时，截断序列 $x_1(n)$ 的物理频率分辨率为

$$\Delta f=\frac{f_s}{L}=\frac{10}{10}\text{kHz}=1\text{kHz}$$

数值大于实际模拟信号 $x(t)$ 的最小频率间隔 0.5kHz，因此截断对应的 10 点样值序列 $x_1(n)$ 的频率分辨率较差。$x_1(n)$ 的频谱（DTFT）相对于原模拟信号 $x(t)$ 的频谱会出现混叠现象，如图 3.5.3 所示，平坦的频谱包络不能区分模拟信号 $x(t)$ 中的 2kHz、2.5kHz 和 3kHz 的频率分量。

这时若进行 N 点 DFT，频谱分析对应的**计算频率分辨率**分别为

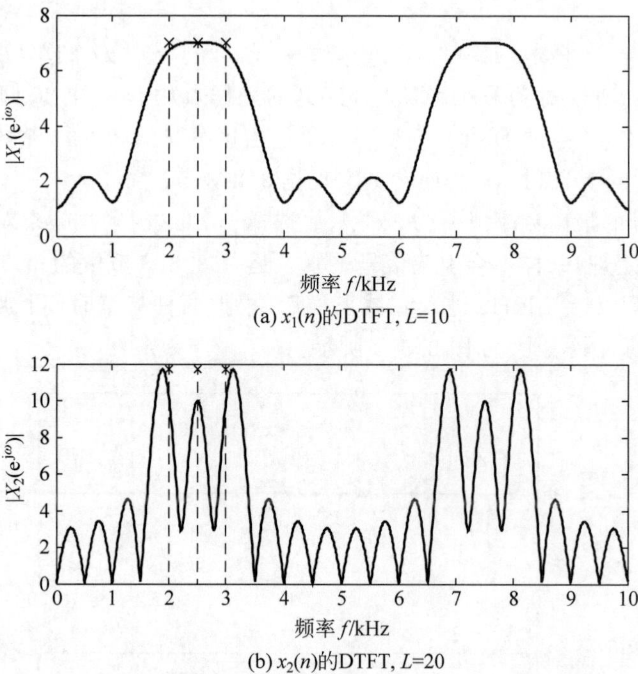

(a) $x_1(n)$的DTFT, L=10

(b) $x_2(n)$的DTFT, L=20

图 3.5.3 长分别为 $L=10,20$ 的截断序列的 DTFT 幅度谱

$$N=32\text{ 时},\quad \Delta f_{\text{bin}}=\frac{f_{\text{s}}}{N}=\frac{10}{32}\text{kHz}=0.3125\text{kHz}$$

$$N=64\text{ 时},\quad \Delta f_{\text{bin}}=\frac{f_{\text{s}}}{N}=\frac{10}{64}\text{kHz}=0.15625\text{kHz}$$

数值都小于原模拟信号 $x(t)$的最小频率间隔,计算频率分辨率够好。但两种点数的 DFT 结果并不能区分实际信号中的 3 个频率分量,如图 3.5.4(a)所示。说明截断信号的物理频率分辨率差的条件下,DFT 的计算频率分辨率精度如何已无关紧要。

(2) 采样点数 $L=20$ 时,截断序列 $x_2(n)$的物理分辨率为

$$\Delta f=\frac{f_{\text{s}}}{L}=\frac{10}{20}\text{kHz}=0.5\text{kHz}$$

数值刚好等于实际模拟信号的最小频率间隔 0.5kHz。因此截断对应的 20 点样值序列 $x_2(n)$的频谱(DTFT)**恰能**区分 $x(t)$的 3 个频率分量,如图 3.5.3 中 $0\sim\frac{f_{\text{s}}}{2}$范围内的 3 个谱峰所示。但有两个谱峰偏离实际的 2kHz、3kHz 频率点(虚线指示的位置)。在这种情况下,选用大点数 N 的 DFT,对应的**计算频率分辨率**将提高,可以在一定程度上减少频谱估计误差。如图 3.5.5 所示,其中符号×处表示实际信号频率点,可见当 $N=64$ 时,存在着更近似于实际频点的 DFT 谱线。

(3) 误差分析。

在长 L 点的截断序列 $x(n)$的 DFTF 可以反映原连续时间信号 $x(t)$的各频率分量条件下,如图 3.5.3(b)所示情况,图 3.5.5 所示的 N 点 DFT 的离散谱线 $k_i(i=0,1,\cdots,N-1)$对应的模拟域频率值为 f_{k_i}:

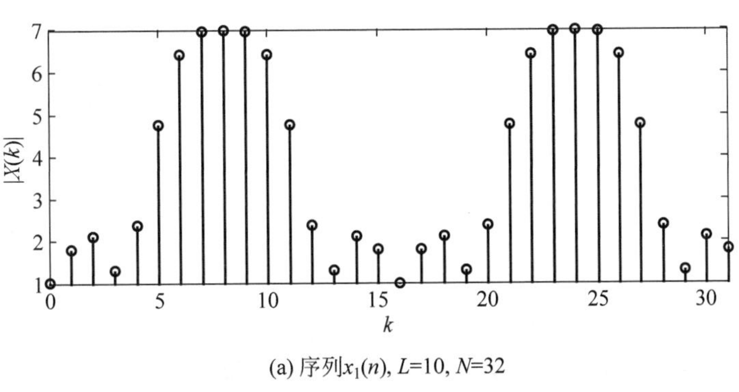

(a) 序列$x_1(n)$, L=10, N=32

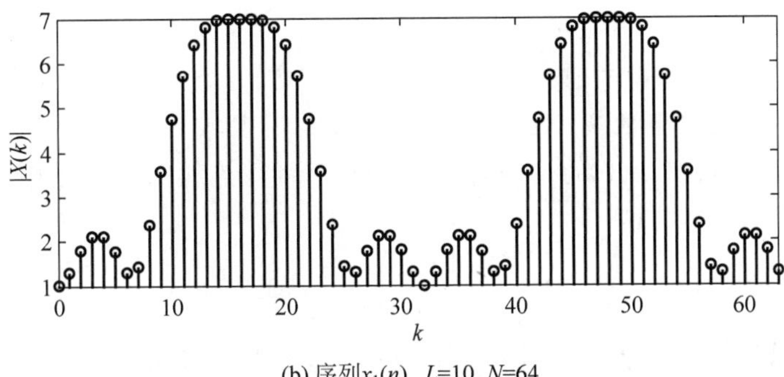

(b) 序列$x_1(n)$, L=10, N=64

图 3.5.4 长为 $L=10$ 及 $N=32,64$ 的截断序列的 DFT 幅度谱

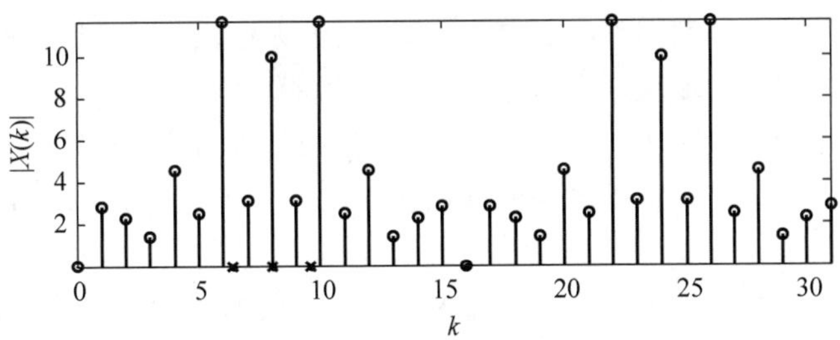

(a) 序列$x_2(n)$, L=20, N=32

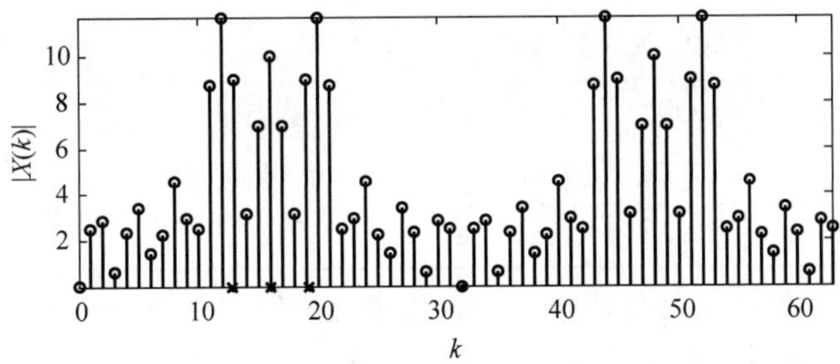

(b) 序列$x_2(n)$, L=20, N=64

图 3.5.5 长为 $L=20$ 及 $N=32,64$ 的截断序列的 DFT 幅度谱

$$f_{k_i}=k_i\frac{f_s}{N} \tag{3.5.4}$$

N 点 DFT $X(k)$的序列号 k_i 为整数,对应的频率值 f_{k_i} 与实际的频率分量 f_i 可能有

误差。如果对实际频率分量 f_i,存在整数 k_{f_i},满足:

$$f_i = k_{f_i}\frac{f_s}{N},\quad k_{f_i} = f_i\frac{N}{f_s} \tag{3.5.5}$$

则整数 k_{f_i} 必为 DFT 的某一谱线序列号,可精确指示实际频率分量 f_i。例 3.5.1 中,$f_s=10\text{kHz}$,$f_2=2.5\text{kHz}$,在 $N=32$ 点的 DFT 中,由式(3.5.5)计算序号:

$$k_{f_2}=\frac{2.5\text{kHz}\times 32}{10\text{kHz}}=8$$

结果是整数,表明 32 点 DFT 序号为 8 的谱线精确地指示出了信号中的 2.5kHz 频率分量。进一步,对 $N/2=32/2=16$ 中心对称的 $X(k)$序号 $N-k_{f_2}=32-8=24$ 则给出了频率分量 f_2 的镜像频率点,图 3.5.5 中显示该频率点处,$|X(24)|$是局部峰值。

反之,对 DFT 的整数数字频率点序号 k_i,根据式(3.5.4)计算 f_{k_i},如果仅有 $f_{k_i}\approx$实际信号频率分量 f_i,这时整数 k_i 表示的频率分量是模拟域实际频率分量 f_i 的近似值。例 3.5.1 中,当 $N=64$,$f_s=10\text{kHz}$ 时,由式(3.5.5)计算连续时间信号中 $f_1=2\text{kHz}$ 的频率分量对应的"序号":

$$k_{f_1}=\frac{2\text{kHz}\times 64}{10\text{kHz}}=12.8$$

结果不是整数,则在 64 点 DFT $X(k)$中与 $k_{f_2}=12.8$ 近似的整数序号是 $k=12$、13,所以 DFT 数字频率点序号 $k_1=12$ 或 13 处的谱线可用来近似实际频率分量 $f_1=2\text{kHz}$ 的谱线。

根据 DFT 对 $N/2$ 的中心对称性:$N-k_1=64-13=51$ 点或 $N-k_1=64-12=52$ 点的谱线也近似对应着实际谱分量 f_1 的镜像。这种近似误差的原因是**物理频率分辨率**或**计算频率分辨率**不够好(主要取决于两者中指标更差的那个频率分辨率)。例 3.5.1 中,20 点序列的物理频率分辨率仅为 0.5kHz,远劣于 32 点 DFT 对应的计算频率分辨率 0.3125kHz,因此是 32 点 DFT 频谱分析近似误差的主要原因,可通过增加数据长度 L,减小此偏差。

例 3.5.1 中实际频率 $f_i(i=1,2,3)$与 $N=32$,64 点 DFT 序列中对应的数字频率序号 k_i 如表 3.5.1 所示,表中 k_{f_i} 同时给出了实际频率的镜像频率点对应"序号",但 k_i 仅给出了近似实际频率谱线的序号,其中粗体 DFT 序号是最接近实际 k_{f_i} 的序号。

表 3.5.1 由式(3.5.5)计算出 k_{f_i},近似表示 f_i 的 DFT 数字频率序号 k_i

对应的序号 k_{f_i}	f_1	f_2	f_3	取整的序号 $k_i=[k_{f_i}]$	f_1	f_3
$N=32$	**6.4**,25.6	8,24	**9.6**,22.4	DFT 离散频点(省略镜像)序号	**6** 或 7	9 或 **10**
$N=64$	**12.8**,51.2	16,48	**19.2**,44.8		12 或 **13**	**19** 或 20

由图 3.5.5 和表 3.5.1 可见,除 2.5kHz 频率分量外,$f_1=2\text{kHz}$,$f_3=3\text{kHz}$ 两个频率,对应**非整数**的 k_{f_i}。说明序列号为整数的 DFT 的峰值谱线仅近似表示了 $x(t)$信号的这两个频率分量。若截断序列的物理频率分辨率够好,定义最接近实际的**归一化**离散频率为 $\frac{[k_{f_i}]}{N}$,[·]表示取整数,它与实际归一化频率$\frac{f_i}{f_s}$之差,可定义为误差:

$$E=\left|\frac{f_i}{f_s}-\frac{[k_{f_i}]}{N}\right| \tag{3.5.6}$$

该误差随 DFT 的长度 N 的增加而减小，这是因为 N 增加，计算频率分辨率就会提高。例如 $f_s=10\text{kHz}$，$f_1=2\text{kHz}$，$f_2=2.5\text{kHz}$，$f_3=3\text{kHz}$，实际的归一化频率和最接近的 32 点、64 点 DFT 的归一化离散频率间的误差见表 3.5.2，与理论分析一致。

表 3.5.2　不同点数 DFT 峰值谱线表示实际 $x(t)$ 信号的频率分量的误差

点数	f_1/f_s	f_2/f_s	f_3/f_s	取整	f_1/f_s	f_3/f_s	误差 E
$N=32$	**0.2**	0.25	**0.3**	$\dfrac{[k_{f_i}]}{N}$	0.1875	0.3125	$\pm$**0.0125**
$N=64$					0.203125	0.296875	$\pm$**0.0031**
备注	DFT 近似离散频率对实际频率的误差，随 DFT 的长度增加而减小						

3.6　用离散傅里叶变换对离散时间信号进行谱分析

微课视频

前面已经介绍，离散时间信号序列 $x(n)$ 的谱是其 DTFT 函数 $X(\mathrm{e}^{\mathrm{j}\omega})$，也是序列的 z 变换 $X(z)$ 在 z 平面单位圆上的情况，即 $z=\mathrm{e}^{\mathrm{j}\omega}$ 时 $X(z)$ 的特例。根据 DFT 的定义，DFT 只适合对有限长序列和周期序列进行谱估计，下面就对这两种情况分别讨论。

1. 有限长序列 $x(n)$

考虑到有限长序列 $x(n)$ 的 DFT——$X(k)$ 就是其 z 变换在 z 平面的单位圆，数字频率区间 $[0,2\pi]$ 上的等间隔有限采样。所以，有限长序列的 DTFT 函数 $X(\mathrm{e}^{\mathrm{j}\omega})$ 可直接用 DFT 估计，给出有限数字频率点的信号谱特性。

2. 周期为 N 的序列 $\tilde{x}(n)$

因周期序列 $\tilde{x}(n)$ 不满足绝对可和条件，其严格意义的 DTFT 不存在。但借助冲击函数 $\delta(\omega)$，其频谱 $X(\mathrm{e}^{\mathrm{j}\omega})$ 可记为

$$X(\mathrm{e}^{\mathrm{j}\omega})=\frac{2\pi}{N}\sum_{k=-\infty}^{\infty}\widetilde{X}(k)\delta\left(\omega-\frac{2\pi}{N}k\right)$$

其中，

$$\widetilde{X}(k)=\sum_{n=0}^{N-1}\tilde{x}(n)\mathrm{e}^{-\mathrm{j}\frac{2\pi}{N}kn},\quad k\in(-\infty,+\infty)\text{ 的整数}$$

N 为离散时间信号（周期序列）的周期。显然周期序列的谱 $X(\mathrm{e}^{\mathrm{j}\omega})$ 是以 N 为周期的离散谱，谱线相对大小与周期序列离散傅里叶级数(DFS)的系数 $\widetilde{X}(k)$ 成正比。用 DFT 分析周期序列 $\tilde{x}(n)$ 的谱，要先对其截断。

(1) 如果截取的是周期序列 $\tilde{x}(n)$ 的主值序列 $x(n)$。

根据 DFT 隐含的周期性：由截取的主值序列计算出的 N 点 DFT 序列 $X(k)$ 正是周期序列的 DFS $\widetilde{X}(k)$ 的主值序列，故 $X(k)$ 可以表示周期序列 $\tilde{x}(n)$ 的谱结构。

(2) 如果截取的是周期序列的 m 个周期，序列长 mN。

由序列的 m 个周期样值计算出的 $M=mN$ 点的 DFT $X_M(k)$ 与由主值序列算出的 N

点 DFT $X(k)$之间可以证明有如下关系：

$$X_M(k)=\begin{cases} mX\left(\dfrac{k}{m}\right), & \dfrac{k}{m}=\text{整数} \\ 0, & \dfrac{k}{m}\neq\text{整数}, \quad k=0,1,\cdots,mN-1 \end{cases} \tag{3.6.1}$$

可见,只要截取 $\tilde{x}(n)$的整数个周期进行 DFT,$X_M(k)$也能表示 $\tilde{x}(n)$的频谱结构,达到谱分析的目的。需要注意,式(3.6.1)表示的 m 个周期的有限长序列的 mN 点 DFT $X_M(k)$和以前介绍的后补零成为长 mN 点序列,再进行 mN 点的 DFT 得到的谱 $G(k)$是不同的。主要差别如下：

取周期序列的 m 个周期参与离散傅里叶变换运算,其信号总能量是一个周期长的序列总能量的 m 倍。因此,各谐波幅度相对于单周期的 $X(r)$是成 m 倍数的;如果只补零,信号总能量未变,相应各谐波幅度自然不变。

(3) 如果时域带限 $\tilde{x}(n)$序列周期未知。

这时要对周期序列的谱进行 DFT 估计,可先取较短的 M 点一段 $x_M(n)$,做 M 点的 DFT：

$$X_M(k)=\mathrm{DFT}[x_M(n)], \quad k=0,1,\cdots,M-1$$

再取 $2M$ 长的一段时域序列 $x_{2M}(n)$,计算 $2M$ 点的 DFT：

$$X_{2M}(k)=\mathrm{DFT}[x_{2M}(n)], \quad k=0,1,\cdots,2M-1$$

比较 $X_M(k)$、$X_{2M}(k)$,如果两者的主谱线差别满足谱分析频率误差要求,则可用 $X_M(k)$或 $X_{2M}(k)$来近似 $\tilde{x}(n)$的频谱。否则,继续将截取长度加倍,直到连续两次的主谱线对应的频率误差满足误差要求。设最后截取的长度为 rM,则 $X_{rM}(k)$表示数字频率 $\omega=\dfrac{2\pi k}{rM}$($k=0,1,\cdots,rM-1$)处的离散时间周期信号谱线强度。

微课视频

3.7 离散傅里叶变换应用中的问题与参数选择

在应用 DFT 解决实际问题时常遇到下列几个问题：①混叠现象；②栅栏效应；③频率泄漏。这些问题与应用中信号和 DFT 的参数选择有关。下面分别讨论这些问题。

3.7.1 混叠现象

1. 混叠产生的机理

数字信号处理中的混叠可以指时域的混叠,也可以指频域的混叠。混叠主要是由采样引起的。

因为对连续时间信号 $x(t)$以采样频率 f_s 进行采样,所得采样序列 $x(n)$的频谱是原连续时间信号频谱以 f_s 为周期的周期延拓。所以,处理连续时间信号前,常令其通过截止频率为 f_h 的前置低通滤波器,保证滤波器输出信号的双边谱带宽为 $2f_h$,即得到最高频率$\leqslant f_h$ 的模拟信号 $x_a(t)$。然后,根据奈奎斯特采样定理,令：

$$f_s \geqslant 2f_h$$

即采样时间间隔 $T=\frac{1}{f_s}\leqslant\frac{1}{2f_h}$，对 $x_a(t)$ 进行时域采样。工程应用中，常取 $f_s\approx(3\sim4)f_h$，保证不会因为对 $x_a(t)$ 的时域采样，导致信号 $x_a(t)$ 的频谱在频域以周期 f_s 延拓，得到序列的谱时产生频谱混叠，形成 $x_a(t)$ 的频谱失真，失去进一步进行数字信号处理的依据。因为频谱混叠现象得到的是 $x_a(t)$ 失真的频谱，将不能从失真的频谱中恢复出原来的信号。

另一方面，在满足奈奎斯特采样定理的条件下，时域采样序列 $x(n)$ 的频谱(DTFT)主周期即为实际连续时间信号 $x(t)$ 谱结构，用 N 点 DFT 处理 $x(n)$，结果 $X(k)$ 等效于在频域对信号 $x(n)$ 的频谱主周期，频率范围 $[0,f_s]$ 上的频谱函数进行 N 点等间隔采样。如果通过 IDFT 把 $X(k)$ 变换回时域序列时，所得 $x'(n)$ 可看成是原序列 $x(n)$ 以 N 为周期的周期延拓序列的主值序列，如图 3.7.1 所示。

显然，如果原序列 $x(n)$ 是 L 点有限长，只要 $N\geqslant L$，就能保证由 DFT $X(k)$ 恢复原采样序列；这个特点可以换个角度来应用：如果我们希望处理信号的物理频率分辨率为 Δf，则最短的时域记录长度 $T_L=\frac{1}{\Delta f}$。当采样频率 f_s 已知，即时域采样间隔 $T=\frac{1}{f_s}$ 给定时，应选择 DFT 的点数 $N\geqslant\frac{T_L}{T}$。

如果原序列 $x(n)$ 是无限长的，则 DFT 近似处理，无论取多大点数 N，IDFT 对应的有限长序列与原无限长序列相比，总有时域混叠效应，特别是以 N 为周期延拓的时域序列的主值序列两端时域混叠效应会更严重。

2. 避免混叠现象、保证处理要求的主要措施

对连续时间信号进行前置低通滤波，限定信号的最高频率为 f_h。在满足奈奎斯特采样定理时，如果期望的物理频率分辨率参数 Δf 给定，对采样序列 $x(n)$ 截采样点数 N 必须满足：

$$N=\frac{T_L}{T}\geqslant\frac{2f_h}{\Delta f} \tag{3.7.1}$$

其中，T 为采样时间间隔。T 不变时，可改变记录长度 T_L，即增加截取的样点数 N 以满足式(3.7.1)的不等号。

如果采样点数 N 给定(工程上一般对应着 DFT 的固定点数 N)，则式(3.7.1)涉及信号最高频率 f_h，物理频率分辨率参数 Δf 的选取在考虑频率分辨率指标时是矛盾的。因为当 f_h 变大时，奈奎斯特采样定理要求采样时间间隔 T 减小；式(3.7.1)等号表明信号总时长 T_L 必须相应减小，以保证 N 不变；而物理频率分辨率数值 $\Delta f=\frac{1}{T_L}$ 将变大，使分辨率指标变差。

例 3.7.1 对实信号进行谱分析，要求谱分辨率 $\Delta f\leqslant 10\text{Hz}$，信号最高频率 $f_c=2.5\text{kHz}$，试确定最小记录时间 $T_{L\min}$，最大的采样时间间隔 $T_{\max}$，最少的采样点数 $N_{\min}$。如果 f_c 不变，要求谱分辨率提高一倍，最少的采样点 N 和最小的记录时间又是多少?

解：已知谱分辨率 $\Delta f_{\max}=10\text{Hz}$，由式(3.5.1)知 $T_L\geqslant\frac{1}{\Delta f}$。因此最小记录时间：

$$T_{\text{Lmin}} = \frac{1}{10\text{Hz}} = 0.1\text{s}$$

因为信号最高频率 $f_c = 2.5\text{kHz}$,奈奎斯特采样定理要求采样频率 $f_s \geqslant 2f_c$,所以最大的采样时间间隔:

$$T_{\max} = \frac{1}{2f_c} = \frac{1}{2 \times 2.5\text{kHz}} = 0.2\text{ms}$$

对应地,最少的采样点数:

$$N_{\min} = \frac{T_{\text{Lmin}}}{T_{\max}} = \frac{0.1\text{s}}{0.2\text{ms}} = 500(\text{点})$$

第4章中将介绍 DFT 的点数为2的整数次幂时的快速实现,可取 $N_{\min} = 512$ 点。

如果信号最高频率 f_c 不变,即最大的采样时间间隔 $T_{\max} = 0.2\text{ms}$ 不变;要求谱分辨率提高一倍,即谱分辨率数值减小为 $\Delta f_{\max} = 5\text{Hz}$,则最小的记录时间和最少的采样点 N 分别为

$$T_{\text{Lmin}} = \frac{1}{5\text{Hz}} = 0.2\text{s}$$

$$N_{\min} = \frac{T_{\text{Lmin}}}{T_{\max}} = \frac{0.2\text{s}}{0.2\text{ms}} = 1000\ \text{点}$$

工程上 DFT 的点数为2的整数次幂时,能够快速实现,可取 $N_{\min} = 1024$ 点。

3.7.2 栏栅效应

1. 栏栅效应产生的机理

如图3.7.1所示,非周期信号 $x_a(t)$ 的频谱幅度函数 $|X_a(\text{j}f)|$ 是连续的。把 $x_a(t)$ 的 N 点采样 $x(n)$ 进行 DFT 得到的频谱幅度序列 $|X_a(k)|$ 只能是连续频谱 $X_a(\text{j}f)$ 的幅度函数的有限离散频点采样。

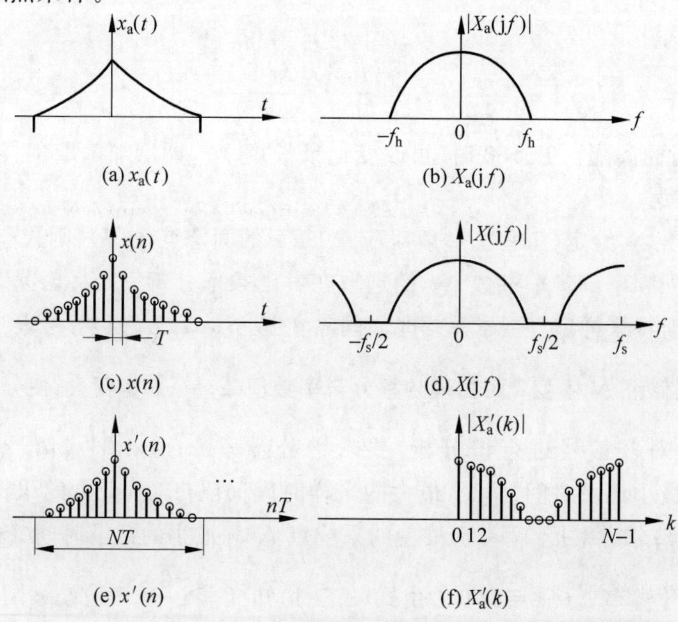

图3.7.1 频域采样 $X(k)$ 的 IDFT,对应于时域序列 $x(n)$ 以 N 为周期延拓的主值序列

2. 栏栅效应

N 点 DFT 结果好像是在栏栅的一边，通过 N 个有限离散频点的“缝隙”观察另一边的频谱 $X_a(jf)$。故这种现象被形象地称为“栏栅效应”，只有在离散频点的“缝隙”处才看得见。两根谱线（“缝隙”）之间如有重要的频谱分量，则将被错过而检测不出。

3. 克服的措施

为了把被“栏栅”挡住的频谱分量检测出来，可在原记录序列后面补零，增加 DFT 的长度，即增加频域 $X_a(jf)$ 上的采样点数 N，改变离散谱线（“栏栅上缝隙”）的分布，就可能检测出原来看不到的频谱分量。

但这样不能提高物理频率分辨率，即原先不能分开的频率分量，仅后补零仍然不能分开，例如图 3.5.4 中，三个频谱分量混叠成的平坦的频谱带，没有因为增加了 DFT 的点数 N 而分开成三个。但在图 3.5.5 中，序列长 $L=20$ 点的情况，物理频率分辨率能保证分开主要频率分量，增加频域采样点为 $N=64$ 时，才会比 $N=32$ 看到的离散频谱 $X(k)$ 更接近图 3.5.3(b)所示的实际情况。

3.7.3 频率泄漏

1. 频率泄漏现象

频率泄漏现象指连续时间信号 $x(t)$ 经系统处理后，所得的频谱在原来没有频谱的频率区间出现了频谱。

2. 频率泄漏产生机理

实际处理信号序列 $x(n)$ 时，根据需要常要对其截短。最简单的截短就是将该序列限定为有限的 N 点，令该序列 N 点以外的序列值为零，等效于长的数据序列乘以长为 N 时间窗函数 $\omega(n)$，如矩形窗 $R_N(n)$。

例 3.7.2 设矩形窗 $R_N(n)=1, n=0,1,\cdots,N-1$。取 $N=11$，画出其时域和频谱图。

解： 矩形窗的频谱为

$$R_N(e^{j\omega})=\text{DTFT}[R_N(n)]=e^{-j\omega\frac{N-1}{2}}\frac{\sin(\omega N/2)}{\sin(\omega/2)}=\frac{\sin(\omega N/2)}{\sin(\omega/2)}e^{j\varphi(\omega)}$$

当 $N=11$ 时，其时域波形和幅度频谱如图 3.7.2 所示。图 3.7.2(b)中，$|\omega|<2\pi/N$ 的部分称为窗谱主瓣，其余部分称为窗谱旁瓣。

根据频域卷积定理，时域中 $x(n)$ 与 $\omega(n)$ 相乘，则频域中 $X(e^{j\omega})$ 与 $\omega(n)$ 的谱函数 $W(e^{j\omega})$ 进行卷积，频域卷积结果分布在更宽的频率范围上。这表明 $x(n)$ 截短后的频谱不同于它原未截短的频谱。产生了原信号中没有的频率分量，从频谱上看，截短序列的谱扩散到原来没有频谱的频率区间——这就称为“频率泄漏”。

这种频率泄漏，有时还会产生不同频率分量间干扰，即频率“混叠现象”。

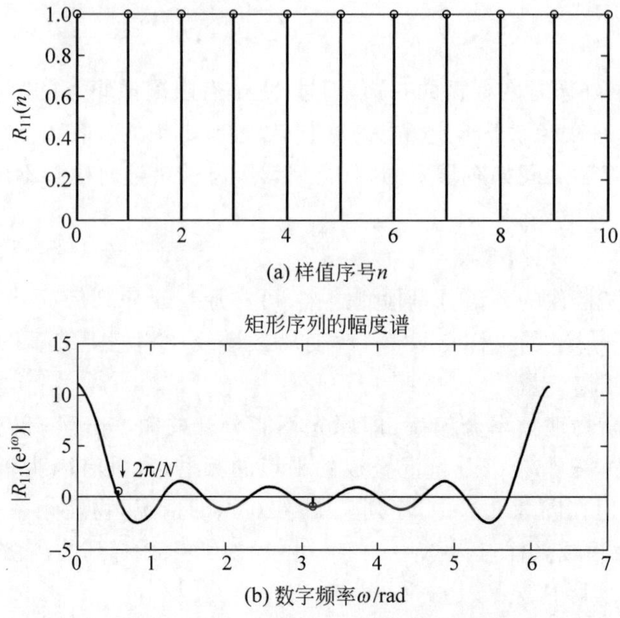

图 3.7.2　矩形窗 $R_{11}(n)$的时域、频域波形

例 3.7.3　序列 $x(n)=\cos(\omega_0 n)$，$\omega_0=\pi/4$。其频谱为线谱 $X(e^{j\omega})$：

$$X(e^{j\omega})=\pi\sum_{k=-\infty}^{\infty}\left[\delta\left(\omega-\frac{\pi}{4}-2\pi k\right)+\delta\left(\omega+\frac{\pi}{4}-2\pi k\right)\right]$$

$x(n)$的幅度谱主值波形如图 3.7.3(a)所示。

将 $x(n)$用 $R_N(n)$截短后，得 $y(n)=x(n)R_N(n)$，其幅度谱主值波形如图 3.7.3(b)所示，显然原来仅在 $\pi/4$ 处的频谱"泄漏"到了整个$[0,2\pi]$的频率范围。例 3.7.3 截短余弦序列 $y(n)$的谱可以形象地认为是由矩形序列的窗谱主瓣、旁瓣引起的。

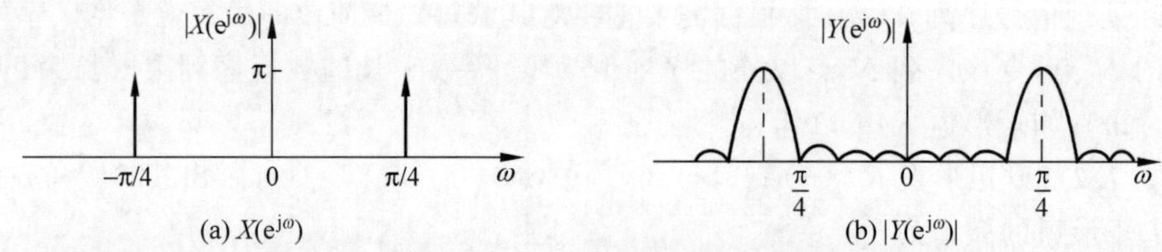

图 3.7.3　$\cos(n\pi/4)$加矩形窗前后的频谱

3. 克服频率泄漏的措施

频率泄漏现象是由对时域序列 $x(n)$加窗造成的，如图 3.7.2 给出矩形窗的时域与频域波形。由图 3.7.2 可见，加大时域窗口宽度 N，频域窗谱主瓣和窗谱旁瓣将变窄，可使频率泄漏减少。但无限增加时域窗口宽度，等于对原序列不截短，不满足截短要求。因此，为尽量减少频率泄漏，应选用窗谱旁瓣小、主瓣窄，即频率"泄漏"小的窗函数。这个问题将在第 7 章有限长脉冲响应滤波器设计中详细讨论。

3.8 MATLAB 实现

本节给出的 MATLAB 实现参考程序，均在 MATLAB 7.4.0 环境下调试通过。

3.8.1 离散傅里叶变换的 MATLAB 实现

例 3.2.1 的参考 MATLAB 实现如下：

```
% the effect of zero padding to the DFT (II,padding in front)
x = [1 1 1 1 0 0 0 0]; y = [0 0 0 1 1 1 1 0 0 0 0];
D = 3;                                          % number of zeros padding in front
n1 = 16; f1 = fft(x,n1); f2 = fft(y,n1);
delta = - 2 * pi * D * [0:n1 - 1]./n1;
subplot(2,2,1);stem(x);axis([0 16 0 max(x)]);text(8,0.8,'series of x(n)');
ylabel('x(n)');xlabel('n');
subplot(2,2,2);stem([0:n1 - 1]./n1,abs(f1));axis([0 1 0 max(abs(f1))]);
text(.2,3.7,'N = 16 DFT of x(n)');ylabel('|X(k)|');xlabel('unit in 2 * pi');
subplot(2,2,3);stem(y);axis([0 16 0 max(y)]);text(8,0.8,'series of xD(n)');
ylabel('xD(n)'); xlabel('n');
subplot(2,2,4);stem([0:n1 - 1]./n1,abs(f2));axis([0 1 0 max(abs(f2))]);
text(.2,3.7,'N = 16 DFT of xD(n)');ylabel('|XD(k)|');xlabel('unit in 2 * pi');
figure
subplot(3,1,1);line([0:n1 - 1]./n1, zeros(n1));hold on
stem([0:n1 - 1]./n1,angle(f1));ylabel('Phase X(k) in rad');
subplot(3,1,2);line([0:n1 - 1]./n1, zeros(n1));hold on
stem([0:n1 - 1]./n1,angle(f2)); ylabel('Phase XD(k)in rad');
subplot(3,1,3); line([0:n1 - 1]./n1, zeros(n1));hold on; stem([0:n1 - 1]./n1,delta);
ylabel('shifted Phase in rad');xlabel('unit in 2 * pi'); gtext('shifted Phase in XD(k) with X(k)')
```

例 3.2.2 的参考 MATLAB 实现如下：

```
% the effect of zero padding to the DFT
x = [1 1 1 1 0 0 0 0]; n1 = 8; n2 = 16; n3 = 11;
f1 = fft(x,n1); f2 = fft(x,n2); f3 = fft(x,n3);
stem(x); axis([0 16 0 max(x)]); text(10,0.8,'series of x(n)'); ylabel('x(n)'); xlabel('n');
figure;
subplot(1,3,1); stem([0:n1 - 1]./n1,abs(f1)); axis([0 1 0 max(abs(f1))]);
text(.2,3.7,'N = 8 DFT of x(n)'); ylabel('|X(k)|'); xlabel('unit in 2 * pi');
subplot(1,3,2); stem([0:n2 - 1]./n2,abs(f2)); axis([0 1 0 max(abs(f2))]);
text(.2,3.7,'N = 16 DFT of x(n)');
subplot(1,3,3); stem([0:n3 - 1]./n3,abs(f3)); axis([0 1 0 max(abs(f3))]);
text(.2,3.7,'N = 11 DFT of x(n)');
figure;
subplot(3,1,1); stem([0:n1 - 1]./n1,abs(f1)); axis([0 1 0 max(abs(f1))]);
text(.4,3.2,'N = 8 DFT of x(n)'); ylabel('|X(k)|');
subplot(3,1,2); stem([0:n2 - 1]./n2,abs(f2)); axis([0 1 0 max(abs(f2))]);
text(.4,3.2,'N = 16 DFT of x(n)');
subplot(3,1,3); stem([0:n3 - 1]./n3,abs(f3)); axis([0 1 0 max(abs(f3))]);
text(.4,3.2,'N = 11 DFT of x(n)'); xlabel('unit in 2 * pi');
```

3.8.2 用离散傅里叶变换计算线性卷积和圆周卷积的 MATLAB 实现

例 3.3.2 的参考 MATLAB 实现如下：

```
% comparison of convolution and circular convolution
x1 = [1,2,2,1];x2 = [1, - 1,1, - 1]; x3 = conv(x1,x2); x4 = circonvf(x1,x2,7);
n = 6; x5 = circonvf(x1,x2,n);
subplot(2,1,1); stem([0:length(x1) - 1],x1);hold on; plot([0 ,max(n,7)],[0 0],'k');hold off
text(4,0.5 * max(x1),'x1(n)'); xlabel('n');ylabel('x1');
subplot(2,1,2); stem([0:length(x2) - 1],x2);hold on; plot([0 ,max(n,7)],[0 0],'k');hold off
text(4,0.5 * max(x2),'x2(n)'); xlabel('n');ylabel('x2');
figure
subplot(3,1,1); stem([0:length(x3) - 1],x3);hold on; plot([0 ,max(n,7)],[0 0],'k');hold off
text(4,0.5 * max(x3),'Linear Convolution'); xlabel('n');ylabel('x3')
subplot(3,1,2); stem([0:length(x4) - 1],x4);hold on; plot([0 ,max(n,7)],[0 0],'k');hold off
text(4,0.5 * max(x4),'7 - Point Circular ConvolutionÊÔÑé '); xlabel('n');ylabel('x4')
subplot(3,1,3); stem([0:length(x5) - 1],x5);hold on; plot([0 ,max(n,7)],[0 0],'k');hold off
string = [num2str(n),' - Point Circular Convolution'];
text(4,0.5 * max(x5),string); xlabel('n');ylabel('x5')
```

3.8.3 连续时间信号谱分析的 MATLAB 实现

例 3.5.1 的参考 MATLAB 实现如下：

```
% frequency resolution, frequency interferences
clear all;
freq1 = 2;freq2 = 2.5;freq3 = 3.; fs = 10; % frequency unit in kHz;
omega1 = 2 * pi * freq1; omega2 = 2 * pi * freq2; omega3 = 2 * pi * freq3;
N = 1024;                                  % number of DFT used for simulate DFTF
L1 = 10;L2 = 20;                           % the number of sample poits
N1 = 32; N2 = 64;                          % the numbers of DFT
dt = 1./fs;                                % x(n) time interval, unit is in ms
ddt = dt./100;                             % time interval decrease to a hundredth, unit is in ms
f = [freq1 freq2 freq3]; z = [0 0 0];zz = [1 1 1];
t1 = 0:ddt:(L1 - 1) * dt; tt1 = 0:ddt:(L2 - 1) * dt;
xt1 = cos(omega1 * t1) + cos(omega2 * t1) + cos(omega3 * t1);  % short analog signal
xt2 = cos(omega1 * tt1) + cos(omega2 * tt1) + cos(omega3 * tt1);% longer analog signal

k1 = 0:dt:(L1 - 1) * dt; kk1 = 0:dt:(L2 - 1) * dt;
x1 = cos(omega1 * k1) + cos(omega2 * k1) + cos(omega3 * k1);     % short sample sequence
x2 = cos(omega1 * kk1) + cos(omega2 * kk1) + cos(omega3 * kk1); % longer sample sequence
ydtft1 = fft(x1,N); ydtft2 = fft(x2,N); fdtft = fs * linspace(0,1,N);

y1 = fft(x1,N1);i1 = 0:N1 - 1; y12 = fft(x1,N2);i2 = 0:N2 - 1;
y2 = fft(x2,N1); y22 = fft(x2,N2);

subplot(2,1,1);                            % time domain signals and its sequences
plot(10 * t1,xt1,' -- ');hold on; stem(0:L1 - 1,x1,'b');hold off
title(' sampled signal to x1(t)'); ylabel('x1(n)'); axis([0 L2 min(x1) max(x1)]);
```

```
subplot(2,1,2)
plot(10 * tt1,xt2,'-- ');hold on; stem(0:L2 - 1,x2,'b');hold off
title(' sampled signal to x2(t)'); xlabel('n');ylabel('x2(n)'); axis([0 L2 min(x2) max(x2)]);

figure % frequency domain,DTFTs to L = 10,20 sequences
subplot(2,1,1); plot(fdtft,abs(ydtft1));hold on;
stem(f, zz * max(abs(ydtft1)) , '-- xr');hold off; ylabel('DTFT Spectrum |X_1(e^j^\omega)|')
axis([min(fdtft) max(fdtft) min(abs(ydtft1)) max(abs(ydtft1))]);
title('DTFT to signal x_1(n), L = 10');
subplot(2,1,2); plot(fdtft,abs(ydtft2));hold on;
stem(f, zz * max(abs(ydtft2)) , '-- xr');hold off; ylabel('DTFT Spectrum |X_2(e^j^\omega)|')
axis([min(fdtft) max(fdtft) min(abs(ydtft2)) max(abs(ydtft2))]);
title('DTFT to signal x_2(n), L = 20'); xlabel('frequency f(kHz)')

figure % DFTs to L = 10 sequence
subplot(2,1,1); stem(i1,abs(y1));hold on; stem(f * N1/fs,z , 'xr');hold off
ylabel('Magnitude Spectrum |X(k)|'); axis([0 max(i1) min(abs(y1)) max(abs(y1))]);
title('signal x1, L = 10,N = 32')
subplot(2,1,2)
stem(i2,abs(y12));hold on; stem(f * N2/fs,z, 'xr');hold off; xlabel('k');
ylabel('Magnitude Spectrum |X(k)|'); axis([0 max(i2) min(abs(y12)) max(abs(y12))]);
title(' signal x1 , L = 10, N = 64')

figure
subplot(2,1,1); stem(i1,abs(y2));hold on;stem(f * N1/fs,z , 'xr');hold off
ylabel('Magnitude Spectrum |X(k)|');axis([0 max(i1) min(abs(y2)) max(abs(y2))]);
title('signal x2, L = 20,N = 32')
subplot(2,1,2);
stem(i2,abs(y22));hold on; stem(f * N2/fs,z, 'xr');hold off; xlabel('k')
ylabel('Magnitude Spectrum |X(k)|');
axis([0 max(i2) min(abs(y22)) max(abs(y22))]); title('signal x2, L = 20,N = 64')
```

3.9　习题

3.1　计算下列信号的傅里叶变换在$[0,2\pi]$上的 N 点均匀采样值。

(1) $a\cos(\omega_0 n)R_N(n)$；

(2) $a^n R_N(n)$；

(3) $n^2 R_N(n)$；

(4) $a^{|n|}\sin\left(\frac{2\pi}{N}k_0 n\right)u(n)$，　$|a|<1$；

(5) $\left(\frac{1}{2}\right)^n (u(n+3)-u(n-2))$；

(6) $n(u(n+N)-u(n-N-1))$；

(7) $\cos\left(\frac{18\pi n}{7}\right)+\sin(2n)$；

(8) $\sum_{k=0}^{\infty}\left(\frac{1}{4}\right)^n \delta(n-3k)$；

(9) $x(n)=\begin{cases}\cos\left(\dfrac{n\pi}{3}\right), & -1\leqslant n\leqslant 4\\ 0, & 其他\ n\end{cases}$。

3.2 根据下列离散时间信号傅里叶变换的 N 点离散采样值,确定各相应的离散时间域信号。

(1) $X(k)=\begin{cases}0, & 0\leqslant\left|\dfrac{2\pi}{N}k\right|<\omega\\ 1, & \omega\leqslant\left|\dfrac{2\pi}{N}k\right|\leqslant\pi\end{cases}$;

(2) $X(k)=1-2\mathrm{e}^{-\mathrm{j}3\frac{2\pi}{N}k}+4\mathrm{e}^{\mathrm{j}2\frac{2\pi}{N}k}+3\mathrm{e}^{-\mathrm{j}6\frac{2\pi}{N}k}$;

(3) $X(k)=\sum\limits_{m=-\infty}^{+\infty}(-1)^m\delta\left(\dfrac{2\pi}{N}k-\dfrac{\pi}{2}m\right)$;

(4) $X(k)=\cos^2\left(\dfrac{2\pi k}{N}\right)$;

(5) $X(k)=\cos\left(\dfrac{\pi k}{N}\right)+\mathrm{j}\sin\left(\dfrac{2\pi k}{N}\right),\quad -\pi\leqslant\dfrac{2\pi}{N}k\leqslant\pi$;

(6) $X(k)=\dfrac{\mathrm{e}^{-\mathrm{j}\frac{2\pi}{N}k}}{1+\dfrac{1}{6}\mathrm{e}^{-\mathrm{j}\frac{2\pi}{N}k}-\dfrac{1}{6}\mathrm{e}^{-\mathrm{j}\frac{4\pi}{N}k}}$。

3.3 已知下列 N 点 DFT $X(k)$,求 $x(n)=\mathrm{IDFT}[X(k)]$。

(1) $X(k)=\begin{cases}\dfrac{N}{2}\mathrm{e}^{\mathrm{j}\theta}, & k=m\\ \dfrac{N}{2}\mathrm{e}^{-\mathrm{j}\theta}, & k=N-m\\ 0, & 其他\ k\end{cases}$

(2) $X(k)=\begin{cases}-\mathrm{j}\,\dfrac{N}{2}\mathrm{e}^{\mathrm{j}\theta}, & k=m\\ \mathrm{j}\,\dfrac{N}{2}\mathrm{e}^{-\mathrm{j}\theta}, & k=N-m\\ 0, & 其他\ k\end{cases}$

其中,m 为正整数,$0<m<\dfrac{N}{2}$,N 为变换区间长度。

3.4 序列 $x(n)=\delta(n)+2\delta(n-2)+\delta(n-3)$:

(1) 求 $x(n)$的 4 点 DFT;

(2) 若 $y(n)$是 $x(n)$与它本身的 4 点循环卷积,求 $y(n)$及其 4 点 DFT $Y(k)$;

(3) 若 $h(n)=\delta(n)+\delta(n-1)+2\delta(n-3)$,求 $x(n)$与 $h(n)$的 4 点循环卷积。

3.5 设 $X(k)$表示 N 点序列 $x(n)$的 N 点离散傅里叶变换,$X(k)$本身也是 N 点序列。如果计算 $X(k)$的离散傅里叶变换得到一序列 $x_1(n)$,试用 $x(n)$表示 $x_1(n)$。

3.6 设有两个序列:

$$x(n)=\begin{cases}x(n), & 0\leqslant n\leqslant 5\\ 0, & 其他\ n\end{cases}$$

$$y(n)=\begin{cases}y(n), & 0\leqslant n\leqslant 14\\ 0, & \text{其他 } n\end{cases}$$

各作 15 点的 DFT，然后将两个 DFT 相乘，再求乘积的 IDFT，设所得的结果为 $f(n)$，问 $f(n)$ 的哪些点（用序号 n 表示）对应于 $x(n)*y(n)$ 应该得到的点。

3.7 已知两个有限长序列为

$$x(n)=\begin{cases}n+1, & 0\leqslant n\leqslant 3\\ 0, & 4\leqslant n\leqslant 6\end{cases}$$

$$y(n)=\begin{cases}-1, & 0\leqslant n\leqslant 4\\ 1, & 5\leqslant n\leqslant 6\end{cases}$$

试用作图表示 $x(n)$，$y(n)$ 以及 $x(n)⑦y(n)$。

3.8 已知 $x(n)$ 是 N 点有限长序列，$X(k)=\text{DFT}[x(n)]$，现将 $x(n)$ 的每两点之间补进 $r-1$ 个零点值，得到一个 rN 点的有限长序列 $y(n)$：

$$y(n)=\begin{cases}x\left(\dfrac{n}{r}\right), & n=ir,\quad i=0,1,\cdots,N-1\\ 0, & \text{其他 } n\end{cases}$$

试求 rN 点的 $\text{DFT}[y(n)]=Y(k)$ 与 $X(k)$ 的关系。

3.9 设有一谱分析用的信号处理器，采样点数必须为 2 的整数幂，假定没有采用任何特殊数据处理措施，要求频率分辨率小于或等于 10Hz，如果采用的采样时间间隔为 0.1ms，试确定：

(1) 最小记录长度；

(2) 所允许处理的信号的最高频率；

(3) 在一个记录中的最少点数。

3.10 给定长为 N 的圆周共轭对称序列 $x_{ep}(n)$，圆周共轭反对称序列 $x_{op}(n)$，$0\leqslant n\leqslant N-1$。试证明：当 N 为偶数时，$x_{ep}\left(\dfrac{N}{2}\right)$ 为实数；$x_{op}\left(\dfrac{N}{2}\right)$ 为纯虚数。

3.11 序列 $x(n)$ 的共轭对称和共轭反对称分量分别为

$$x_e(n)=\frac{1}{2}[x(n)+x^*(-n)],\quad x_o(n)=\frac{1}{2}[x(n)-x^*(-n)]$$

长度为 N 的有限序列 $x(n)(0\leqslant n\leqslant N-1)$ 的圆周共轭对称和圆周共轭反对称分量分别定义如下：

$$x_{ep}(n)=\frac{1}{2}[x((n))_N+x^*((-n))_N]R_N(n)$$

$$x_{op}(n)=\frac{1}{2}[x((n))_N-x^*((-n))_N]R_N(n)$$

(1) 证明：

$$x_{ep}(n)=[x_e(n)+x_e(n-N)]R_N(n)$$
$$x_{op}(n)=[x_o(n)+x_o(n-N)]R_N(n)$$

(2) 把 $x(n)$ 看作是长度为 N 的序列，一般来说，不能从 $x_{ep}(n)$ 恢复 $x_e(n)$，也不能从

$x_{op}(n)$恢复 $x_o(n)$。试证明若把 $x(n)$看作是长度为 N 的序列,且 $n\geqslant\frac{N}{2}$时,$x(n)=0$,则从 $x_{ep}(n)$可恢复 $x_e(n)$,从 $x_{op}(n)$可恢复 $x_o(n)$。

3.12 设 $X(k)$表示 N 点序列 $x(n)$的 N 点离散傅里叶变换:

(1) 证明如果当 $x(n)$满足关系式 $x(n)=-x(N-1-n)$,则 $X(0)=0$;

(2) 证明当 N 为偶数时,如果 $x(n)=x(N-1-n)$,则 $X\left(\frac{N}{2}\right)=0$。

3.13 证明 DFT 对称定理,即假设:

$$X(k)=\mathrm{DFT}[x(n)]$$

证明 $\mathrm{DFT}[X(n)]=Nx(n-k)$。

3.14 如果 $X(k)=\mathrm{DFT}[x(n)]$,证明 DFT 的初值定理:

$$x(0)=\frac{1}{N}\sum_{k=0}^{N-1}X(k)$$

3.15 证明离散相关定理。

若

$$X(k)=X_1^*(k)X_2(k)$$

则

$$x(n)=\mathrm{IDFT}[X(k)]=\sum_{l=0}^{N-1}x_1^*(l)x_2((l+n))_N R_N(n)$$

3.16 已知序列 $x(n)=a^n u(n)$,$0<a<1$,对 $x(n)$的 z 变换 $X(z)$在 z 平面单位圆上等间隔采样 N 点,采样值为

$$X(k)=X(z)\Big|_{z=\mathrm{e}^{\mathrm{j}\frac{2\pi}{N}k}},\quad k=0,1,\cdots,N-1$$

求有限长序列 $x_N(n)=\mathrm{IDFT}(X(k))$。

3.17 已知调幅信号的载波频率 $f_c=1\mathrm{kHz}$,调幅信号的频率 $f_m=100\mathrm{Hz}$,用 FFT 对其进行谱分析,试问:

(1) 最小记录时间 T_{pmin}。

(2) 最低采样频率 f_{smin}。

(3) 最少采样点数 N_{min}。

(4) 在频带宽度不变的情况下,将频率分辨率提高一倍的采样点数 N 值。

3.18 以 20kHz 的采样率对最高频率为 10kHz 的带限信号 $x_a(t)$采样,然后计算 $x(n)$的 $N=1000$ 个采样点的 DFT,即

$$X(k)=\sum_{n=0}^{N-1}x(n)\mathrm{e}^{-\mathrm{j}\frac{2\pi}{N}nk},\quad N=1000$$

(1) $k=150$ 对应的模拟频率是多少? $k=800$ 呢?

(2) 采样频率点之间的间隔是多少?(提示:结果请注明单位)

思政小课堂

思政主题:国之重器中的数字信号处理技术

思政方向:培养专业认同感,民族自豪感,创新思维

数字信号处理技术可以带领我们探索星辰、大海，带领我们拥有自己的指路“北斗”和太空“天宫”。

1. 中国天眼——500m 口径球面射电望远镜（five-hundred-meter aperture spherical radio telescope，FAST）

“中国天眼”(FAST，图 C.1)是目前全球最大单口径、最灵敏的射电望远镜。它的口径有500m，有近 30 个足球场大的接收面积。其综合性能相比于美国“阿雷西博”望远镜，提高了 10 倍。从提出构想到建设完成，我国三代科技工作者历经 22 年，先后攻克了十多项世界级难题。

图 C.1　中国天眼

FAST 的工作原理是：通过抛物面把采集到的电磁场信号反射到接收信号的馈源舱里，馈源舱内部部署了数字信号处理系统，对接收到的信号进行处理。

为什么 FAST 比当前其他射电天文望远镜对无线电信号的采集都要灵敏呢？正是因为我国科学家一个创新的设计理念：通过组合反射面的运动与馈源舱的运动相互配合，FAST 可以实现对来自太空平行光的点聚焦。无论反射面如何变化，通过馈源支撑塔悬挂的轻型索拖动机构的牵拉和并联机器人的二次精调，馈源舱都能随着反射面的变化需求，在规定时间准确无误地到达规定的位置，其误差小于 10mm！

FAST 项目是人类直接观测遥远星系行星，寻找类似太阳系或地球的宇宙环境，以及探测潜在智慧生命的重要设施，在航天工程及其他领域具有广泛用途。总而言之，FAST 不仅极大地推动了我国在天文领域基础研究与科研攻关的步伐，还催生了一系列具有国际影响力的科学产出。

2. 中国“蛟龙号”载人潜水器

“蛟龙号”载人潜水器是我国第一艘自行设计、自主集成研制、拥有自主知识产权的深海载人潜水器(图 C.2)。2012 年 6 月 27 日，“蛟龙号”载人潜水器成功下潜到马里亚纳海沟 7062m 深度，创造了世界同类作业型潜水器的最大下潜深度纪录。

图 C.2　“蛟龙号”载人潜水器

“蛟龙号”是全球首台应用高速数字水声通信技术的载人潜水器，它利用高速率水声通信技术，通过各类声学元器件传送声波信号给海面的控制船，使“蛟龙号”和控制船之间实现了语音、文字、图像的数字通信。“蛟龙号”在探索深海中发挥着重要作用。

3. 中国北斗卫星导航系统

北斗卫星导航系统(Beidou navigation satellite system,BDS,以下简称北斗)是中国着眼于国家安全和经济社会发展需要,自主建设、独立运行的卫星导航系统。北斗不仅广泛进入交通、能源、农业、通信、气象、自然资源、生态环境、应急减灾等重点行业,而且全面服务于绿色出行、外卖送餐、健康养老、儿童关爱、医疗教育等人民生活的方方面面。2021 年国内智能手机出货量中支持北斗的占总出货量的 94.5%。北斗既造福中国人民,也造福世界各国人民。

我们一起来看看北斗建设中的“自主创新”密码:“北斗一号”(图 C.3(a))中我们提出了新颖的全数字信号处理技术,解决了当时众人难以解决的信号“快捕精跟”关键问题,超越国际同类技术的崭新方案;“北斗二号”(图 C.3(b))中,我们面临国外对原子钟技术的封锁,靠着不服输的骨气和艰苦奋斗的精神,自主研发了 100%国产化的“中国心”原子钟;在覆盖全球的“北斗三号”(图 C.3(c))建设中,我们又一次创造性地提出了“星间链路”方案,前所未有地让太空兄弟在天上“手拉手”,大大提高了定位精度,创造了“北斗耀苍穹”的奇迹。而奇迹的背后是一群平均年龄 30 岁出头的年轻人持续 26 年的奋斗,他们用青春书写了“世界的北斗”。

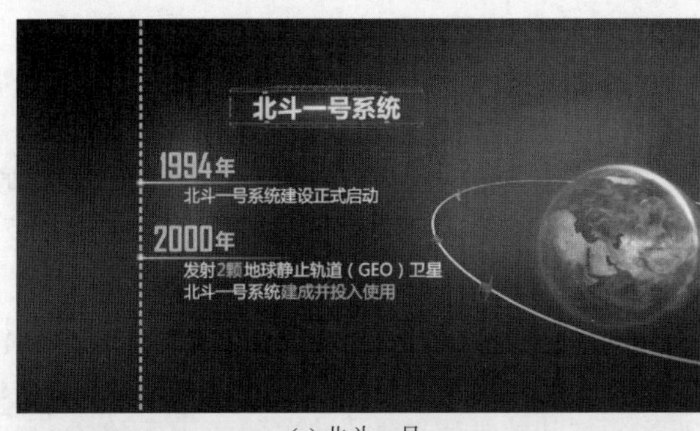

(a) 北斗一号

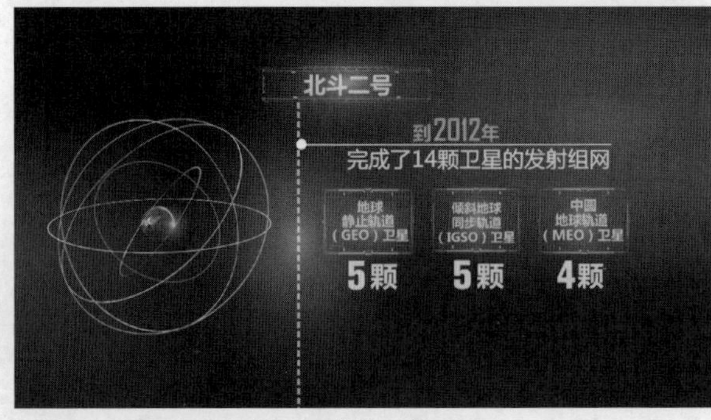

(b) 北斗二号

图 C.3 北斗卫星导航系统

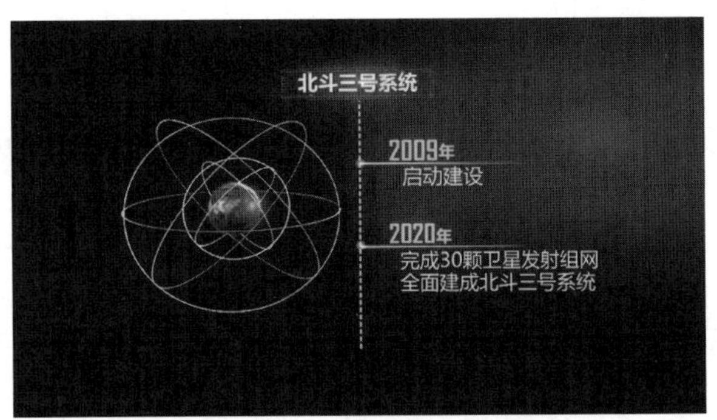

(c) 北斗三号

图 C.3 （续）

今天，当我们享受着这些国之重器为我们的社会和国防带来的安全、为我们的生活提供的便利时，我们应该向所有呕心沥血、无私奉献研发它们的科研工作者、建设者们说一声，谢谢！

第4章 快速傅里叶变换

CHAPTER 4

4.1 概述

快速傅里叶变换(FFT)是一类实现 DFT 运算的快速算法。具体的 FFT 算法有多种形式,利用这些高效快速算法通常可使计算量比直接计算 DFT 减少几个数量级。本章首先说明 FFT 的基本原理,并与直接计算 DFT 的运算量进行比较。具体介绍基-2 FFT,通过长序列的卷积运算说明 FFT 算法的实用性。本章还将讨论线性调频 z 变换(chirp-z 变换)、放大镜式 FFT(zoom FFT),以说明如何获得窄带高频率分辨率分析。

已知一个序列 $x(n)$,长为 N,直接计算 N 点 DFT 的定义式为

$$X(k) \equiv \mathrm{DFT}[x(n)] = \sum_{n=0}^{N-1} x(n) W_N^{kn}, \quad k = 0,1,\cdots,N-1 \tag{4.1.1}$$

其中,$W_N = \mathrm{e}^{-\mathrm{j}\frac{2\pi}{N}}$。通常 $X(k)$是复数函数,由式(4.1.1)可见,每计算一个 $X(k)$的值,需要进行 N 次复数乘,$N-1$ 次复数加;要计算 N 个长的$X(k)$序列值,共需要进行 N^2 次复数乘和 $N(N-1)$次复数加。所以,直接进行 N 点 DFT 计算的运算量(复数乘、复数加)近似比例于 N^2。N 很大时,N 点 DFT 的运算量也会很大,例如,当 $N=1024$ 时,需 1 048 576 次复数乘法运算;对于一些实时性要求很强的应用领域,如雷达信号处理、自控系统及语音识别中的信号处理,DFT 很难满足实时应用要求。

FFT 算法基本思想是:利用 DFT 中旋转因子(twiddle factor)W_N^m 的固有性质(周期性、对称性、可约性)把长度为 N 的序列分成几个较短的序列,计算更小点数的 DFT,从而减小 DFT 运算量。旋转因子 W_N^m 的性质如下:

(1) 周期性

$$\begin{aligned} W_N^{m+lN} &= \mathrm{e}^{-\mathrm{j}\frac{2\pi}{N}(m+lN)} = \mathrm{e}^{-\mathrm{j}\frac{2\pi}{N}m} \\ &= W_N^m \\ &= W_N^{(m+lN)\ \mathrm{mod}\ (N)} \end{aligned} \tag{4.1.2}$$

(2) 对称性

$$W_N^{N-m} = W_N^{-m} = (W_N^m)^* \tag{4.1.3a}$$

其中,上标 * 表示复数的共轭运算。

$$W_N^{\frac{N}{2}+m} = e^{-j\frac{2\pi}{N}\left(\frac{N}{2}+m\right)} = e^{-j\frac{2\pi}{N}m} e^{-j\pi}$$

$$= -W_N^m, \quad N \text{ 为偶数} \tag{4.1.3b}$$

(3) 可约性

$$W_N^m = W_{Nk}^{mk} = W_{N/k}^{m/k} \tag{4.1.4}$$

在复平面上画出旋转因子 W_N^m 的 N 点周期性和圆周对称性,如图 4.1.1 所示。

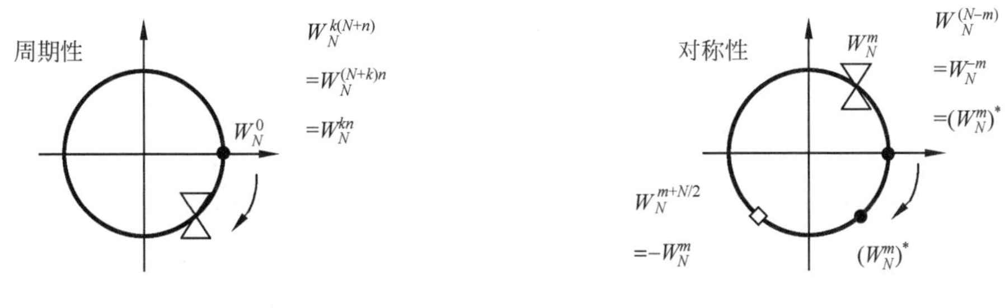

图 4.1.1 复平面上旋转因子 W_N^m 的 N 点周期性和圆周对称性

图 4.1.1(a)表明,旋转因子 W_N^{kn} 的指数部分增加 N 的整数倍,几何上相当于复数 $W_N^{kn} = e^{-j\frac{2\pi}{N}kn}$ 表示的 z 平面单位圆上的"点"在单位圆上旋转了若干圈,仍然回到该点;图 4.1.1(b)表明,旋转因子 W_N^m 对 N 的圆周对称性,在几何上是复数 $W_N^m = e^{-j\frac{2\pi}{N}m}$ 表示的 z 平面单位圆上的"点"相对水平轴的单位圆上对称点,而旋转因子 W_N^m 对 $\frac{N}{2}$ 的圆周对称性,在几何上则是该"点"相对 z 平面"原点"的单位圆上的对称点。

4.2 基-2 快速傅里叶变换

设拟计算长为 N 的序列 $x(n), n=0,1,\cdots,N-1$ 的 N 点 DFT。基(radix)-2 FFT(即 DFT 的点数 $N=2^M$ 时的 FFT)算法可分为两类:按时间抽取的 FFT(decimation in time FFT,DIT-FFT)和按频率抽取的 FFT(decimation in frequency FFT,DIF-FFT)。如果序列 $x(n)$ 的长度不满足为 2 的整数次幂的条件,则可以将 $x(n)$ 后补零达到最接近的 $N=2^M$ 值。下面具体介绍。

4.2.1 按时间抽取的快速傅里叶变换原理

DIT(Cooley-Tukey)-FFT 思路:把长为 $N=2^M$ 点的时域序列 $x(n)$ 按序号的奇偶逐级分解,最终得到 $\frac{N}{2}$ 个长为 2 点的时域序列。通过迭代计算 2 点的 DFT,最终使 N 点 DFT 计算量减少。

1. 按时间抽取

因时域序列 $x(n)$ 的样值序号对应着时间上的先后顺序,因此把 $x(n)$ 按序号的奇偶分成两个长为 $\frac{N}{2}$ 点的子序列即对应着“按时间抽取”,得到两个子序列如下:

$$\begin{cases} x_1(r) \equiv x(2r) \\ x_2(r) \equiv x(2r+1) \end{cases}, \quad r = 0,1,\cdots,\frac{N}{2}-1$$

2. $x(n)$ 的 N 点 DFT 可等效变形

$$\begin{aligned} X(k) &\equiv \mathrm{DFT}[x(n)] = \sum_{n=0}^{N-1} x(n) W_N^{kn}, \quad k = 0,1,\cdots,N-1 \\ &= \sum_{r=0}^{\frac{N}{2}-1} x(2r) W_N^{k\cdot(2r)} + \sum_{r=0}^{\frac{N}{2}-1} x(2r+1) W_N^{k\cdot(2r+1)} \\ &= \sum_{r=0}^{\frac{N}{2}-1} x_1(r)(W_N^2)^{kr} + W_N^k \sum_{r=0}^{\frac{N}{2}-1} x_2(r)(W_N^2)^{kr} \\ &= \sum_{r=0}^{\frac{N}{2}-1} x_1(r) W_{N/2}^{kr} + W_N^k \sum_{r=0}^{\frac{N}{2}-1} x_2(r) W_{N/2}^{kr} \\ &\equiv X_1(k) + W_N^k X_2(k), \quad k = 0,1,\cdots,\frac{N}{2}-1 \end{aligned} \tag{4.2.1}$$

式(4.2.1)的推导利用了旋转因子的可约性,$W_N^2 = W_{N/2} = \mathrm{e}^{-\mathrm{j}\frac{2\pi}{N/2}}$,$X_1(k)$ 和 $X_2(k)$ 分别是长为 $\frac{N}{2}$ 点序列 $x_1(r)$、$x_2(r)$ 的 $\frac{N}{2}$ 点 DFT,$k = 0,1,\cdots,\frac{N}{2}-1$;均以 $\frac{N}{2}$ 为周期,如图 4.2.1 所示。

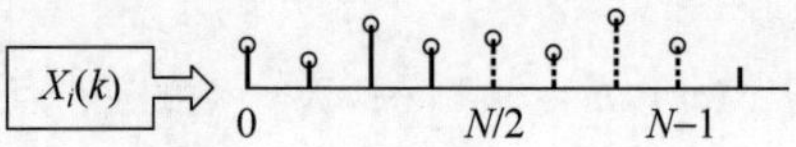

图 4.2.1 一次奇偶抽取序列的 DFT $X_i(k)$($i=1,2$,在 $k=0\sim N-1$ 上有 $N/2$ 的周期性)

进一步考虑 $W_{N/2}$ 以 $\frac{N}{2}$ 为周期,有如下关系式:

$$W_{N/2}^{k+\frac{N}{2}} = W_{N/2}^k, \quad 且 \quad W_N^{k+\frac{N}{2}} = -W_N^k$$

所以:

$$\begin{aligned} X_1\left(k+\frac{N}{2}\right) &= \sum_{r=0}^{\frac{N}{2}-1} x_1(r) W_{N/2}^{\left(k+\frac{N}{2}\right)r} \\ &= \sum_{r=0}^{\frac{N}{2}-1} x_1(r) W_{N/2}^{kr} \\ &= X_1(k) \end{aligned}$$

同理

$$X_2\left(k+\frac{N}{2}\right)=X_2(k)$$

所以，由式(4.2.1)可得

$$\begin{aligned}X\left(k+\frac{N}{2}\right)&=X_1\left(k+\frac{N}{2}\right)+W_N^{k+\frac{N}{2}}X_2\left(k+\frac{N}{2}\right)\\&=X_1(k)-W_N^kX_2(k),\quad k=0,1,\cdots,\frac{N}{2}-1\end{aligned}\tag{4.2.2}$$

3. 蝶形运算

式(4.2.1)和式(4.2.2)表明，时域序列 $x(n)$经过一次时域的奇偶抽取后，其 N 点 DFT $X(k)$计算可以分解为两个$\frac{N}{2}$点 DFT 的线性组合。只要先求出 $k=0,1,\cdots,\frac{N}{2}-1$ 区间的离散傅里叶变换 $X_1(k)$、$X_2(k)$，就可以通过式(4.2.1)和式(4.2.2)求出 N 点 DFT $X(k)$。式(4.2.1)和式(4.2.2)可形象地用信号流图(图 4.2.2)表示，因其形状似蝶形，故称它为基本蝶形运算流图；式(4.2.1)和式(4.2.2)通常也称为“蝶形融合方程”(butterfly merging equations)。

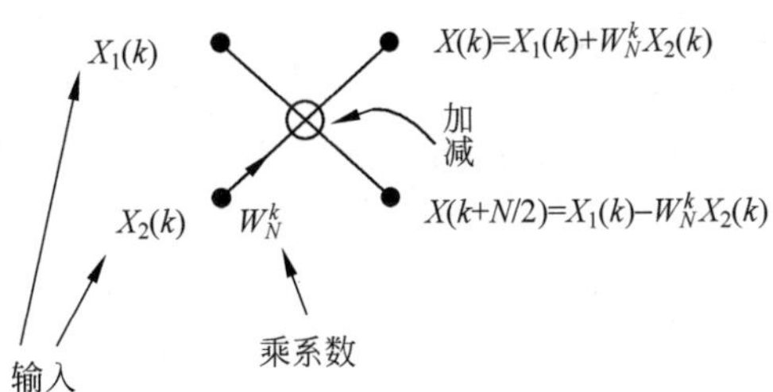

图 4.2.2 基本蝶形运算流图

基本蝶形运算流图特点如下所示。

(1) 左边两支路为输入，右边两支路为输出；中间小圈表示加、减运算。规定往右上路的输出是两个输入信号进行“加”运算、往右下路的输出是两个输入信号进行“减”运算。

(2) 支路箭头旁标的系数，表示该支路信号 $X_2(k)$乘系数 W_N^k 后再进行加减。

(3) 图 4.2.2 所示的基本蝶形运算要一次复数乘，两次复数加。

(4) 时域序列按序号奇偶性一次分解后，计算 N 点 DFT $X(k)$包括两个$\frac{N}{2}$点 DFT，$\frac{N}{2}$个基本蝶形运算；共需约$\frac{N^2}{2}$次复数乘和$\frac{N^2}{2}$次复数加。可见仅通过一次分解，运算量就比直接做 N 点 DFT 运算量节省约一半。

4. $N=2^M$ 点 DIT-FFT 运算流图

基于上述减少 DFT 点数的方法，可以在第一次时域序列 $x(n)$按序号 n 奇偶抽取后，继续对$\frac{N}{2}$点子序列 $x_1(r)$、$x_2(r)$各自进行类似的按序号 r 奇偶抽取，把每一个$\frac{N}{2}$点 DFT 计算分解为两个$\frac{N}{4}$点 DFT 计算及$\frac{N}{4}$个基本蝶形运算；以此类推，……，可以把 $N=2^M$ 点 DFT，

经 $M-1$ 级分解，最终分解成$\frac{N}{2}$个两点 DFT 计算。

整个运算过程总结：$N=2^M$ 点的 DIT-FFT 的蝶形运算有 M 级，每级都有$\frac{N}{2}$个基本蝶形运算。图 4.2.3 给出了 $N=8$ 时的 DIT-FFT 运算流图。

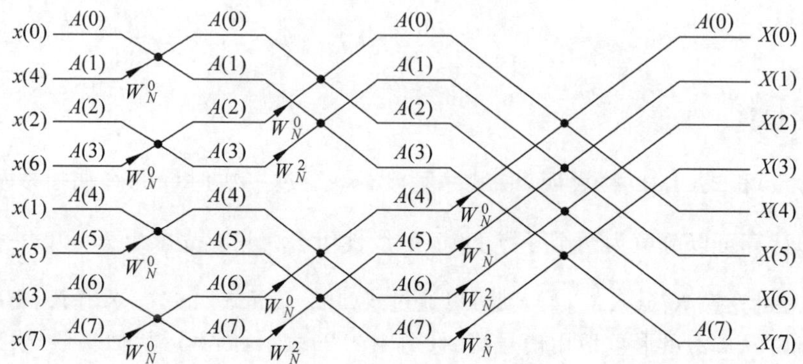

图 4.2.3　N 点 DIT-FFT 运算流图($N=2^3=8$)

5. DIT-FFT 和直接 DFT 运算量的比较

由图 4.2.3 示意的 DIT-FFT 运算流图可见，$N=2^M$ 点 DFT 的 DIT-FFT 方法运算量共需：

$$复数乘次数：C_M(2)=M\times\frac{N}{2}=\frac{N}{2}\log_2(N)$$

$$复数加次数：C_A(2)=M\times 2\times\frac{N}{2}=N\log_2(N)$$

直接 N 点 DFT 运算的复乘次数为 N^2，复加次数为 $N(N-1)$，所以 DIT-FFT 和直接 DFT 运算量的比例为

$$\frac{\frac{N}{2}\log_2 N+N\log_2 N}{N^2+N(N-1)} \tag{4.2.3}$$

当 DFT 点数较大，$N>100$ 时，上述 DIT-FFT 算法相对直接计算 DFT，运算量的减少非常可观；如 $N=1024$ 时，式(4.2.3)比值约为 0.7%，快速傅里叶变换比直接计算 DFT 减少了约 99%的运算量。

微课视频

6. DIT-FFT 的运算规律及编程思想

1) 原位(同址)运算

原位(同址)运算即同一存储单元存储蝶形运算输入、输出数据的方法。如图 4.2.3 所示，N 点 DIT-FFT，每个蝶形运算的两个输入只用于本蝶形运算。蝶形运算的输出可直接存入原输入数据占用的存储单元——“原位运算”。输入序列共需要 N 个存储单元，原位运算使得 DIT-FFT 运算结束后，这 N 个存储变量对应的内容全部更新成 $X(k)$，节省内存。对应硬件处理器，可降低成本。

2）整序(shuffling)规律

如图 4.2.3 所示，$N=2^M$ 点 DIT-FFT 算法的输出 $X(k)$为自然顺序，但其输入序列不是按 $x(n)$的自然顺序排列的。这种通过 $M-1$ 级奇偶抽取后的输入序列排序称为序列 $x(n)$的倒序，简称“整序”。整序规律体现为变址运算(位反序，bit reversal)。下面取 $N=2^3=8$ 为例，具体介绍整序规律，如图 4.2.4 所示。

$n_2\ n_1\ n_0$	奇偶抽取	1st	2nd	位反序 $n_0\ n_1\ n_2$
0 0 0	$x(0)$	$x(0)$	$x(0)$	0 0 0
0 0 1	$x(1)$	$x(2)$	$x(4)$	1 0 0
0 1 0	$x(2)$	$x(4)$	$x(2)$	0 1 0
0 1 1	$x(3)$	$x(6)$	$x(6)$	1 1 0
1 0 0	$x(4)$	$x(1)$	$x(1)$	0 0 1
1 0 1	$x(5)$	$x(3)$	$x(5)$	1 0 1
1 1 0	$x(6)$	$x(5)$	$x(3)$	0 1 1
1 1 1	$x(7)$	$x(7)$	$x(7)$	1 1 1

图 4.2.4　$N=2^3$ 点 DIT-FFT 的整序示意

(1) 图 4.2.4 中有两级奇偶抽取，因为 $M-1=3-1=2$。

(2) 位反序。如果把整序前后序列 $x(n)$的奇偶位置的十进制顺序号用 M 位二进制数表示，则整序后序列顺序号的 M 位二进制数恰好是整序前的序列顺序号的 M 位二进制数表示的“位反序”，具体为

$$\text{自然序号}(n)_D=(n_2n_1n_0)_B$$

$$\text{反序序号}(r)_D=(n_0n_1n_2)_B$$

其中，等号两边下标 D、B 分别表示括号中的数为十进制(decimal)数、二进制(binary)数。

由图 4.2.4 的整序示意可见，对按自然顺序排列的 8 点序列 $x(n)$进行两级奇偶抽取后，得到的第 2 列(2nd)就是按反序排列的 8 点序列 $x(r)$。图 4.2.4 左边给出了自然顺序号的二进制数，右边给出了反序顺序号的二进制数，可见同一行的左右两个三位二进制数确实呈“位反序”形式；如自然顺序中序号$(3)_D=(011)_B$，经“位反序”得反序序列的序号为$(110)_B=(6)_D$。编写程序时只要把存放 $x(n)$的单元内容与存放反序排列的 $x(r)$的单元内容互换就完成了序列的整序。用硬件电路和汇编程序实现序列的倒序(位反序)，只要交换对应二进制地址的寄存器内容即可。

3）蝶形运算两个点的“间距”、系数 W_N^p 的变化规律

当 $N=2^M$ 时，如图 4.2.3 所示 N 点 DIT-FFT 运算流图中，共有 M 级，每级有$\dfrac{N}{2}$个蝶形运算，每个蝶形运算要乘合适的旋转因子 W_N^p，p 称为旋转因子的指数。用 L 表示从左至右的运算级数，$L=1,\cdots,M$，从图 4.2.3 中可见，第 L 级的每个蝶形运算两个输入数据点间距(蝶距)$B=2^{L-1}$，同一旋转因子 W_N^p 对应着间距均为 2^{L-1} 点的 2^{M-L} 个蝶形运算；该级共需要 2^{L-1} 个旋转因子。

对于第 L 级用到的蝶形运算旋转因子 W_N^p，第 J 个旋转因子的指数 p 可用式(4.2.4)计算得到：

$$p = J \cdot 2^{M-L}, \quad J = 0,1,\cdots,2^{L-1}-1 \tag{4.2.4}$$

根据上面的分析,DIT-FFT 的运算规律总结如下:假设输入序列 $x(n)$倒序后,存入数组 X 中,第 L 级的第 J 个旋转因子对应的蝶形运算结束后,数组元素的值记为 $X_L(J)$,…,最后 DIT-FFT 第 M 级的输出 $X(k)$是自然顺序;蝶形运算迭代公式如式(4.2.5)和式(4.2.6)所示。

$$X_L(k) = X_{L-1}(k) + W_N^p X_{L-1}(k+B) \tag{4.2.5}$$

$$X_L(k+B) = X_{L-1}(k) - W_N^p X_{L-1}(k+B) \tag{4.2.6}$$

其中

$$\begin{cases} L = 1,2,\cdots,M \\ B = 2^{L-1} \\ J = 0,1,\cdots,2^{L-1}-1 \\ p = J \cdot 2^{M-L} \\ k = J : 2^L : N-1 \end{cases} \tag{4.2.7}$$

式(4.2.7)中变量 k 的取值表达借用了 MATLAB 软件中 For 循环语句的循环变量语法格式:k=初值:步长:终值。步长为 1 时,该语法格式简化为 k=初值:终值。即式(4.2.7)中的 J,$N-1$ 分别为循环变量 k 的初值和终值,2^L 为步长。

显然,根据式(4.2.5)和式(4.2.6),通过其中 L、J、k 的三重循环,可以编程实现 $N=2^M$ 点 DIT-FFT 运算。

例 4.2.1 设有限长序列 $x(n)$长为 200 点,若用基-2 DIT-FFT 计算 $x(n)$的 DFT,试问:

(1) 有几级蝶形运算?每级有几个蝶形?

(2) 第 5 级的蝶形运算的蝶距是多少?该级有多少个不同的旋转因子?

(3) 写出第 3 级蝶形运算中不同的旋转因子 W_N^p。

(4) 共有多少次复数乘法和复数加法?

解:由于采用基-2 DIT-FFT,DFT 点数 $N=2^M \geqslant 200$,故取 $M=8$,$N=256$ 点,比较适合对 200 点的时域序列 $x(n)$进行 DFT。

(1) 因为 $M=8$,所以 DIT-FFT 有 8 级蝶形运算,每级 $\frac{N}{2}=128$ 个蝶形。

(2) 第 5 级蝶形运算的两个输入(输出)数据点的间距 $B=2^{L-1}=2^{5-1}=16$ 点。该级有 $2^{L-1}=2^{5-1}=16$ 个不同的旋转因子 W_N^p。

(3) 根据题意 $M=8$,$L=3$,式(4.2.4)中 $J=0,1,\cdots,2^{3-1}-1=0,1,2,3$

$$p = J \cdot 2^{M-L} = J \cdot 2^{8-3} = 32J = 0,32,64,96$$

所以第 3 级的 4($=2^2$)个不同的旋转因子 W_N^p 分别为 W_{256}^0,W_{256}^{32},W_{256}^{64},W_{256}^{96}。

(4) 共需运算次数如下。

$$复数乘次数:C_M(2) = \frac{N}{2}\log_2(N) = \frac{256}{2}\log_2(256) = 1024(次)$$

$$复数加次数:C_A(2) = N\log_2(N) = 256\log_2(256) = 2048(次)$$

微课视频

4.2.2 按频率抽取的快速傅里叶变换

按频率抽取的 FFT(DIF-FFT,有的文献又称为 Sand-Tukey-FFT)与按时间抽取的

FFT(DIT-FFT)相比,其特点可从下面几方面分析。

1. 时域数据 $x(n)$ 的抽取方式

设输入自然顺序序列 $x(n)$ 的长度 $N=2^M$,将其**前后对半**分组,得到两个子序列;对两个子序列各自继续前后对半分组,经 $M-1$ 级分组后,得到 $\frac{N}{2}$ 组两点序列。最终,$x(n)$ 的 $N=2^M$ 点 DFT $X(k)$ 就可用 M 级、每级都有 $\frac{N}{2}=2^{M-1}$ 个两点 DFT 运算(蝶形运算)得到,同样减少了 DFT 点数,可以降低计算量。图 4.2.5 给出了 $N=8$ 点 DIF-FFT 算法的运算流图。

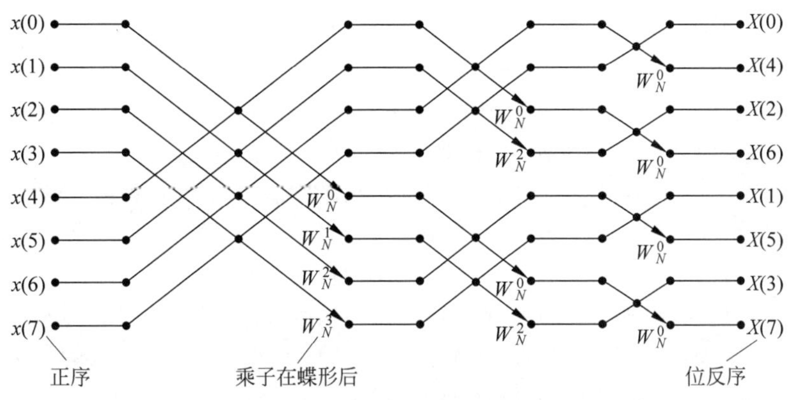

图 4.2.5　DIF-FFT 完整的运算流图($N=2^3=8$)

2. DFT 的输出序列 $X(k)$

由图 4.2.5 可见,DIF-FFT 输出的 DFT 结果 $X(k)$ 是“乱序”,即“位反序”排列的。所以,DIF-FFT 算法的输出结果需要进行“倒序”才能得到按自然顺序排列的正确的 $X(k)$。具体的“位反序”实现方法与 DIT-FFT 对输入序列进行的位反序实现方法一样。

3. 基本蝶形运算流图

由图 4.2.5 所示的 DIF-FFT 运算流图中的蝶形运算流图可见,每个蝶形运算中右上端输出值是由两个输入数据相加得到的;而蝶形运算右下端输出值则是由两个输入数据先做减法运算,差值乘合适的复数旋转因子 W_N^p 得到的。

比较图 4.2.3 和图 4.2.5 可知,DIT-FFT、DIF-FFT 均可进行原位运算,N 点 FFT 运算输入只需 N 个复数存储单元,存储单元每步刷新,从而节省内存。类似地,$N=2^M$ 点 DIF-FFT 也共有 M 级运算,每级共有 $\frac{N}{2}$ 个蝶形运算。特别地,参考图 4.2.5,用 L 表示流程图从左至右的运算级数,$L=1,2,\cdots,M$。

(1) DIF-FFT 第 L 级的每个蝶形的两个输入数据的“间距”$B=2^{M-L}$,而 DIT-FFT 每个蝶形的两个输入数据的“间距”$B=2^{L-1}$。

(2) DIF-FFT 的旋转因子 W_N^p 的指数计算 $p=J\cdot 2^{L-1}$,其中 $J=0,1,2,\cdots,2^{M-L}-1$。而 DIT-FFT 的旋转因子 W_N^p 的和计算 $p=J\cdot 2^{M-L}$,其中 $J=0,1,2,\cdots,2^{L-1}-1$。

综合起来,DIF-FFT 算法中蝶形运算的通式为

$$X_L(k)=X_{L-1}(k)+X_{L-1}(k+B) \tag{4.2.8}$$

$$X_L(k+B)=[X_{L-1}(k)-X_{L-1}(k+B)]W_N^p \tag{4.2.9}$$

其中,

$$\begin{cases} L=1,2,\cdots,M \\ B=2^{M-L} \\ J=0,1,\cdots,2^{M-L}-1 \\ p=J\cdot 2^{L-1} \\ k=J:2^{M-L+1}:N-1 \end{cases} \tag{4.2.10}$$

可见,根据式(4.2.8)和式(4.2.9),通过其中 L,J,k 的三重循环,也可以编程实现 $N=2^M$ 点的 DIF-FFT 运算。

例 4.2.2 若 $N=2^5=32$,试问用 DIF-FFT 算法计算出来的第 7 个点和第 15 个点分别对应自然顺序排列的 DFT 序列 $X(k)$的哪一点?

解:依题意,DIF-FFT 算法输出的 $X(k')$结果是"乱序",即"位倒序"排列的。输出的第 7 个点和第 15 个 DFT 点的十进制序号分别是 $k'=6,14$,这两个十进制数对应的 5 位二进制数(设左边为高位比特,右边为低位比特)及其位反转分别为

$(6)_D=(00110)_B$,将其"位倒序"排列得$(01100)_B=(12)_D$,所以对应的是 $X(12)$;

$(14)_D=(01110)_B$,将其"位倒序"排列得$(01110)_B=(14)_D$,所以对应的是 $X(14)$。

例 4.2.3 给定因果有限长时域序列 $x(n)=[\underline{1},-3,0,1]$,$n=0:3$(这里时间序号 n 用了 MATLAB 的赋值语句的表达格式,表示 n 的取值为 0,1,2,3)。

(1) 画出 4 点 DIF-FFT 运算流图,并标出各节点数值。

(2) 写出 $X(k)$的结果。

(3) $X(k)$是否具有共轭对称性? 并说明理由。

解:

(1) 4 点 DIF-FFT 运算流图如图 4.2.6 所示。根据 DIF-FFT 的蝶形运算法则,第 1 级节点输出数值:

$$x(0)+x(2)=1$$

$$[x(0)-x(2)]W_4^0=1\cdot \mathrm{e}^{-\mathrm{j}\frac{2\pi}{4}\cdot 0}=1$$

$$x(1)+x(3)=-2$$

$$[x(1)-x(3)]W_4^1=-4\cdot \mathrm{e}^{-\mathrm{j}\frac{2\pi}{4}\cdot 1}=4\mathrm{j}$$

类似地,可得第 2 级节点输出数值,见图 4.2.6 的标示。

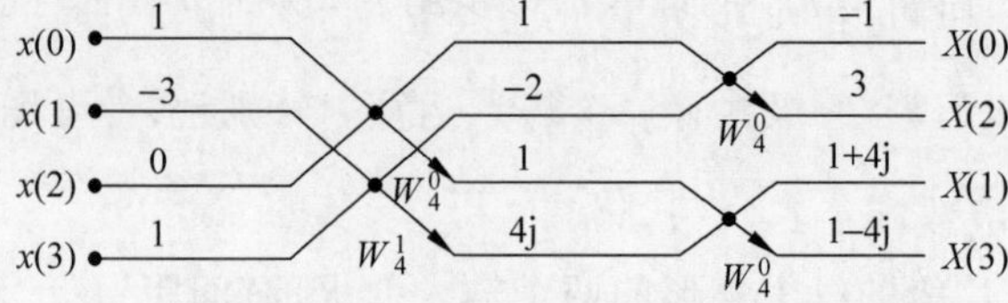

图 4.2.6 例 4.2.3 的 4 点 DIF-FFT 运算流图

(2) 如图 4.2.6 所示,4 点 DIF-FFT 结果是"乱序"排列的。根据"位倒序"原理可得

$$X(k)=[\underline{-1},1+4\mathrm{j},3,1-4\mathrm{j}]$$

其中借用 MATLAB 的赋值格式，序号 $k=0,1,2,3$。

(3) 因为 $x(n)$ 是实序列，根据 DFT 的性质，序列 $X(k)$ 应为共轭对称的。考虑到 $X(k)$ 隐含有周期性，且周期为 4 点，从(2)的结果可以看出关系式 $X(k)=X^*(4-k)$ 满足，故验证了有限长实序列 $x(n)$ 的 DFT，$X(k)$ 序列是共轭对称的。

DFT 快速算法中的“基数”术语，用于描述特定的分解。DFT 点数 N 一般情况下可分解为一些因数的乘积，$N=r_1r_2\cdots r_M$，且分解不唯一。例如 $N=30$ 就有如下几种分解：

$$30=2\times3\times5=5\times3\times2=6\times5$$

基-2FFT 是分解因数 $r_1=r_2=\cdots=r_M=2$ 的情况，可通过 M 级 2 点的 DFT 实现 N 点 FFT，基-2FFT 有许多变体。有些文献中介绍的基-4FFT(DFT 点数 $N=4^M$)、把基-2 分解与基-4 分解结合起来的分裂基 FFT 等是一些运算效率更高的快速算法。

基-2FFT 是针对离散序列的数值计算方法，与模拟信号处理不同。FFT 不只是模拟信号处理的一种近似技术，还是数字信号处理得以实际应用的关键技术，对数字信号处理理论和算法的体系建立有深刻影响。

4.2.3 快速傅里叶反变换

根据 N 点 IDFT 的定义和旋转因子 W_N^{kn} 的共轭对称性，可直接用现成的 N 点 FFT 程序计算 IDFT，即用共轭运算配合 FFT 程序实现快速 IDFT——IFFT。具体步骤如下：

(1) 对 DFT 谱序列 $X(k)$ 取共轭，得 $X^*(k)$；

(2) 对 $X^*(k)$ 进行 FFT；

(3) 对(2)的结果取共轭，并乘以 $1/N$，得 $x(n)$。

这种方案的好处是 DFT、IDFT 共享同一个 FFT 程序。成熟的 FFT 算法程序很多，有兴趣的读者，可以参阅相关参考文献。

例 4.2.4 已知 4 点时域序列的离散傅里叶变换：

$$X(k)=-\delta(k)+(1+4\mathrm{j})\delta(k-1)+3\delta(k-2)+(1-4\mathrm{j})\delta(k-3)$$

试按 DIF-FFT 运算流图计算 IDFT，求该有限长时域序列 $x(n)$。

解：因有限长时域序列为 4 点，可用基 2 的 DIF-FFT 计算其 4 点 DFT。依题意，根据给出的 4 点 DFT 序列，求 IDFT 的快速算法(4 点 IFFT)流图如图 4.2.7 所示。根据 DIF-FFT 的蝶形运算法则，可得第 1 级节点输出数值：

$$X^*(0)+X^*(2)=-1+3=2$$

$$[X^*(0)-X^*(2)]W_4^0=[-1-3]\mathrm{e}^{-\mathrm{j}\frac{2\pi}{4}\cdot 0}=-4$$

$$X^*(1)+X^*(3)=1-4\mathrm{j}+1+4\mathrm{j}=2$$

$$[X^*(1)-X^*(3)]W_4^1=[1-4\mathrm{j}-1-4\mathrm{j}]\mathrm{e}^{-\mathrm{j}\frac{2\pi}{4}\cdot 1}=-8$$

类似地，可得第 2 级节点输出数值，见图 4.2.7 的标示，其中 DIF-FFT 的输入是自然顺序排列的，输出是“位倒序”排列的。注意，当用 FFT 流图计算 IFFT 时，输入的已知谱序列 $X(k)$ 要先取共轭，再进行计算。

每个第 2 级蝶形节点输出取共轭，并乘以 1/4 得 $x(n)$ 的结果为：$x(n)=[\underline{1},-3,0,1]$，$n=0,1,2,3$，即 $x(n)=\delta(n)-3\delta(n-1)+\delta(n-3)$，与例 4.2.3 中给出的时域序列 $x(n)$

比较可验证结果是正确的。

比较图 4.2.6 和图 4.2.7 可见，求 DFT 和 IDFT 的 DIF-FFT 流图中的蝶形运算结构(包括各级的旋转因子)完全一样。

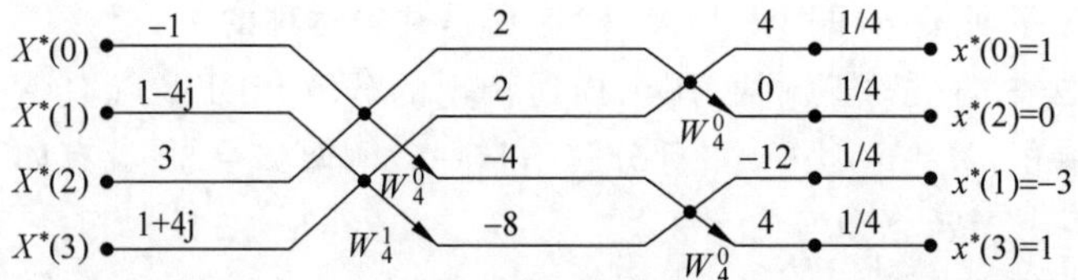

图 4.2.7 用 4 点 DIF-FFT 运算流图计算例 4.2.4 的 4 点 IDFT

4.3 矩阵形式的快速傅里叶变换

4.3.1 算法原理

矩阵形式的 FFT 算法可理解为 FFT 的一般算法，基 2-算法(DFT 的点数 $N=2^M$)是这种一般算法的特例。本节目的是使读者加深理解将大点数的 DFT 通过小点数的 DFT 计算，以实现计算量减少、加快 DFT 运算的思想。

设 DFT 的点数 $N=ML$，M、L 均为正整数。一维序列 $x(n)$长为 N 点，可排成 L 行、M 列的矩阵形式 $\boldsymbol{x}_{L\times M}$，如表 4.3.1 所示。设矩阵中行 n_1、列 n_0 处的元素 $x(n_1,n_0)$对应序列值 $x(n)$，则序列号 n 与矩阵元素标号(n_1,n_0)之间的映射关系如式(4.3.1)所示。

表 4.3.1 将时域序列 $x(n)$排列成矩阵形式

$x(0)=x(0,0)$	$x(1)=x(0,1)$	…	$x(M-1)=x(0,M-1)$
$x(M)=x(1,0)$	$x(M+1)=x(1,1)$	…	$x(2M-1)=x(1,M-1)$
$x(2M)=x(2,0)$	$x(2M+1)=x(2,1)$	…	$x(3M-1)=x(2,M-1)$
…			
…		…$x(n_1,n_0)$…	
…			
$x((L-1)M)=x(L-1,0)$	$x((L-1)M+1)=x(L-1,1)$	…	$x(LM-1)=x(L-1,M-1)$

$$n=Mn_1+n_0,\quad \begin{cases} n_1=0,1,\cdots,L-1 \\ n_0=0,1,\cdots,M-1 \end{cases} \tag{4.3.1}$$

即

$$x(n)=x(Mn_1+n_0)\equiv x(n_1,n_0),\quad \begin{cases} n_1=0,1,\cdots,L-1 \\ n_0=0,1,\cdots,M-1 \end{cases} \tag{4.3.2}$$

同理，对长为 $N=ML$ 的离散频谱序列 $X(k)$，也可排成 M 行、L 列的矩阵形式 $\boldsymbol{X}_{M\times L}$，如表 4.3.2 所示。设矩阵中行 k_1、列 k_0 处的元素 $X(k_1,k_0)$对应序列值 $X(k)$，则序列号 k 和矩阵元素标号(k_1,k_0)之间的映射关系如式(4.3.3)所示。

表 4.3.2 将频域序列 $X(k)$ 排列成矩阵形式

$X(0)=X(0,0)$	$X(1)=X(0,1)$	…	$X(L-1)=X(0,L-1)$
$X(L)=X(1,0)$	$X(L+1)=X(1,1)$	…	$X(2L-1)=X(1,L-1)$
…		…	
		$X(k_1,k_0)$	
		…	
$X((M-1)L)=X(M-1,0)$	$X((M-1)L+1)=X(M-1,1)$	…	$X(ML-1)=X(M-1,L-1)$

$$k=Lk_1+k_0,\quad \begin{cases}k_1=0,1,\cdots,M-1\\ k_0=0,1,\cdots,L-1\end{cases} \tag{4.3.3}$$

对应地

$$X(k)=X(Lk_1+k_0)\equiv X(k_1,k_0),\quad \begin{cases}k_1=0,1,\cdots,M-1\\ k_0=0,1,\cdots,L-1\end{cases} \tag{4.3.4}$$

$x(n)$的 N 点 DFT 根据定义,可有如下等效变形:

$$\begin{aligned}
X(k)=X(Lk_1+k_0)=X(k_1,k_0)&=\sum_{n=0}^{N-1}x(n)W_N^{nk}\\
&=\sum_{n_0=0}^{M-1}\sum_{n_1=0}^{L-1}x(Mn_1+n_0)\,W_N^{(Mn_1+n_0)(Lk_1+k_0)}\\
&=\sum_{n_0=0}^{M-1}\sum_{n_1=0}^{L-1}x(n_1,n_0)\,W_N^{Mn_1k_0}W_N^{n_0k_0}W_N^{n_0Lk_1}\\
&=\sum_{n_0=0}^{M-1}\left[\sum_{n_1=0}^{L-1}x(n_1,n_0)W_L^{n_1k_0}\right]W_N^{n_0k_0}W_M^{n_0k_1}\\
&=\sum_{n_0=0}^{M-1}[X_1(k_0,n_0)W_N^{n_0k_0}]W_M^{n_0k_1}\\
&=\sum_{n_0=0}^{M-1}X_1'(k_0,n_0)W_M^{n_0k_1}\\
&=X_2(k_0,k_1) &(4.3.5a)\\
&\equiv X(k_1,k_0) &(4.3.5b)
\end{aligned}$$

式(4.3.5a)和式(4.3.5b)的推导过程中利用了 $N=ML$,$W_N^{Nn_1k_1}=1$ 和旋转因子的可约性:$W_N^{Mn_1k_0}=W_L^{n_1k_0}$、$W_N^{n_0Lk_1}=W_M^{n_0k_1}$。其中:

$$X_1(k_0,n_0)=\sum_{n_1=0}^{L-1}x(n_1,n_0)W_L^{n_1k_0},\quad k_0=0,1,\cdots,L-1 \tag{4.3.6}$$

式(4.3.6)是以 k_0、n_0 为参量,对 L 行、M 列的矩阵 $\boldsymbol{x}_{L\times M}$ 的第 n_0 列向量 $\boldsymbol{x}(:,n_0)$做 L 点 DFT 的结果。$\boldsymbol{x}(:,n_0)$列数据可看成是对原始数据序列进行 M 倍率的抽取(每 M 点取 1 点)得到的长为 L 点的子序列。例如:对 $N=LM=32\times4=128$ 点长的时域序列 $x(n)$,$L=32$,$M=4$ 表示对 $x(n)$序列每 4 点中取 1 点,得到的子序列是长 32 点的分组,共有 4

组,其中的一组就对应着矩阵 $\boldsymbol{x}_{32\times4}$ 中的一列。

式(4.3.6)中的 $X_1(k_0,n_0)$ 表示 L 行、M 列的矩阵 $\boldsymbol{X}_1$(简记为 $\boldsymbol{X}_{1L\times M}$)的第 k_0 行、n_0 列处的元素。由式(4.3.1)和式(4.3.3)可见,$k_0=0,1,\cdots,L-1,n_0=0,1,\cdots,M-1$,所以矩阵 $\boldsymbol{X}_{1L\times M}$ 共有 N 个元素。另外推导中定义了中间矩阵元素:

$$X'_1(k_0,n_0)=X_1(k_0,n_0)W_N^{n_0k_0},\quad k_0=0,1,\cdots,L-1 \tag{4.3.7}$$

式(4.3.7)是矩阵 $\boldsymbol{X}_{1L\times M}$ 的每个元素 $X_1(k_0,n_0)$ 乘旋转因子 $W_N^{n_0k_0}$ 后得到的 L 行、M 列新中间矩阵(简记为 $\boldsymbol{X}'_{1L\times M}$)的元素。

$$\begin{aligned}X_2(k_0,k_1)&=\sum_{n_0=0}^{M-1}X'_1(k_0,n_0)W_M^{n_0k_1}\\&\equiv X(k_1,k_0),\quad k_1=0,1,\cdots,M-1\end{aligned} \tag{4.3.8}$$

式(4.3.8)是将 k_0、k_1 作为参数,对中间矩阵 $\boldsymbol{X}'_{1L\times M}$ 的第 k_0 行向量做 M 点 DFT 的结果。这些元素构成 L 行、M 列的矩阵 $\boldsymbol{X}_2$,简记为 $\boldsymbol{X}_{2L\times M}$。$\boldsymbol{X}_{2L\times M}$ 的矩阵元素 $X_2(k_0,k_1)$ 表示的是 L 行、M 列的谱序列 $X(k)$ 矩阵的 k_0 行、k_1 列处的值。

根据表 4.3.2 中 M 行、L 列谱序列矩阵排列关系,将矩阵 $\boldsymbol{X}_{2L\times M}$ 转置可得 M 行、L 列的谱序列 $X(k)$ 矩阵 $\boldsymbol{X}_{M\times L}$,则矩阵 $\boldsymbol{X}_{M\times L}$ 元素标号 (k_1,k_0) 和 $X(k)$ 的序号 k 对应,可由式(4.3.3) 进行译序,从而可由 $\boldsymbol{X}_{M\times L}$ 的 (k_1,k_0) 处元素,得到 N 点 DFT 序列序号为 k 的值,$X(k)=X(k_1,k_0)$。

$$k=Lk_1+k_0,\quad k_1=0,1,\cdots,M-1,\quad k_0=0,1,\cdots,L-1$$

矩阵形式的 FFT 算法总结:

(1) 输入序列 $x(n)$,$n=Mn_1+n_0$,$n_1=0,1,\cdots,L-1$,$n_0=0,1,\cdots,M-1$,作为矩阵元素 $x(n_1,n_0)$ 读入 L 行×M 列矩阵:

$$\boldsymbol{x}_{L\times M}\equiv\begin{bmatrix}x(0,0) & x(0,1) & \cdots & x(0,n_0) & \cdots & x(0,M-1)\\ x(1,0) & x(1,1) & \cdots & x(1,n_0) & \cdots & x(1,M-1)\\ \vdots & & & \vdots & & \vdots\\ x(n_1,0) & x(n_1,1) & \cdots & x(n_1,n_0) & \cdots & x(n_1,M-1)\\ \vdots & & & \vdots & & \vdots\\ x(L-1,0) & x(L-1,1) & \cdots & x(L-1,n_0) & \cdots & x(L-1,M-1)\end{bmatrix}$$

(2) 按列,如第 n_0 列,做 L 点 DFT。L 个谱值对应着 $\boldsymbol{X}_{1L\times M}$ 矩阵中第 n_0 列的各行元素:

$$\boldsymbol{X}_{1L\times M}=\begin{bmatrix}X_1(0,0) & X_1(0,1) & \cdots & X_1(0,n_0) & \cdots & X_1(0,M-1)\\ X_1(1,0) & X_1(1,1) & \cdots & X_1(1,n_0) & \cdots & X_1(1,M-1)\\ \vdots & & & \vdots & & \vdots\\ X_1(k_0,0) & X_1(k_0,1) & \cdots & X_1(k_0,n_0) & \cdots & X_1(k_0,M-1)\\ \vdots & & & \vdots & & \vdots\\ X_1(L-1,0) & X_1(L-1,1) & \cdots & X_1(L-1,n_0) & \cdots & X_1(L-1,M-1)\end{bmatrix}$$

(3) $\boldsymbol{X}_{1L\times M}$ 各元素乘对应的旋转因子得 L 行、M 列中间矩阵 $\boldsymbol{X}'_{1L\times M}$,该矩阵的元素为:

$$\boldsymbol{X}'_1(k_0,n_0)=W_N^{n_0k_0\bmod(N)}\cdot X_1(k_0,n_0),\quad k_0=0,1,\cdots,L-1,\quad n_0=0,1,\cdots,M-1$$

(4) $\boldsymbol{X}'_{1L\times M}$按行做$M$点DFT,$M$个谱值对应着$\boldsymbol{X}_{2L\times M}$中第$k_0$行的各列元素:

$$\boldsymbol{X}_{2L\times M}=\begin{bmatrix} X_2(0,0) & X_2(0,1) & \cdots & X_2(0,k_1) & \cdots & X_2(0,M-1) \\ X_2(1,0) & X_2(1,1) & \cdots & X_2(1,k_1) & \cdots & X_2(1,M-1) \\ \vdots & & & \vdots & & \vdots \\ X_2(k_0,0) & X_2(k_0,1) & \cdots & X_2(k_0,k_1) & \cdots & X_2(k_0,M-1) \\ \vdots & & & \vdots & & \vdots \\ X_2(L-1,0) & X_2(L-1,1) & \cdots & X_2(L-1,k_1) & \cdots & X_2(L-1,M-1) \end{bmatrix}$$

(5) $\boldsymbol{X}_{2L\times M}$转置得$M$行、$L$列的矩阵$\boldsymbol{X}_{M\times L}$,该矩阵的元素$X_{M\times L}(k_1,k_0)$对应于序列值$X(k)$,$k=Lk_1+k_0$,$\begin{cases} k_1=0,1,\cdots,M-1 \\ k_0=0,1,\cdots,L-1 \end{cases}$。

实际上直接对$\boldsymbol{X}_{2L\times M}$中元素$X_2(k_0,k_1)$的标号$(k_0,k_1)$按式(4.3.3)$k=Lk_1+k_0$译序也可得$N=LM$点DFT $X(k)$的序号k。

上述矩阵表述给出了将大点数的DFT分解成两种小点数的DFT,以达到减少DFT运算量的快速算法理论框架。用同样的思路,还可以对L点、M点的DFT用矩阵形式继续分解,获得更小点数的DFT运算单元,整体上提高N点DFT的运算速度。

4.3.2 进一步减少运算量的措施

微课视频

上面介绍的将大点数的DFT通过小点数的DFT实现的快速算法,如DIT-FFT和DIF-FFT,思路简单,编程效率高。实际应用中可以通过增加程序的复杂性、子程序的多样性等进一步地减少N点DFT的运算量,提高运算速度。

1. 区分多类蝶形单元运算

1) 无关紧要的旋转因子

定义取值为±1,$\pm\mathrm{j}$的旋转因子,如$W_N^0=1$,$W_N^{N/2}=-1$,$W_N^{N/4}=-\mathrm{j}$为无关紧要的旋转因子。将乘这些因子的蝶形运算单独编程,减少乘法次数。可使普通$N=2^M$点DIT-FFT的**复乘次数**从$\dfrac{NM}{2}$降至:

$$C_M(2)=\frac{N(M-3)}{2}+2 \tag{4.3.9a}$$

2) 特殊的复数运算处理

针对旋转因子$W_N^{N/8}=(1-\mathrm{j})\dfrac{\sqrt{2}}{2}$的特殊性,考虑使每个和该因子复乘所需的4次实数乘和2次实数加降为2次实数乘和2次实数加。$N=2^M$点DIT-FFT的**实数乘次数**可降至:

$$R_M(2)=4\left[\frac{N}{2}(M-3)+2\right]-\left(\frac{N}{2}-2\right)=N\left(2M-\frac{13}{2}\right)+10 \tag{4.3.9b}$$

3) 多种特定蝶形**单元运算** FFT程序分类

按照蝶形单元运算包含的特定旋转因子,可按如下分类分别编程,按需组合、调用。

第 1 类：程序包含所有的旋转因子。

第 2 类：程序中去掉 $W_N^r=\pm 1$ 的旋转因子。

第 3 类：程序中去掉 $W_N^r=\pm 1$、$W_N^r=\pm \mathrm{j}$ 的旋转因子。

第 4 类：程序中去掉 $W_N^r=\pm 1$、$W_N^r=\pm \mathrm{j}$ 的旋转因子，并考虑 $W_N^r=(1-\mathrm{j})\frac{\sqrt{2}}{2}$ 的特殊性。

2. 选择旋转因子的生成方式

预先计算出所有的复数旋转因子存于数组中，用时直接查表得其值。避免了在各级运算过程中复数旋转因子的多次计算。

特点：用多占内存，换取计算量的减少。

3. 实序列的 FFT 快速实现

1) 用一个 N 点 FFT 同时计算两个实序列的 DFT

考虑计算实序列 $x_1(n)$，$x_2(n)$ 的 N 点 DFT：$X_1(k)$，$X_2(k)$。按如下步骤可以用一次普通 N 点 FFT 实现。

(1) 构造 N 点复序列 $x(n)=x_1(n)+\mathrm{j}\,x_2(n)$，计算其 N 点 DFT：

$$X(k)=X_1(k)+\mathrm{j}\,X_2(k),\quad k=0,1,\cdots,N-1$$

(2) 利用 DFT 的共轭对称性(参考 3.3.8 节)：

$$X_1(k)=\frac{1}{2}[X(k)+X^*(N-k)]=X_{\mathrm{ep}}(k)$$

$$X_2(k)=-\mathrm{j}\,\frac{1}{2}[X(k)-X^*(N-k)]=-\mathrm{j}X_{\mathrm{op}}(k)$$

$X_1(k)$、$X_2(k)$ 分别为实序列 $x_1(n)$、$x_2(n)$ 的 N 点 DFT。特别地，$X(k)$ 的周期共轭对称分量 $X_{\mathrm{ep}}(k)$ 和周期共轭反对称分量 $X_{\mathrm{op}}(k)$ 可以用蝶形运算程序很快算出。

2) 用 $\frac{N}{2}$ 点的 FFT，计算 $N=2^M$ 点实序列 $x(n)$ 的 FFT

具体步骤如下：

(1) 对 $x(n)$ 进行奇偶抽取，分成两个子序列，按式(4.3.10)构造新的 $\frac{N}{2}$ 点复序列 $y(n)$。

$$y(n)=x(2n)+\mathrm{j}x(2n+1),\quad n=0,1,\cdots,\frac{N}{2}-1 \tag{4.3.10}$$

计算 $y(n)$ 的 $\frac{N}{2}$ 点 FFT 得 $Y(k)$，$k=0,1,\cdots,\frac{N}{2}-1$。

(2) 计算 $Y(k)$ 的周期共轭对称和周期共轭反对称序列：

$$\begin{aligned}\mathrm{DFT}(x(2n))&\equiv X_1(k)\\&=Y_{\mathrm{ep}}(k)=\frac{1}{2}[Y(k)+Y^*(N-k)]\end{aligned} \tag{4.3.11}$$

$$\begin{aligned}\mathrm{DFT}(x(2n+1))&\equiv X_2(k)\\&=-\mathrm{j}\,Y_{\mathrm{op}}(k)=-\mathrm{j}\,\frac{1}{2}[Y(k)-Y^*(N-k)]\end{aligned} \tag{4.3.12}$$

(3) 由蝶形运算计算 $x(n)$ 序列的 N 点 DFT：

$$X(k)=X_1(k)+W_N^k X_2(k),\quad k=0,1,\cdots,\frac{N}{2}-1 \tag{4.3.13a}$$

$$X(N-k)=X_1^*(k)-W_N^k X_2^*(k),\quad k=0,1,\cdots,\frac{N}{2}-1 \tag{4.3.13b}$$

实际上，考虑到 $x(n)$ 是实序列，另一半 DFT 计算，式(4.3.13b)可简化为对式(4.3.13a)进行共轭运算：

$$X(N-k)=X^*(k),\quad k=0,1,\cdots,\frac{N}{2}-1 \tag{4.3.13c}$$

微课视频

4.4 快速傅里叶变换应用于长序列卷积

4.4.1 快速卷积

给定线性时不变数字系统，当输入数字信号时，系统的输出时域信号可通过线性卷积运算得到。快速线性卷积一般通过 FFT 进行快速圆周卷积实现。

设系统单位采样脉冲响应 $h(n)$ 长 M 点，输入序列 $x(n)$ 长 L 点，如图 4.4.1 所示。根据圆周卷积和线性卷积结果相同的条件，计算系统输出 $y(n)$ 的快速卷积算法的具体步骤如下。

x(n) → h(n) → y(n)

L　　M　　L+M−1=N点

图 4.4.1　序列 $x(n)$ 通过数字系统 $h(n)$

(1) 将 $h(n)$、$x(n)$ 分别后补零成长为 $N\geqslant L+M-1$ 点的序列，且 N 应为 2 的整数次幂。用 FFT 算法分别计算它们的 N 点 DFT，得频谱序列 $H(k)$、$X(k)$，$k=0,1,\cdots,N-1$。

(2) 将两个谱序列相乘，得 $Y(k)=X(k)\cdot H(k)$，$k=0,1,\cdots,N-1$。

(3) 对 $Y(k)$ 进行 N 点 IDFT，得时域序列 $y(n)=x(n)\,Ⓝ\,h(n)$，$n=0,1,\cdots,N-1$。

(4) 因为圆周卷积的点数 N 大于线性卷积的点数，$y(n)$ 中的前 $L+M-1$ 点就是所要求的线性卷积结果，即对应于输入 $x(n)$，单位采样脉冲响应为 $h(n)$ 的系统输出时域信号。

下面给出快速卷积的运算量分析。已知直接进行 $h(n)$、$x(n)$ 卷积，结果：

$$\begin{aligned}y(n)&=x(n)*h(n)\\&=\sum_{i=0}^{L-1}x(i)h(n-i)\\&=\sum_{i=0}^{M-1}x(n-i)h(i)\end{aligned}$$

因为 $x(n)$ 长为 L，$h(n)$ 长为 M，总乘法次数：

$$m_{\mathrm{d}}=LM \tag{4.4.1}$$

若取 FFT 的点数 $N\approx L+M-1$，可以证明，上述快速卷积的乘法次数：

$$m_{\mathrm{F}}=\frac{3}{2}N\log_2 N+N \tag{4.4.2}$$

当 $L \approx M > 64$ 时,随着点数 L(或 M)的增加,$m_F \ll m_d$。

一般数字系统的单位采样脉冲响应序列点数 M 是有限的,而实际待处理的输入信号可能是很长的,致使输入序列点数 $L \gg M$。这时等效的圆周卷积点数 N 随 L 的增长,迅速地同步增长。而大点数的 FFT 总会比小点数的 FFT 要计算得慢。另外,对于实时处理系统,如航天器飞行过程中的实时测量监控,不仅数据量大,而且对实时性要求很高。因此,存在着输入序列点数 $L \gg$ 数字系统的单位采样脉冲响应序列点数 M 时,如何快速求出数字系统的输出(快速卷积)的问题。解决这个问题,一般需要采用分段(圆周)卷积,下面介绍两种主要的分段卷积方法:"重叠相加"和"重叠保留"。

4.4.2 重叠相加

重叠相加(overlap-add)法进行长序列的卷积原理如图 4.4.2 所示,计算步骤如下。

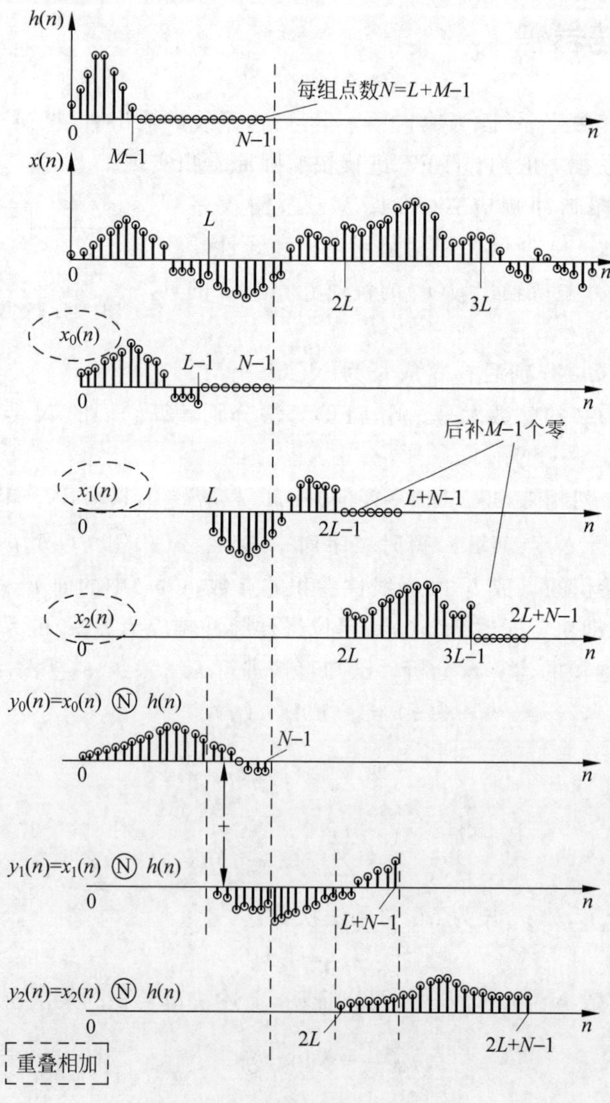

图 4.4.2 重叠相加原理示意

(1) 设 $h(n)$长为 M,把 $x(n)$分成长为 L 的小段,不失一般的,$L>M$。

(2) 各小段后补零,成为点数为 $N=L+M-1$ 长的子段序列 $x_k(n),n=0,1,2,\cdots,N-1,k=0,1,2,\cdots$。每段 $x_k(n)$数据包括 L 个新实际样值点加上后补的 $M-1$ 个零。显然当数字系统选定,可通过选合适的 L 数值,保证 N 为 2 的整数次幂。

(3) 计算每段 $x_k(n)$与 $h(n)$的线性卷积 $x_k(n)*h(n)$。

具体快速卷积可等效地通过 FFT 算法求 $N(=L+M-1)$点圆周卷积:

$$y_k(n)=x_k(n)\ Ⓝ h(n),\quad k=0,1,2,\cdots$$

各段圆周卷积结果之间有 $N-L=L+M-1-L=M-1$ 点的重叠。

(4) 把各段的卷积(含重叠部分),对应序号的卷积数值相加,即"重叠相加",得系统实际输出。

4.4.3 重叠保留

重叠保留(overlap-save)法进行长序列的卷积原理如图 4.4.3 所示,计算步骤如下。

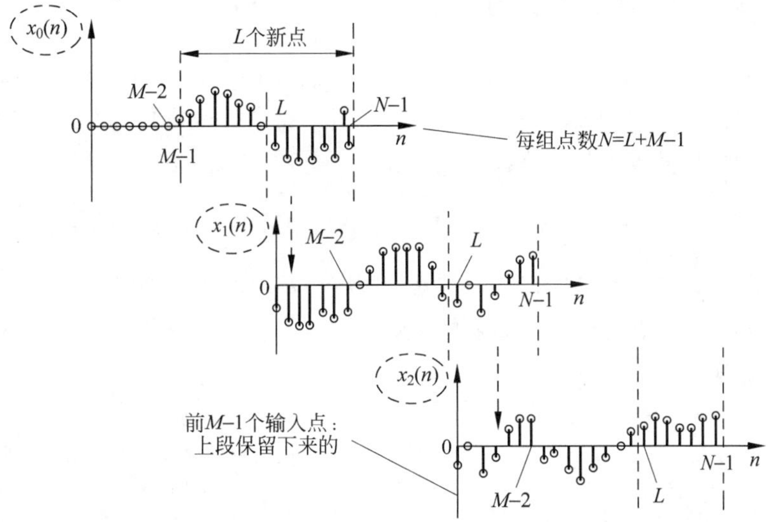

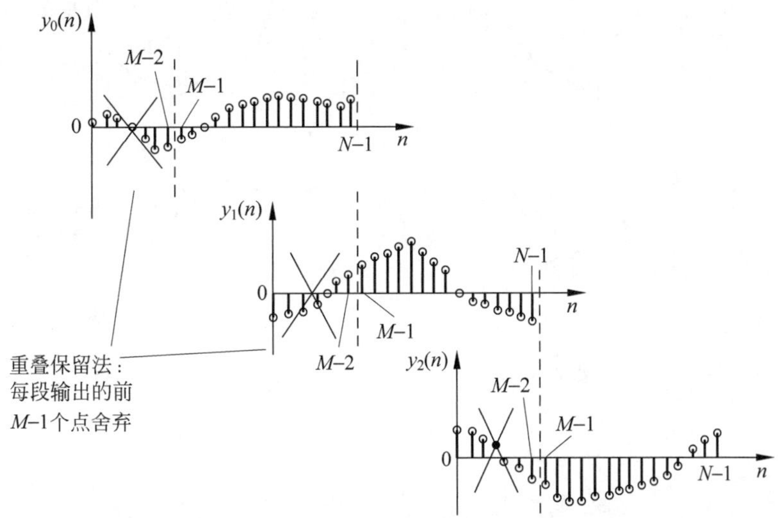

图 4.4.3　重叠保留原理示意

(1) 设 $h(n)$ 长为 M，把 $x(n)$ 分成长为 L 的小段，不失一般的，$L>M$。

(2) 各小段均补成点数为 $N=L+M-1$ 长的子段序列 $x_k(n)$，$n=0,1,2,\cdots,N-1$，$k=0,1,2,\cdots$。每段 $x_k(n)$ 数据由前段 $x_{k-1}(n)$ 最后的 $M-1$ 个保留下来的样值点加上自身的 L 个实际样值点构成，这种方式称为“重叠保留”。

其中，要特别处理的是第一段 $x_0(n)$，$n=0,1,2,\cdots,N-1$，需在其 L 个实际样值点的前面补 $M-1$ 个零构成。

(3) 每段 $x_k(n)$ 与 $h(n)$ 进行线性卷积：$x_k(n)*h(n)$。

具体快速卷积可等效地通过 FFT 算法求 $N(=L+M-1)$ 点圆周卷积：

$$y_k(n)=x_k(n) \; \textcircled{N} \; h(n), \quad k=0,1,2,\cdots$$

(4) 把各段卷积结果的前 $L+M-1-L=M-1$ 个点舍去。

(5) 各段卷积结果，按时间顺序连接起来就是系统 $h(n)$ 的输出时域信号。

4.5 线性调频-z 变换

在实际工程应用中，有些信号的频率在 $[f_A, f_B]$ 较窄的范围内(远小于系统采样频率 f_s)，这个窄带内的信号频谱特征是我们更关注的。普通 N 点 DFT 是对 $[0, f_s]$ 全频段进行频率间隔为 $\frac{f_s}{N}$ 的谱分析，要实现窄带内的高频率分辨率分析有难度。利用线性调频-z 变换(chirp z transform, CZT)可以实现窄带信号高频率分辨率的快速分析。

另外，对于系统辨识的问题，当系统频率响应的极点远离 z 平面上的单位圆时，用 CZT 可以准确地快速测定极点频率，如图 4.5.1 所示。

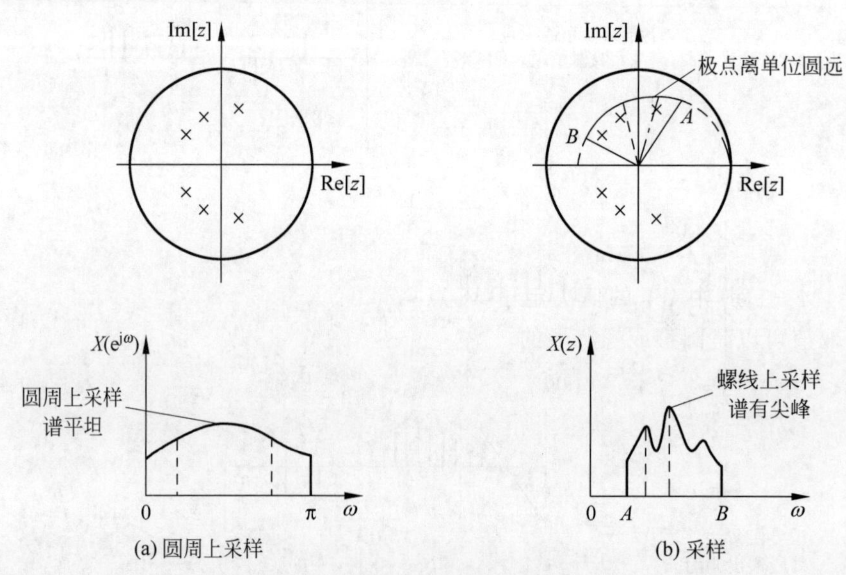

图 4.5.1 CZT 快速测定极点频率

4.5.1 线性调频-z 变换的定义

如果把 N 点 DFT 看成是对信号或系统单位采样脉冲响应的 z 变换在 z 平面单位圆上的等间隔$\left(\frac{2\pi}{N}\right)$采样值，则 M 点 CZT 就可以看成是对 z 变换在 z 平面上的任意一段弧线上的等分角(ϕ_0)采样值，如图 4.5.2 所示，实现频域"局部细化"的效果。

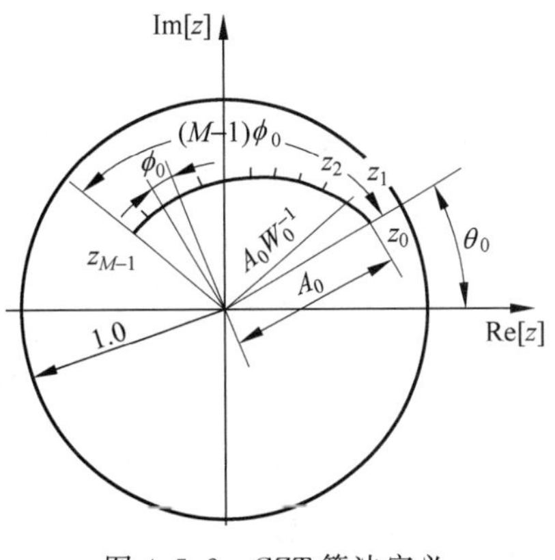

图 4.5.2 CZT 算法定义

给定时域序列 $x(n), n=0,1,\cdots,N-1$，M 点 CZT 的定义如下：

$$X(z_k)=\sum_{n=0}^{N-1}x(n)[AW^{-k}]^{-n}=\sum_{n=0}^{N-1}x(n)A^{-n}W^{kn},\quad k=0,1,\cdots,M-1 \tag{4.5.1}$$

其中，$A=A_0e^{j\theta_0}$，$W=W_0e^{-j\phi_0}$，分别为任意复常数。

$A_0, W_0, \theta_0, \phi_0$ 为任意实数。当 $k=0,1,\cdots,M-1$ 时，可得到 z 平面上某段弧线上的 M 个点，$z_k=AW^{-k}$。

4.5.2 线性调频-z 变换的特点

根据 CZT 的定义式(4.5.1)，输入 $x(n)$和输出序列 $X(z_k)$的长可以不相等。

当 $k=0$ 时，$z_0=A=A_0e^{j\theta_0}$，是 z 平面上幅度为 A_0，幅角为 θ_0 的点。由图 4.5.2 可见，CZT 可从任意频率 θ_0 开始，对 $x(n)$在其任意窄带频率范围$[\theta_0,\theta_0+(M-1)\phi_0]$上做高分辨率的谱分析。

当 $k=M-1$ 时：

$$z_{M-1}=AW^{-(M-1)}=A_0e^{j\theta_0}[W_0e^{-j\phi_0}]^{-(M-1)} \tag{4.5.2}$$

式(4.5.2)表示了 z 平面上的第 M 个复采样点。各复采样点 $z_k=A_0e^{j\theta_0}[W_0e^{-j\phi_0}]^{-k}$，$k=0,1,\cdots,M-1$，其中 W_0 的值决定了 M 点 CZT 谱分析的路径。具体谱分析路径根据 A_0、W_0 的取值可以是圆形或螺旋形的。

(1) $W_0>1$ 时，随着 k 的增加，z_k 的幅度减小，螺线内缩。

(2) $W_0<1$ 时，随着 k 的增加，z_k 的幅度变大，螺线外伸。

(3) $A_0>1$ 时，螺旋线在 z 平面单位圆外，反之，在单位圆内。

(4) 当 $A_0=W_0=1$，θ_0、ϕ_0 任意时，CZT 分析路径为 z 平面单位圆上的一段弧线。

(5) 当 $A_0=W_0=1$，$\theta_0=0$，$M=N$，$\phi_0=\frac{2\pi}{N}$时，由定义式(4.5.1)可见，CZT 退化为一般的 N 点 DFT，所以 DFT 可认为是 CZT 的特例。

欲得到信号的窄带高频率分辨率谱分析，应该在 z 平面单位圆上实现 CZT，为此，应取

$A_0=W_0=1$。

微课视频

4.5.3 线性调频-z 变换的快速实现

由给定的 N 点时域序列 $x(n)$,要计算 M 点 CZT,可以设法将 CZT 定义式变换成线性卷积的形式,从而利用圆周卷积(FFT),实现 CZT 的快速计算。

CZT 定义式(4.5.1)中,考虑到:

$$nk=\frac{1}{2}[n^2+k^2-(k-n)^2]$$

式(4.5.1)可改写为

$$X(z_k)=\sum_{n=0}^{N-1}x(n)A^{-n}W^{kn}$$

$$=W^{k^2/2}\sum_{n=0}^{N-1}[x(n)A^{-n}W^{n^2/2}]W^{-(k-n)^2/2}$$

令:

$$X(z_k)\equiv W^{k^2/2}\sum_{n=0}^{N-1}g(n)h(k-n),\quad k=0,1,\cdots,M-1 \tag{4.5.3}$$

式(4.5.3)中的求和即卷积运算。其中,$g(n)=x(n)A^{-n}W^{n^2/2}$,$h(n)=W^{-n^2/2}$。CZT 的快速实现步骤如下。

(1) 选 $L\geqslant N+M-1$,$L=2^v$,为 2 的整数次幂。

(2) 构造 L 点序列 $h(n)$:

$$h(n)=\begin{cases}W^{-\frac{n^2}{2}}, & 0\leqslant n\leqslant M-1\\ 0, & M\leqslant n\leqslant L-N\\ W^{-\frac{(L-n)^2}{2}}, & L-N+1\leqslant n\leqslant L-1\end{cases}$$

所得 $h(n)$ 的波形如图 4.5.3 所示。

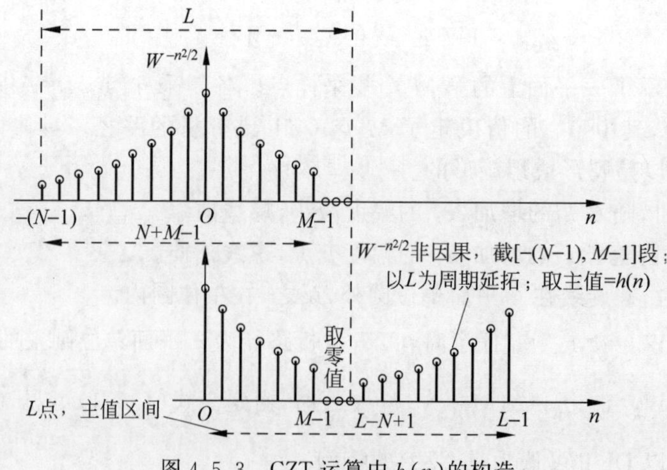

图 4.5.3 CZT 运算中 $h(n)$ 的构造

(3) 长为 N 点的 $g(n)$后补零成 L 点序列。

(4) 计算 $g(n)$、$h(n)$的 L 点 DFT(可用 FFT 实现)得：$G(r),H(r),r=0,1,\cdots,L-1$。

(5) 两个频域序列 $G(r),H(r)$相乘得：$Q(r)=H(r)G(r),r=0,1,\cdots,L-1$。

(6) 计算 $Q(r)$的 L 点 IFFT,得 $h(n)$、$g(n)$的 L 点圆周卷积 $q(n)$：

$$q(n)=h(n)\ \text{Ⓛ}\ g(n)=\frac{1}{L}\sum_{r=0}^{L-1}H(r)G(r)e^{j\frac{2\pi}{L}nr},\quad n=0,1,\cdots,L-1$$

$g(n)$波形的构造、$q(n)$的前 M 个值如图 4.5.4 所示。

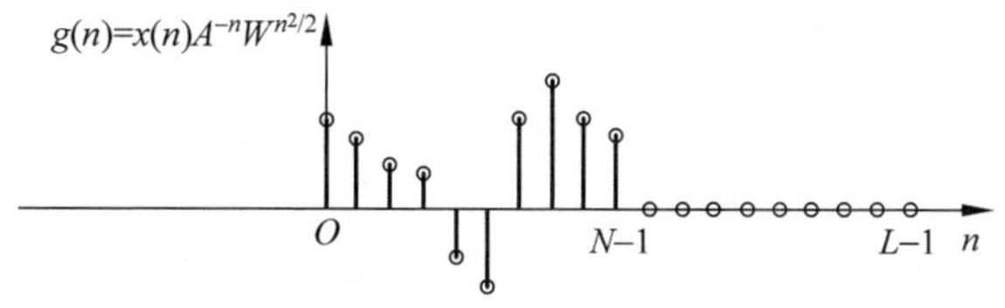

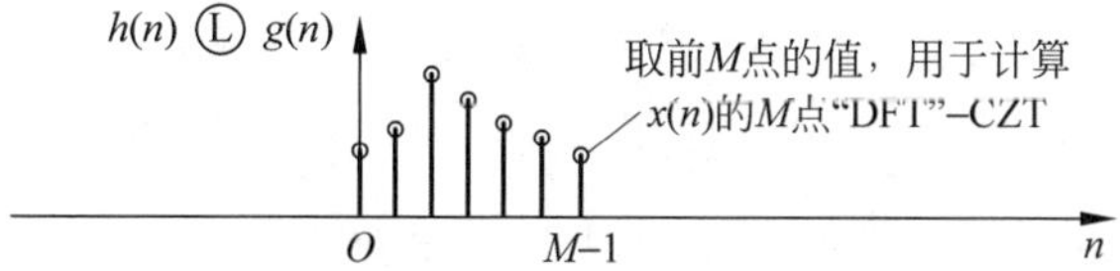

图 4.5.4　CZT 运算中 $g(n)$的构造,L 点圆周卷积示意

(7) 取 $q(n)$的前 M 个值,乘以相应的因子 $W^{n^2/2}$,就是所要求的 M 点 CZT：

$$X(z_n)=W^{n^2/2}q(n),\quad n=0,1,\cdots,M-1$$

图 4.5.5 给出了上述快速 CZT 的实现结构框图。

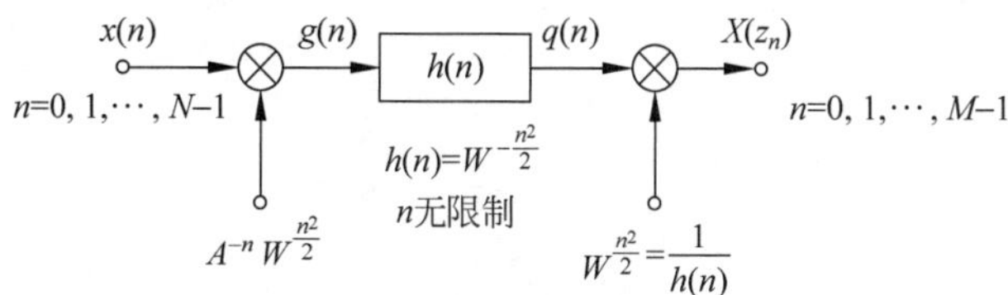

图 4.5.5　快速 CZT 的实现结构框图

上面介绍的线性调频-z 变换(CZT)主要用于实现信号在任意窄带频率范围$[\theta_0,\theta_0+(M-1)\phi_0]$内,以给定频率分辨率 ϕ_0 进行快速高分辨率谱分析,由图 4.5.3～图 4.5.5 可见 CZT 实现算法是比较复杂的。

实际应用中为了降低快速高分辨率信号谱分析的复杂度,考虑到系统的采样频率为 f_s 时,普通 FFT 是分析从零频开始的一个低通频带,如$[0,f_s]$,且 FFT 点数一定,频带越窄,计算频率分辨率$\left(\frac{f_s}{N}\right)$越高,人们设计出了被称为"(频率扩展)放大镜式 FFT"(zoom FFT,ZFFT)。ZFFT 通过复指数信号调制,把感兴趣的一段窄频段移到零频率附近,并进行降采样(等效于采样频率 f_s 降低)后再进行 N 点 DFT(FFT),等效的计算频率分辨率$\left(\frac{f_s}{N}\right)$指标提高。ZFFT 是提高谱分析频率分辨率的典型的算法之一,常用于信号高分辨率分析和测量仪器中的分析算法,图 4.5.6 给出了 ZFFT 算法的实现结构,在实现数字信号处理快速算法的同时,提高信号分析的频率分辨率。有些参考文献中,将 CZT、ZFFT 算法统一归类为"细化选带频谱分析"技术。

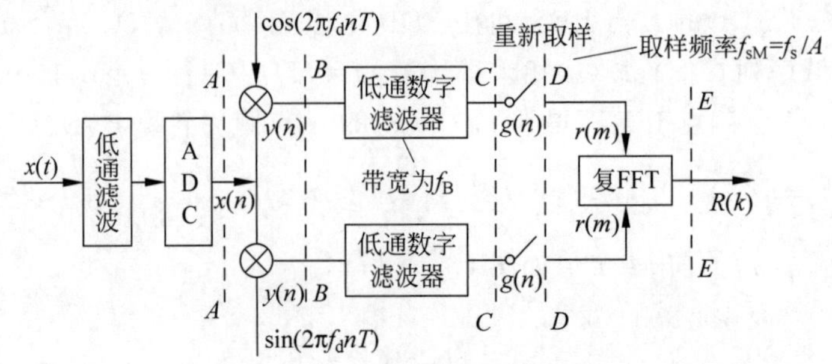

图 4.5.6　ZFFT 算法的实现结构

设待分析信号为 $x(n)$,其采样间隔为 T,对应的采样频率 $f_s=\frac{1}{T}$,信号的频谱函数记为 $X(e^{j\omega})$。对 $x(n)$进行普通的 N 点 FFT,计算频率分辨率为 $\Delta f_{bin}=\frac{f_s}{N}$。实际要求在不增加 FFT 点数的条件下,提高 $x(n)$信号频率分量 f_d 附近的窄带频率范围上的谱分析频率分辨率,图 4.5.6 所示的 ZFFT 算法可以实现这个目的。

下面简单介绍 ZFFT 的原理。从其算法过程中信号频谱变化,如图 4.5.7 所示,读者可以加深理解提高信号频谱分析频率分辨率的思路。

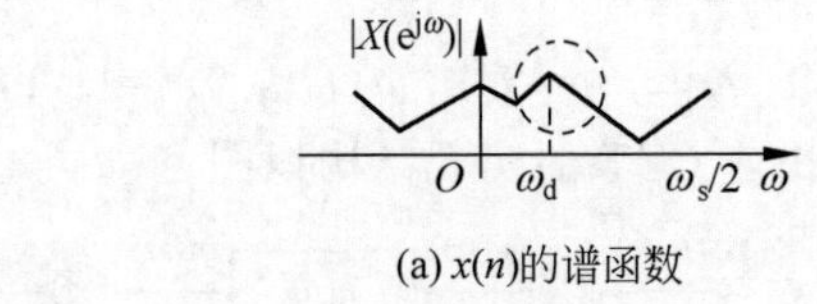

(a) $x(n)$的谱函数

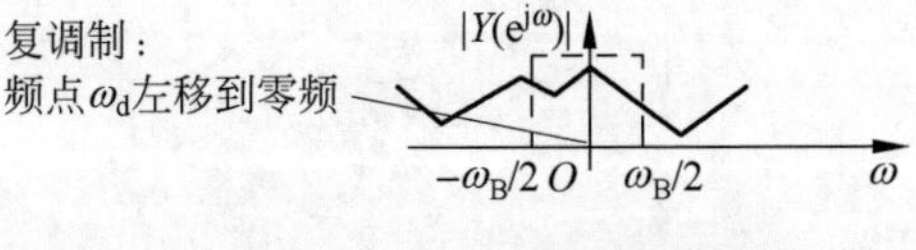

(b) $y(n)$的谱函数

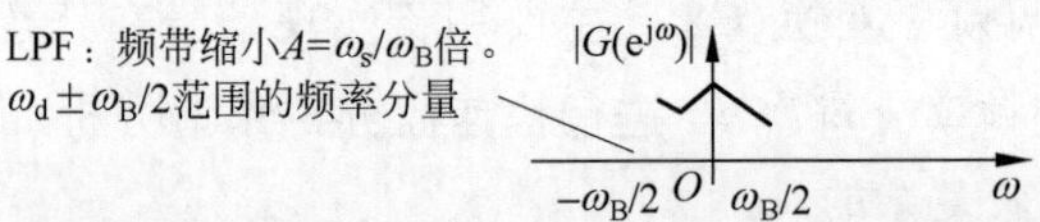

(c) 通过低通滤波器后的谱函数

☞重抽样频率$f_{sM}=f_s/A$, ↓
无频率混叠
☞同样N点FFT:$\Delta f=f_s/(AN)$, ↓↓
☞频率分辨率 ↑↑ A倍

|R(k)|　O　ω_s/2　ω

(d) 对信号$r(m)$进行FFT

图 4.5.7　ZFFT 算法过程中信号频谱变化示意

(1) 先对给定的信号 $x(n)$进行复调制得到:

$$y(n)=x(n)e^{-j2\pi n f_d T}$$

$$=x(n)\cos(2\pi n f_{\mathrm{d}}T)-\mathrm{j}x(n)\sin(2\pi n f_{\mathrm{d}}T)$$

如图 4.5.6 中 B 点处所示的信号。$x(n)$、$y(n)$的谱函数如图 4.5.7(a)、图 4.5.7(b)所示，可见原 $x(n)$信号中的谱分量 f_{d} 被移到了 $y(n)$谱函数的零频率处。

(2) 使复调制后的信号 $y(n)$通过带宽为 f_{B} 的数字低通滤波器(LPF)，输出如图 4.5.6 中 C 点处所示的信号；输出信号 $g(n)$的频谱 $G(\mathrm{e}^{\mathrm{j}\omega})$的零频率附近，就包含了原信号 $x(n)$中窄频带$\left[f_{\mathrm{d}}-\dfrac{f_{\mathrm{B}}}{2},f_{\mathrm{d}}+\dfrac{f_{\mathrm{B}}}{2}\right]$范围内的信号频谱分布情况。且 $g(n)$的频带宽度等效于将原信号 $x(n)$的频带宽度压缩了 $A=\dfrac{f_{\mathrm{s}}}{f_{\mathrm{B}}}$倍，仅保留了 $x(n)$中频率分量 f_{d} 附近的谱分布，如图 4.5.7(c)所示。

(3) 对 LPF 输出的低频窄带信号 $g(n)$以采样频率 $f_{\mathrm{sM}}=\dfrac{f_{\mathrm{s}}}{A}$重新进行降采样，得到信号 $r(m)$，如图 4.5.6 中 D 点处所示的信号；$r(m)$的频带主值带宽为$[0,\omega_{\mathrm{B}}A]$，因为 $\omega_{\mathrm{B}}A=2\pi f_{\mathrm{B}}\dfrac{f_{\mathrm{s}}}{f_{\mathrm{B}}}=2\pi f_{\mathrm{s}}=\omega_{\mathrm{s}}$，等于原 $x(n)$的信号带宽；等效于原 $x(n)$中以频率分量 f_{d} 为中心，附近$\left(\pm\dfrac{f_{\mathrm{B}}}{2}\right)$的窄频带被“放大”了 A 倍。这时对信号 $r(m)$进行 N 点 FFT，计算频率分辨率为 $\Delta f'_{\mathrm{bin}}=\dfrac{f_{\mathrm{sM}}}{N}=\dfrac{f_{\mathrm{s}}}{A\cdot N}$，比直接对 $x(n)$进行 N 点 FFT，提高了 A 倍，如图 4.5.7(d)所示。

4.6 离散哈特莱变换

实序列 $x(n)$的 N 点 DFT $X(k)$具有共轭对称性：

$$X(N-k)=X^{*}(k),\quad k=0,1,\cdots,N-1 \tag{4.6.1}$$

只要知道 $x(n)$的前$\dfrac{N}{2}$个 $X(k)$，其后$\dfrac{N}{2}$个 $X(k)$就可以用式(4.6.1)所示的共轭对称性求出。因此求实序列 $x(n)$的 DFT $X(k)$问题可以转化为：由于计算 $X(k)$前$\dfrac{N}{2}$个 $X(k)$复值，实际上对应着求 N 个实数值，只要得到这 N 个实数值，利用实序列 DFT 的共轭对称性，就可以得到该实序列全部的 DFT 频谱序列。

本节介绍的离散哈特莱变换(discrete Hartley transform，DHT)就是对 N 点实序列进行线性变换，结果得到 N 个实数。相对一般 DFT 为复数序列变换，DHT 可节省一半的存储空间。

特别是实序列 $x(n)$的 N 点离散哈特莱变换(DHT)的 N 个实数值与该序列的$\dfrac{N}{2}$个离散傅里叶变换(DFT)复值 $X(k)$有简单的关系，用 DHT 来实现 DFT 时运算效率提高近一倍。

4.6.1 离散哈特莱变换的定义

设 $x(n)$，$n=0,1,\cdots,N-1$ 为实序列。DHT 和逆 DHT(IDHT)分别定义为

$$X_{\mathrm{H}}(k)=\mathrm{DHT}[x(n)]$$
$$=\sum_{n=0}^{N-1}x(n)\mathrm{cas}\left(\frac{2\pi}{N}kn\right),\quad k=0,1,\cdots,N-1 \tag{4.6.2}$$
$$x(n)=\mathrm{IDHT}[X_{\mathrm{H}}(k)]$$
$$=\frac{1}{N}\sum_{k=0}^{N-1}X_{\mathrm{H}}(k)\mathrm{cas}\left(\frac{2\pi}{N}kn\right),\quad n=0,1,\cdots,N-1 \tag{4.6.3}$$

其中，$\mathrm{cas}\alpha=\cos\alpha+\sin\alpha$。显然，DHT、IDHT 使用同一个实变换基函数系 $\left\{\mathrm{cas}\left(\frac{2\pi}{N}kn\right),k,n=0,1,\cdots,N-1\right\}$,可共用同一个核心算法程序。

4.6.2 离散哈特莱变换和离散傅里叶变换的关系

下面给出 N 点 DHT 和 N 点 DFT 的关系,说明实际应用中,可以由 DHT 运算结果,推出所需要的 DFT 结果。

(1) 将实序列 $x(n)$的 N 点 DHT $X_{\mathrm{H}}(k)$表示为偶对称和奇对称分量之和：

$$X_{\mathrm{H}}(k)=X_{\mathrm{He}}(k)+X_{\mathrm{Ho}}(k),\quad k=0,1,\cdots,N-1 \tag{4.6.4}$$

因为 $X_{\mathrm{H}}(k)$是实序列,其偶对称和奇对称分量分别如下：

$$X_{\mathrm{He}}(k)=\frac{1}{2}[X_{\mathrm{H}}(k)+X_{\mathrm{H}}(N-k)],\quad k=0,1,\cdots,\frac{N}{2} \tag{4.6.5a}$$

$$X_{\mathrm{Ho}}(k)=\frac{1}{2}[X_{\mathrm{H}}(k)-X_{\mathrm{H}}(N-k)],\quad k=0,1,\cdots,\frac{N}{2} \tag{4.6.5b}$$

(2) 由 N 点 DHT 的定义可知 $X_{\mathrm{H}}(k)$的偶对称和奇对称分量也可写为

$$X_{\mathrm{He}}(k)=\sum_{n=0}^{N-1}x(n)\cos\left(\frac{2\pi}{N}kn\right),\quad k=0,1,\cdots,N-1 \tag{4.6.6a}$$

$$X_{\mathrm{Ho}}(k)=\sum_{n=0}^{N-1}x(n)\sin\left(\frac{2\pi}{N}kn\right),\quad k=0,1,\cdots,N-1 \tag{4.6.6b}$$

(3) 根据实序列 $x(n)$的 N 点 DFT 定义,考虑到式(4.6.6a)和式(4.6.6b),可以证明 $X(k)$与实序列 $x(n)$的 N 点 DHT 满足：

$$X(k)=X_{\mathrm{He}}(k)-\mathrm{j}X_{\mathrm{Ho}}(k),\quad k=0,1,\cdots,N-1 \tag{4.6.7}$$

利用式(4.6.5a)和式(4.6.5b),实序列 $x(n)$的 N 点 DFT $X(k)$也可等效写为

$$X(k)=\frac{1}{2}[X_{\mathrm{H}}(k)+X_{\mathrm{H}}(N-k)]-\mathrm{j}\,\frac{1}{2}[X_{\mathrm{H}}(k)-X_{\mathrm{H}}(N-k)],\quad k=0,1,\cdots,\frac{N}{2} \tag{4.6.8}$$

综上所述,对实序列 $x(n)$求出其 N 点 DHT $X_{\mathrm{H}}(k)$后,由式(4.6.8)求出其 N 点 DFT 一半的序列值以后,可以利用实序列 DFT 的共轭对称性,由式(4.6.1),很快地求出剩下的 DFT 值。

4.6.3 离散哈特莱变换的性质

DHT 的性质与 DFT 的性质类似,但由于 DHT 是实序列之间的线性变换,有些性质有

具体的表达形式。这里只给出结论,有兴趣的读者可自行证明。

设 $x(n)$、$y(n)$ 的 DHT 分别为 $X_H(k)$、$Y_H(k)$。用符号“$x(n)\leftrightarrow X_H(k)$”表示 $X_H(k)=\mathrm{DHT}(x(n))$。

性质 4.6.1 线性性

若 $x(n)\leftrightarrow X_H(k)$,$y(n)\leftrightarrow Y_H(k)$,则

$$a\,x(n)+b\,y(n)\leftrightarrow a\,X_H(k)+b\,Y_H(k) \tag{4.6.9}$$

其中,a,b 为任意常数。

性质 4.6.2 逆序列 $x(N-n)$ 的 DHT

若 $x(n)\leftrightarrow X_H(k)$,则

$$x(N-n)\leftrightarrow X_H(N-k)$$

且

$$X_H(N-k)=\sum_{n=0}^{N-1}x(n)\left[\cos\left(\frac{2\pi}{N}kn\right)-\sin\left(\frac{2\pi}{N}kn\right)\right],\quad k=0,1,\cdots,N-1 \tag{4.6.10}$$

当 $k=0$ 时,可得 $X_H(N)=X_H(0)$。

性质 4.6.3 循环移位性质

若 $x(n)\leftrightarrow X_H(k)$,则

$$x((n-n_0))_N R_N(n)\leftrightarrow X_H(k)\cos\left(\frac{2\pi}{N}kn_0\right)+X_H(N-k)\sin\left(\frac{2\pi}{N}kn_0\right) \tag{4.6.11a}$$

$$x((n+n_0))_N R_N(n)\leftrightarrow X_H(k)\cos\left(\frac{2\pi}{N}kn_0\right)-X_H(N-k)\sin\left(\frac{2\pi}{N}kn_0\right) \tag{4.6.11b}$$

性质 4.6.4 奇偶性

DHT 序列的奇偶性和原时域序列 $x(n)$ 的**奇偶性**一致。

性质 4.6.5 循环卷积定理

若 $x(n)\leftrightarrow X_H(k)$,$y(n)\leftrightarrow Y_H(k)$,则

$$x(n)\,Ⓝ\,y(n)\leftrightarrow Y_H(k)X_{He}(k)+Y_H(N-k)X_{Ho}(k) \tag{4.6.12a}$$

$$=X_H(k)Y_{He}(k)+X_H(N-k)Y_{Ho}(k) \tag{4.6.12b}$$

当 $x(n)$ 是**偶对称**序列,根据性质 4.6.4,$X_H(k)=X_{He}(k)+X_{Ho}(k)$ 是**偶对称的**,$X_{Ho}(k)=0$,式(4.6.12a)可简化为

$$x(n)\,Ⓝ\,y(n)\leftrightarrow Y_H(k)X_H(k) \tag{4.6.13}$$

类似地,当 $y(n)$ 是**偶对称**序列时,式(4.6.12b)也可简化为式(4.6.13)。

实际对实序列进行 DHT 时,也有对应的快速算法,这里不做介绍,有兴趣的读者可查阅相关参考文献。

4.7 MATLAB 实现

本节给出的 MATLAB 实现参考程序,均在 MATLAB 7.4.0 环境下调试通过。

FFT 谱分析的核心目的是提取信号的特征,用于信号检测、系统辨识和工程控制。下面基于 MATLAB 平台,给出用 FFT 进行信号消噪的简单例子。

例 4.7.1 设一个调制编码信号的模型为

$$s(t)=\cos(2\pi f_c t)\left[e^{-r\left(t-\frac{1}{8}\right)^2}+e^{-r\left(t-\frac{3}{8}\right)^2}+e^{-r\left(t-\frac{4}{8}\right)^2}+e^{-r\left(t-\frac{6}{8}\right)^2}+e^{-r\left(t-\frac{7}{8}\right)^2}\right]$$

这里假设载波频率 $f_c=280\text{Hz}$,常数 $r=340\pi$。括号内表示传输的数字信号序列(01011011)的波形编码。图 4.7.1(a)和图 4.7.1(b)分别是其时域波形和频谱图。

设 $s(t)$在信道中传输时,受到一个频带在 0～200Hz 的加性噪声干扰。在接收机处收到的是被干扰的信号 $y(t)$,如图 4.7.1(c)所示,可见信号已无法识别。图 4.7.1(d)是被干扰的信号频谱图。试用 FFT 法消去噪声。

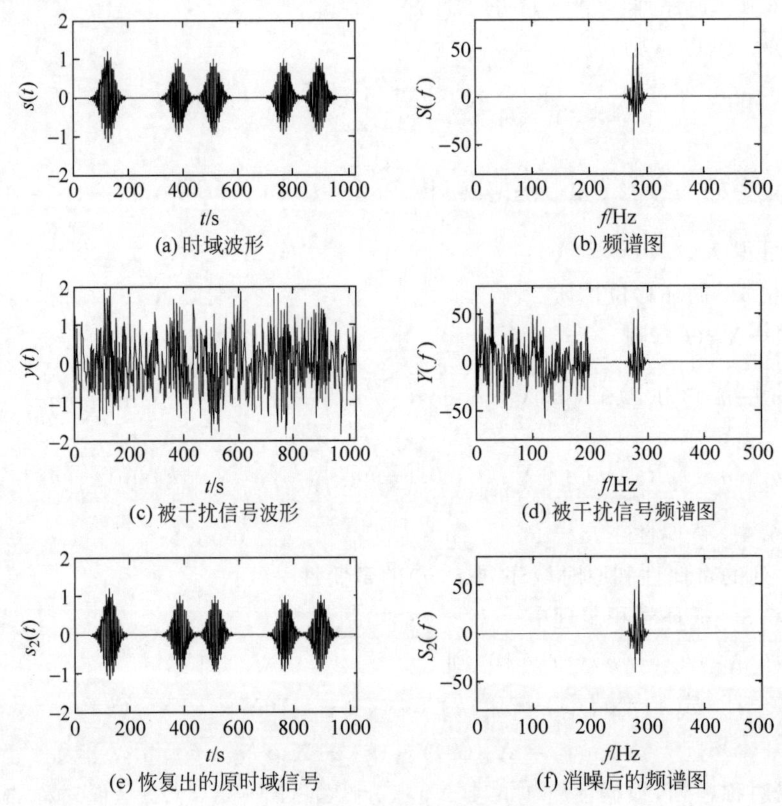

图 4.7.1　用 FFT 除加性噪声的效果示意

解:这里,我们的消噪方案是,对接收信号进行 FFT,将其频谱中 0～200Hz 的谱分量全部置零,得到消噪后的频谱图 4.7.1(f)。再对其进行 IFFT,重新恢复出原时域信号,如图 4.7.1(e)所示。

MATLAB 程序实现如下:

```
% Noise deletion using FFT
n = 1024;t = 1:n; x = randn(size(t));Y = fft(x,n);
Y(200:824) = zeros(size(1:625));z = ifft(Y,n);
wc = 2 * pi * 280;m = 340 * pi;
for i = 1:n
    t = i/n;
    t1 = (t - 1/8)^2;t3 = (t - 3/8)^2;t4 = (t - 4/8)^2;t6 = (t - 6/8)^2;t7 = (t - 7/8)^2;
    k(i) = i;
s(i) = cos(wc * t) * (exp( - m * t1) + exp( - m * t1) + exp( - m * t3) + exp( - m * t4) + exp( - m * t6) +
```

```
exp( - m * t7));
end
y = s + z;
subplot(3,2,1);plot(k,s);axis([0,1024, - 2,2]);xlabel('t(s)');ylabel('s(t)');
S1 = fft(s,n);
subplot(3,2,2);plot(k,S1);axis([0,500, - 80,80]);xlabel('f(Hz)');ylabel('S(f)');
subplot(3,2,3);plot(k,y);axis([0,1024, - 2,2]);xlabel('t(s)');ylabel('y(t)');
S2 = fft(y,n);
subplot(3,2,4);plot(k,S2);axis([0,500, - 80,80]);xlabel('f(Hz)');ylabel('Y(f)');
S2(1:200) = zeros(size(1:200));S2(825:1024) = zeros(size(1:200));
s2 = ifft(S2,n); S3 = fft(s2,n);
subplot(3,2,5);plot(k,s2);axis([0,1024, - 2,2]);xlabel('t(s)');ylabel('s2(t)');
subplot(3,2,6);plot(k,S3);axis([0,500, - 80,80]);xlabel('f(Hz)');ylabel('S2(f)');
```

4.8 习题

4.1 已知 $X(k)$和 $Y(k)$分别是两个 N 点实序列 $x(n)$和 $y(n)$的 N 点 DFT，为提高运算效率，试设计用一次 N 点 IFFT 来求解 $x(n)$和 $y(n)$。

4.2 设 $x(n)$是长度为 $2N$ 点的有限长实序列，$X(k)$为 $x(n)$的 $2N$ 点 DFT。

(1) 试设计用一次 N 点 FFT 完成计算 $X(k)$的高效算法。

(2) 若已知 $X(k)$，试设计用一次 N 点 FFT 实现求 $x(n)$的 $2N$ 点 IDFT 运算。

4.3 设现有一些 8 点按时间抽取的 FFT 芯片，如何利用这些芯片计算一个 24 点 DFT？

4.4 如果通用计算机的速度为平均每次复乘需要 100μs，每次复加需要 20μs，则直接计算 $N=1024$ 点的 DFT 需要多少时间？用 FFT 计算需要多少时间？按这样计算，用 FFT 进行快速卷积对信号进行处理时，试估算可实现实时处理的信号最高频率。

4.5 如果将通用计算机换成数字信号处理专用单片机 TMS320 系列，计算一次复乘需要 200ns，每次复加需 50ns，则重复第 4.4 题的问题。

4.6 已知序列 $x(n)=\delta(n)+2\delta(n-2)+\delta(n-3)$。

(1) 试用 FFT，求 $x(n)$的 4 点 DFT。

(2) 若 $y(n)$是 $x(n)$与它本身的 4 点圆周卷积，求 $y(n)$及其 4 点 DFT $Y(k)$。

(3) 设 $h(n)=\delta(n)+\delta(n-1)+2\delta(n-3)$，求 $x(n)$与 $h(n)$的 4 点圆周卷积。

4.7 设数字系统的单位采样脉冲响应 $h=[1,2,-1]$。试用重叠相加法，通过 4 点圆周卷积，求输入信号 $x(n)=[1,1,2,1,2,2,1,1,1]$时系统的输出 $y(n)$。并用线性卷积结果进行验证。

4.8 设数字系统的单位采样脉冲响应 $h=[1,2,-1,-1]$。试用重叠保留法，通过 6 点圆周卷积，求输入信号 $x(n)=[1,1,2,1,2,2,1,1,0,1]$时，系统的输出 $y(n)$。并用线性卷积结果进行验证。

4.9 $X(e^{j\omega})$表示长度为 10 的有限长序列 $x(n)$的傅里叶变换。我们希望计算 $X(e^{j\omega})$在频率 $\omega_k=(2\pi k^2/100)$，$k=0,1,\cdots,9$ 时的 10 个采样。计算时不能采用先计算出比要求数多的采样然后再丢掉一些的方法。讨论采用下列各方法的可能性：

(1) 直接利用 10 点快速傅里叶变换算法。

(2) 利用线性调频-z 变换算法。

思政小课堂

思政主题：我国研发的数字信号处理器

思政方向：培养自强自立的专业大局观

数字信号处理器(digital signal processor，DSP)主要利用计算机或嵌入式专用设备，以数字形式对信号进行采集、变换、滤波、估值、增强、压缩、识别等处理，广泛应用于人民生活和军事国防等各个领域。从消费结构来看，通信领域是 DSP 芯片最大的应用领域，2020 年占比为 56.1%，其次是消费电子级自动控制领域(13.10%)、军事及航天航空领域(6.01%)及仪表仪器领域等(24.79%)。我国 DSP 芯片的消费量远远高于产量。

我国 DSP 的发展起步较晚，但在军用雷达等领域形成了较高的国产化程度。这是因为外国政府禁止出口军品级 DSP 芯片，而且进口 DSP 也可能存在恶意后门、预留监控等问题。因此，学者们认为自主研发的芯片不一定安全，但是进口的一定不安全。当前，由中国电子科技集团旗下的研究所已自主研发了"华睿"(图 D.1(a))和"魂芯"(图 D.1(b))系列国产 DSP 芯片，这些芯片的研发成功结束了中国国产雷达长期依赖进口 DSP 的历史。

(a) "华睿" 1号芯片

(b) "魂芯" 1号芯片

图 D.1 "华睿"1 号芯片和"魂芯"1 号芯片

但是，DSP 的民用市场仍然亟须突破。近两年，在我国大力发展集成电路(integrated circuit，IC)产业的背景下，一批新的 IC 设计企业成立，其中 DSP 领域目前以青岛本原、中科昊芯为主要代表。青岛本原致力于提供高端 DSP 芯片及解决方案，聚焦新一代高性能领域处理芯片 DSA(domain specific architecture，特定领域架构)和人工智能(AI)芯片研发。中科昊芯主要基于开源指令集架构 RISC-V 打造 DSP 产品，应用于图形图像处理、数字信号处理、工业控制及电机驱动、数字电源、消费电子、白色家电等领域。

2020 年 8 月，国务院印发《新时期促进集成电路产业和软件产业高质量发展的若干政策》，强调"集成电路产业和软件产业是信息产业的核心，是引领新一轮科技革命和产业变革的关键力量。"据国务院发布的相关数据显示，中国芯片自给率要在 2025 年达到 70%，而 2019 年我国芯片自给率仅为 30%左右。未来，我国在新基建、智能控制、AI 应用等领域的市场需求仍然广阔，实现高端芯片的自主研发与国产替代的迫切性更高，让国产 DSP 向更多领域推广和应用的重要性也更显著。

根据国家发改委对于信息技术基础设施的定义，CPU、GPU、DSP、FPGA 等高端芯片成为 5G 等通信网络基础设施、AI 等新技术基础设施、智能计算中心等算力基础设施的核心引擎。在华为 2020 年发布的 800G 通信模块产品中，就曾展示了自主研发的用于光电子通信的 DSP 芯片，该芯片用于完成光电信号的转换。

随着控制器智能化升级不断深入，电视机、洗衣机、空调、电动工具、工业设备等传统产品都亟须加入智能化、网联化的模块，这就要求 DSP 等芯片的技术升级和性能提高能力能满足不断丰富的产品功能要求。

在当前的 AI 浪潮中，智能视觉领域对 DSP 技术提出了更多新的需求，例如：运用 DSP 技术对摄像头获得的视频信息进行处理，实现对人、车牌、物体等移动情况的智能分析、识别和监控。近年来，在智能视觉领域中，中国生产的 DSP 芯片不断推陈出新。其中一些新的高性能 DSP 芯片都具有极高的图像处理能力和较低的功耗，例如：华为海思的 HiSilicon Hi3559A V100，适用于高清视频监控和智能家居等领域；中兴通讯的 ZTE ZX296718，主要用于智能家居、智能安防等领域。

第5章 数字滤波器的结构

CHAPTER 5

5.1 概述

1. 数字滤波器

数字滤波器是指完成信号滤波处理功能的、用有限精度算法实现的离散时间线性非时变(DT-LTI)系统,它的作用是利用DT-LTI系统的特性对输入序列的波形或频谱进行加工处理,将输入数字序列通过一定的运算后转变为输出数字序列,从而达到改变信号频谱的目的。第1～4章介绍了数字信号和数字系统的主要特性,即信号频谱、系统函数、系统频率响应、稳定性和因果性,并阐述了一些基本分析方法,如DTFT、ZT、DFT(FFT)。本章将用前面所学到的基本分析方法研究数字滤波器,分析它的结构、特点及实现方法。

对于一种离散时间线性非时变系统,数字滤波器可以用时域输入输出差分方程、单位采样脉冲响应以及系统函数等表示,在研究它的实现方法,即运算结构时,一般采用方框图或信号流图表示系统。数字滤波器的运算结构对于滤波器的设计及其性能指标的实现是非常重要的,本章研究在已知系统输入输出(I/O)差分方程(或系统函数)的情况下,如何设计不同的运算结构来实现它。这里将根据系统的单位采样脉冲响应的时间特性把数字滤波器分为两类:无限长脉冲响应(infinite impulse response,IIR)滤波器和有限长脉冲响应(finite impulse response,FIR)滤波器。

2. 表示方法

数字滤波器的数学等效描述主要有以下几种,每一种描述从不同的角度指出了数字滤波器的特性。

(1) 时域I/O差分方程:

$$y(n)=\sum_{j=0}^{M}b_j x(n-j)-\sum_{i=1}^{N}a_i y(n-i) \tag{5.1.1}$$

其中,$x(n)$、$y(n)$分别为数字系统的输入输出序列;$\{a_i, i=1,2,\cdots,N;\ b_j, j=0,1,2,\cdots,M\}$为常数,也称为数字系统的结构参数。

(2) 卷积方程:

$$y(n)=\sum_{i=0}^{\infty}h(i)x(n-i) \tag{5.1.2}$$

其中，$x(n)$、$y(n)$分别为数字系统的输入输出序列；$h(n)$是数字系统的单位采样脉冲响应。

(3) 单位采样脉冲响应：

$$h(n)=\{h(0),h(1),\cdots,h(M),\cdots\} \tag{5.1.3}$$

(4) 系统函数：

$$H(z)=\frac{\sum_{j=0}^{M} b_j z^{-j}}{1+\sum_{i=1}^{N} a_i z^{-i}} \tag{5.1.4}$$

(5) 频率响应：

$$H(\omega)=H(\mathrm{e}^{\mathrm{j}\omega})=\sum_{n=-\infty}^{\infty} h(n)\mathrm{e}^{-\mathrm{j}\omega n} \tag{5.1.5}$$

(6) 零点、极点分布：

$$\{z_j, j=1,2,\cdots,M; p_i, i=1,2,\cdots,N\} \tag{5.1.6}$$

若已知数字系统的系统函数式(5.1.4)，则零点 z_j、极点 p_i 可通过求系统函数分子多项式、分母多项式的零点得到。

(7) 网络结构图和相应的(状态变量分析)样值处理算法：这种描述表示 DT-LTI 系统的算法结构，特别是系统内部网络结构。

3. 分类

数字滤波器按其单位采样脉冲响应 $h(n)$的时间特性可分为无限长脉冲响应(IIR)滤波器和有限长脉冲响应(FIR)滤波器。IIR 滤波器的单位采样脉冲响应 $h(n)$包含无限个非零值，即持续时间为无限长；FIR 滤波器的单位采样脉冲响应 $h(n)$只包含有限个非零值，即持续有限长时间。

IIR 滤波器的时域 I/O 差分方程(或系统函数的分母多项式)中至少有一个系数 a_i 不为零，一般可表示为式(5.1.1)或式(5.1.4)的形式。因此，这类滤波器存在输出到输入的反馈，需要使用递归计算方法实现。

如果 IIR 滤波器的 I/O 差分方程(或系统函数分母多项式)中系数 $a_i=0(i=1,2,\cdots,N)$，则 IIR 滤波器演化为 FIR 滤波器，这类滤波器实现结构中没有输出到输入的反馈，主要为非递归型结构，其数学表示简化为

$$y(n)=\sum_{i=0}^{M} b_i x(n-i) \tag{5.1.7}$$

对应的系统函数为

$$H(z)=\sum_{i=0}^{M} b_i z^{-i} \tag{5.1.8}$$

在实际应用中，先由给定所需的滤波器频率响应 $H(\omega)$得出滤波器设计的目标：对 IIR 滤波器常求出其系统函数 $H(z)$，FIR 滤波器常求出其单位采样脉冲响应 $h(n)$。然后，由 $H(z)$或 $h(n)$可得到合适的网络结构图，即滤波器的算法结构实现。

5.2 信号流图表示网络结构

由式(5.1.1)可以看出,实现一个数字滤波器需要几种基本的运算单元:加法器、单位延迟器和常数乘法器。这些基本的单元有两种图形表示法:方框图法和信号流图法,如图5.2.1所示。因而一个数字滤波器的运算结构也有这两种图形表示法,用方框图表示较明显直观,用信号流图表示则更加简单方便。

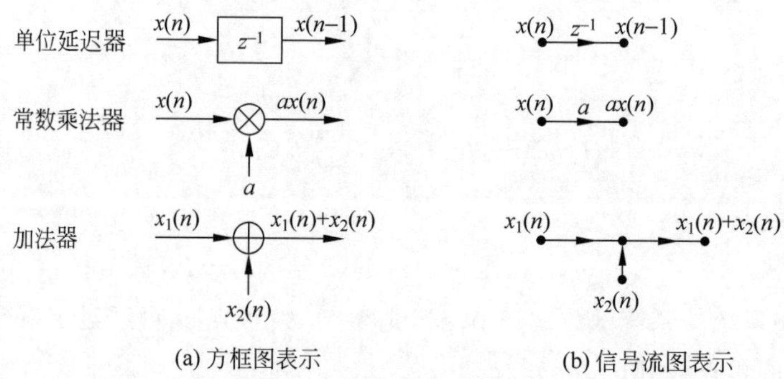

图 5.2.1 基本运算的方框图表示及信号流图表示

下面以信号流图表示为例,介绍并解释有关系统网络结构图描述的术语和运算规则。

(1) 节点:在图5.2.2的信号流图中,圆点称为节点,每个节点都对应一个变量,或者说代表一个信号。

(2) 源节点:对于一个节点,流入该节点的信号叫输入,流出该节点的信号叫输出。若一个节点只有输出支路与之相连接,则称为源节点或输入节点。如图5.2.2中的$x(n)$即为源节点。

(3) 吸收节点:若一个节点只有输入支路与之相连接,则称为吸收节点或输出节点。如图5.2.2中的$y(n)$即为吸收节点。

(4) 支路:连接两个节点的有向线段称为支路。两个节点间的支路相当于一个乘法器(延迟器在"z域"运算中可等效为"乘法器"),其加权系数或者说乘法器系数叫做支路传输增益。和每个节点连接的可以有输入支路和输出支路,节点变量值等于所有输入支路的输出值之和。在图5.2.2(a)中,节点变量值之间的运算关系如下:

$$\begin{cases} w_1(n)=w_2(n-1) \\ w_2(n)=w'_2(n-1) \\ w'_2(n)=x(n)-a_1w_2(n)-a_2w_1(n) \\ y(n)=b_2w_1(n)+b_1w_2(n)+b_0w'_2(n) \end{cases} \tag{5.2.1}$$

显然,不同的网络信号流图代表不同的运算方法,而对于同一个系统函数可以有很多种信号流图与之相对应。从基本运算考虑,满足以下条件的信号流图,称为基本信号流图。

(1) 信号流图中所有支路都是基本的,即支路增益是常数或者是单位延迟(信号流图中的z^{-1}物理意义上表示单位延迟,但在z域运算中,可作为符号参量进行代数运算)。

(2) 信号流图环路中必须存在延迟支路。

(3) 信号流图中节点和支路的数目是有限的。

图 5.2.2(a)是基本信号流图,图中有两个环路,环路增益分别为$-a_1z^{-1}$和$-a_2z^{-2}$;且环路中都有延时支路;而图 5.2.2(b)不是基本信号流图,它不能决定一种具体算法的运算关系,不满足基本信号流图的条件。

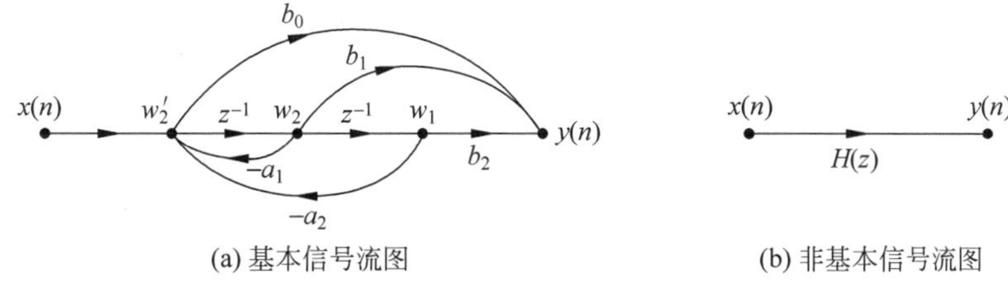

(a) 基本信号流图　　(b) 非基本信号流图

图 5.2.2　信号流图

根据信号流图可以求出网络(数字系统)的系统函数,方法是列出各个节点变量方程,求解该方程组,推导出输出与输入之间的关系。

例 5.2.1　求图 5.2.2(a)信号流图决定的系统函数 $H(z)$。

解:对式(5.2.1)进行 z 变换,得到:

$$\begin{cases} W_1(z)=W_2(z)z^{-1} \\ W_2(z)=W'_2(z)z^{-1} \\ W'_2(z)=X(z)-a_1W_2(z)-a_2W_1(z) \\ Y(z)=b_2W_1(z)+b_1W_2(z)+b_0W'_2(z) \end{cases}$$

经过联立求解,消去网络内部信号参量 w'_2、$w_{2\lambda}$、w_1 的 ZT 函数,得到:

$$H(z)=\frac{Y(z)}{X(z)}=\frac{b_0+b_1z^{-1}+b_2z^{-2}}{1+a_1z^{-1}+a_2z^{-2}}$$

5.3　无限长脉冲响应滤波器的基本网络结构

通过前两节分析可知,IIR 滤波器的系统单位采样脉冲响应 $h(n)$为无限长序列,系统函数 $H(z)$在有限 z 平面上存在极点。其网络结构的特点是含有反馈环路,即运算结构上是递归型的,但具体实现起来,其结构并不唯一。同一个系统 I/O 差分方程(或系统函数),可以有各种不同的结构形式,主要有 5 种,即直接型Ⅰ、直接型Ⅱ(典型型)、级联型、并联型和转置型。

5.3.1　直接型Ⅰ

1. 二阶数字滤波器

给定 IIR 滤波器的传输函数 $H(z)=\frac{N(z)}{D(z)}=\frac{b_0+b_1z^{-1}+b_2z^{-2}}{1+a_1z^{-1}+a_2z^{-2}}$,相应的时域 I/O 差分方程为

$$y(n)=-a_1y(n-1)-a_2y(n-2)+b_0x(n)+b_1x(n-1)+b_2x(n-2)$$

直接型Ⅰ可实现上述差分方程表示的数字滤波器，如图 5.3.1 所示。

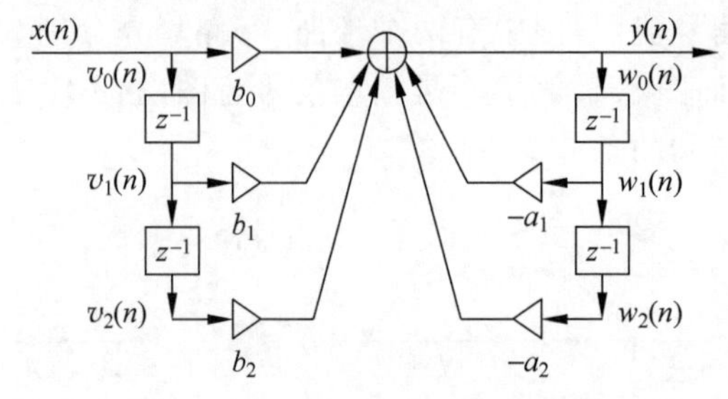

(a) 方框图表示

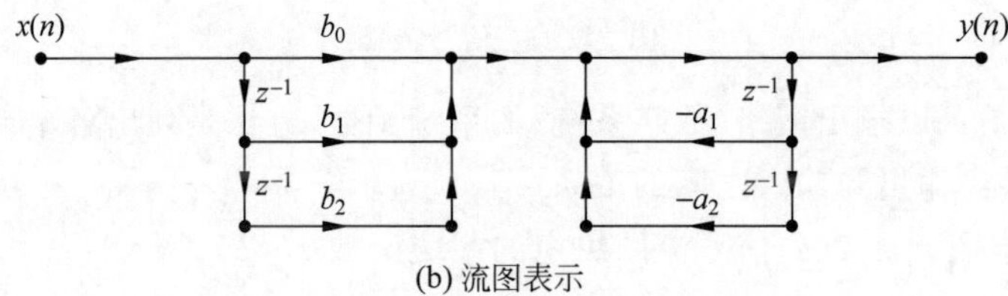

(b) 流图表示

图 5.3.1　IIR 滤波器直接型Ⅰ结构

由图 5.3.1 可以总结 IIR 滤波器直接型Ⅰ的结构特点如下：

(1) 一个相加器把系统时域 I/O 差分方程右边的所有项都加起来了。加法器的输出是 $y(n)$。

(2) 前向分支加权乘因子为 b_j，$j=0,1,2$，相应于 $H(z)$的分子多项式系数，在时域 I/O 差分方程中是与输入 $x(n)$有关的非递归项。

(3) 后向分支加权乘因子为$-a_i$，$i=1,2$，相应于 $H(z)$的分母多项式非零次幂项系数，在时域 I/O 差分方程中是与输出 $y(n)$有关的反馈(递归)项。

注意：网络结构图中反馈加权乘因子是传输函数分母多项式非零次幂项系数的负数。

(4) 已知直接型Ⅰ滤波器，给定输入序列 $x(n)$，求系统的响应 $y(n)$，可用样值迭代处理方法：数字信号处理器(DSP)按设定的算法，一次处理一个采样值 $x(n)$，同时送出一个相应的输出样值 $y(n)$。此方法常用于实时处理，如长序列的实时滤波、数字音响、数字控制系统、自适应信号处理等。与样值迭代处理算法相对应的是块处理方法：信号处理是一段段地进行的，如有限长信号的卷积、长序列的快速卷积、语音的分析与合成、图像处理等。

图 5.3.2 给出了图 5.3.1 所示滤波器的内部状态矢量 v、w 及其与输入输出的关系。各内部状态值表示时间 n 处，图 5.3.1 结构图中输入样值、输出样值、各延迟寄存器的内容。当时间单元加 1，各单元内容刷新。

$$
\begin{aligned}
&v_0(n)=x(n) && w_0(n)=y(n)\\
&v_1(n)=x(n-1)=v_0(n-1) && w_1(n)=y(n-1)=w_0(n-1)\\
&v_2(n)=x(n-2)=v_1(n-1) && w_2(n)=y(n-2)=w_1(n-1)\\
&v_1(n+1)=v_0(n) && w_1(n+1)=w_0(n)\\
&v_2(n+1)=v_1(n) && w_2(n+1)=w_1(n)
\end{aligned}
$$

图 5.3.2　滤波器的内部状态及输入输出关系

根据图 5.3.1 和系统 I/O 差分方程，输出序列的计算可用下面的样值迭代算法：对每个输入样值 x，令

$v_0 = x$　（读入当前输入样值）

$w_0 = -a_1 w_1 - a_2 w_2 + b_0 v_0 + b_1 v_1 + b_2 v_2$　（w_1、w_2、v_0、v_1、v_2 可按定义初始化）

$y = w_0$　（读出当前输出样值）

网络内部状态刷新要从图 5.3.1 所示结构的下面向上进行，只需刷新延迟寄存器的内容：

$$v_2 = v_1, \quad w_2 = w_1$$

$$v_1 = v_0, \quad w_1 = w_0$$

2. 任意阶数字滤波器

给定传输函数 $H(z) = \dfrac{N(z)}{D(z)} = \dfrac{b_0 + b_1 z^{-1} + b_2 z^{-2} + \cdots + b_M z^{-M}}{1 + a_1 z^{-1} + a_2 z^{-2} + \cdots + a_N z^{-N}}$，其阶数为 $\max\{M, N\}$，相应的时域 I/O 差分方程为

$$\begin{aligned} y(n) = & -a_1 y(n-1) - a_2 y(n-2) - \cdots - a_N y(n-N) + b_0 x(n) \\ & + b_1 x(n-1) + \cdots + b_M x(n-M) \end{aligned}$$

当 $M=N$ 时，就是 N 阶 IIR 滤波器。在图 5.3.1 所示的二阶 IIR 滤波器下面加更多的延迟环节和相应乘法器即可得到其直接型Ⅰ网络结构。

例 5.3.1　画出下列滤波器的直接型Ⅰ实现，并写出其样值迭代算法。

$$H(z) = \frac{2 - 3z^{-1} + 4z^{-3}}{1 + 0.1z^{-1} - 0.3z^{-2} + 0.6z^{-4}}$$

解：所给系统的时域 I/O 差分方程为

$$\begin{aligned} y(n) = & -0.1y(n-1) + 0.3y(n-2) - 0.6y(n-4) \\ & + 2x(n) - 3x(n-1) + 4x(n-3) \end{aligned}$$

按照该时域 I/O 差分方程画出如图 5.3.3 所示的 IIR 滤波器的直接型Ⅰ网络结构。

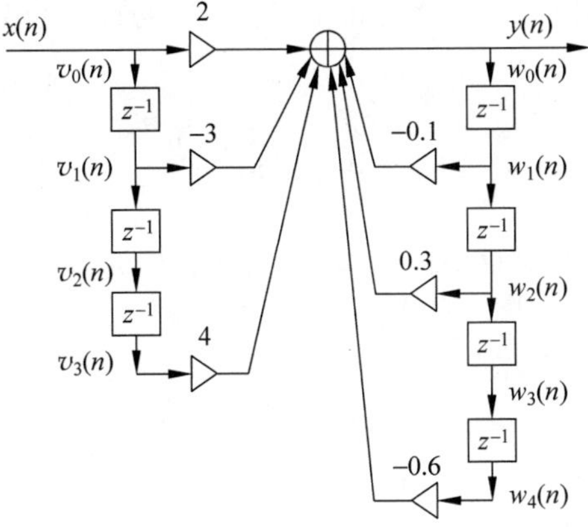

图 5.3.3　例 5.3.1 图

样值迭代算法：

对每个输入样值 x，令

$$v_0 = x$$
$$w_0 = -0.1w_1 + 0.3w_2 - 0.6w_4 + 2v_0 - 3v_1 + 4v_3$$
$$y = w_0$$

网络内部状态刷新要从图 5.3.3 所示结构的下面向上进行：

$$w_4 = w_3$$
$$w_3 = w_2, \quad v_3 = v_2$$
$$w_2 = w_1, \quad v_2 = v_1$$
$$w_1 = w_0, \quad v_1 = v_0$$

该 IIR 滤波器的抽头系数：

$$a = [a_0, a_1, a_2, a_3, a_4] = [1, 0.1, -0.3, 0, 0.6]$$
$$b = [b_0, b_1, b_2, b_3] = [2, -3, 0, 4]$$

内部状态矢量：

$$\boldsymbol{w} = [w_0, w_1, w_2, w_3, w_4]$$
$$\boldsymbol{v} = [v_0, v_1, v_2, v_3]$$

微课视频

5.3.2 直接型Ⅱ(典型型)

1. 二阶数字滤波器

给定 IIR 滤波器的传输函数 $H(z) = \dfrac{N(z)}{D(z)} = \dfrac{b_0 + b_1 z^{-1} + b_2 z^{-2}}{1 + a_1 z^{-1} + a_2 z^{-2}}$，相应的时域 I/O 差分方程为

$$y(n) = \{b_0 x(n) + b_1 x(n-1) + b_2 x(n-2)\} + \{-a_1 y(n-1) - a_2 y(n-2)\}$$

(1) 把差分方程分成两部分：递归部分和非递归部分。这种分组相当于把直接型Ⅰ的一个大相加器分裂成两个，如图 5.3.4(a)所示。

(2) 从传输函数的等效性，整个系统可看成是两个传输函数分别为 $N(z)$、$\dfrac{1}{D(z)}$的滤波器级联：

$$H(z) = N(z)\frac{1}{D(z)}$$

(3) 理论上，级联的次序对整个系统是没关系的，可前后交换，$H(z) = \dfrac{1}{D(z)}N(z)$，如图 5.3.4(b)所示。

(4) 设图 5.3.4(b)中第一个滤波器$\dfrac{1}{D(z)}$的输出为 $w(n)$，可见前后两个滤波器的两套延时器的内容完全一样。所以两套延时器可合并成一套，这就构成了直接型Ⅱ(canonical form，典型型)，方框图表示法见图 5.3.4(c)，信号流图表示见图 5.3.4(d)。由于直接型Ⅱ比直接型Ⅰ的延迟单元数量少，有些文献中把直接型Ⅱ就叫直接型。

(5) I/O 差分方程描述的时域运算可通过下列迭代算法实现：

$$w(n) = x(n) - a_1 w(n-1) - a_2 w(n-2)$$

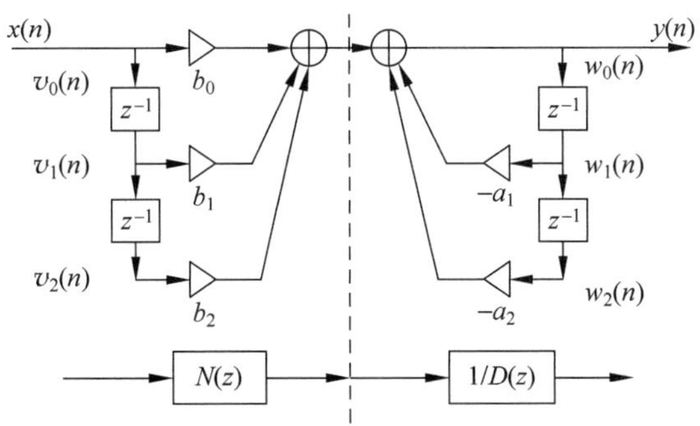

(a) 差分方程分为递归部分和非递归部分

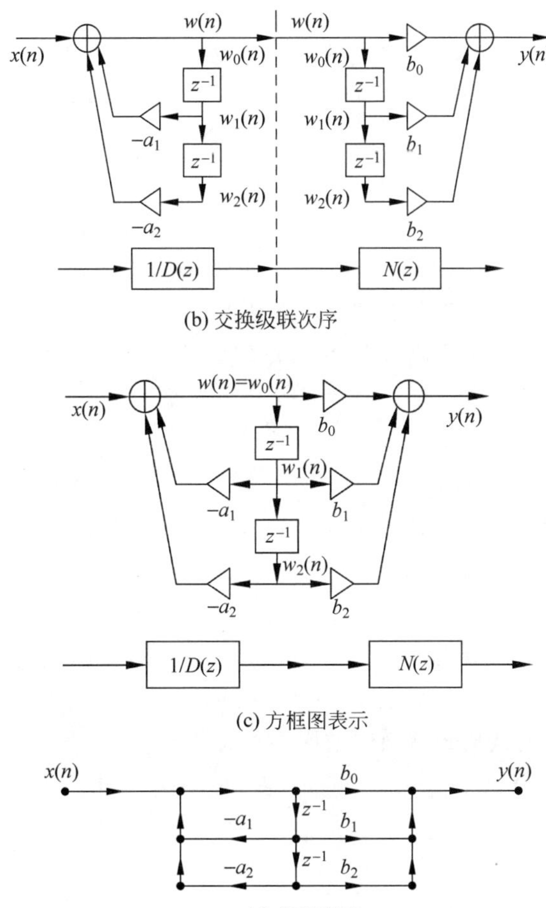

(b) 交换级联次序

(c) 方框图表示

(d) 信号流图

图 5.3.4 IIR 滤波器直接型Ⅱ结构

$$y(n)=b_0w(n)+b_1w(n-1)+b_2w(n-2)$$

(6) 对每一时刻 n，$w(n-1)$、$w(n-2)$是两共享延时寄存器 $w_1(n)$和 $w_2(n)$的内容。它们也是滤波器的内部状态。

(7) 样值迭代算法：定义图 5.3.4(c)所示 IIR 滤波器的内部状态矢量为 $w=[w_0,w_1,w_2]$。对每一输入样值 x，令

$$w_0=x-a_1w_1-a_2w_2$$

$$y=+b_0w_0+b_1w_1+b_2w_2$$

内部状态刷新要从图 5.3.4(c)所示结构的下面向上进行：

$$w_2=w_1$$
$$w_1=w_0$$

图 5.3.4(c)所示 IIR 滤波器的内部状态变量间的时序关系如下：

$$w_0(n)=w(n)$$
$$w_1(n)=w(n-1)=w_0(n-1) \quad w_1(n+1)=w_0(n)$$
$$w_2(n)=w(n-2)=w_1(n-1) \quad w_2(n+1)=w_1(n)$$

2. 任意阶数字滤波器

给定传输函数 $H(z)=\dfrac{N(z)}{D(z)}=\dfrac{b_0+b_1z^{-1}+b_2z^{-2}+\cdots+b_Mz^{-M}}{1+a_1z^{-1}+a_2z^{-2}+\cdots+a_Nz^{-N}}$，其阶数$=\max\{M,N\}$，相应的时域 I/O 差分方程为

$$\begin{aligned}y(n)=&-a_1y(n-1)-a_2y(n-2)-\cdots-a_Ny(n-N)\\&+b_0x(n)+b_1x(n-1)+\cdots+b_Mx(n-M)\end{aligned}$$

当 $M=N$ 时，就是 N 阶 IIR 滤波器。其典型型网络结构是在图 5.3.4(c)所示的二阶滤波器典型型下面加更多的延迟环节和相应乘法器。

当 $M\neq N$ 时，公共延时器的数目 $K=\max\{M,N\}$。不失一般地，设 $N>M$，此时：

(1) 任意阶 IIR 滤波器时域 I/O 差分方程可等效为

$$w(n)=x(n)-a_1w(n-1)-\cdots-a_Nw(n-N)$$
$$y(n)=b_0w(n)-b_1w(n-1)-\cdots-b_Mw(n-M)$$

(2) 样值迭代算法：定义 IIR 滤波器典型型网络的内部状态矢量 $\boldsymbol{w}=[w_0,w_1,w_2,\cdots,w_N]$。

对每一输入样值 x，令

$$w_0=x-a_1w_1-a_2w_2-\cdots-a_Nw_N$$
$$y=b_0w_0+b_1w_1+\cdots+b_Mw_M$$

内部状态变量刷新要从典型型网络结构的下面向上进行：

$$w_i=w_{i-1},\quad i=K,K-1,\cdots,1$$

微课视频

5.3.3 级联型

直接型Ⅰ和直接型Ⅱ(典型型)结构简单，但 IIR 滤波器各抽头系数对其性能控制不直接，且相互影响，为此可采用级联型结构。用实抽头系数的一阶、二阶滤波器的级联可实现任意阶的数字滤波器。

1. 二阶节

实际物理可容易实现的滤波器系统函数 $H(z)$是实系数的多项式的分式。相应的系统函数的零点和极点是实数，或是成对的共轭复数。共轭成对的零点、极点对应实系数二次多

项式。级联型的滤波器单级基本结构是“二阶滤波器”，称二阶节(second order section，SOS)。二阶节可用直接型Ⅰ或典型型实现。式(5.3.1)给出了 L 级 SOS 级联型滤波器总系统函数 $H(z)$的一般表示式：

$$H(z)=A\prod_{i=1}^{L}H_i(z) \tag{5.3.1}$$

其中，$H_i(z)=\dfrac{N(z)}{D(z)}=\dfrac{b_{i0}+b_{i1}z^{-1}+b_{i2}z^{-2}}{1+a_{i1}z^{-1}+a_{i2}z^{-2}}$，$i=1,2,\cdots,L$ 是第 i 级二阶节的系统函数；A 是归一化常数。

因为可把实际一阶系统看作二阶节的特例，所以总级联型实现的系统函数 $H(z)$分子、分母多项式的实际阶数$\leqslant 2L$。级联型实现的数字滤波器方框图如图 5.3.5 所示。

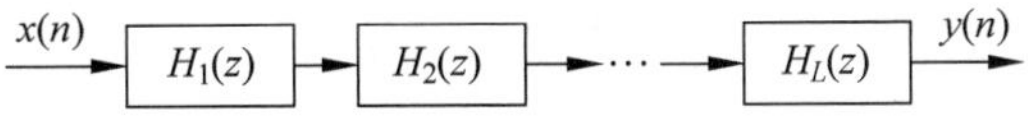

$x(n)$ → $H_1(z)$ → $H_2(z)$ → ⋯ → $H_L(z)$ → $y(n)$

图 5.3.5 采用级联型的 $H(z)$方框图

2. 级联型滤波器实现特点

硬件实现时，可用一个二阶节“时分复用”单元，以节省存储单元。

因为每一个二阶节都对应一对零点和一对极点，所以可单独调整滤波器的零点、极点，从而方便地调整滤波器的频率响应。

级联次序不同，运算误差不同，且极间电平移动不同(极间输出电平太大，则滤波器运算可能溢出；极间输出电平太小，则输出信号的信噪比会很小)。

例 5.3.2 画出给定滤波器的级联型和典型型实现。并写出相应的差分方程和样值迭代算法。

$$\begin{aligned}H(z)&=\left(\frac{3-4z^{-1}+2z^{-2}}{1-0.6z^{-1}+0.5z^{-2}}\right)\left(\frac{3+4z^{-1}+2z^{-2}}{1+0.6z^{-1}+0.5z^{-2}}\right)=H_0(z)H_1(z)\\&=\frac{9-4z^{-2}+4z^{-4}}{1+0.64z^{-2}+0.25z^{-4}}\end{aligned}$$

解：

(1) 图 5.3.6(a)是滤波器的级联型实现；图 5.3.6(b)是滤波器的典型型实现。可见，级联型的抽头系数(5×2=10)比典型型的(5)多，硬件实现上需要的乘法器数量就比典型型的多。实时要求高的场合，常用典型型。级联型滤波器的模块化结构规范，便于根据需要实时配置抽头系数，实现 SOS 的分时复用，应用更加灵活。

(2) 级联型。

时域 I/O 差分方程为

$$\begin{aligned}&w_0(n)=x(n)+0.6w_0(n-1)-0.5w_0(n-2)\\&x_1(n)=3w_0(n)-4w_0(n-1)+2w_0(n-2)\\&w_1(n)=x_1(n)-0.6w_1(n-1)-0.5w_1(n-2)\\&y(n)=3w_1(n)+4w_1(n-1)+2w_1(n-2)\end{aligned}$$

样值迭代算法：对每一级定义内部状态矢量 $w_0=[w_{00},w_{01},w_{02}]$，$w_1=[w_{10},w_{11},w_{12}]$。

对每一输入样值 x，做下列循环：

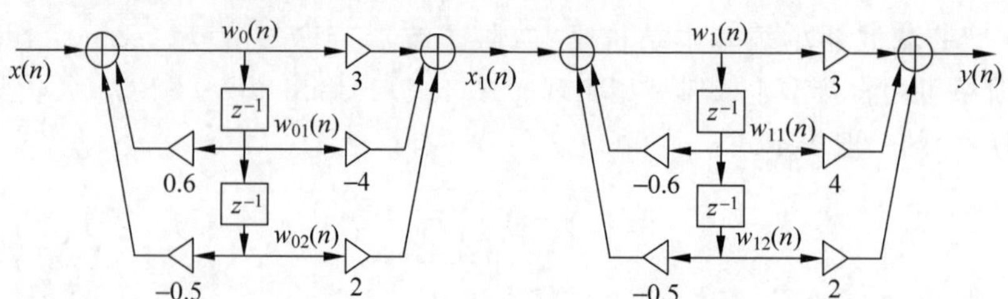

(a) 级联型

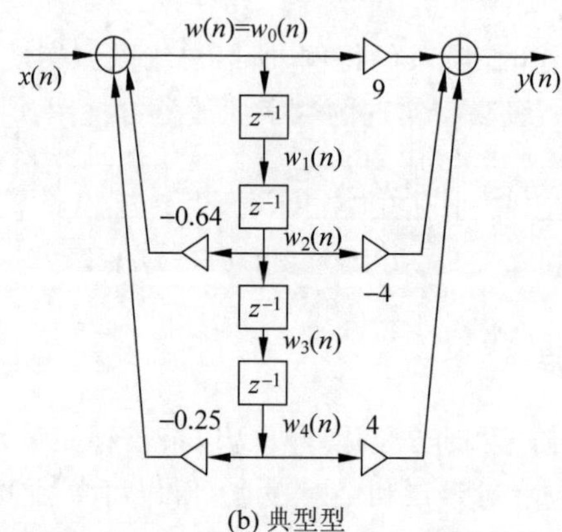

(b) 典型型

图 5.3.6 例 5.3.2 图

$$w_{00}=x+0.6w_{01}-0.5w_{02}$$

$$x_1=3w_{00}-4w_{01}+2w_{02}$$

$$\begin{cases}w_{02}=w_{01}\\ w_{01}=w_{00}\end{cases}\quad \text{(SOS 内部状态刷新)}$$

$$w_{10}=x_1-0.6w_{11}-0.5w_{12}$$

$$y(n)=3w_{10}+4w_{11}+2w_{12}$$

$$\begin{cases}w_{12}=w_{11}\\ w_{11}=w_{10}\end{cases}\quad \text{(SOS 内部状态刷新)}$$

(3) 典型型。

时域 I/O 差分方程为

$$w(n)=x(n)-0.64w(n-2)-0.25w(n-4)$$

$$y(n)=9w(n)-4w(n-2)+4w(n-4)$$

样值迭代算法：定义内部状态矢量 $\boldsymbol{w}=[w_0,w_1,w_2,w_3,w_4]$。

对每一输入样值 x，做下列循环：

$$w_0=x-0.64w_2-0.25w_4$$

$$y(n)=9w_0-4w_2+4w_4$$

$$\begin{cases}w_4=w_3\\ w_3=w_2\\ w_2=w_1\\ w_1=w_0\end{cases}\quad \text{(内部状态刷新)}$$

讨论：两种滤波器实现形式，若仅考虑延迟寄存器的状态为独立内部状态，则总的内部状态变量数一样，均为4个。

5.3.4　并联型

若把数字滤波器系统函数表示为实系数二阶多项式部分因式之和的形式，则总系统函数是各二阶节表示的子系统的并联：

$$H(z)=H_1(z)+H_2(z)+\cdots+H_L(z) \tag{5.3.2}$$

并联型滤波器总输出 $y(n)$ 的 z 变换 $Y(z)$ 可以写为

$$Y(z)=H_1(z)X(z)+H_2(z)X(z)+\cdots+H_L(z)X(z) \tag{5.3.3}$$

这意味着输入序列 $x(n)$ 通过并联的 L 个子滤波器后，在输出端把它们累加起来就可得到总输出 $y(n)$。每个子滤波器通常选用式(5.3.4)所示的SOS：

$$H_i(z)=\frac{b_{i0}+b_{i1}z^{-1}+b_{i2}z^{-2}}{1+a_{i1}z^{-1}+a_{i2}z^{-2}},\quad i=1,2,\cdots,L \tag{5.3.4}$$

每个 $H_i(z)$ 由一对共轭复极点产生，并且可用直接型Ⅰ或典型型的形式实现。并联型实现的数字滤波器方框图如图5.3.7所示。

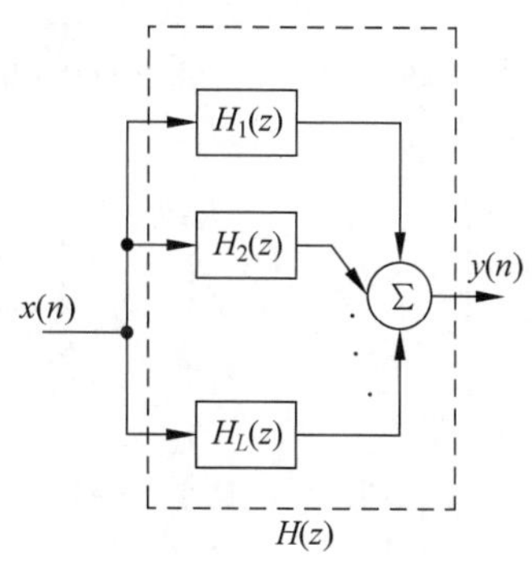

图5.3.7　采用并联型 $H(z)$ 方框图

并联型滤波器的实现特点如下：

(1) 运算速度快，各子网络对输入同时计算。它较之直接型、级联型结构，运算速度最快。

(2) 可单独调整滤波器极点。

(3) 各基本节的运算误差互不影响。它较之直接型、级联型结构，累积运算误差最小。

5.3.5　转置型

根据线性信号流图中的转置理论：把基本信号流图网络中所有支路的方向颠倒，且将输入 $x(n)$ 和输出 $y(n)$ 位置互换，则转置后的网络结构的输入输出关系和原来网络的一样（系统传输函数保持不变）。

所有上述各种滤波器的实现都可得到其转置型。两者传输函数一样，但有限字长的影响不同。例如，对图5.3.4(d)的直接型Ⅱ结构，转置后的网络如图5.3.8所示，画成输入在左方，输出在右方的习惯形式，则如图5.3.9所示。

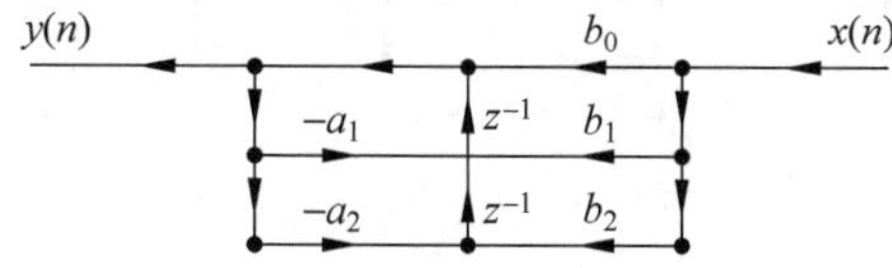

图5.3.8　直接型Ⅱ结构的转置

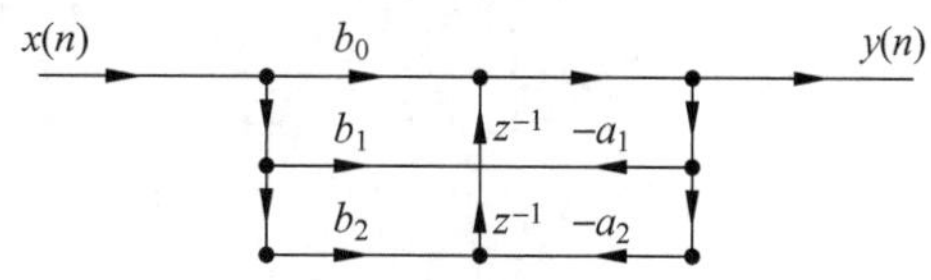

图5.3.9　输入在左，输出在右

5.4 有限长脉冲响应滤波器的基本结构

FIR 滤波器的系统单位采样脉冲响应 $h(n)$为有限长序列，系统函数 $H(z)$的极点在 $z=0$ 处，其网络结构的特点是没有反馈环路，即运算结构是非递归型的。

微课视频

1. 直接型 FIR 滤波器

从卷积形式的滤波器描述知道，IIR 滤波器的单位采样脉冲响应 $h(n)$无限长；而 FIR 滤波器的 $h(n)$是有限长，故 FIR 滤波器的直接型实现可直接用 $h(n)$作为滤波器的系数(延时抽头的权值)，即横向滤波器(直接卷积型结构)。其时域 I/O 差分方程为

$$y(n)=\sum_{i=0}^{N-1}h(i)x(n-i) \tag{5.4.1}$$

按照式(5.4.1)的时域 I/O 差分方程直接画出 FIR 滤波器直接型结构图如图 5.4.1 所示。

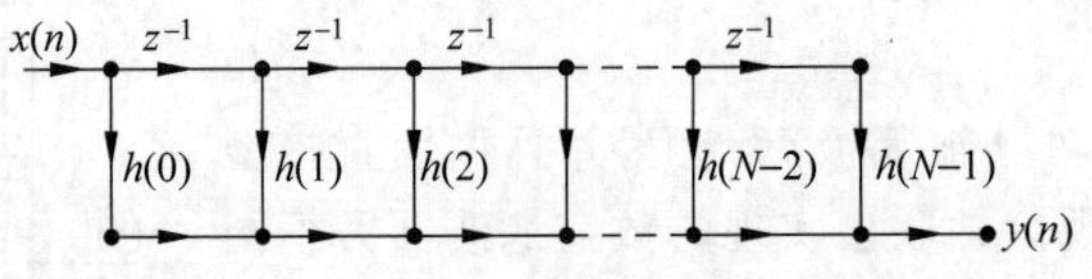

图 5.4.1 FIR 滤波器直接型结构图

2. 级联型 FIR 滤波器

将滤波器系统函数 $H(z)$分解成实系数二阶因子的乘积形式：

$$H(z)=\sum_{n=0}^{N-1}h(n)z^{-n}=\prod_{k=1}^{\left[\frac{N}{2}\right]}(\beta_{0k}+\beta_{1k}z^{-1}+\beta_{2k}z^{-2}) \tag{5.4.2}$$

式中，$\left[\frac{N}{2}\right]$表示取$\frac{N}{2}$的整数部分。若 N 为偶数，则 $N-1$ 为奇数，故系数 $\beta_{2k}\left(k=1,2,\cdots,\left[\frac{N}{2}\right]\right)$中至少有一个为零。这是因为，这时 $H(z)$在 z 域上有奇数个根，其中复数根成共轭对，为偶数个，综合起来，$H(z)$应有奇数个非零实根，而 $H(z)$的实数根对应一阶因子。图 5.4.2 画出了 N 为奇数时，FIR 滤波器的级联结构，其中每个二阶因子用图 5.4.1 所示的 FIR 滤波器直接型结构。

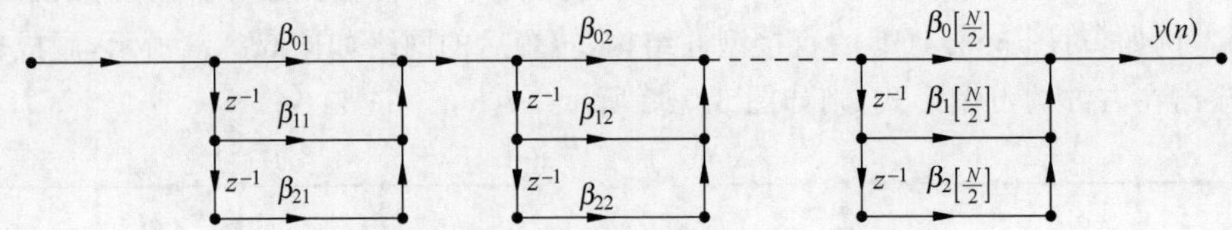

图 5.4.2 FIR 滤波器的级联型结构(N 为奇数)

微课视频

3. 线性相位型 FIR 滤波器

FIR 滤波器系统的最主要特性之一就是它可以构成具有线性相位特性的滤波器。

(1) 线性相位特性：滤波器对不同频率 ω_i 的输入正弦波信号，输出响应所产生的相移 φ_i 和该输入正弦波的频率呈线性关系，即

$$\varphi_i = k\omega_i$$

其中，k 是滤波器线性相频特性的斜率。

(2) 信号无频率失真：对线性相位的滤波器，当滤波器通带内通过多个频率信号时，输出各频率分量的瞬时相位均满足

$$\varphi_T(t) = \omega_i t + k\omega_i = \omega_i(t+k)$$

其中，k 可认为是所有频率分量的延迟。因为滤波器线性相频特性的斜率决定了输入信号的所有频率分量均产生延迟 $T=k$($k<0$ 表示右移——延迟，$k>0$ 表示左移——超前)，所以滤波器通带内的信号输入无频率失真。

(3) 线性相位型 FIR 滤波器结构特点：可证明单位采样脉冲响应长度为 N 的线性相位的因果 FIR 滤波器，其单位采样脉冲响应 $h(n)$是实的，且相对$\frac{N-1}{2}$一定是奇(或偶)对称的($N=$奇数时具有实际的对称中心点，$N=$偶数时是虚的对称点)。线性相位型 FIR 滤波器 $h(n)$的对称性使其网络结构只需$\frac{N}{2}$(N 为偶数)或$\frac{N-1}{2}$(N 为奇数)个乘法器进行相应的乘法运算。线性相位型 FIR 滤波器的结构如图 5.4.3 所示。

例 5.4.1　FIR 滤波器传递函数为 $H(z)=1+\left(16+\frac{1}{16}\right)z^{-4}+z^{-8}$。

(1) 确定并画出滤波器的直接型、线性相位型和级联型网络结构。

(2) 画出用这 3 种形式表示时，滤波器的单位采样脉冲响应波形。

解：例 5.4.1 涉及的 MATLAB 程序参考实现见 5.6 节。

(1) 直接型时域 I/O 差分方程为

$$y(n)=x(n)+16.0625x(n-4)+x(n-8)$$

线性相位型时域 I/O 差分方程为

$$y(n)=[x(n)+x(n-8)]+16.0625x(n-4)$$

级联型的 FIR 滤波器系统函数的系数可编写以下 MATLAB 程序计算得到。

```
b0 = 1                                ;(FIR滤波器级联型系统函数归一化系数)
B = 1.0000    2.8284   4.0000   ;(输出数组 B 的每行对应式(5.4.2)中一级,k = 1)
    1.0000    0.7071   0.2500   ;(顺序地对应式(5.4.2)中的系数 β0k、β1k、β2k,k = 2)
    1.0000   - 0.7071  0.2500   ;(k = 3)
    1.0000   - 2.8284  4.0000   ;(k = 4)
A =  1        0        0
     1        0        0
     1        0        0
     1        0        0
```

此 FIR 滤波器的直接型、线性相位型和级联型结构分别如图 5.4.4(a)、图 5.4.4(b)和图 5.4.4(c)所示。

(2) 滤波器单位采样脉冲响应 $h(n)$波形可通过运行本书编写的 MATLAB 程序实现，如图 5.4.5 所示。

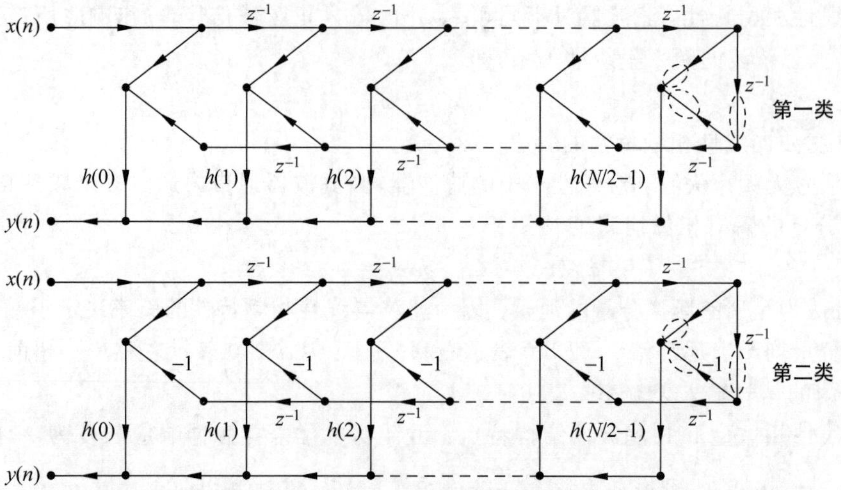

(a) N为偶数

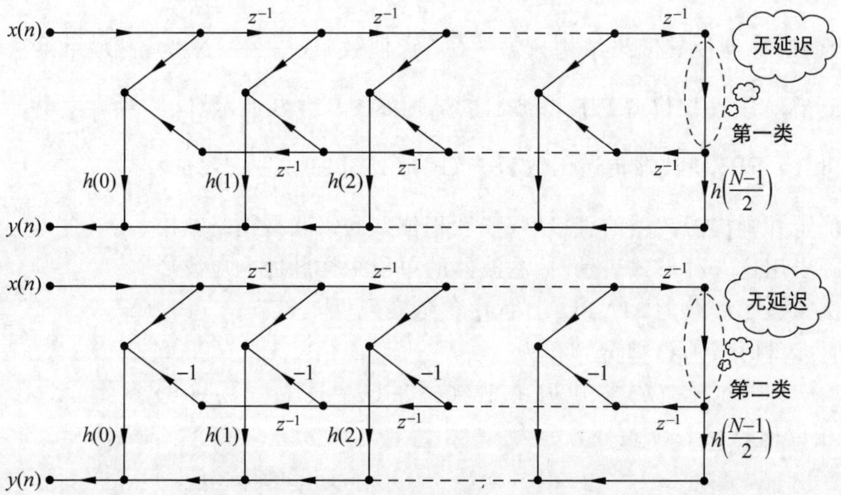

(b) N为奇数

图 5.4.3　线性相位型 FIR 滤波器的结构

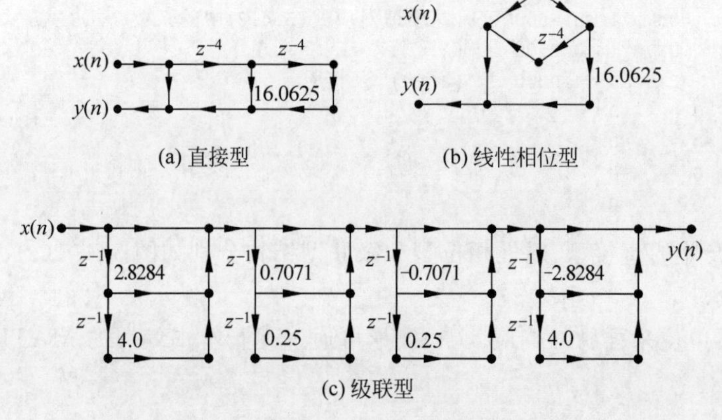

(a) 直接型　　(b) 线性相位型

(c) 级联型

图 5.4.4　例 5.4.1 中 FIR 滤波器结构图

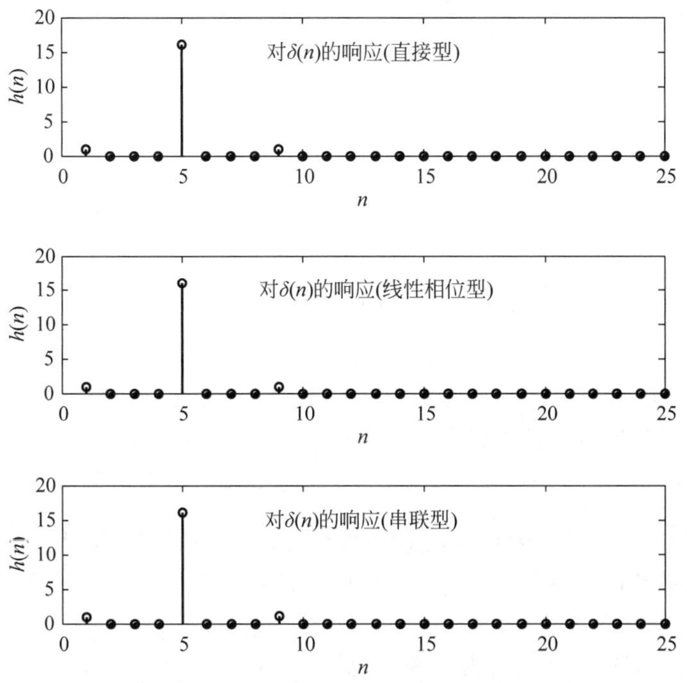

图 5.4.5 例 5.4.1 中 FIR 滤波器的单位采样脉冲响应图

4. 频率采样型 FIR 滤波器

设函数 $H(k)$是 FIR 滤波器单位采样脉冲响应 $h(n)$的 N 点 DFT。根据 DFT 与 ZT 的函数关系，FIR 滤波器的系统函数可写为

$$H(z)=\frac{1}{N}(1-z^{-N})\sum_{k=0}^{N-1}\frac{H(k)}{1-W_N^{-k}z^{-1}} \tag{5.4.3}$$

其中，$H(k)=H(z)\Big|_{z=e^{j\frac{2\pi}{N}k}}$，$k=0,1,2,\cdots,N-1$。

根据式(5.4.3)构成的 FIR 滤波器网络结构，就是其频率采样型结构，即用系统函数为 $H_c(z)=(1-z^{-N})$的 FIR(梳状)滤波器与 IIR 滤波器级联而成。这里的 IIR 滤波器是 N 个一阶网络 $H_k(z)$的并联：

$$\sum_{k=0}^{N-1}H_k(z)=\sum_{k=0}^{N-1}\frac{H(k)}{1-W_N^{-k}z^{-1}}$$

每个系统函数为 $H_k(z)$的一阶子网络，均是一个无损耗的 IIR 谐振器；谐振频率分别是数字域频率$\frac{2\pi}{N}k$。

频率采样型 FIR 的滤波器结构如图 5.4.6 所示。

1）梳状陷波滤波器(notch filter)

梳状滤波器的系统函数一般表达式为

$$H(z)=\frac{1-r^Nz^{-N}}{1-a^Nz^{-N}} \tag{5.4.4}$$

其中，当 $a=0$，$r=1$ 时，梳状滤波器称为“FIR(梳状)陷波滤波器”，系统函数退化为

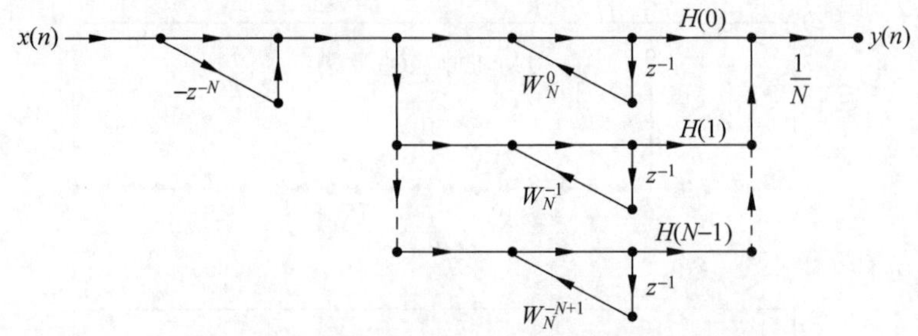

图 5.4.6 频率采样型 FIR 的滤波器结构

$$H(z)=1-z^{-N} \tag{5.4.5}$$

式(5.4.5)所表示的 FIR 梳状滤波器网络结构如图 5.4.7(a)所示。

FIR 梳状滤波器系统函数的零点是令 $1-z^{-N}=0$,在 z 域求得

$$z_k=\mathrm{e}^{\mathrm{j}\frac{2\pi}{N}k},\quad k=0,1,2,\cdots,N-1$$

即 z 平面单位圆上的 N 个等分点就是 FIR 梳状滤波器系统函数的 N 个零点。

FIR 梳状滤波器的极点是 z 平面上 $z=0$ 处的 N 阶极点。综合起来,FIR 梳状滤波器零点、极点分布如图 5.4.7(b)所示。

令 $z=\mathrm{e}^{\mathrm{j}\omega}$ 代入式(5.4.5),可得其频率响应:

$$H(\mathrm{e}^{\mathrm{j}\omega})=1-\mathrm{e}^{-\mathrm{j}\omega N} \tag{5.4.6}$$

由式(5.4.6)可得 FIR 梳状滤波器幅频响应:

$$H(\omega)=|H(\mathrm{e}^{\mathrm{j}\omega})|=2\left|\sin\left(\frac{N}{2}\omega\right)\right| \tag{5.4.7}$$

式(5.4.7)所对应的幅频响应曲线如图 5.4.7(c)所示,是状如梳子的齿。由图 5.4.7(c)可知,在频率 $\omega_k=\frac{2\pi}{N}k\,(k=0,1,\cdots,N-1)$ 处的 FIR 梳状滤波器幅频响应为零,即**陷波**。

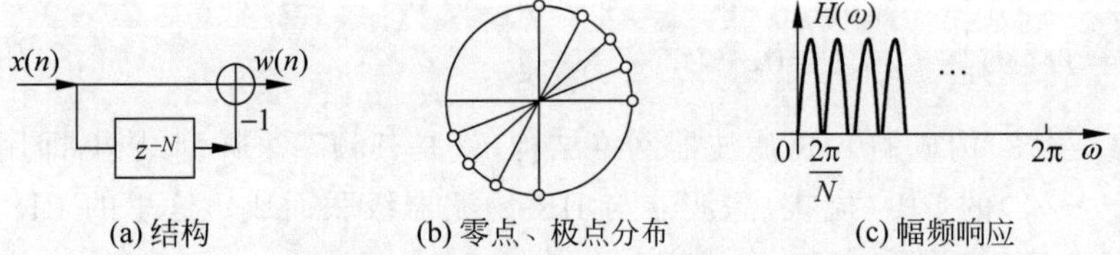

图 5.4.7 FIR 梳状滤波器的结构,零点、极点分布和幅频响应

式(5.4.4)中,当 $a<1$,且接近于 $1,r=1$ 时,梳状滤波器为“IIR(梳状)陷波滤波器”,其系统函数具体为:

$$H(z)=\frac{1-z^{-N}}{1-a^N z^{-N}} \tag{5.4.8}$$

式(5.4.8)的零点、极点分布如图 5.4.8(a)所示。由图 5.4.8(a)可知,IIR 梳状滤波器零点是 z 平面单位圆上的 N 个等分点:

$$z_k=\mathrm{e}^{\mathrm{j}\frac{2\pi}{N}k},\quad k=0,1,2,\cdots,N-1$$

N 个极点在 z 平面单位圆内,接近单位圆:

$$az_k=a\mathrm{e}^{\mathrm{j}\frac{2\pi}{N}k},\quad k=0,1,2,\cdots,N-1$$

z 平面单位圆上旋转点 $z=e^{j\omega}$ 对零点、极点对(z_i，az_i)的距离近似相等，其中 $i=0$，$1,\cdots,N-1$，但当单位圆上的点 z 旋转到频率 $\omega_i=i\dfrac{2\pi}{N}$ 弧度处，与该处零点 z_i 的距离等于零，故 IIR 梳状滤波器幅频响应 $|H(\omega)|$ 近似是平坦的，只在频率点 $i\dfrac{2\pi}{N}$ 上有极小值，其幅频响应如图 5.4.8(b)所示，形状如梳子的齿。

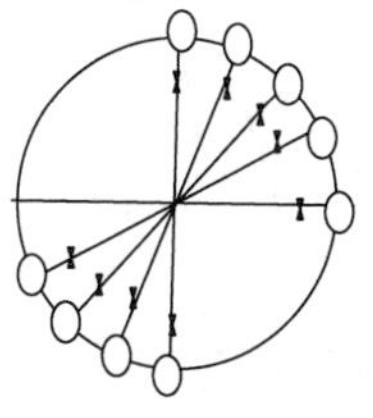

(a) 零点、极点分布

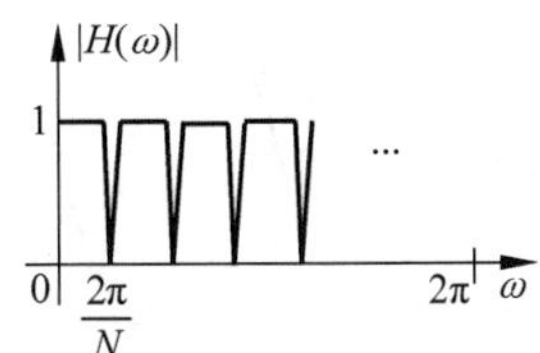

(b) 幅频响应

图 5.4.8　IIR 梳状滤波器零点、极点分布和幅频响应

例 5.4.2　梳状滤波器有两种形式：

FIR 梳状滤波器　　　$H_1(z)=1-z^{-N}$

IIR 梳状滤波器　　　$H_2(z)=\dfrac{1-z^{-N}}{1-a^Nz^{-N}}$

分别对 $N=8$，$a=0.8$ 和 0.98 计算并图示两种形式的梳状滤波器零点、极点分布及幅频特性曲线。最后讨论 FIR、IIR 梳状滤波器的特点。

解：例 5.4.2 的 MATLAB 程序参考实现见 5.6 节。

MATLAB 程序运行得零点、极点分布及幅频特性曲线如图 5.4.9 所示。

讨论：

(1) 梳状滤波器可滤除输入信号中 $\omega=k\dfrac{2\pi}{N}(k=0,1,2,\cdots,N-1)$ 的频率分量，如用于消除电网工频谐波干扰，在彩色电视接收机中进行亮度、色度信号分离、三色信号分离等。

(2) IIR 梳状滤波器具有更平坦的通带特性和更窄的过渡带。在滤波器极点接近 z 平面上的单位圆时幅频响应通带的平坦特性更加明显。

2) 无损耗 IIR 并联谐振器

(1) 无损耗 IIR 谐振器。

前面学习频率采样型 FIR 滤波器网络结构时，已经介绍了无损耗 IIR 谐振器的系统函数为 $H_k(z)=\dfrac{H(k)}{1-W_N^{-k}z^{-1}}$，是一阶数字系统，$H(k)$ 为式(5.4.3)所示 FIR 滤波器频率响应函数的频域采样值，是常数。$H_k(z)$ 在 z 域单位圆上 $z_k=e^{j\frac{2\pi}{N}k}$ 处有一极点，物理上可解释为：系统函数为 $H_k(z)$ 的 IIR 滤波器对频率为 $\omega_k=\dfrac{2\pi}{N}k$ 的输入序列的响应是无穷大(∞)，说明 IIR 滤波器 $H_k(z)$ 对频率为 ω_k 的输入信号不稳定，工程实践上表现为系统对该频率的信号“谐振”，且无损耗。故此一阶系统是谐振频率为 $\omega_k=\dfrac{2\pi}{N}k$ 的无损耗 IIR 谐振器。如果谐振器的频率响应不是无穷大，则是有损耗的。

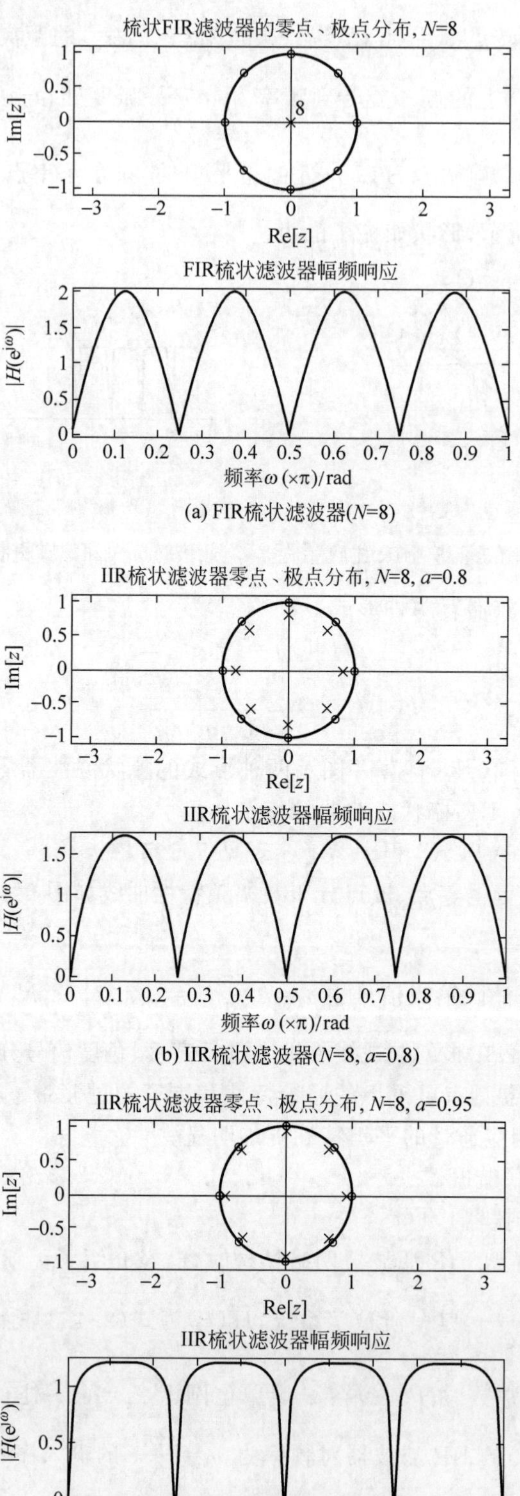

图 5.4.9 例 5.4.2 梳状滤波器零点、极点分布和幅频特性曲线

(2) 并联 IIR 谐振器。

由多个谐振频率不同的一阶无损耗 IIR 谐振器并联，就构成了并联型 IIR 滤波器(并联 IIR 谐振器)，其系统函数为

$$H(z)=\sum_{k=0}^{N-1}\frac{H(k)}{1-W_N^{-k}z^{-1}} \tag{5.4.9}$$

式(5.4.9)所示的系统函数在 z 域单位圆上共有 N 个极点 $z_k=\mathrm{e}^{\mathrm{j}\frac{2\pi}{N}k}(k=0,1,2,\cdots,N-1)$，说明分别对 N 个频率分量 $\omega_k=\frac{2\pi}{N}k(k=0,1,2,\cdots,N-1)$ 是谐振的。

3) 修正的频率采样型 FIR 滤波器

(1) 频率采样型 FIR 滤波器的特点。

由上面对梳状滤波器和并联 IIR 谐振器的零点、极点分析可知，FIR 滤波器频率采样型网络中梳状滤波器在 z 平面单位圆上的 N 个零点恰好可以和并联 IIR 谐振器在 z 平面单位圆上的 N 个极点一一对应相消。总体上，FIR 滤波器对频率分量 $\omega_k=\frac{2\pi}{N}k$ 的响应正好是该滤波器频率响应的频域采样值 $H(k)$，频率采样型网络结构控制 FIR 滤波器的响应很直接。由于上述零点、极点对消机理，FIR 滤波器频响函数只在频率 $\omega_k=\frac{2\pi}{N}k$ 上取 $H(k)$，在其他频率点上，系统频率响应近似为常数，恰好保证 FIR 滤波器是稳定系统。

(2) 频率采样型 FIR 滤波器的最大问题。

上面分析得到频率采样型 FIR 滤波器中并联 IIR 谐振器的 N 个极点在 z 平面单位圆上，极点位置是由 FIR 滤波器理论上的系数决定的。在实际数字实现中，由于计算机或数字器件的有限字长效应等，滤波器的系数要量化，量化中一定有误差存在，故实现的并联 IIR 滤波器谐振点会移动(并联 IIR 谐振器的极点偏离理论位置)，这可能使梳状滤波器的零点和并联 IIR 谐振器的极点不能完全对消，导致 FIR 滤波器系统不稳定。

(3) 修正频率采样型 FIR 滤波器。

为了改善因梳状滤波器零点和并联 IIR 谐振器极点可能不完全对消，导致 FIR 滤波器可能不稳定的问题，实际应用中可以如下构造"修正频率采样型 FIR 滤波器"，即把并联 IIR 谐振器的极点设置在 z 平面上半径 r 小于 1 但近似于 1 的圆周上；相应地把梳状滤波器的零点也移到同一个半径小于 1 的圆周上，实现与并联 IIR 谐振器的极点一一对消。这时可实现的"修正"频率采样型 FIR 滤波器传输函数：

$$H(z)\approx\frac{1}{N}(1-r^Nz^{-N})\sum_{k=0}^{N-1}\frac{H(k)}{1-rW_N^{-k}z^{-1}},\quad r\leqslant 1 \tag{5.4.10}$$

将式(5.4.10)加以简化，求得并联 IIR 谐振器的各个极点(即 $H(z)$的极点)：

$$z_k=r\mathrm{e}^{\mathrm{j}\frac{2\pi}{N}k},\quad k=0,1,\cdots,N-1 \tag{5.4.11}$$

(4) 根据各个极点的情况讨论"修正"频率采样型 FIR 滤波器网络结构。

式(5.4.11)中的共轭复极点在半径为 r 的圆周上，且以实轴为轴成对称分布，满足

$$z_{N-k}=z_k^* \tag{5.4.12}$$

即

$$rW_N^{-(N-k)}=r\mathrm{e}^{\mathrm{j}\frac{2\pi}{N}(N-k)}=r(\mathrm{e}^{\mathrm{j}\frac{2\pi}{N}k})^*=(rW_N^{-k})^* \tag{5.4.13}$$

式中，$W_N=\mathrm{e}^{-\mathrm{j}\frac{2\pi}{N}}$。

由于FIR滤波器单位采样脉冲响应$h(n)$是实数，故其N点DFT，$H(k)=\mathrm{DFT}[h(n)]$也是共轭对称的。因此，可以将式(5.4.10)中的第k个与第$(N-k)$个一阶IIR谐振器合并为一个实系数的二阶网络，以$H_k(z)$表示：

$$\begin{aligned}H_k(z)&=\frac{H(k)}{1-rW_N^{-k}z^{-1}}+\frac{H(N-k)}{1-rW_N^{-(N-k)}z^{-1}}\\&=\frac{H(k)}{1-rW_N^{-k}z^{-1}}+\frac{H^*(k)}{1-r(W_N^{-k})^*z^{-1}}\\&=\frac{a_{0k}+a_{1k}z^{-1}}{1-z^{-1}2r\cos\left(\frac{2\pi}{N}k\right)+r^2z^{-2}},\quad\begin{cases}k=1,2,\cdots,\dfrac{N-1}{2}, & N\text{ 为奇数}\\k=1,2,\cdots,\dfrac{N}{2}-1, & N\text{ 为偶数}\end{cases}\end{aligned}\tag{5.4.14}$$

其中，

$$\begin{cases}a_{0k}=2\mathrm{Re}[H(k)]\\a_{1k}=-2r\mathrm{Re}[H(k)W_N^k]\end{cases}\tag{5.4.15}$$

由于式(5.4.14)所示的二阶网络的极点在z平面单位圆内，而不在单位圆上，因而从滤波器频率响应的几何解释可知，它相当于一个有限Q值的IIR谐振器，谐振频率为$\omega_k=\frac{2\pi}{N}k$，其网络结构如图5.4.10所示。

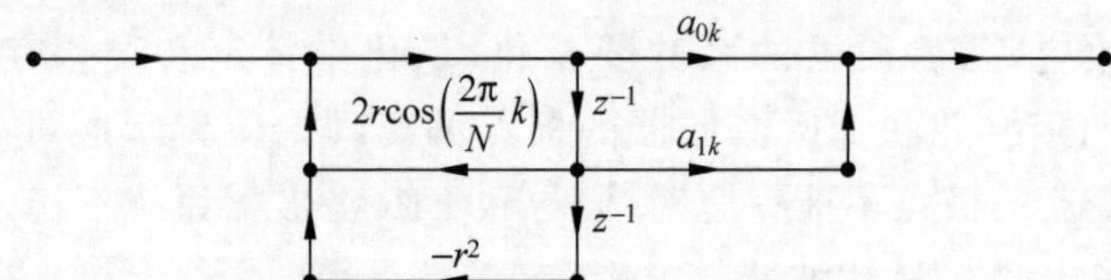

图5.4.10 式(5.4.14)所示的二阶IIR谐振器$H_k(z)$

式(5.4.11)中的实极点对应的是一阶IIR网络，其系统函数为

$$H_0(z)=\frac{H(0)}{1-rz^{-1}}\tag{5.4.16}$$

$$H_{\frac{N}{2}}(z)=\frac{H\left(\frac{N}{2}\right)}{1+rz^{-1}},\quad\text{当 }N\text{ 为偶数时}\tag{5.4.17}$$

当然，由式(5.4.11)可知，当N为偶数时，有一对实极点(即$k=0$及$k=N/2$时的极点)，对应有式(5.4.16)和式(5.4.17)所示两个一阶网络；当N为奇数时，只有一个实极点(即$k=0$的极点)，对应只有式(5.4.16)所示一个一阶网络$H_0(z)$。

最后，将并联IIR谐振器的实极点、复极点以及梳状滤波器合起来，得到修正频率采样型FIR滤波器的实系数系统函数$H(z)$及其对应的总网络结构。

当N为偶数时，修正频率采样型FIR滤波器的系统函数$H(z)$：

$$H(z)=(1-r^Nz^{-N})\frac{1}{N}\left[H_0(z)+H_{\frac{N}{2}}(z)+\sum_{k=1}^{N/2-1}H_k(z)\right]\tag{5.4.18}$$

对应的网络结构图如图 5.4.11 所示，图中由一阶网络 $H_0(z)$，$H_{N/2}(z)$和各二阶网络 $H_k(z)$构成，$k=1,2,\cdots,\frac{N}{2}-1$。

当 N 为奇数时，修正频率采样型 FIR 滤波器的系统函数 $H(z)$：

$$H(z)=(1-r^N z^{-N})\frac{1}{N}\left[H_0(z)+\sum_{k=1}^{(N-1)/2}H_k(z)\right] \tag{5.4.19}$$

对应的网络结构图，只需将图 5.4.11 所示的网络结构中去掉一阶网络 $H_{N/2}(z)$，只由一阶网络 $H_0(z)$和各二阶网络 $H_k(z)$构成，$k=1,2,\cdots,\frac{N-1}{2}$。

图 5.4.11 中已经画出了一阶网络 $H_0(z)$和 $H_{N/2}(z)$的信号流图，而其中二阶网络 $H_k(z)$的结构如图 5.4.10 所示。

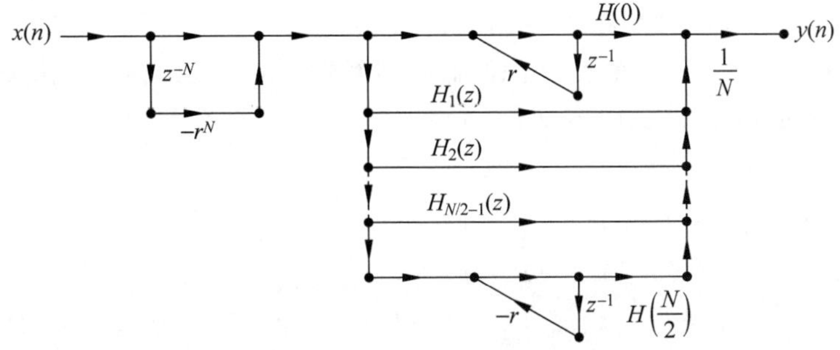

图 5.4.11 修正频率采样型 FIR 滤波器结构

5.5 格型结构

在数字滤波器网络结构中，格型网络是一类十分重要并且得到广泛应用的网络结构。本节分别讨论全零点(FIR)格型滤波器和全极点(IIR)格型滤波器。

1. 全零点(FIR)格型滤波器

一个 N 阶的 FIR 滤波器的系统函数 $H(z)$，不失一般地可写成式(5.5.1)的形式：

$$H(z)=B(z)=\sum_{i=0}^{N}b_i z^{-i}=1+\sum_{i=1}^{N}b_N^{(i)}z^{-i} \tag{5.5.1}$$

其中，$b_N^{(i)}$ 表示 N 阶 FIR 滤波器的第 i 个系数，并假设首项(零次幂)系数 $b_0=1$。$H(z)$对应的格型结构如图 5.5.1 所示。

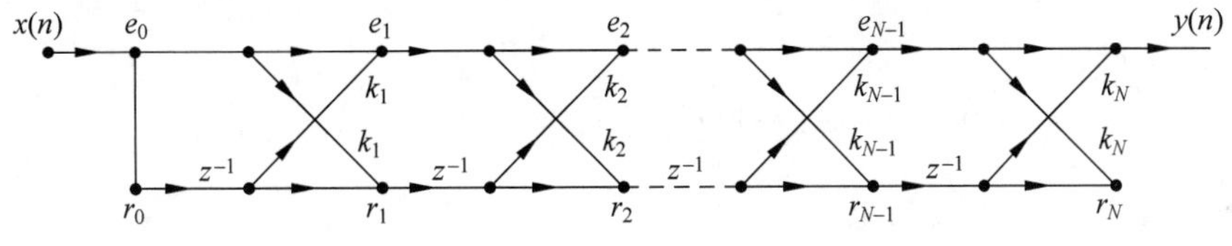

图 5.5.1 全零点(FIR)格型滤波器网络结构

图 5.5.1 所示的网络结构可看成由 N 个如图 5.5.2 所示的格型网络单元级联而成，其

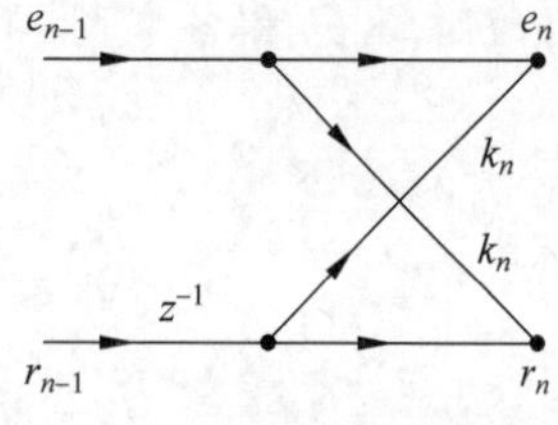

图 5.5.2 全零点(FIR)格型结构基本单元

中 $k_n(n=1,2,\cdots,N)$ 又称为反射系数,每个格型网络单元有两个输入端和两个输出端。由图 5.5.1 可见,输入信号 $x(n)$ 同时送到第一级格型网络单元的两个输入端,而在输出端仅取最后一级格型网络单元上面的一个输出端作为整个 FIR 格型滤波器的输出信号 $y(n)$。

下面以二阶 FIR 滤波器为例,掌握如何从已知的滤波器系统函数求出其格型网络结构系数,并画出其格型网络结构图。

例 5.5.1 设二阶 FIR 滤波器系统函数为

$$H(z)=1+\frac{1}{4}z^{-1}-\frac{1}{2}z^{-2}$$

求其格型网络结构系数,并画出格型网络结构图。

解:由图 5.5.1 所示的一般 FIR 滤波器格型网络结构单元的输入输出关系可知

$$\begin{aligned}
r_1(n)&=k_1e_0(n)+r_0(n-1)\\
e_0(n)&=r_0(n)=x(n)\\
e_1(n)&=e_0(n)+k_1r_0(n-1)\\
e_2(n)&=e_1(n)+k_2r_1(n-1)\\
&=e_0(n)+k_1r_0(n-1)+k_2k_1e_0(n-1)+k_2r_0(n-2)\\
&=x(n)+(k_1+k_2k_1)x(n-1)+k_2x(n-2)
\end{aligned}$$

因此,图 5.5.1 所示的 FIR 滤波器“二级格型网络”的输入输出关系可用二阶差分方程描述:

$$y(n)=x(n)+(k_1+k_2k_1)x(n-1)+k_2x(n-2)$$

题目已知二阶 FIR 滤波器系统函数为 $H(z)=1+\frac{1}{4}z^{-1}-\frac{1}{2}z^{-2}$,对应的时域 I/O 差分方程为

$$y(n)=x(n)+\frac{1}{4}x(n-1)-\frac{1}{2}x(n-2)$$

所以令

$$\begin{cases}k_2=-\dfrac{1}{2}\\[2ex] k_1+k_2k_1=\dfrac{1}{4}\end{cases}$$

解上述方程组,求出所给 FIR 滤波器格型网络结构系数为

$$k_1=\frac{1}{2},\quad k_2=-\frac{1}{2}$$

最后画出所给全零点(FIR)滤波器格型网络结构图,如图 5.5.3 所示。

2. 全极点(IIR)格型滤波器

给定全极点滤波器的系统函数,可以根据 FIR 滤波器格型网络结构开发 IIR 滤波器的格型网络结构。设一个全极点滤波器的系统函数由式(5.5.2)给定:

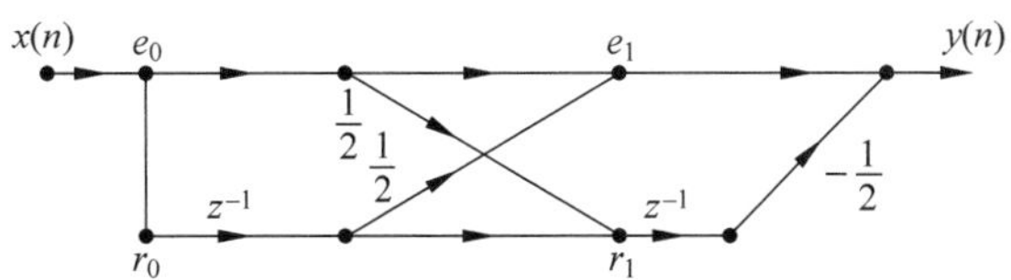

图 5.5.3 例 5.5.1 中的 FIR 滤波器格型网络结构

$$H(z)=\frac{1}{1+\sum_{i=1}^{N}a_N^{(i)}z^{-i}}=\frac{1}{A(z)} \tag{5.5.2}$$

其中，$a_N^{(i)}$ 为分母多项式中 z^{-i} 项的系数。与式(5.5.1)比较可知，$H(z)=\frac{1}{A(z)}$是 FIR 滤波器系统 $B(z)=A(z)$的逆系统，所以可以按照系统求逆准则得到 $H(z)=\frac{1}{A(z)}$的格型网络结构如图 5.5.4 所示。

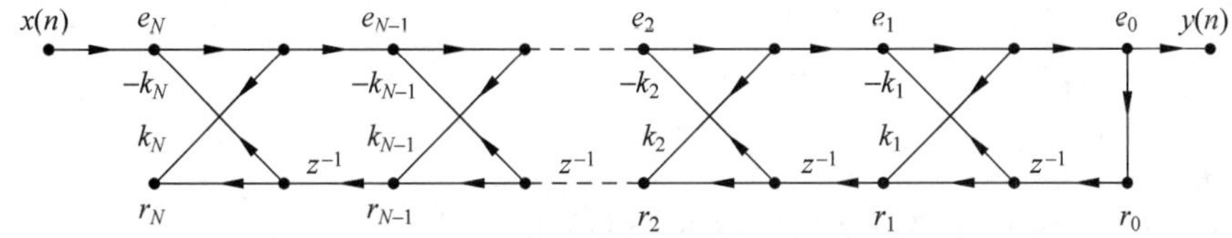

图 5.5.4 全极点(IIR)格型滤波器网络结构

比较图 5.5.1 和图 5.5.4，可总结格型网络结构系统求逆准则如下：

(1) 将输入至输出的无延迟通路全部反向，并把该通路的常数值支路增益改变为原来增益值的倒数，图 5.5.1 中上面 $e_0-e_1-e_2-\cdots-e_N$ 的支路，增益全为 1；

(2) 再把指向上面这条新通路的各节点的其他支路的增益(指向上面节点的各支路增益：反射系数)改变为原来增益值的负值；

(3) 将输入和输出交换位置；

(4) 按照常规，将输入画在网络左端，输出画在网络右端，最终所得的格型网络(如图 5.5.4 所示)的系统函数正好就是原来 FIR 滤波器系统函数的倒数。

5.6 MATLAB 实现

本节给出的 MATLAB 实现参考程序，均在 MATLAB 7.4.0 环境下调试通过。

(1) 例 5.4.1 参考的 MATLAB 实现(即 FIR 直接型、线性相位型和级联型的单位采样脉冲响应程序)

```
b = [1,0,0,0,16 + 1/16,0,0,0,1];
[b0,B,A] = dir2cas(b,1);            %级联型结构系数
N = 24;n = 1:N + 1;
delta = impseq(0,0,N); h1 = filter(b,1,delta); h2 = casfiltr(b0,B,A,delta);
fprintf('\n *** 由图可知这三种形式的单位冲激响应是一致的\n')
subplot(3,1,1); stem(n,h1);gtext('Response to \delta(n), Direct Form')
subplot(3,1,2); stem(n,h2);gtext(' Response to \delta(n),Linear Phase')
axis([0,25,0,20])
```

```
subplot(3,1,3); stem(n,h2);gtext('Response to \delta(n), Cascade Form')
axis([0,25,0,20])
```

(2) 例 5.4.2 参考的 MATLAB 实现(即画出梳状滤波器的零点、极点及幅频特性曲线)

```
% zero/pole plot    H(z) = sum[b(i)z^(-i)]/sum[1-a(i)z^(-i)], let N = 8
%clear all;close all;
N = 8;                          %2*pi/N = 0.25*pi;
r1 = 0.8;
r2 = 0.95;
b = [1 zeros(1,N-1) -1];
a0 = 1;
a1 = [1 zeros(1,N-1) -r1^N];
a2 = [1 zeros(1,N-1) -r2^N];
subplot(2,1,1)
zplane(b,a0)
st1 = sprintf('zero-pole locations for FIR comb filter, N = %d',N);
title(st1);
[h,w] = freqz(b,a0);
%[z,p] = tf2zp(b,a)
subplot(2,1,2);
plot(w/pi,abs(h));
axis([0,1, min(abs(h)) - 0.05, max(abs(h)) + 0.05]);
ylabel('|H(e^j^w)|');
xlabel('frequency unit in /pi rad');
title('Frequency response to magnitude of FIR')

figure
[h1,w] = freqz(b,a1);
subplot (2,1,1); zplane(b,a1)
st1 = sprintf('zero-pole locations for IIR comb filter, N = %d',N);
st2 = sprintf(', a = %d',r1);
st = [st1 st2];
title(st);
subplot(2,1,2);plot(w/pi,abs(h1));
axis([0,1, min(abs(h1)) - 0.05, max(abs(h1)) + 0.05]);
ylabel('|H(e^j^w)|');
%subplot(2,1,2);plot(w/pi,angle(h));
%axis([0,1, min(angle(h)) - 0.05, max(angle(h)) + 0.05]);
xlabel('frequency unit in /pi rad');
%ylabel('Phase of H(jw) in rad');
title('Frequency response to magnitude of IIR');

figure
[h2,w] = freqz(b,a2);
subplot (2,1,1); zplane(b,a2)
st1 = sprintf('zero-pole locations for IIR comb filter, N = %d',N);
st2 = sprintf(', a = %d',r2);
st = [st1 st2];
title(st);
subplot(2,1,2);plot(w/pi,abs(h2));
axis([0,1, min(abs(h2)) - 0.05, max(abs(h2)) + 0.05]);
```

```
ylabel('|H(e^j^w)|');
% subplot(2,1,2);plot(w/pi,angle(h));
% axis([0,1, min(angle(h)) - 0.05, max(angle(h)) + 0.05]);
xlabel('frequency unit in /pi rad');
% ylabel('Phase of H(jw) in rad');
title('Frequency response to magnitude of IIR');
```

5.7 习题

5.1　设数字系统用下面时域 I/O 差分方程描述：

$$y(n)-\frac{3}{4}y(n-1)+\frac{1}{8}y(n-2)=x(n)+\frac{1}{3}x(n-1)$$

试分别画出系统的直接型、级联型和并联型网络结构。差分方程中 $x(n)$ 和 $y(n)$ 分别表示系统的输入和输出信号。

5.2　设数字滤波器的时域 I/O 差分方程为

$$y(n)=(a+b)y(n-1)-aby(n-2)+x(n-2)+(a+b)x(n-1)+abx(n)$$

式中 $|a|<1$，$|b|<1$，试画出系统的直接型、级联型结构，$x(n)$ 和 $y(n)$ 分别表示系统的输入和输出信号。

5.3　用直接型Ⅰ及典型型结构实现以下系统函数描述的数字系统：

$$H(z)=\frac{3+4.2z^{-1}+0.8z^{-2}}{2+0.6z^{-1}-0.4z^{-2}}$$

5.4　用级联型结构实现以下系统函数描述的数字系统，试问一共能构成几种级联型网络？

$$H(z)=\frac{4(z+1)(z^2-1.4z+1)}{(z-0.5)(z^2+0.9z+0.8)}$$

5.5　图 5.7.1 中画出了 4 个系统，试用各子系统的单位采样脉冲响应分别表示各总系统的单位采样脉冲响应 $h(n)$。并求其总系统函数 $H(z)$。

5.6　写出图 5.7.2 中各信号流图表示的数字系统的系统函数及时域 I/O 差分方程。

5.7　给出以下系统函数所描述数字系统的并联型实现：

$$H(z)=\frac{5.2+1.58z^{-1}+1.41z^{-2}-1.6z^{-3}}{(1-0.5z^{-1})(1+0.9z^{-1}+0.8z^{-2})}$$

5.8　已知 FIR 滤波器的单位采样脉冲响应为

$$h(n)=\delta(n)+0.3\delta(n-1)+0.72\delta(n-2)+0.11\delta(n-3)+0.12\delta(n-4)$$

试画出其级联型结构实现。

5.9　写出图 5.7.3 中各信号流图描述的数字系统的系统函数。

5.10　已知滤波器的单位采样脉冲响应为 $h(n)=0.9^nR_5(n)$，求出该滤波器的系统函数，并画出其直接型网络结构。

5.11　已知滤波器的单位采样脉冲响应为 $h(n)=\delta(n)-\delta(n-1)+\delta(n-4)$，试用频率采样结构来实现该滤波器。设频域采样点数 $N=5$，要求画出频率采样型网络结构图，写出滤波器的参数计算公式。

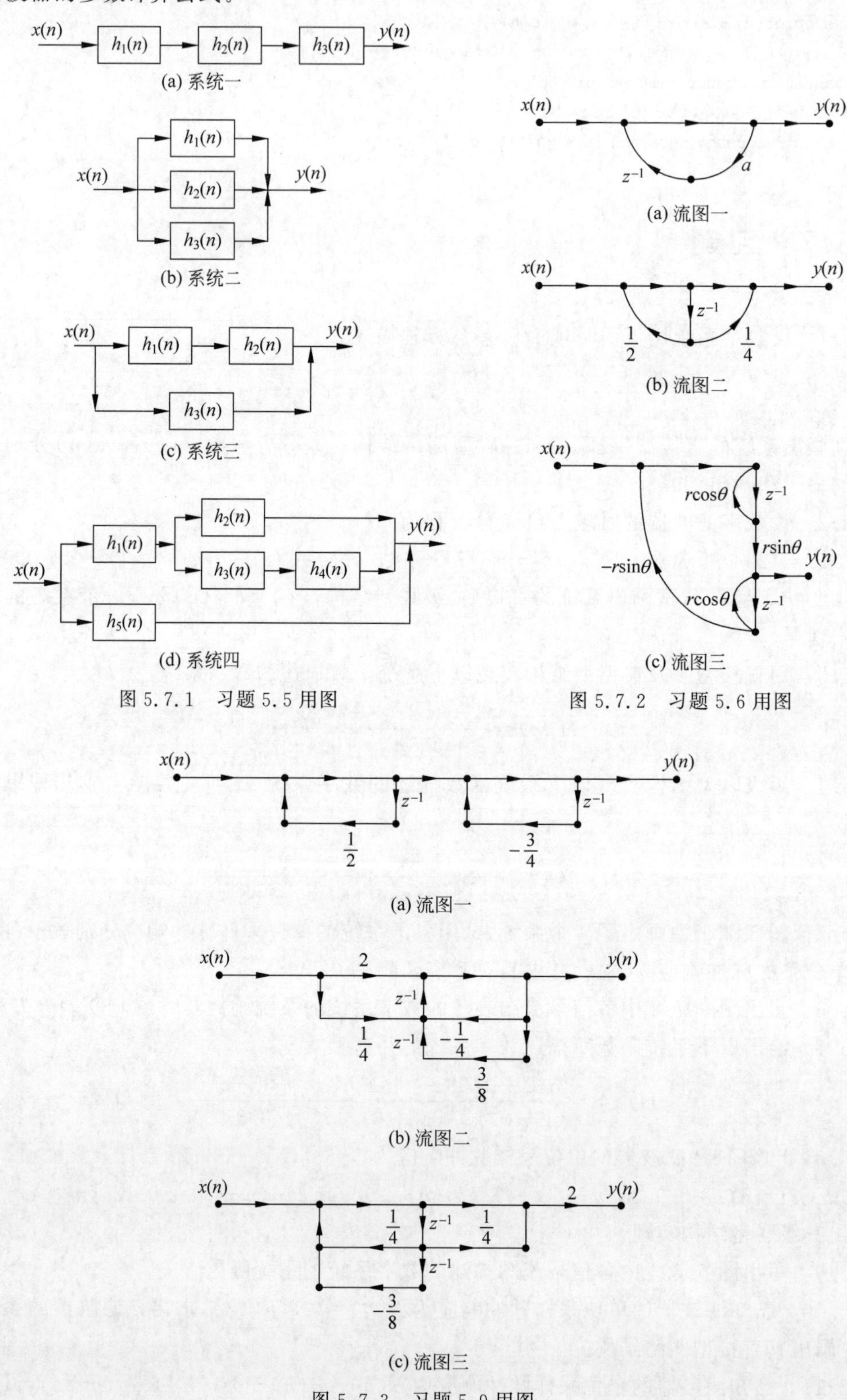

图 5.7.1 习题 5.5 用图

图 5.7.2 习题 5.6 用图

图 5.7.3 习题 5.9 用图

5.12 设某 FIR 滤波器的系统函数为

$$H(z)=\frac{1}{5}(1+3z^{-1}+5z^{-2}+3z^{-3}+z^{-4})$$

试画出此滤波器的线性相位型网络结构。

5.13 设滤波器的时域 I/O 差分方程为

$$y(n)=x(n)+x(n-1)+\frac{1}{3}y(n-1)+\frac{1}{4}y(n-2)$$

(1) 试用直接型Ⅰ,典型型及一阶节的级联型、一阶节的并联型网络结构实现此差分方程描述的滤波器。

(2) 求系统的频率响应(幅度响应及相位响应)。

(3) 设采样频率为 10kHz,输入正弦波幅度为 5,频率为 1kHz,试求该滤波器的稳态输出。

5.14 分别给定 3 个数字滤波器的系统函数为

$$H_1(z)=1-0.6z^{-1}-1.4145z^{-2}+0.864z^{-3}$$

$$H_2(z)=1-0.98z^{-1}+0.9z^{-2}-0.898z^{-3}$$

$$H_3(z)=H_1(z)/H_2(z)$$

分别画出它们的直接型网络结构。

思政小课堂

思政主题:基于 FIR 和 IIR 的位置姿态系统的低延时降噪方法

思政方向:课程知识在我国先进技术领域的应用、培养学生科研精神与爱国情操

通过前几章专业知识的学习,同学们已经掌握了 DTFT、z 变换、DFT、FFT。在学习的过程中可能会疑惑课程中的专业知识以及复杂的公式究竟是如何应用到我们的国家发展和日常生活中的。在课程的绪论中我们曾经学习过,数字信号处理广泛地应用于数字通信、雷达、遥感、图像处理、航空航天等领域,随着 2022 年神舟十二号载人航天飞船的成功发射,以及航天站的投入使用,航空航天也成为近期大众关注的热门话题。数字信号处理中提及的 FIR 和 IIR 滤波器的设计,在解决北斗卫星的发射和执行通信任务过程中,信号实时传输过程遇到的延时和精确度的问题发挥着重要作用。

我国的航天事业的建设起始于 1956 年,从 1970 年 4 月 24 日成功发射的第一颗人造地球卫星东方红一号,到近十年自主创新技术的显著增强,目前我国的航天成就已包括神舟、嫦娥、空间站、天问、长征系列运载火箭、北斗卫星导航系统、通信卫星、气象卫星、地球资源卫星、反卫星武器等多个领域(图 E.1)。其中北斗卫星导航系统是中国自主研制的全球卫星导航系统,可在全球范围内全天候、全天时为各类用户提供高精度、高可靠定位、导航、授时服务。卫星在发射和运行的过程中,对其位置和姿态信息的实时获取,是检测卫星是否处于正常工作状态的重要手段。地面控制中心将利用位置姿态测量系统(position and orientation system,POS)对卫星进行监测。它是一种航空遥感专用的惯性/卫星组合测量系统,主要用于测量与其固连的航空遥感载荷相位中心的位置、速度和姿态信息,并对成像进行运动补偿。

1956年-航天事业建设开始

1970年4月24日-东方红一号成功发射

神舟号

嫦娥

空间站

天问

长征系列运载火箭

北斗导航系统

通信卫星

气象卫星

地球卫星

反卫星武器

图 E.1 我国航天卫星发展历程

受距离和带宽等因素的限制,实际中对卫星信息的获取无法实现极小间隔的连续采样。同时,获取到的信息通常都带有一定的因为机械抖动偏频而产生的噪声,这些都会影响获取到的信号的精度,为了确保信息的精度,往往需要进行精密的滤波降噪。

FIR 滤波器能够实现严格的线性相位,有利于 POS 三轴惯性信息测量的同步和 POS 时延补偿。但随着航空遥感载荷成像精度的不断提高,要求 POS 能够测量更宽频率范围内的载荷运动,导致 FIR 滤波器阶数提高,运算量增加,使 POS 无法同时完成降噪解调、数据平滑和补偿等所有信号预处理功能,而且滤波器阶数的提高导致滤波时延大幅提高,限制了航空遥感载荷成像的实时性。IIR 滤波器则可以弥补 FIR 滤波器的这些缺陷。它具有噪声抑制效果好、阶数低和运算量小的优点,但常规的 IIR 滤波器相位非线性严重,不利于 POS 惯性信息测量同步和 POS 时延补偿,而且常规 IIR 滤波器时延也很大,不利于 POS 实时测量。

为了解决这一问题,科研人员提出一种线性相位 IIR 滤波降噪解调方法(图 E.2)。首先在时域内通过卡尔曼滤波参数估计使 IIR 低通滤波器相位线性化,解决常规 IIR 滤波器相位非线性严重的问题;然后在频域内建立 IIR 低通滤波器目标函数,通过拟牛顿法进行优化求解,以降低时延,获得最终在线使用的 IIR 低通滤波器系数;最后设计低阶线性相位 IIR 带阻滤波器,降低线性相位 IIR 低通滤器的阶数和运算量,获得最终在线使用的 IIR 带阻滤波器系数。

实验结果表明,从幅频特性来看,同等阶数的 IIR 滤波器可以逼近更高阶的 FIR 滤波器的幅频特性以获得更好的噪声抑制效果和通频带增益稳定性。22 阶的 IIR 的幅频性能可以很好地等效为 90 阶的 FIR 滤波器。而且从相频特性来看,同等阶数的 IIR 逼近更低阶的线性相位 FIR 滤波器的相频特性,22 阶的 IIR 的相频性能可以很好地等效为 38 阶的 FIR 滤波器。这样信息获取过程中 POS 的时延就可以大幅度地降低。

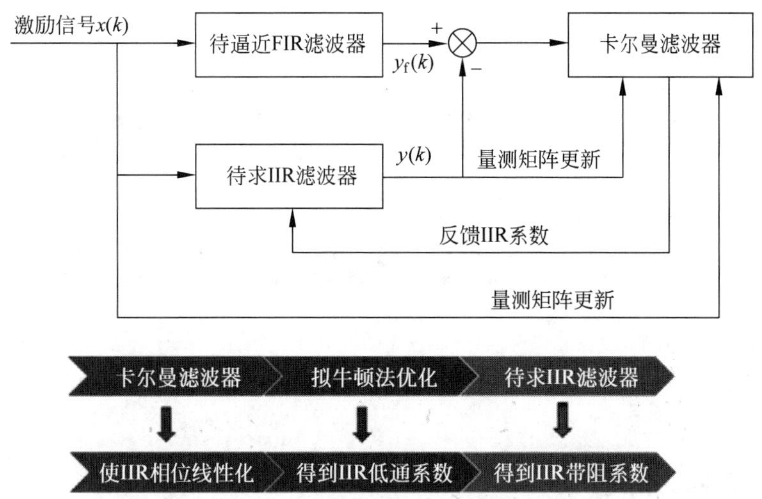

图 E.2　利用线性 IIR 滤波降噪解决方案

第 6 章 无限长脉冲响应数字滤波器设计

CHAPTER 6

微课视频

6.1 基本概念

6.1.1 数字滤波器和模拟滤波器

经典模拟滤波器是**选频网络**,主要功能是对通过该滤波器的信号在要求的频带内进行幅度的衰减。理想模拟滤波器幅频特性$|H_a(j\Omega)|$是模拟频率Ω(单位为 rad/s)的连续函数,且通频带具有分段线性性。模拟频率的取值范围$\Omega \geqslant 0$。其**理想**幅频特性如图 6.1.1(a)所示。图 6.1.1(b)中的实线波形是实际模拟滤波器的幅频特性,与理想幅频特性相比,在滤波器通带和阻带之间存在过渡带。

数字滤波器的频谱特性$H(e^{j\omega})$是数字频率ω(单位为 rad)的连续、周期函数,周期为2π。低频段在2π的整数倍处;高频段在π的奇数倍处。其**理想**幅频特性如图 6.1.2 所示,图中虚框内的数字频率$\omega \in [-\pi, +\pi]$,数学上是一个周期的幅频特性,其中负频率段可看成正频率段的镜像。实际数字滤波器设计中,只要考虑$\omega \in [0, +\pi]$的特性,就完整地包含了全频带的幅频特性;设计过程中应根据镜像特征,将幅频特性延拓到一个整周期,即$\omega \in [0, +2\pi)$的范围上。

不管是模拟滤波器还是数字滤波器,从幅频特性上进行分类,可分为低通(LP)、带通(BP)、高通(HP)、带阻(BS)滤波器等。

6.1.2 滤波器的指标

设数字滤波器的传输函数$H(e^{j\omega})$为

$$H(e^{j\omega}) = |H(e^{j\omega})| e^{j\theta(\omega)} \tag{6.1.1}$$

其中,$|H(e^{j\omega})|$称为幅频特性,表示滤波器的输入信号中各ω频率分量经滤波器后的振幅衰减情况。$\theta(\omega)=\arg(H(e^{j\omega}))$称为相频特性,反映滤波器的输入信号中各$\omega$频率成分经滤波器后的延时情况。若输入信号中各频率成分的延迟不同,则输出信号的时域波形相对于输入波形会改变。

应用中根据实际要求对滤波器的幅频特性、相频特性选择可有所侧重。若要求的是选

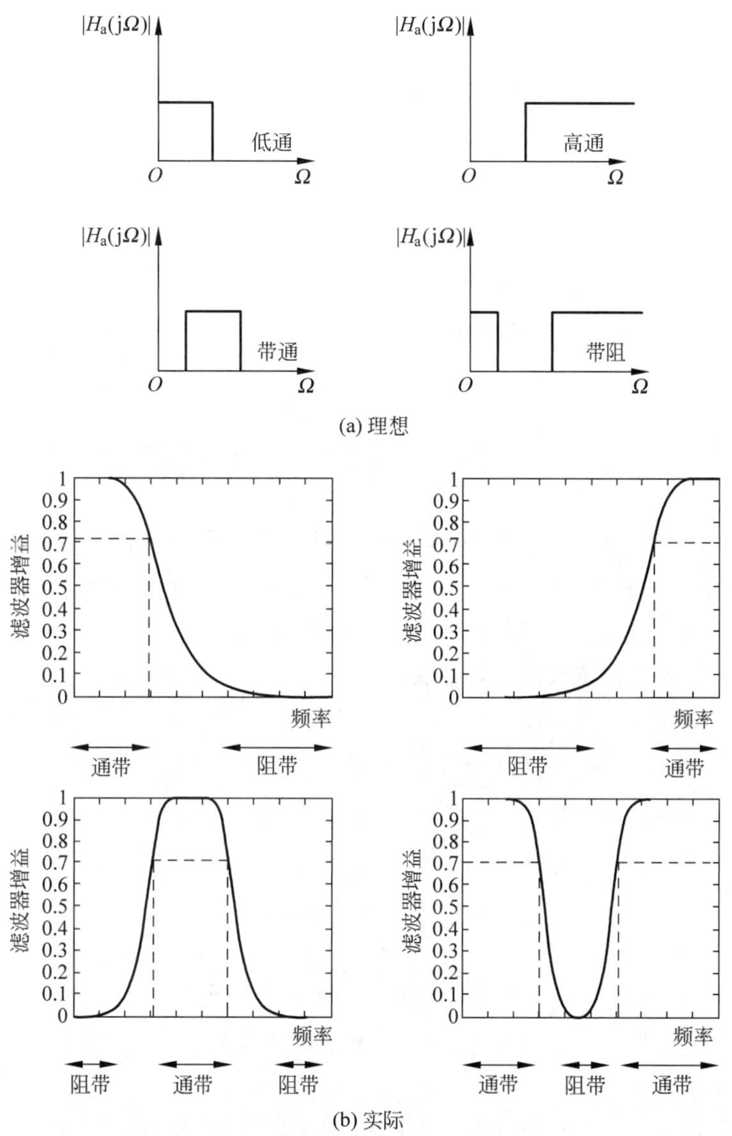

图 6.1.1 模拟滤波器的幅频特性

频滤波器，则注重其幅频特性，大多数的模拟滤波器应用于这种情况。若对滤波器的时域输出波形有严格要求，如语音合成、数字图像处理等应用场合，则选具有线性相位特性的有限长脉冲响应(FIR)滤波器较合适。

本章重点讨论无限长脉冲响应(IIR)滤波器的设计，而 FIR 滤波器的设计放到第 7 章。因 IIR 滤波器的相位特性线性差，通常用作选频滤波器。选频滤波器的设计指标，主要由幅频特性给出，对相频特性一般无特别要求。由图 6.1.2 可见，IIR 滤波器的理想幅频特性的通带和阻带边缘是锐截止的，因此对应的单位采样脉冲响应 $h(n)$ 非因果，无限长，物理不可实现。实际设计的 IIR 滤波器的目标是要逼近理想 IIR 系统的幅频特性。

下面以数字低通滤波器(LPF)为例，介绍滤波器设计中涉及的性能指标。如图 6.1.3 所示，因为负频率响应与正频率响应是偶对称，故只画出正频率范围上的幅频特性即可。在

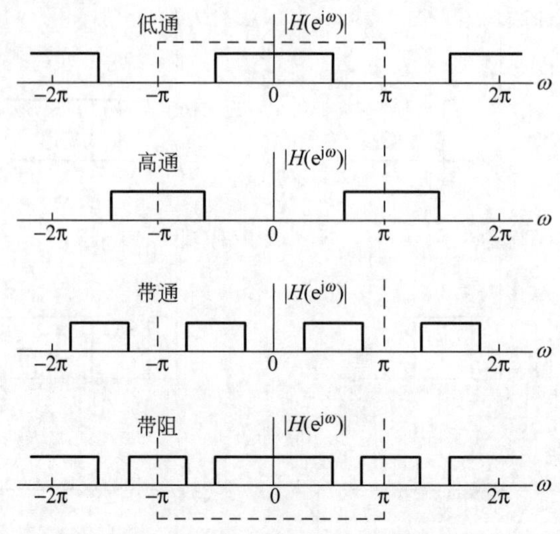

图 6.1.2 数字 LPF、BPF、HPF、BSF 理想幅频特性

$\omega \in [0, +\pi]$的全数字频带内，根据工程应用需求，要给出 LPF 的通频带，记为$[0, \omega_p]$；通带、阻带上的幅频响应的误差容限记为δ_1、δ_2；通带、阻带的增益衰减值记为α_p、α_s。下面结合图 6.1.3 给出各参数的定义或物理意义。

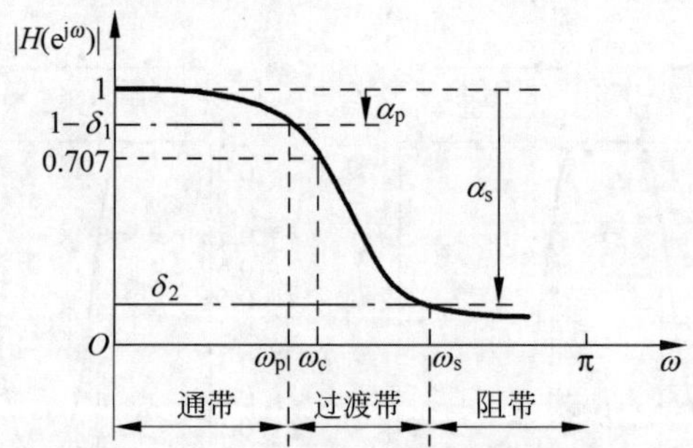

图 6.1.3 数字 LPF 相关参数定义

ω_p：通带边缘频率。

ω_s：阻带边缘频率。

ω_c：3dB 带宽(边缘)频率，表示滤波器通带增益从最大值下降 3dB 时，对应的频率点。

$$\alpha_p = 20\lg\left[\frac{|H(e^{j0})|}{|H(e^{j\omega_p})|}\right] \text{ dB}$$

$$= -20\lg(1-\delta_1)\text{dB} \tag{6.1.2a}$$

称为通带最大增益衰减。

$$\alpha_s = 20\lg\left[\frac{|H(e^{j0})|}{|H(e^{j\omega_s})|}\right] \text{dB}$$

$$= -20\lg\delta_2 \text{dB} \tag{6.1.2b}$$

称为阻带最小增益衰减，表示相对于通带增益最大值降低的分贝数。

有时分别称幅频响应的误差容限δ_1、δ_2为滤波器通带和阻带的波纹参数。由图 6.1.3 知，δ_1、δ_2和滤波器的幅频特性有如下关系：

通带：$1-\delta_1 \leqslant |H(e^{j\omega})| \leqslant 1, \quad \omega \in [0, \omega_p]$　(6.1.3a)

阻带：$|H(e^{j\omega})| \leqslant \delta_2, \quad \omega_s \leqslant \omega \leqslant \pi$　(6.1.3b)

数字滤波器和模拟滤波器相比有如下特点。

(1) 数字滤波器频率特性的频率变量为数字频率 $\omega = \Omega T$。

如果给定的滤波器设计频率参数是普通模拟域的频率 f 或角频率 Ω，即以赫兹(Hz)或弧度/秒(rad/s)为单位的指标，则设计时必须首先确定采样频率 $f_s = \frac{1}{T}$，T 为时域数据样本时间间隔，从而求出相应的数字域频率指标。

$$\omega = \Omega T$$

如已知模拟域采样频率 $f_s = \frac{1}{T}$，由奈奎斯特采样定理知，在无失真条件下，数字系统只能处理频率范围在 $0 \sim \frac{f_s}{2}$ 的信号，$\frac{f_s}{2}$ 称为系统折叠频率。又因为对应的数字域采样频率 $\omega_s = \Omega_s T = 2\pi f_s T = 2\pi$，数字域的折叠频率 $\frac{\omega_s}{2} = \pi$。显然，数字系统允许通过(或可以处理)的信号数字频率 $\omega \leqslant$ 折叠频率 π。这就是为什么在 $|\omega| < \pi$ 的范围内，数字滤波器的频率特性就是全频带的了。

(2) 实际工程中，根据式(6.1.1)表示的数字滤波器频率响应，滤波器设计中数字滤波器频域特性还常用下列 3 个导出函数描述。

已知数字滤波器的系统函数在 z 平面单位圆($z = e^{j\omega}$)上的值等于其传输函数，故：

$$H(e^{j\omega}) = |H(e^{j\omega})| e^{j\theta(\omega)} = H^*(e^{-j\omega}) \tag{6.1.4}$$

定义幅度平方响应：

$$|H(e^{j\omega})|^2 = H(e^{j\omega})H^*(e^{j\omega}) = |H(z)H(z^{-1})|_{z=e^{j\omega}} \tag{6.1.5}$$

显然，式(6.1.5)不包含系统的相位特性。

定义相位响应为 $\theta(\omega) = \arg[H(e^{j\omega})]$，是数字频率的实函数，不包含系统的幅度特性。

定义群延迟响应为

$$\tau(\omega) = -\frac{d\theta(\omega)}{d\omega} \tag{6.1.6}$$

式(6.1.6)是滤波器平均处理延迟时间(信号能量/功率传输延迟)的度量。

(3) 在数字滤波器设计中，如果知道了可实现系统的幅度平方响应 $|H(e^{j\omega})|^2$，由于其单位采样脉冲响应 $h(n)$ 是实的，故 $H(e^{j\omega})$ 是共轭对称的。所以，若 $H(z)$ 有极点 $z_p = re^{j\omega_i}$，则函数 $H(z^{-1})$ 必有极点 $z_p^{-1} = \frac{e^{-j\omega_i}}{r}$；又由于实系数有理分式 $H(z)$ 的复数零点、复数极点是共轭成对的，所以 $z_p^* = re^{-j\omega_i}$、$(z_p^{-1})^* = \frac{e^{j\omega_i}}{r}$ 也是两个极点。z_p、$(z_p^{-1})^*$ 相对 z 平面上的单位圆镜像对称。所以，$H(z)H(z^{-1})$ 的极点既是共轭成对的，且相对于 z 平面上的单位圆镜像对称。取幅度平方函数 $H(z)H(z^{-1})$ 在 z 平面单位圆内的极点构造希望的数字系统 $H(z)$ 的极点，则可得到可实现的因果稳定数字系统；同时设幅度平方函数在 z 平面上单位圆外的极点作为系统 $H(z^{-1})$ 的极点。

数字系统的零点分布由于不影响数字滤波器的幅频特性的稳定性，因此可任意选取。如果取幅度平方函数 $H(z)H(z^{-1})$ 在 z 平面上单位圆内的零点作为系统 $H(z)$ 的零点，则可得最小相位延迟滤波器。

已知数字滤波器的频率响应 $H(e^{j\omega})$ 或系统函数 $H(z)$，可如下求其相位响应和群延迟响应。

相位响应：

$$\theta(\omega)=\arctan\left\{\frac{\mathrm{Im}[H(e^{j\omega})]}{\mathrm{Re}[H(e^{j\omega})]}\right\}$$
$$=\frac{1}{2j}\ln\left[\frac{H(z)}{H(z^{-1})}\right]_{z=e^{j\omega}} \tag{6.1.7}$$

群延迟响应：

$$\tau(\omega)=-\frac{d\theta(\omega)}{d\omega}$$
$$=-jz\frac{d}{dz}\theta(z)\Big|_{z=e^{j\omega}} \tag{6.1.8a}$$
$$=-\mathrm{Im}\left\{\frac{d}{d\omega}\ln[H(e^{j\omega})]\right\} \tag{6.1.8b}$$
$$=-\mathrm{Re}\left\{\frac{z}{H(z)}\frac{d}{dz}H(z)\right\}\Big|_{z=e^{j\omega}} \tag{6.1.8c}$$

对于线性相位响应数字滤波器，则通带内群延迟特性 $\tau(\omega)=\mathrm{const}$(常数)，表明该滤波器对输入信号中各频率分量的处理时延相等。

6.1.3 数字滤波器的设计原则

数字滤波器的设计目的主要有两个：一是实现具有特定功能的 LTI 离散时间系统；二是用数字滤波器(Digital Filter，DF)代替传统模拟滤波器。滤波器设计一般遵循下列原则：

(1) 按任务的要求，确定滤波器的性能指标。

(2) 用因果稳定的离散时间 LTI 系统的系统函数逼近这一性能指标。具体数字系统类型可在 IIR 滤波器、FIR 滤波器间选择，设计出满足要求的系统函数 $H(z)$。

(3) 利用有限精度算法来实现该系统函数。包括选择、确定下列具体内容：

① 运算结构(典型型、频率采样型等)；

② 合适字长(关系到滤波器抽头系数、I/O 变量、中间变量的量化精度)；

③ 有效数字的处理(舍入、截尾)。

(4) 实现技术：根据工程特点选择合适的平台方案实现技术，例如公共平台上的软件、通用数字信号处理器(DSP)芯片或专用的 DSP 芯片等。

IIR 滤波器的设计方法主要有下列两类。

(1) 间接法：设计或选择已有的模拟滤波器系统函数 $H_a(s)$，再通过适当的转换方法将 $H_a(s)$ 转换成数字滤波器的系统函数 $H(z)$。本节主要介绍脉冲响应不变法、双线性变换法。

(2) 直接设计(计算机辅助设计)：主要有零点、极点累试法、频域直接设计法(使所设计的数字滤波器幅度响应与要求的幅度响应间的平方误差最小，可以在频域保证关键频率点的响应)、时域直接设计法(使所设计的数字滤波器单位采样脉冲响应与要求的单位采样脉冲响应之间的均方误差最小，在时域保证输出波形要求)。本书不重点介绍这一类方法。

IIR 滤波器的设计目标是寻求一个因果、物理可实现的系统函数：

$$H(z)=\frac{\sum_{j=0}^{M} b_j z^{-j}}{1+\sum_{i=1}^{N} a_i z^{-i}} \tag{6.1.9}$$

使式(6.1.9)所示系统的频率响应满足所希望得到的频域指标，即给定的通带增益衰减、阻带增益衰减、通带截止频率和阻带截止频率。

间接法设计 IIR 滤波器要基于模拟滤波器的设计结果 $H_a(s)$。模拟滤波器设计的关键技术是低通模拟滤波器的设计和模拟域频率变换技术。后者可以将低通模拟滤波器变换成希望的高通、带通或带阻模拟滤波器。模拟滤波器设计有成熟的设计图表可以查阅，而且 MATLAB 软件包中有功能强大的滤波器设计的调用函数。因此，下面先介绍模拟滤波器的设计。

6.2　模拟滤波器的设计

根据设计的(模拟或数字)滤波器幅度频率响应通带、阻带的函数特征，滤波器主要可分为下列 3 种类型。

1. 巴特沃斯型

巴特沃斯(Butterworth)型滤波器的幅频特性在整个频率范围内是单调的。图 6.2.1 给出的是 Butterworth 型模拟 LPF 的幅频特性。设计这种滤波器涉及的基本指标为 3dB 截止频率 $\Omega_c=\Omega_{3dB}$ 和阶次 N。

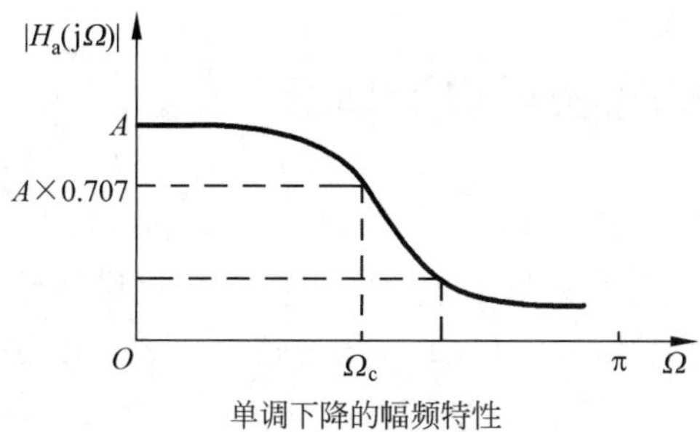

图 6.2.1　Butterworth 型模拟 LPF 的幅频特性

2. 切比雪夫型

切比雪夫(Chebyshev)型滤波器的幅频特性在通带(Ⅰ型)(或阻带(Ⅱ型))有等波纹，阻带(或通带)是单调的。其幅频特性由切比雪夫多项式确定。图 6.2.2 给出的是切比雪夫

Ⅰ型、切比雪夫Ⅱ型模拟 LPF 的幅频特性。设计时涉及的基本指标为通带宽度 Ω_p(一般地可以不等于 Ω_{3dB})、阶次 N 和参数 ε(对应着通带增益衰减 α_p)。

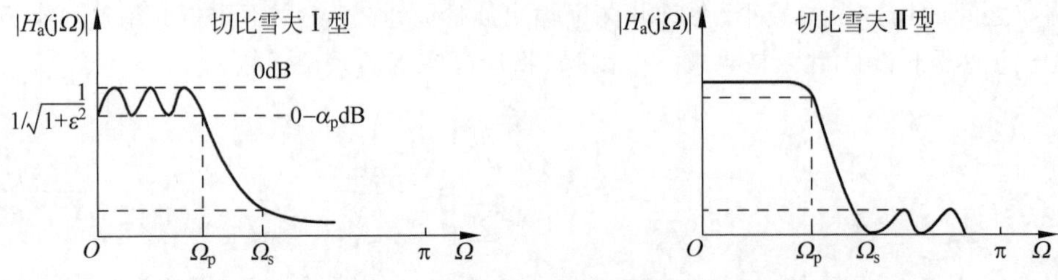

图 6.2.2 切比雪夫Ⅰ型、切比雪夫Ⅱ型模拟 LPF 的幅频特性

3. 椭圆型

椭圆(elliptic)型滤波器的幅频特性在通带和阻带均有等波纹波动。幅频特性由 Jacobi 椭圆函数确定。图 6.2.3 给出的是椭圆型模拟 LPF 的幅频特性。设计时涉及的指标为通带波纹 δ_1(对应着通带增益衰减 α_p)、阻带波纹 δ_2(对应着阻带增益衰减 α_s)、通带截止频率 Ω_p、阻带截止频率 Ω_s。

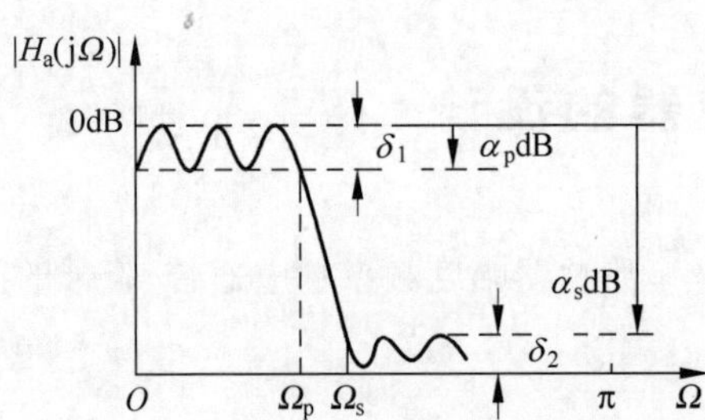

图 6.2.3 椭圆型模拟 LPF 的幅频特性

在设计按功能分类的低通、高通、带通等滤波器时,一般要先选定拟设计滤波器幅频特性的函数特征为上述 3 类中的哪一类型,例如要设计一个模拟(或数字)低通滤波器,应先确定设计成巴特沃斯型 LPF,还是切比雪夫Ⅰ型 LPF,抑或是切比雪夫Ⅱ型 LPF 等。

6.2.1 模拟低通滤波器设计指标

工程上一般给定的设计模拟 LPF 参数是 Ω_p、α_p、Ω_s、α_s,其中 Ω_p、Ω_s 分别称为通带截止频率和阻带截止频率,α_p、α_s 分别称为通带增益最大衰减、阻带增益最小衰减。式(6.2.1a)及式(6.2.1b)给出了滤波器幅频特性 $|H(j\Omega)|$ 与上述设计参数之间的关系定义。

$$\alpha_p = 20\lg\left[\frac{|H(j0)|}{|H(j\Omega_p)|}\right] \tag{6.2.1a}$$

$$\alpha_s = 20\lg\left[\frac{|H(j0)|}{|H(j\Omega_s)|}\right] \tag{6.2.1b}$$

3dB 截止频率 Ω_c 定义为滤波器通带增益下降 3dB 时对应的频率点。如果低通滤波器通带增益归一化为 1,即 $|H(j0)|=1$,则滤波器 3dB 频率点 Ω_c 处的增益为 $|H(j\Omega_c)|=0.707$;Ω_c 也与工程上常用的 LPF“3dB 带宽”等值。

滤波器的设计指标给定后，要设计一个稳定的因果模拟滤波器传输函数 $H_a(s)$，使其幅度平方函数满足给定滤波器增益衰减指标 α_p、α_s；因一般因果可实现滤波器的单位冲激脉冲响应为实数，故其幅度平方函数满足：

$$|H_a(j\Omega)|^2 = H_a(s)H_a(-s)|_{s=j\Omega} = H_a(j\Omega)H_a^*(j\Omega) \tag{6.2.2}$$

若设法求出 $|H_a(j\Omega)|^2$，就可以求出需要的 $H_a(s)$。根据式(6.2.2)，稳定的 $H_a(s)$ 的极点必须在 s 平面的左半平面，相应地，$H_a(-s)$ 的极点落在 s 平面的右半平面。

6.2.2　巴特沃斯模拟低通滤波器设计

微课视频

归一化巴特沃斯模拟 LPF 的设计方法为以下 3 个步骤。

(1) 由给定技术指标 Ω_p、α_p，Ω_s、α_s，求滤波器的阶数 N。

由模拟 LPF 设计理论可知，归一化巴特沃斯模拟 LPF 的幅度平方函数为

$$|H_a(j\Omega)|^2 = \frac{1}{1+\left(\dfrac{\Omega}{\Omega_c}\right)^{2N}} \tag{6.2.3}$$

其中，N 为巴特沃斯模拟低通滤波器的阶次，Ω_c 是 3dB 截止频率。当 $\Omega=0$ 时，$|H_a(j0)|^2=1$；当 $\Omega=\Omega_c$ 时，$|H_a(j\Omega_c)|^2=1/2$。根据设计指标，将 $\Omega=\Omega_p$，$\Omega=\Omega_s$ 分别代入式(6.2.3)，并将得到的幅度平方函数代入式(6.2.1)，整理可得

$$1+\left(\frac{\Omega_p}{\Omega_c}\right)^{2N} = 10^{\frac{\alpha_p}{10}} \tag{6.2.4a}$$

$$1+\left(\frac{\Omega_s}{\Omega_c}\right)^{2N} = 10^{\frac{\alpha_s}{10}} \tag{6.2.4b}$$

由式(6.2.4a)及式(6.2.4b)得

$$\left(\frac{\Omega_s}{\Omega_p}\right)^N = \sqrt{\frac{10^{\alpha_s/10}-1}{10^{\alpha_p/10}-1}} \tag{6.2.5}$$

令

$$\lambda_{sp} = \frac{\Omega_s}{\Omega_p}$$

$$k_{sp} = \sqrt{\frac{10^{\alpha_s/10}-1}{10^{\alpha_p/10}-1}}$$

可得

$$N = \frac{\lg k_{sp}}{\lg \lambda_{sp}} \tag{6.2.6}$$

当由式(6.2.6)算出的 N 有小数时，取大于 N 的最小整数。巴特沃斯模拟 LPF 幅频特性和阶次 N 的关系如图 6.2.4 所示。

(2) 求归一化传输函数 $H_a(p)$。

根据式(6.2.3)，令归一化频率 $\lambda=\dfrac{\Omega}{\Omega_c}$，归一化的拉氏复变量 $p=j\lambda$，则归一化的巴特沃斯 LPF 传输函数可等效写成为

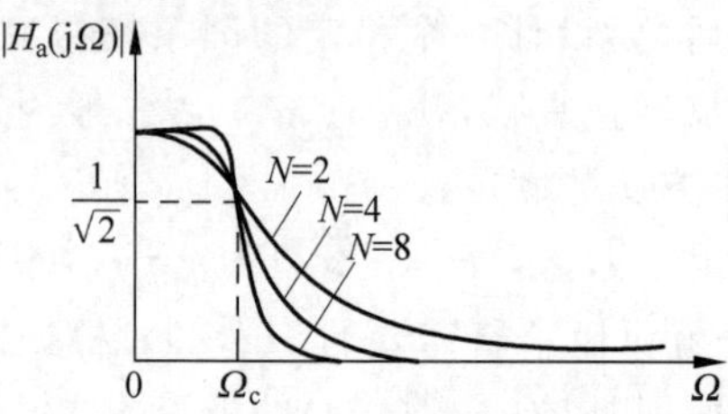

图 6.2.4　巴特沃斯模拟 LPF 幅度特性和阶次 N 的关系

$$H_a(p)=\frac{1}{\prod_{k=0}^{N-1}(p-p_k)} \tag{6.2.7a}$$

或

$$H_a(p)=\frac{1}{b_0+b_1p+b_2p^2+b_3p^3+\cdots+b_{N-1}p^{N-1}+p^N} \tag{6.2.7b}$$

根据确定的阶次 N，式(6.2.7a)中归一化的极点 $p_k(k=0,1,\cdots,N-1)$或式(6.2.7b)中多项式系数 $b_i(i=0,1,\cdots,N-1)$可查表 6.2.1 得到。表 6.2.1 列出了常见巴特沃斯归一化模拟低通滤波器参数，供读者设计时查用。

表 6.2.1　巴特沃斯归一化模拟低通滤波器参数

(a) 阶数 N 与对应极点位置的关系

阶数 N	极点位置				
	p_0	p_1	p_2	p_3	p_4
1	−1.0000				
2	−0.7071±j0.7071				
3	−0.5000±j0.8660	−1.0000			
4	−0.3827±j0.9239	−0.9239±j0.3827			
5	−0.3090±j0.9511	−0.8090±j0.5878	−1.0000		
6	−0.2588±j0.9659	−0.7071±j0.7071	−0.9659±j0.2588		
7	−0.2226±j0.9749	−0.6236±j0.7818	−0.9010±j0.4339	−1.0000	
8	0.1951±j0.9808	0.5556±j0.8315	−0.8315±j0.5556	−0.9808±j0.1951	
9	−0.1736±j0.9848	−0.5000±j0.8660	−0.7660±j0.6428	−0.9397±j0.3420	−1.0000

(b) 阶数 N 与分母多项式系数的关系

系数阶数 N	分母多项式								
	$B(p)=p^N+b_{N-1}p^{N-1}+b_{N-1}p^{N-2}+\cdots+b_1p+b_0$								
	b_0	b_1	b_2	b_3	b_4	b_5	b_6	b_7	b_8
1	1.0000								
2	1.0000	1.4142							
3	1.0000	2.0000	2.0000						
4	1.0000	2.6131	3.4142	2.613					
5	1.0000	3.2361	5.2361	5.2361	3.2631				
6	1.0000	3.8637	7.4641	9.1416	7.4641	3.8637			
7	1.0000	4.4940	10.0978	14.5918	14.5918	10.0978	4.4940		
8	1.0000	5.1258	13.1371	21.8462	25.6884	21.8642	13.1371	5.1258	
9	1.0000	5.7588	16.5817	31.1634	41.9864	41.9864	31.1634	16.5817	5.7588

(3) 求出滤波器的 3dB 截止频率 Ω_c，将 $H_a(p)$去归一化，得到设计的实际模拟滤波器传输函数 $H_a(s)$。

结合求出的阶次 N，由已知的设计指标 Ω_p 和式(6.2.4a)，或者 Ω_s 和式(6.2.4b)求 3dB 截止频率 Ω_c：

$$\Omega_c = \Omega_p (10^{\alpha_p/10} - 1)^{-\frac{1}{2N}} \tag{6.2.8a}$$

$$\Omega_c = \Omega_s (10^{\alpha_s/10} - 1)^{-\frac{1}{2N}} \tag{6.2.8b}$$

求出 3dB 截止频率 Ω_c 后，将 $p=\frac{s}{\Omega_c}$代入模拟滤波器归一化系统函数 $H_a(p)$得到去归一化系统函数 $H_a(s)$。

例 6.2.1 已知滤波器通带截止频率 $f_p=5\text{kHz}$，通带增益最大衰减 $\alpha_p=2\text{dB}$，阻带截止频率 $f_s=12\text{kHz}$，阻带增益最小衰减 $\alpha_s=30\text{dB}$，根据以上技术指标设计巴特沃斯模拟低通滤波器。

解：

(1) 确定阶数 N。

$$\lambda_{sp} = \frac{2\pi f_s}{2\pi f_p} = \frac{12}{5} = 2.4$$

$$k_{sp} = \sqrt{\frac{10^{\alpha_s/10} - 1}{10^{\alpha_p/10} - 1}} = \sqrt{\frac{10^{30/10} - 1}{10^{2/10} - 1}} = 41.32$$

$$N = \frac{\lg k_{sp}}{\lg \lambda_{sp}} = \frac{\lg 41.32}{\lg 2.4} = 4.25$$

取整，阶次 $N=5$。

(2) 求巴特沃斯归一化模拟 LPF 传输函数 $H_a(p)$。

由 $N=5$，直接查表 6.2.1(a)得到极点 $p_k(k=0,1,\cdots,4)$：

$$-0.3090 \pm \text{j}0.9511, \quad -0.8090 \pm \text{j}0.5878; \quad -1.0000$$

代入式(6.2.7a)得：

$$H_a(p) = \frac{1}{\prod_{k=0}^{4}(p - p_k)}$$

$$= \frac{1}{(p+0.3090-\text{j}0.9511)(p+0.8090-\text{j}0.5878)(p+1)(p+0.8090+\text{j}0.5878)(p+0.3090+\text{j}0.9511)}$$

把 $H_a(p)$中的共轭极点因子合并可得实系数二阶节形式的传输函数。或者查表 6.2.1(b)得到模拟低通滤波器传输函数分母多项式系数 $b_k, k=0,1,\cdots,4$ 如下：

$$b_0 = 1.0000, \quad b_1 = 3.2361, \quad b_2 = 5.2361, \quad b_3 = 5.2361, \quad b_4 = 3.2361$$

代入式(6.2.7b)得：

$$H_a(p) = \frac{1}{b_0 + b_1 p + b_2 p^2 + b_3 p^3 + b_4 p^4 + p^5}$$

$$= \frac{1}{1 + 3.2361p + 5.2361p^2 + 5.2361p^3 + 3.2362p^4 + p^5}$$

(3) 求 Ω_c，将 $H_a(p)$去归一化。

根据给定的滤波器通带设计指标，按式(6.2.8a)求 3dB 截止频率：

$$\Omega_c = \Omega_p (10^{\alpha_p/10} - 1)^{-\frac{1}{2N}}$$

$$=2\pi\times5\times10^3\times(10^{2/10}-1)^{-\frac{1}{10}}\ \mathrm{rad/s}=2\pi\times5.2755\times10^3\ \mathrm{rad/s}$$

将计算出的 Ω_c 代入式(6.2.8b)求得所设计巴特沃斯模拟低通滤波器的阻带截止频率：

$$\Omega_s=\Omega_c(10^{\alpha_s/10}-1)^{\frac{1}{2N}}$$

$$=2\pi\times5.2755\times10^3\times(10^{30/10}-1)^{\frac{1}{10}}\mathrm{rad/s}=2\pi\times10.525\times10^3\mathrm{rad/s}$$

可见，所设计的模拟 LPF 的阻带截止频率等于 10.525kHz，小于给定的阻带截止频率指标。表明所设计滤波器的过渡带小于要求的，所以在 $f_s=12\mathrm{kHz}$ 时，阻带衰减量会大于 30dB。综合起来，实际设计的巴特沃斯模拟 LPF 通带指标和要求的指标一致，阻带指标则优于希望的指标，如图 6.2.5 中的滤波器幅频特性所示。

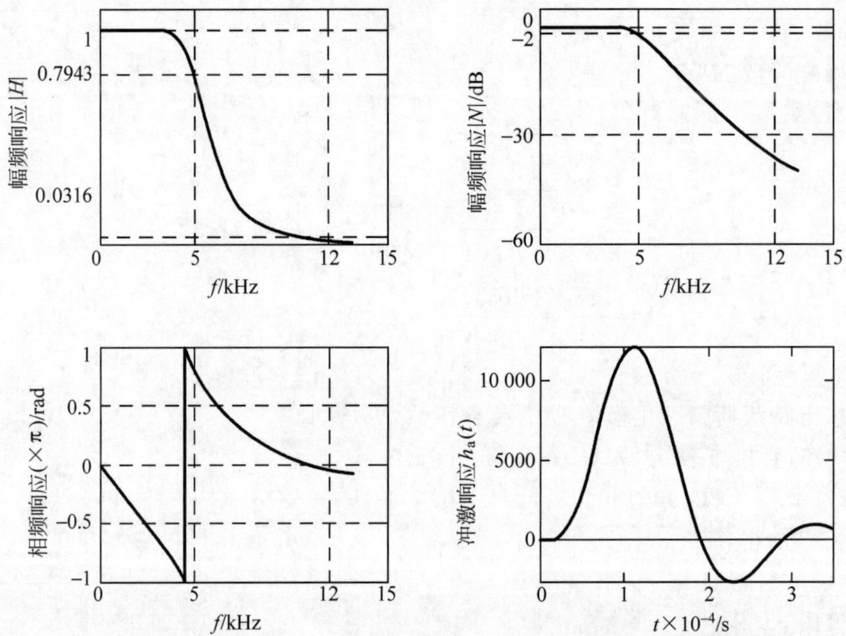

图 6.2.5 例 6.2.1 MATLAB 程序设计的 LFP 时域、频域特性曲线

(4) 将 $p=s/\Omega_c$ 代入 $H_a(p)$，得到去归一化的巴特沃斯模拟 LPF 传输函数 $H_a(s)$：

$$H_a(s)=\frac{\Omega_c^5}{b_0\Omega_c^5+b_1\Omega_c^4s+b_2\Omega_c^3s^2+b_3\Omega_c^2s^3+b_4\Omega_cs^4+s^5}$$

下面给出用 MATLAB 进行如例题要求指标的滤波器设计方法。算法实现程序见 6.7.1 节。

运行结果如下：

```
*** Butterworth Filter Order = 5
3dB 截止频率,OmegaC = 3.3147e+004  (单位为 rad/s,与上面分析的相同)
```

去归一化的 SOS 级联型传输函数的结构参数：

```
C = 4.0014e+022                ;(对应 SOS 级联型传输函数中的归一化系数)
B = 0    0    1                ;(对应传输函数分子二次多项式(b2 s^2 + b1 s + b0)的 3 个系数)
A = 1.0000e+000  5.3633e+004  1.0987e+009
```

```
1.0000e+000  2.0486e+004  1.0987e+009
          0  1.0000e+000  3.3147e+004
```

A 数组每行对应传输函数分母中一个二次多项式($a_2s^2+a_1s+a_0$)的 3 个系数；MATLAB 中模拟滤波器参数默认是拉普拉斯变量 s 的降幂系数排列，而数字滤波器设计结构参数默认则是以 z^{-1} 的升幂系数排列。

对应的有理分式 $H_a(s)$为

$$H_a(s)\equiv\frac{4.0014\times10^{22}}{(s^2+5.36\times10^4s+1.10\times10^9)(s^2+2.05\times10^4s+1.10\times10^9)(s+3.31\times10^4)}$$

由图 6.2.5 中滤波器幅度响应分贝(dB)可见，由于该程序是取通带边缘频率的频率响应精确满足，故阻带边缘频率处指标有富余量。图 6.2.5 中也给出了该滤波器的时域单位冲激响应曲线 $h_a(t)$。

6.2.3 切比雪夫模拟低通滤波器设计

微课视频

设计切比雪夫模拟 LPF，其基本参数为通带截止频率 Ω_p，波纹参数 $\varepsilon<1$，阶次 N。下面仅以切比雪夫Ⅰ型为例，说明切比雪夫模拟 LPF 的设计原理。

以 Ω_p 对模拟域角频率 Ω 归一化，则切比雪夫Ⅰ型归一化 LPF 原型的振幅平方函数为

$$A^2(\Omega)=|H_a(j\Omega)|^2=\frac{1}{1+\varepsilon^2C_N^2\left(\dfrac{\Omega}{\Omega_p}\right)} \tag{6.2.9}$$

其中，

$$C_N\left(\frac{\Omega}{\Omega_p}\right)\equiv C_N(x),\quad \left(令\ x=\frac{\Omega}{\Omega_p}\right)$$

$$=\begin{cases}\cos(N\arccos(x)), & |x|\leqslant 1 \quad (6.2.10a)\\ \mathrm{ch}(N\mathrm{ch}^{-1}(x)), & |x|>1 \quad (6.2.10b)\end{cases}$$

式中，$C_N(x)$称为 N 阶切比雪夫多项式；$\mathrm{ch}(x)$、$\mathrm{ch}^{-1}(x)$分别为双曲余弦函数、反双曲余弦函数。图 6.2.6 给出了切比雪夫Ⅰ型 LPF 阶次 N 和幅频响应函数的关系。

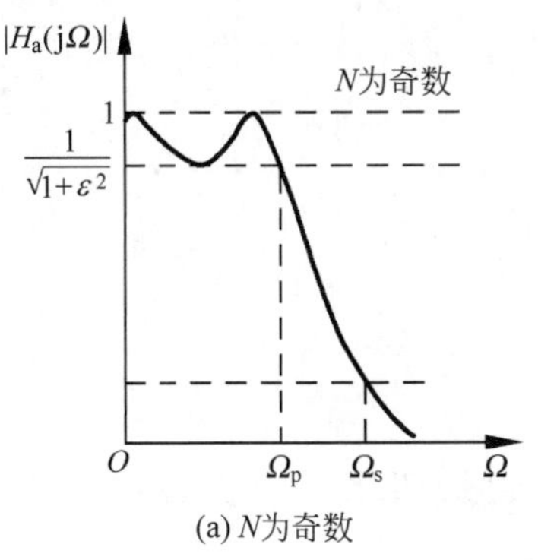

(a) N为奇数

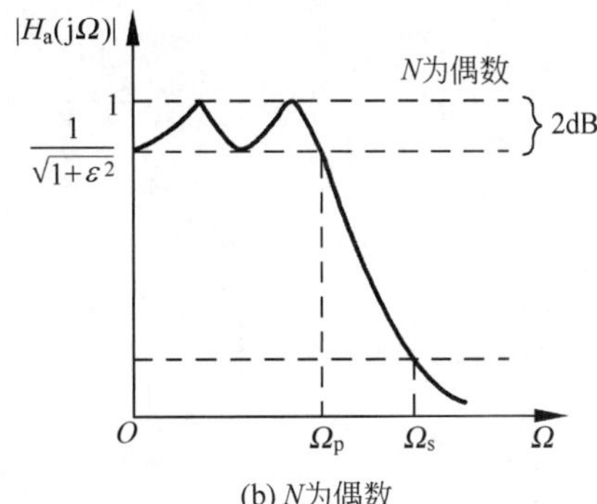

(b) N为偶数

图 6.2.6 切比雪夫Ⅰ型 LPF 阶次 N 和$|H_a(j\Omega)|$的关系

图 6.2.7 给出了 $N=0,4,5$ 时切比雪夫多项式 $C_N(x)$曲线，可见 $N>0$ 时，$C_N(x)$有如下性质：

(1) 曲线的过零点在$|x|\leqslant 1$的范围内,且有N个过零点;

(2) $|x|\leqslant 1$时,$|C_N(x)|\leqslant 1$,且有等波纹性;

(3) $|x|>1$时,$C_N(x)$是双曲线函数,随x单调升或降;

(4) N为偶数时,$C_N(x)$是偶函数;N为奇数时,$C_N(x)$是奇函数;$C_N(1)=1$。

请读者思考:根据上述$C_N(x)$性质,结合式(6.2.9),如果图6.2.6中纵坐标的单位为分贝(dB),则图中幅频特性分别表示几阶(即N值)的切比雪夫Ⅰ型低通滤波器。

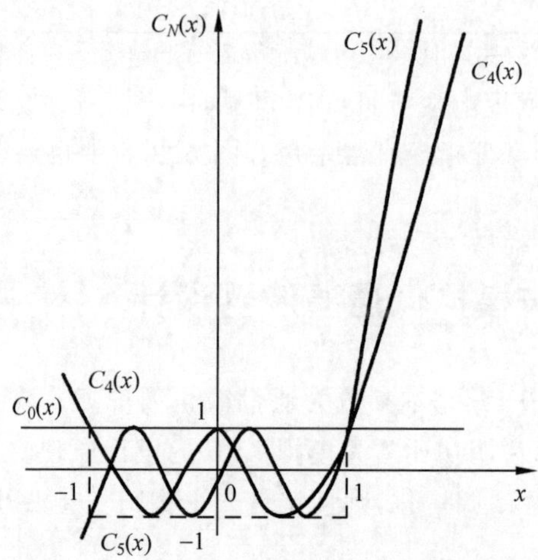

图6.2.7 $N=0,4,5$时切比雪夫多项式曲线

切比雪夫模拟LPF设计的3个步骤如下。

(1) 由给定的技术指标求参数ε和阶数N。

通常所给滤波器设计指标为通带边缘频率Ω_p、通带波纹α_p;阻带边缘频率Ω_s、相对通带增益峰值的阻带最小增益衰减α_s。

① 求参数ε。

对切比雪夫Ⅰ型归一化LPF原型,记通带内幅度增益平方$A^2_{\max}(\Omega)=1$,$A^2_{\min}(\Omega)=\dfrac{1}{1+\varepsilon^2}$。参考图6.2.6通带波纹$\alpha_p$(单位为dB)定义:

$$\alpha_p\equiv 10\lg\frac{A^2_{\max}(\Omega)}{A^2_{\min}(\Omega)}\tag{6.2.11}$$

所以

$$\alpha_p=10\lg[1+\varepsilon^2](\mathrm{dB})$$

$$\varepsilon=[10^{\alpha_p/10}-1]^{\frac{1}{2}}\tag{6.2.12}$$

② 求阶数N。

令$\lambda_{sp}=\dfrac{\Omega_s}{\Omega_p}$,$k_{sp}=\sqrt{\dfrac{10^{\alpha_s/10}-1}{10^{\alpha_p/10}-1}}=\dfrac{\sqrt{10^{\alpha_s/10}-1}}{\varepsilon}$。因为是切比雪夫Ⅰ型低通滤波器,$\lambda_{sp}>1$,则切比雪夫Ⅰ型LPF的阶次可由式(6.2.13)估计:

$$N=\frac{\mathrm{ch}^{-1}(k_{sp})}{\mathrm{ch}^{-1}(\lambda_{sp})}\tag{6.2.13}$$

当由式(6.2.13)算出的N有小数时,取大于N的最小整数。

(2) 求归一化滤波器原型传输函数 $H_a(p)$。

根据参数 N、ε，令 $\xi=\dfrac{\mathrm{sh}^{-1}\left(\dfrac{1}{\varepsilon}\right)}{N}$，$\mathrm{sh}^{-1}(x)$为反双曲正弦函数，可求出切比雪夫Ⅰ型归一化低通滤波器原型的极点：

$$p_k=-\mathrm{sh}(\xi)\sin\left[\frac{(2k-1)\pi}{2N}\right]+\mathrm{j}\,\mathrm{ch}(\xi)\cos\left[\frac{(2k-1)\pi}{2N}\right],\quad k=1,2,\cdots,N \tag{6.2.14}$$

求出归一化 LPF 原型的 N 个极点 $p_k(k=1,2,\cdots,N)$后，设 $\lambda=\dfrac{\Omega}{\Omega_p}$为相对通带边缘频率 Ω_p 的归一化频率，归一化拉氏复变量 $p=\mathrm{j}\lambda$，则切比雪夫Ⅰ型归一化 LPF 原型传输函数为

$$H_a(p)=\frac{1}{\varepsilon\cdot 2^{N-1}\prod_{k=1}^{N}(p-p_k)} \tag{6.2.15}$$

实际上类似巴特沃斯低通滤波器的设计，对切比雪夫滤波器，给定参数 N、ε，也有归一化 LPF 原型的设计表格，供直接查找对应的极点或传输函数多项式系数参数，得到归一化 LPF 原型传输函数 $H_a(p)$。有兴趣的读者可以参阅有关参考文献。

(3) 去归一化，得模拟滤波器传输函数 $H_a(s)$。

和巴特沃斯滤波器设计相比，切比雪夫滤波器的归一化频率是对实际通带截止频率 Ω_p 进行的。所以将 $p=\dfrac{s}{\Omega_p}$代入设计出的归一化 LPF 原型传输函数 $H_a(p)$，整理得模拟切比雪夫Ⅰ型 LPF 传输函数 $H_a(s)$。

例 6.2.2　给定滤波器设计指标：中通带截止频率 $\Omega_p=0.2\pi\mathrm{rad/s}$，通带增益衰减 $R_p=1\mathrm{dB}$，阻带截止频率 $\Omega_s=0.3\pi\ \mathrm{rad/s}$，阻带增益衰减 $A_s=16\mathrm{dB}$。试用 MATLAB 软件分别设计巴特沃斯、切比雪夫Ⅰ、椭圆型模拟低通滤波器。要求：①求出各滤波器的阶数、传输函数；②分别做出幅频、相频、单位冲激脉冲响应曲线图；③比较结果。

解：本例 MATLAB 实现程序参见 6.7.1 节。运行后的结果如下所示。

(1) 3 种类型模拟低通滤波器的阶次、传输函数如下：

```
*** Butterworth Filter Order =  7
Transfer function:
                                         0.07598
------------------------------------------------------------------------
s^7 + 3.11 s^6 + 4.835 s^5 + 4.835 s^4 + 3.346 s^3 + 1.602 s^2 + 0.4934 s + 0.07598

*** Chebyshev Ⅰ Filter Order =  4
Transfer function:
                          0.03829
-------------------------------------------------
s^4  +  0.5987 s^3  +  0.574 s^2  +  0.1842 s  +  0.04296

*** Elliptic Filter Order =  3
Transfer function:
           0.3027 s^2  +  0.201
-------------------------------
s^3  +  0.6131 s^2  +  0.4854 s  +  0.1819
```

(2) 图 6.2.8 给出了所设计的 3 种类型模拟低通滤波器的特性曲线。

(3) 比较图 6.2.8 给出的在同样指标情况下 3 种类型的模拟低通滤波器特性。显然，椭圆型滤波器的阶数最低，切比雪夫Ⅰ型滤波器次之，巴特沃斯型滤波器阶数最高。

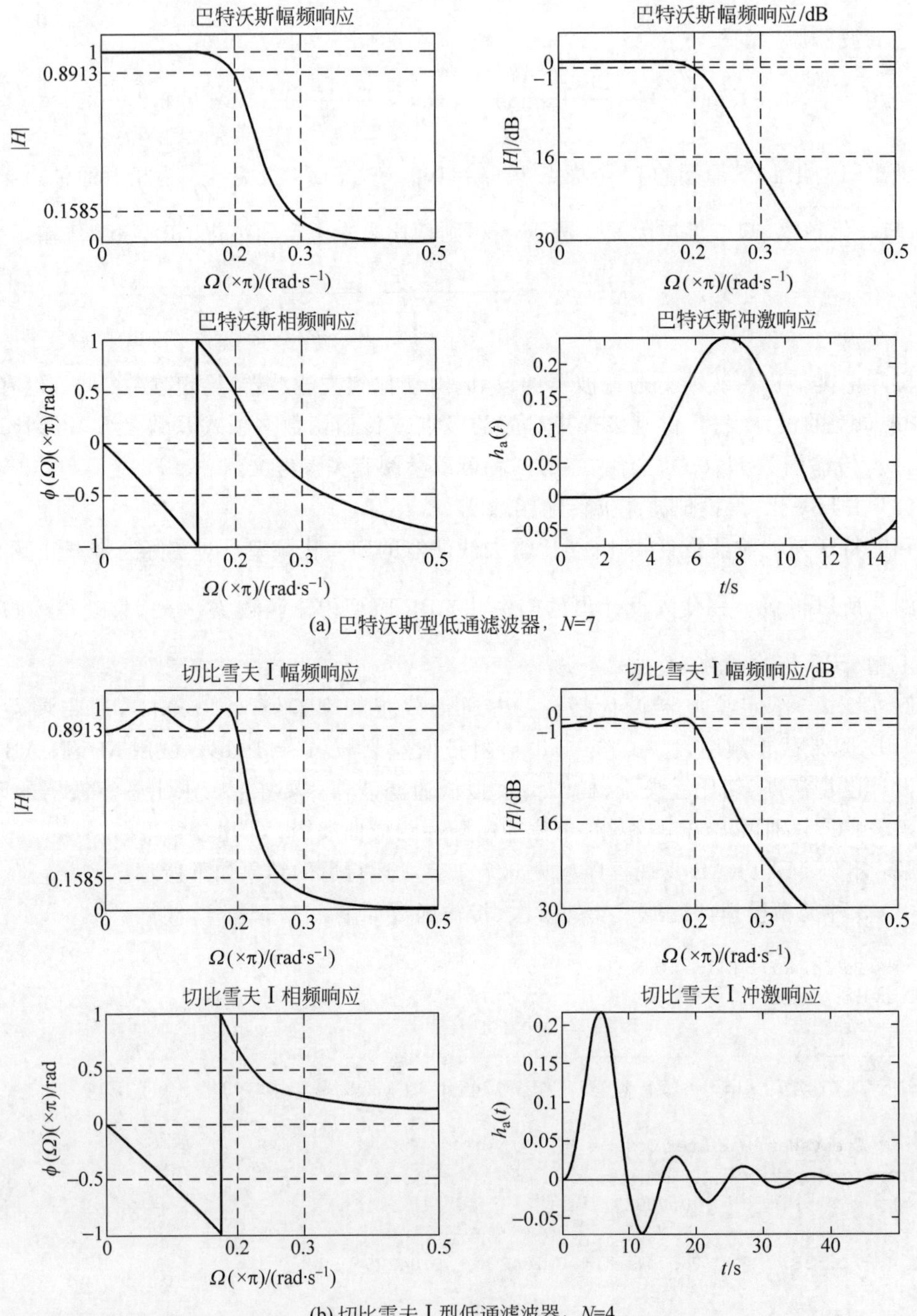

图 6.2.8 同样设计指标下，3 种不同类型的模拟低通滤波器特性

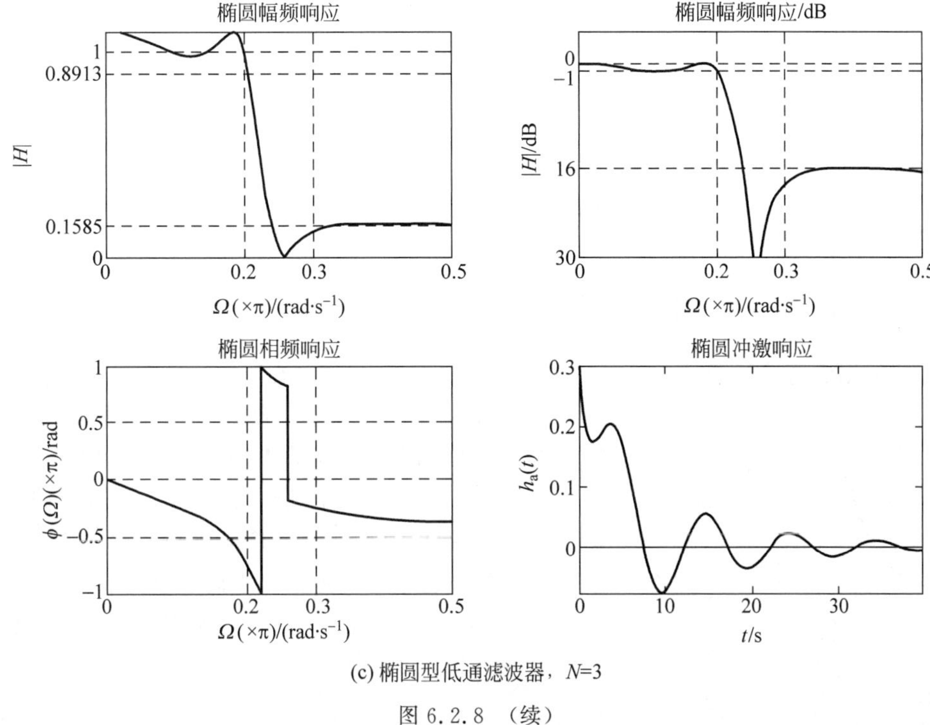

(c) 椭圆型低通滤波器，$N=3$

图 6.2.8 （续）

椭圆型滤波器过渡带较陡，通带、阻带增益衰耗均为等波纹，而巴特沃斯型滤波器幅频特性(增益)在全频带内为单调衰减。切比雪夫Ⅰ型滤波器的增益在通带内等波纹，阻带内单调衰减。

在滤波器通带范围内的相位特性：巴特沃斯型滤波器线性最好，切比雪夫Ⅰ型滤波器其次，椭圆型滤波器最差。

6.2.4 模拟滤波器的频率变换

微课视频

基于已有的模拟低通滤波器传输函数，通过频率变换，可方便地设计出模拟 HPF、BPF、BSF 等。这种方法的共同点是：先将要设计的滤波器技术指标通过相应的频率转换关系转换成低通滤波器的技术指标，然后由低通滤波器指标设计归一化低通滤波器原型传输函数 $G(p)$，最后再根据频率变换关系由 $G(p)$ 转换并去归一化，得到所要的滤波器的传输函数 $H(s)$。

注意：本节介绍的频率变换法设计的模拟滤波器，仅考虑了滤波器幅频特性满足设计指标，不考虑其相频特性。

为了叙述变换方法的一般性，先规定本节要采用的相关符号。

$H(s)$：所需滤波器的传输函数。

$s=\mathrm{j}\Omega$：复拉普拉斯变量。

$\eta=\dfrac{\Omega}{\Omega_c}$：所需滤波器的归一化频率；其中，$\Omega_c$ 为通带增益下降 3dB 时对应的通带边缘频率。也可以根据实际设计要求取特定的通带截止频率。

$q=\mathrm{j}\eta$：所需滤波器的归一化的拉氏复变量。

$H(q)$：所需滤波器的归一化传输函数。

$G(s)$：模拟低通滤波器的传输函数。

$\lambda=\dfrac{\Omega}{\Omega_{\mathrm{c}}}$：模拟低通滤波器归一化频率。

$p=\mathrm{j}\lambda$：模拟低通滤波器归一化的拉氏复变量。

$G(p)$：归一化模拟 LPF 原型的传输函数。

微课视频

1. 模拟高通滤波器的设计

设归一化低通滤波器 $G(\mathrm{j}\lambda)$ 和归一化高通滤波器(high-pass filter，HPF)$H(\mathrm{j}\eta)$ 的幅频特性如图 6.2.9 所示。图中滤波器通带、阻带的截止频率均为归一化频率参数。如果令低通滤波器的频率 λ 从 $+\infty$ 经过阻带截止频率 λ_{s}，通带截止频率 λ_{p} 到 0 的幅频特性对应着高通滤波器的频率 η 从 0 经过阻带截止频率 η_{s}，通带截止频率 η_{p} 到 $+\infty$ 的幅频特性，则模拟 LPF 归一化频率 λ 和模拟 HPF 归一化频率 η 之间的关系为

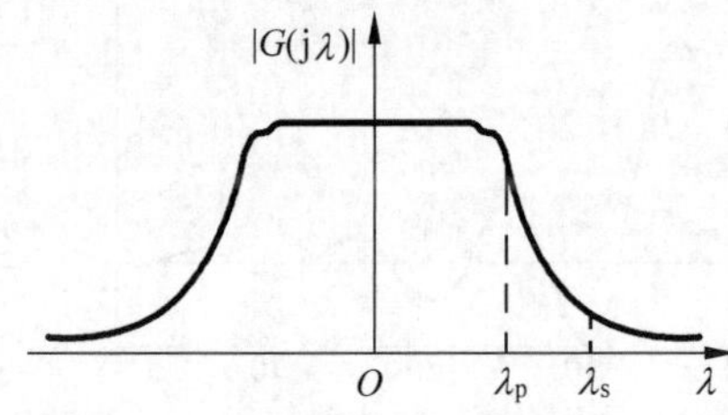

图 6.2.9　LPF 与 HPF 的幅频特性

$$\lambda=\frac{1}{\eta} \tag{6.2.16}$$

从模拟 LPF 转换到模拟 HPF 的设计步骤如下。

(1) 确定模拟 HPF 的指标：Ω'_{p}、α_{p}，Ω'_{s}、α_{s}。将给定频率参数以 3dB 带宽下的通带边缘频率 Ω_{c} 做归一化，得模拟 HPF 的归一化频率指标 η_{p}、η_{s}。

(2) 求对应的模拟 LPF 指标：按式(6.2.16)求模拟 LPF 的归一化频率指标 λ_{p}，λ_{s}；滤波器通带、阻带增益衰减指标 α_{p}、α_{s} 不变。

(3) 设计选定类型的归一化 LPF 原型传输函数 $G(p)$。

(4) 由 $G(p)$ 转换并去归一化，求模拟 HPF 的传输函数 $H(s)$。将 $p=\dfrac{\Omega_{\mathrm{c}}}{s}$ 代入 $G(p)$ 得模拟 HPF 的传输函数：

$$H(s)=G(p)\Big|_{p=\frac{\Omega_{\mathrm{c}}}{s}} \tag{6.2.17}$$

如果模拟滤波器 3dB 截止频率 $\Omega_{3\mathrm{dB}}$ 未指明，则可以取工程上给定的通带截止频率 Ω_{c} 进行频率归一化和转换。

例 6.2.3　设计高通模拟滤波器。给定滤波器通带、阻带边缘频率分别为 $f_{\mathrm{p}}=200\mathrm{Hz}$，$f_{\mathrm{s}}=100\mathrm{Hz}$，幅频特性单调下降，$f_{\mathrm{p}}$ 处增益最大衰减为 3dB，阻带增益最小衰减 $\alpha_{\mathrm{s}}=15\mathrm{dB}$。

解：

(1) 根据给定滤波器通带、阻带边缘频率指标和幅频特性单调变化的要求，选用巴特沃斯高通滤波器实现较合适。高通滤波器技术要求：

$$f_{\mathrm{p}}=200\mathrm{Hz},\quad \alpha_{\mathrm{p}}=3\mathrm{dB}$$

$$f_{\mathrm{s}}=100\mathrm{Hz},\quad \alpha_{\mathrm{s}}=15\mathrm{dB}$$

归一化频率：$\eta_p=\dfrac{f_p}{f_p}=1,\eta_s=\dfrac{f_s}{f_p}=0.5$。

（2）求对应巴特沃斯模拟低通滤波器的归一化技术指标为

$$\lambda_p=\frac{1}{\eta_p}=1,\quad \alpha_p=3\text{dB}$$

$$\lambda_s=\frac{1}{\eta_s}=2,\quad \alpha_s=15\text{dB}$$

（3）设计归一化低通滤波器原型传输函数 $G(p)$。根据巴特沃斯模拟滤波器设计步骤：

$$\lambda_{sp}=\frac{\lambda_s}{\lambda_p}=\frac{2}{1}=2$$

$$k_{sp}=\sqrt{\frac{10^{\alpha_s/10}-1}{10^{\alpha_p/10}-1}}=\sqrt{\frac{10^{15/10}-1}{10^{3/10}-1}}=5.55$$

$$N=\frac{\lg k_{sp}}{\lg\lambda_{sp}}-\frac{\lg 5.55}{\lg 2}=2.47$$

取整，阶次 $N=3$。

由 $N=3$，直接查表 6.2.1 得到归一化巴特沃斯模拟 LPF 原型传输函数的分母多项式的系数 $b_k,k=0,1,2$ 为

$$b_0=1.0000,\quad b_1=2.0000,\quad b_2=2.0000$$

代入式(6.2.7b)得归一化巴特沃斯模拟 LPF 原型传输函数：

$$G(p)=\frac{1}{1+2p+2p^2+p^3}$$

（4）求巴特沃斯模拟高通滤波器的传输函数 $H(s)$：已知通带边缘角频率 $\Omega_c=2\pi f_p$，将 $p=\dfrac{\Omega_c}{s}$ 代入 $G(p)$ 得到所设计的模拟高通滤波器系统函数 $H(s)$：

$$H(s)=\frac{s^3}{s^3+2\Omega_c s^2+2\Omega_c^2 s+\Omega_c^3}$$

2. 模拟带通滤波器的设计

微课视频

设归一化低通滤波器 $G(\mathrm{j}\lambda)$ 和归一化带通滤波器 (band-pass filter, BPF) $H(\mathrm{j}\eta)$ 的幅频特性如图 6.2.10 所示。图中 LPF、BPF 的通带、阻带的截止频率均为归一化频率参数。从模拟 LPF 转换到模拟 BPF 的设计步骤如下。

（1）确定模拟 BPF 的设计指标。

工程上常给定的 BPF 设计指标如图 6.2.10 所示：通带上边缘、下边缘频率分别记为 Ω_u、Ω_l；下阻带上限频率记为 Ω_{s1}；上阻带下限频率记为 Ω_{s2}。模拟 BPF 通带的增益最大衰减 α_pdB、阻带的增益最小衰减 α_sdB。

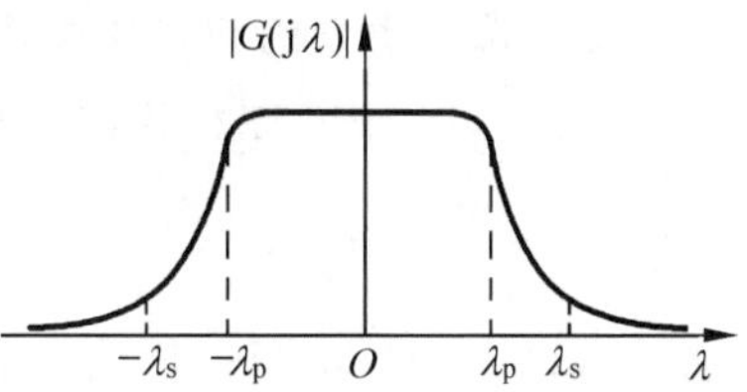

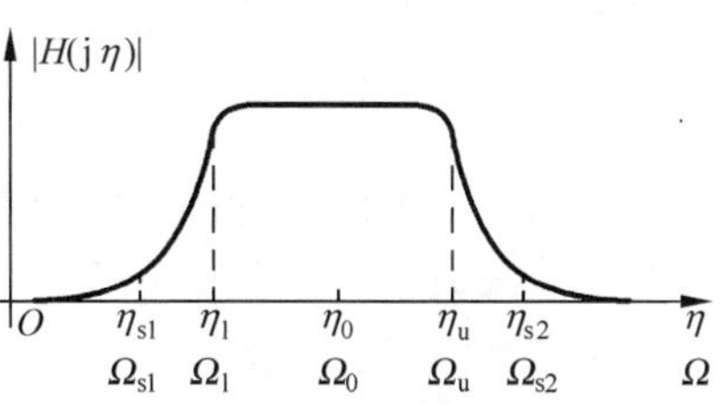

图 6.2.10 LPF 与 BPF 的幅频特性

令：

$B=\Omega_u-\Omega_l$，为 BPF 的通带宽度。

$\Omega_0^2=\Omega_u\Omega_l$，为 BPF 的通带中心频率平方。

则带通滤波器设计常用其通带带宽 B 对各边缘频率进行归一化：

$$\eta_{s1}=\frac{\Omega_{s1}}{B},\quad \eta_l=\frac{\Omega_l}{B}$$

$$\eta_u=\frac{\Omega_u}{B},\quad \eta_{s2}=\frac{\Omega_{s2}}{B}$$

$$\eta_0=\frac{\Omega_0}{B}$$

η_0 为 BPF 归一化的通带中心频率。

由模拟滤波器的频率变换技术可推导得到，带通滤波器和低通滤波器的归一化频率有关系式：

$$\lambda=\frac{\eta^2-\eta_0^2}{\eta} \tag{6.2.18}$$

即低通滤波器的频率 λ 从 $-\infty$ 经过 $-\lambda_s$，$-\lambda_p$ 到 0，然后经 λ_p，λ_s 到 $+\infty$ 的幅频特性对应着带通滤波器的频率 η 从 0 经过 η_{s1}、η_l、η_0、η_u、η_{s2} 到 $+\infty$ 的幅频特性，表 6.2.2 给出了 LPF、BPF 的归一化边缘频率间的对应关系。

表 6.2.2　模拟带通滤波器和模拟低通滤波器归一化边缘频率间的对应关系

LPF	λ	$-\infty$	$-\lambda_s$	$-\lambda_p$	0	λ_p	λ_s	$+\infty$
BPF	η	0	η_{s1}	η_l	η_0	η_u	η_{s2}	$+\infty$

(2) 求 BPF 指标对应的 LPF 边缘频率：由 λ、η 的关系式(6.2.18)，可得

$$\lambda_p=1,\quad -\lambda_s=\frac{\eta_{s1}^2-\eta_0^2}{\eta_{s1}},\quad \lambda_s=\frac{\eta_{s2}^2-\eta_0^2}{\eta_{s2}}$$

如果计算出的 $|-\lambda_s|\neq|\lambda_s|$，一般选择 $\lambda_s=\min(|-\lambda_s|,|\lambda_s|)$ 作为设计 LPF 的阻带归一化边缘频率，以保证在较大的 $|\lambda_s|$ 处能满足阻带增益衰减要求。设计模拟 LPF 通带增益最大衰减 α_p、阻带增益最小衰减 α_s 保持与模拟 BPF 的指标一样。

(3) 设计选定类型的归一化模拟 LPF 原型传输函数 $G(p)$。

(4) 将归一化 LPF 原型传输函数 $G(p)$ 变换为去归一化的 BPF 传输函数 $H(s)$，令

$$p=\frac{s^2+\Omega_u\Omega_l}{s(\Omega_u-\Omega_l)} \tag{6.2.19}$$

将式(6.2.19)代入归一化模拟 LPF 原型传输函数 $G(p)$，整理得去归一化的模拟 BPF 系统函数：

$$H(s)=G(p)\Big|_{p=\frac{s^2+\Omega_u\Omega_l}{s(\Omega_u-\Omega_l)}} \tag{6.2.20}$$

例 6.2.4　试设计一个模拟带通滤波器，指标要求：通带带宽 $B=2\pi\times200\text{rad/s}$，通带增益最大衰减 $\alpha_p=3\text{dB}$，中心频率 $\Omega_0=2\pi\times1000\text{rad/s}$。下阻带上限频率 $\Omega_{s1}=2\pi\times830\text{rad/s}$，上阻带下限频率 $\Omega_{s2}=2\pi\times1200\text{rad/s}$，阻带增益最小衰减 $\alpha_s=15\text{dB}$。

解：

(1) 求模拟带通相对带宽 B 的归一化边缘频率指标。

BPF 的归一化中心频率 $\eta_0=5$，下阻带、上阻带的归一化边缘频率分别为 $\eta_{s1}=4.15$，$\eta_{s2}=6$。

(2) 求对应的模拟归一化低通滤波器的边缘频率技术要求：

$$\lambda_p=1$$

$$-\lambda_s=\frac{\eta_{s1}^2-\eta_0^2}{\eta_{s1}}=\frac{4.15^2-5^2}{4.15}=-1.847,\quad \lambda_s=\frac{\eta_{s2}^2-\eta_0^2}{\eta_{s2}}=\frac{6^2-5^2}{6}=1.833$$

取 $\lambda_s=1.833$，$\alpha_p=3\text{dB}$，$\alpha_s=15\text{dB}$ 作为归一化 LPF 设计的技术指标。

(3) 设计模拟归一化低通滤波器原型 $G(p)$。采用巴特沃斯型，则

$$\lambda_{sp}=\frac{\lambda_s}{\lambda_p}=\frac{1.833}{1}=1.833$$

$$k_{sp}=\sqrt{\frac{10^{\alpha_s/10}-1}{10^{\alpha_p/10}-1}}=\sqrt{\frac{10^{15/10}-1}{10^{3/10}-1}}=5.55$$

$$N=\frac{\lg k_{sp}}{\lg\lambda_{sp}}=\frac{\lg 5.55}{\lg 1.833}=2.83$$

取整，阶次 $N=3$。

由 $N=3$，直接查表 6.2.1 得到归一化巴特沃斯模拟 LPF 原型传输函数的分母多项式的系数 b_k，$k=0,1,2$：

$$b_0=1.0000,\quad b_1=2.0000,\quad b_2=2.0000$$

代入式(6.2.7b)得归一化巴特沃斯模拟 LPF 原型传输函数：

$$G(p)=\frac{1}{1+2p+2p^2+p^3}$$

(4) 求巴特沃斯模拟带通滤波器的传输函数 $H(s)$。

令 $B=\Omega_u-\Omega_l$，$\Omega_0^2=\Omega_u\Omega_l$。将 $p=\dfrac{s^2+\Omega_u\Omega_l}{s(\Omega_u-\Omega_l)}=\dfrac{s^2+\Omega_0^2}{sB}$ 代入归一化模拟 LPF 原型传输函数 $G(p)$，整理得去归一化的模拟 BPF 系统函数 $H(s)$：

$$H(s)=\frac{s^3B^3}{s^6+2Bs^5+(3\Omega_0^2+2B^2)s^4+(4B\Omega_0^2+B^3)s^3+(3\Omega_0^4+2B^2\Omega_0^2)s^2+2B\Omega_0^4s+\Omega_0^6}$$

3. 模拟带阻滤波器的设计

微课视频

设归一化低通滤波器 $G(\mathrm{j}\lambda)$ 和归一化带阻滤波器(band-stop filter，BSF) $H(\mathrm{j}\eta)$ 的幅频特性如图 6.2.11 所示。图中 LPF、BSF 的通带、阻带的截止频率均为归一化频率参数。从模拟 LPF 转换到模拟 BSF 的设计步骤如下。

(1) 确定模拟 BSF 的设计指标。

如图 6.2.11 所示，工程上常给出的模拟 BSF 的上通带、下通带的截止频率分别记为 Ω_u、Ω_l；BSF 的阻带下限频率、上限频率分别为记 Ω_{s1}、Ω_{s2}。BSF 通带增益的最大衰减为 α_p、阻带增益的最小衰减为 α_s。

令

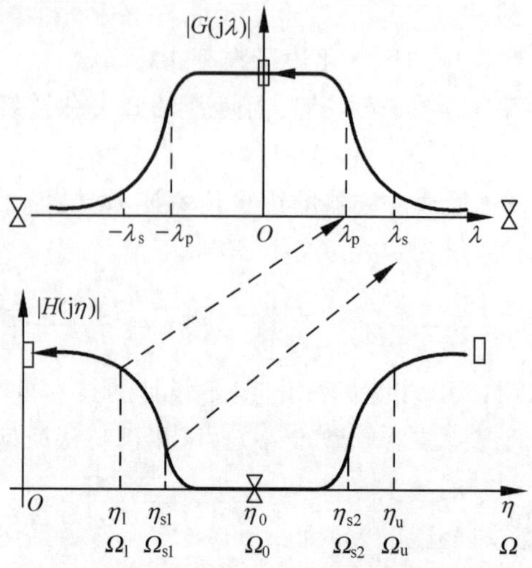

图 6.2.11 LPF 与 BSF 的幅频特性

$B=\Omega_u-\Omega_l$， 为 BSF 的阻带宽度

$\Omega_0^2=\Omega_u\Omega_l$， 为 BSF 的阻带中心频率平方

则模拟带阻滤波器设计中常用其阻带带宽 B 对各边缘频率进行归一化：

$$\eta_l=\frac{\Omega_l}{B},\quad \eta_u=\frac{\Omega_u}{B}$$

$$\eta_{s1}=\frac{\Omega_{s1}}{B},\quad \eta_{s2}=\frac{\Omega_{s2}}{B}$$

$$\eta_0=\frac{\Omega_0}{B}$$

η_0 为 BSF 的归一化阻带中心频率，且 $\eta_0^2=\eta_l\eta_u$。

由模拟滤波器的频率变换技术可推导得到，带阻滤波器和低通滤波器的归一化频率有关系式：

$$\lambda=\frac{\eta}{\eta_0^2-\eta^2} \tag{6.2.21}$$

根据图 6.2.11 所示的模拟带阻滤波器和模拟低通滤波器的幅频特性对应规律，表 6.2.3 给出了模拟 LPF、模拟 BSF 的归一化边缘频率间的对应关系。

此处的频率变换应注意：模拟 BSF 的阻带中心频率 η_0 对应着模拟 LPF 的 $\pm\infty$ 频率，模拟 LPF 的零频率则对应着模拟 BSF 的零频率及 $+\infty$ 频率。

表 6.2.3 模拟带阻滤波器和模拟低通滤波器归一化边缘频率间的对应关系

LPF	λ	$-\infty$	$-\lambda_s$	$-\lambda_p$	$\mathbf{0}^-$	$\mathbf{0}^+$	λ_p	λ_s	$+\infty$
BSF	η	η_0^+	η_{s2}	η_u	$+\infty$	0	η_l	η_{s1}	η_0^-

(2) 确定 BSF 指标对应的 LPF 边缘频率。

由关系式(6.2.21)计算：

$$\lambda_p=1$$

$$-\lambda_s=\frac{\eta_{s2}}{\eta_0^2-\eta_{s2}^2},\quad \lambda_s=\frac{\eta_{s1}}{\eta_0^2-\eta_{s1}^2}$$

选择 $\lambda_s=\min(|-\lambda_s|,|\lambda_s|)$作为设计 LPF 的阻带归一化边缘频率，以保证在较大的$|\lambda_s|$处 LPF 的阻带增益衰减能满足要求。设计 LPF 要求的通带增益最大衰减 α_p、阻带增益最小衰减 α_s 仍然取 BSF 的对应指标要求。

(3) 设计选定类型的归一化 LPF 原型传输函数 $G(p)$。

(4) 将归一化 LPF 原型传输函数 $G(p)$变换为去归一化的模拟 BSF 传输函数 $H(s)$。令

$$p=\frac{s(\Omega_u-\Omega_l)}{s^2+\Omega_u\Omega_l} \tag{6.2.22}$$

考虑到 $B=\Omega_u-\Omega_l,\Omega_0^2=\Omega_u\Omega_l$，式(6.2.22)也可以写为

$$p=\frac{sB}{s^2+\Omega_0^2}$$

将式(6.2.22)代入归一化模拟 LPF 原型传输函数 $G(p)$，整理得去归一化的模拟 BSF 系统函数：

$$H(s)=G(p)\Big|_{p=\frac{s(\Omega_u-\Omega_l)}{s^2+\Omega_u\Omega_l}} \tag{6.2.23}$$

分析模拟 LPF 与模拟 BPF、模拟 BSF 之间的归一化频率变换式(6.2.18)、式(6.2.21)可见：如果由设计的 N 阶 LPF 通过频率变换方法设计 BPF、BSF，则得到的 BPF、BSF 将是 $2N$ 阶的。

6.3 无限长脉冲响应低通滤波器设计：脉冲响应不变法

在工程应用中，模拟滤波器设计均可以通过设计模拟 LPF(低通滤波器)配合模拟域频率变换方法实现；类似地，数字滤波器设计中也可以通过已有的数字 LPF 结合相应的数字域频率变换技术得到工程应用中需要的数字低通、高通、带通、带阻滤波器等。故本节首先介绍 IIR 数字 LPF 的设计方法。通过学习模拟 LPF 向数字 LPF 的变换过程，掌握由模拟滤波器设计数字滤波器的方法。

6.3.1 一般数字滤波器的设计思想

基于已有模拟滤波器的系统函数 $H(s)$，设计出相应的 IIR 数字滤波器的系统函数 $H(z)$的思想，称为"间接法"设计思想。由于模拟域和数字域之间的具体变换规则的不同，会有不同的间接法设计 IIR 数字滤波器实现方案。间接法设计 IIR 数字 LPF 的一般步骤如下。

(1) 按一定的频率变换规则将给出的数字滤波器性能指标转换为模拟滤波器的性能指标。例如，模拟频率域的角频率、数字频率域的数字频率分别记为 Ω、ω，这两个域中的频率满足某函数关系 g，即 $\Omega=g(\omega)$，就可以按这个函数 g"规则"，把数字滤波器的边缘频率指

标转换成模拟滤波器的边缘频率指标。

(2) 根据转换后得到的模拟滤波器技术指标,设计出模拟滤波器系统函数 $H(s)$。

(3) 按一定的模拟变换域(拉普拉斯域)和数字变换域(z 域)之间的变换规则将 $H(s)$ 转换成数字滤波器的系统函数 $H(z)$。例如,记 s、z 分别为拉普拉斯域和 z 域的复变量,两者有函数关系式 $s=f(z)$,把 $H(s)$中的 s 换成 $f(z)$可得函数 $H(z)$。

经过上面 3 个步骤,对数字低通滤波器的设计即结束。如果要设计数字高通、带通或带阻滤波器,则上面 3 个步骤应修改为如下的设计过程。

按一定的频率变换规则将给出的数字高通、带通或带阻滤波器的设计指标转换成模拟低通滤波器的指标,然后按步骤(2)设计低通滤波器的系统函数 $H(s)$。按步骤(3)将 $H(s)$ 转换成 $H(z)$。图 6.3.1 的实线流程给出了这个"间接法"的设计思想示意。

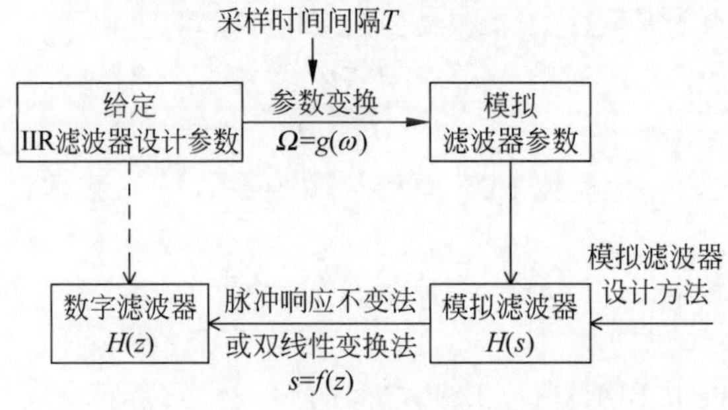

图 6.3.1 间接法设计 IIR 滤波器的思想

本节介绍脉冲响应不变法,下节介绍双线性变换法。前者的频率变换是线性的,但设计出的数字滤波器频率响应和模拟滤波器的频率响应相比,在高频段有频率混叠;后者的频率变换是非线性,但设计出的数字滤波器频率响应和原模拟滤波器的相比,在全频带无频率混叠。

6.3.2 脉冲响应不变法的变换思想及方法

脉冲响应不变法设计数字 LPF 的基本思想:保证从模拟 LPF 变换所得的数字 LPF 的单位采样脉冲响应 $h(n)$,是相应的模拟滤波器的单位冲激脉冲响应 $h_a(t)$的等间隔采样,即

$$h(n)=h_a(nT) \tag{6.3.1}$$

其中,T 为时域采样间隔。如图 6.3.2 直观地所示,T 越小,$h(n)$对 $h_a(t)$的逼近越好。

下面分析脉冲响应不变法中模拟滤波器和数字滤波器之间的频域转换关系。

不失一般地,设模拟系统只有 N 个单阶极点,且分母多项式的阶数高于分子多项式的阶数,模拟滤波器的系统函数 $H_a(s)$可写成部分分式形式,如式(6.3.2)所示。需指出,如果将模拟滤波器系统函数写成二阶节乘积形式,则不方便使用脉冲响应不变法。

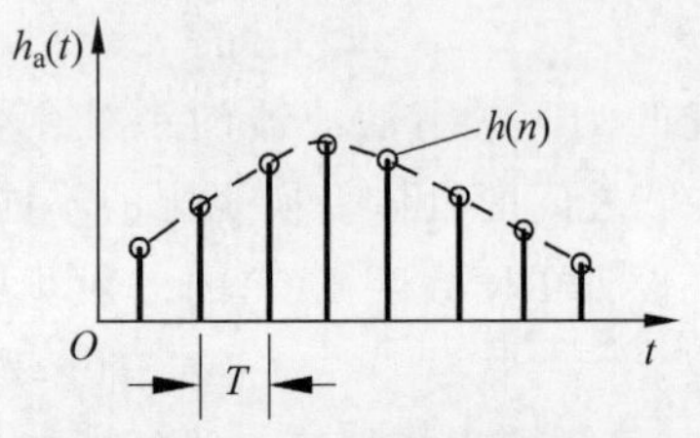

图 6.3.2 $h_a(t)$(虚线)和 $h(n)$(序列)的关系

$$H_a(s)=\sum_{i=1}^{N}\frac{A_i}{s+s_i} \tag{6.3.2}$$

对式(6.3.2)两边进行拉普拉斯逆变换,得模拟滤波器的单位冲激响应:

$$h_a(t)=L^{-1}[H_a(s)]=\sum_{i=1}^{N}A_i e^{-s_i t}u(t) \tag{6.3.3}$$

其中，$u(t)$为单位阶跃函数。

根据脉冲响应不变法的思想，相应数字滤波器的单位采样脉冲响应为

$$\begin{aligned}h(n)&=h_a(nT)\\&=\sum_{i=1}^{N}A_i e^{-s_i nT}u(nT)=\sum_{i=1}^{N}A_i(e^{-s_i T})^n u(nT)\end{aligned} \tag{6.3.4}$$

利用 z 变换对 $a^n u(n)\leftrightarrow\dfrac{1}{1-az^{-1}}$ 及 z 变换的线性性，对式(6.3.4)两边做 z 变换，得数字滤波器的系统函数：

$$H(z)=\sum_{i=1}^{N}\frac{A_i}{1-e^{-s_i T}z^{-1}} \tag{6.3.5}$$

比较式(6.3.2)和式(6.3.5)可见，将模拟滤波器的系统函数 $H_a(s)$变换成数字滤波器的系统函数 $H(z)$，只要将 $H_a(s)$在 s 平面的极点 $-s_i$ 映射成 $H(z)$在 z 平面的极点 $z=e^{-s_i T}$，就实现了系统函数间的变换。

综上所述，对仅有单阶极点的模拟滤波器，已知时域采样间隔为 T 时，脉冲响应不变法设计 IIR 滤波器是将模拟系统函数 $H_a(s)$的部分分式映射成数字系统函数 $H(z)$的部分分式：

$$\frac{1}{s+s_i}\leftrightarrow\frac{1}{1-e^{-s_i T}z^{-1}} \tag{6.3.6}$$

6.3.3 脉冲响应不变法的参数映射关系及特点

微课视频

式(6.3.6)表明，脉冲响应不变法涉及的 s 平面与 z 平面参数的映射关系为

$$z=e^{sT} \tag{6.3.7}$$

式(6.3.7)包含着时域采样间隔 T 参数，此映射关系可将 s 平面虚轴左边的极点映射到 z 平面单位圆内的极点，如图 6.3.3 所示。

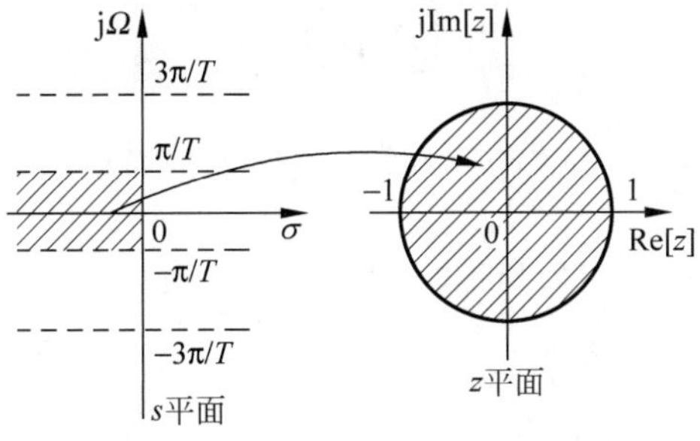

图 6.3.3 s 平面与 z 平面间的映射关系 $z=e^{sT}$

令 $s=\sigma+j\Omega$，$z=re^{j\omega}$，其中 Ω、ω 分别对应着模拟域角频率和数字域数字频率，则式(6.3.7)可写成：

$$re^{j\omega}=e^{(\sigma+j\Omega)T}=e^{\sigma T}e^{j\Omega T}$$

z 的模 r 对应于 s 的实部；z 的相角 ω 对应于 s 的虚部。即

$$r = \mathrm{e}^{\sigma T}, \quad \omega = \Omega T$$

结合图 6.3.3 可知：

当 $\sigma=0$ 时，$r=1$，s 平面的虚轴 $s=\mathrm{j}\Omega \to z$ 平面上的单位圆 $z=\mathrm{e}^{\mathrm{j}\omega}$；

当 $\sigma<0$ 时，$r<1$，s 平面的左半平面$\to z$ 平面单位圆内；

当 $\sigma>0$ 时，$r>1$，s 平面右半平面$\to z$ 平面单位圆外。

又因为 $\omega=\Omega T$，所以数字频率 ω 自 $0\to\pm\pi$ 时，模拟域角频率 Ω 对应值为 $0\to\pm\dfrac{\pi}{T}$。

总体上，如图 6.3.3 所示，s 平面上每一条宽为$\dfrac{2\pi}{T}$的横带，重叠地映射到整个 z 平面上，s 平面复频率 $\mathrm{j}\Omega$ 在纵轴上每变化$\dfrac{2\pi}{T}$一段，对应于 z 平面上数字频率 ω 绕单位圆变化一周。显然这种 s 平面与 z 平面的映射不是一一对应的。若原模拟滤波器频率响应中频率不满足 $|\Omega|<\pm\dfrac{\pi}{T}$，则脉冲响应不变法得到的数字滤波器的频响特性在 $\omega=\pi$（数字域最高频率点）附近与原模拟滤波器的频响相比，将有“频率混叠失真”，如图 6.3.4 所示。因此如果希望设计的数字滤波器不是带限的，如高通、带阻滤波器，则不适合用脉冲响应不变法设计。

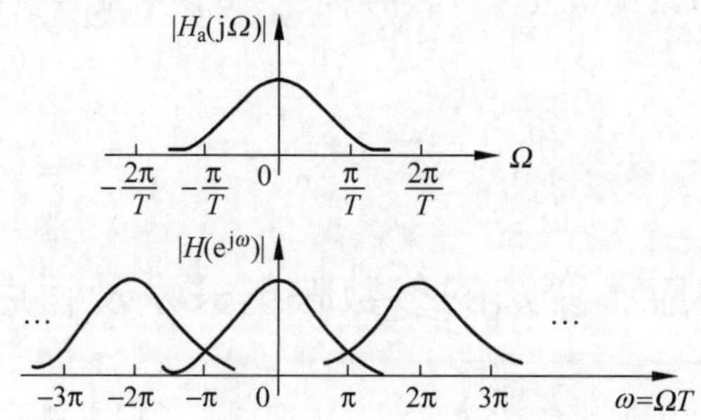

图 6.3.4　脉冲响应不变法的频率混叠现象

脉冲响应不变法设计 IIR 数字滤波器所存在的“频率混叠失真”现象还可以从数学上得到解释。因为采样序列 $h(n)$、原模拟信号 $h_{\mathrm{a}}(t)$两者的傅里叶变换之间有如下关系：

$$H(\mathrm{e}^{\mathrm{j}\omega}) = \frac{1}{T}\sum_{m=-\infty}^{\infty} H_{\mathrm{a}}\left(\mathrm{j}\,\frac{\omega}{T} + \mathrm{j}m\cdot\frac{2\pi}{T}\right) \tag{6.3.8}$$

$H(\mathrm{e}^{\mathrm{j}\omega})$是模拟滤波器频响 $H_{\mathrm{a}}(\mathrm{j}\Omega)$以$\dfrac{2\pi}{T}$为周期进行周期延拓所得，故只有当模拟滤波器的频响局限于折叠频率$\dfrac{\pi}{T}$以内的频带时，即

$$H_{\mathrm{a}}(\mathrm{j}\Omega) = 0, \quad |\Omega| \geqslant \frac{\pi}{T} \tag{6.3.9}$$

脉冲响应不变法设计的数字滤波器的频响在折叠频率内才可重现模拟滤波器的频响：

$$H(\mathrm{e}^{\mathrm{j}\omega}) = \frac{1}{T}H_{\mathrm{a}}\left(\mathrm{j}\,\frac{\omega}{T}\right), \quad |\omega| \leqslant \pi \tag{6.3.10}$$

否则，设计的数字滤波器频率响应在最高频点附近要出现频谱混叠失真。式(6.3.10)中，如果 T 取得很小，$H(\mathrm{e}^{\mathrm{j}\omega})$将出现高增益，可能导致系统不稳定，为避免这种情况，应用中脉冲

响应不变法的约束式(6.3.1)往往用式(6.3.11)代替：

$$h(n)=Th_{a}(nT) \tag{6.3.11}$$

对应地，式(6.3.5)可修改为

$$H(z)=T\cdot\sum_{i=1}^{N}\frac{A_i}{1-e^{-s_iT}z^{-1}} \tag{6.3.12}$$

实际模拟滤波器频响不可能真正带限，所以脉冲响应不变法设计的数字滤波器频响高频段的频率混叠失真总存在，尤其是设计数字高通和带阻滤波器不宜用该法；对数字低通和带通滤波器设计，要充分地带限，如在模拟滤波器前加保护滤波器，滤掉模拟滤波器在折叠频率以上的频响部分；阻带衰减越大，则设计出的数字滤波器频响中频率混叠效应越小。

脉冲响应不变法设计IIR滤波器的特点可总结为

(1) 式(6.3.7)包含的模拟域、数字域之间的频率变换关系 $\omega=\Omega T$ 是线性的，模拟滤波器频响局限于折叠频率以内的频带上，变换后所得数字滤波器频响可不失真地反映原模拟滤波器频响。

(2) 主要用于设计要求在时域上能模仿模拟滤波器的功能的数字滤波器。

(3) 模拟滤波器稳定，变换得到的数字滤波器也是稳定的。

例6.3.1　已知模拟滤波器的系统函数 $H_a(s)=\dfrac{2}{(s+1)(s+3)}=\dfrac{1}{(s+1)}-\dfrac{1}{(s+3)}$。用脉冲响应不变法设计相应的数字滤波器。

解：根据脉冲响应不变换法模拟系统函数、数字系统函数极点的映射关系式(6.3.6)，得所设计的IIR数字滤波器系统函数：

$$H(z)=\frac{1}{1-e^{-T}z^{-1}}-\frac{1}{1-e^{-3T}z^{-1}}=\frac{z^{-1}(e^{-T}-e^{-3T})}{1-z^{-1}(e^{-T}+e^{-3T})+e^{-4T}z^{-2}}$$

T 为数字滤波器的时域采样周期(采样间隔)。

讨论：本例题的MATLAB算法实现见6.7.2节。

(1) 模拟滤波器的频响：令 $s=\mathrm{j}\Omega$ 代入 $H_a(s)$ 得

$$H_a(\mathrm{j}\Omega)=\frac{2}{(\mathrm{j}\Omega+1)(\mathrm{j}\Omega+3)}=\frac{2}{3-\Omega^2+\mathrm{j}4\Omega}$$

运行给出的MATLAB程序，画出模拟滤波器的幅频特性 $|H_a(\mathrm{j}\Omega)|$ 曲线如图6.3.5所示。

(2) 数字滤波器的频响：令 $z=e^{\mathrm{j}\omega}$ 代入 $H(z)$ 得

$$H(e^{\mathrm{j}\omega})=\frac{(e^{-T}-e^{-3T})e^{-\mathrm{j}\omega}}{1-(e^{-T}+e^{-3T})e^{-\mathrm{j}\omega}+e^{-4T}e^{-\mathrm{j}2\omega}}$$

显然数字滤波器的频响与时域采样间隔 T 有关。运行给出的MATLAB程序，画出在 $T=0.5\mathrm{s}, 0.05\mathrm{s}, 0.025\mathrm{s}$ 时的数字滤波器幅频特性曲线，如图6.3.5所示。

由图6.3.5可见，当采样频率 $f_s=20\mathrm{Hz}$ 时，数字滤波器折叠频率 π 处，幅度衰减约为120dB；对应地，模拟频率 $f=f_s/2=10\mathrm{Hz}$ 处，模拟滤波器幅度衰减约为150dB；数字滤波器幅频响应在折叠频率 π 处有约30dB的频率混叠失真。整个数字滤波器频响的曲线和模拟的很近似。

当采样频率 $f_s=2\mathrm{Hz}$ 时，在数字滤波器折叠频率 π 处，幅度衰减约为30dB；对应地，模拟频率 $f=f_s/2=1\mathrm{Hz}$ 处，模拟滤波器幅度衰减约为50dB；数字滤波器幅频响应在该频率

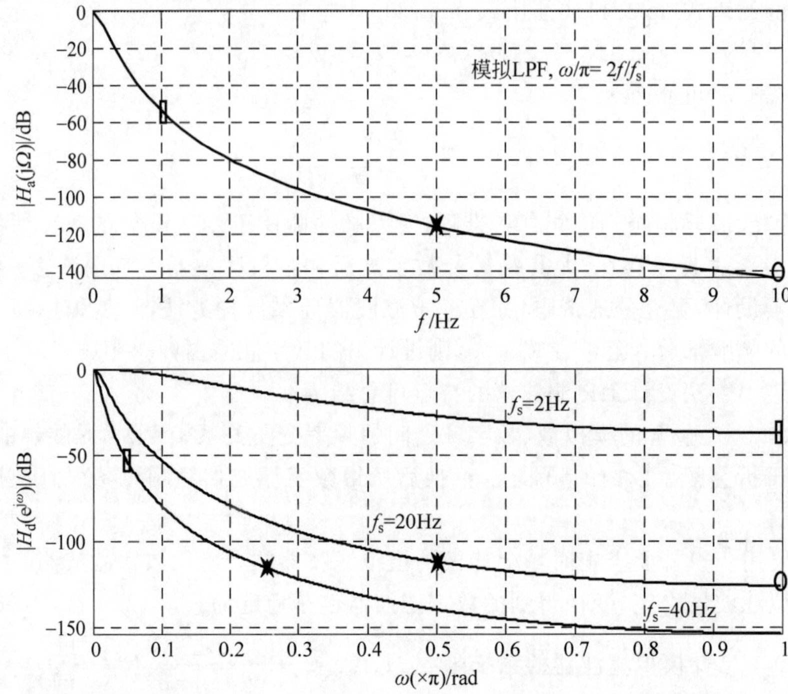

图 6.3.5 脉冲响应不变法设计的 $|H_d(e^{j\omega})|$ 与原模拟 $|H_a(j\Omega)|$ 的比较

点有约 20dB 的混叠失真。

显然,由于给定模拟滤波器频率响应不是带限的,又没有预先的保护处理,用脉冲响应不变变换法设计的数字滤波器频响在数字域高频段(π 附近),不能无误差地逼近原模拟滤波器的频响。

6.4 无限长脉冲响应低通滤波器设计:双线性变换法

脉冲响应不变法得到的数字滤波器频响在数字域高频段,$\omega=\pi$ 附近产生频率混叠失真,使数字滤波器的频响偏离原模拟滤波器在模拟域折叠频率 $\frac{\Omega_s}{2}=\frac{\pi}{T}$ 处的特性。原因是模拟低通滤波器频响的最高截止频率 Ω_c 大于折叠频率。如果采用模拟域、数字域间频率的非线性变换,把模拟 LPF 的整个频带,$\Omega\in(-\infty,\infty)$ 压缩到折叠频率以内,$\Omega_1\in\left(-\frac{\pi}{T},\frac{\pi}{T}\right)$,再经 $z=e^{sT}$ 变换作模拟滤波器系统函数的数字化,就无频率混叠失真。双线性变换法设计就有这样的特点。

6.4.1 双线性变换的一般变换关系

将已设计出的模拟低通滤波器系统函数 $H_a(s)$ 通过双线性变换法变换成数字低通滤波器系统函数 $H(z)$ 时,只要定义 s、z 复频率之间的双线性变换:

$$s=\frac{2}{T}\cdot\frac{1-z^{-1}}{1+z^{-1}} \tag{6.4.1}$$

将式(6.4.1)代入 $H_a(s)$中，就可以得到 $H(z)$；T 为数字系统的采样时间间隔。

为得到双线性变换法设计中模拟域角频率 Ω 和数字域数字频率 ω 间的关系，令 $s=\mathrm{j}\Omega$，$z=\mathrm{e}^{\mathrm{j}\omega}$，代入双线性变换定义式(6.4.1)，并整理如下：

$$\mathrm{j}\Omega=\frac{2}{T}\cdot\frac{1-\mathrm{e}^{-\mathrm{j}\omega}}{1+\mathrm{e}^{-\mathrm{j}\omega}}=\mathrm{j}\frac{2}{T}\tan\frac{\omega}{2}\equiv \mathrm{j}g(\omega)$$

可得：

$$\Omega=g(\omega)=\frac{2}{T}\tan\frac{\omega}{2} \tag{6.4.2}$$

函数 $g(\omega)$称为频率预畸变换。

用双线性变换法设计 IIR 低通滤波器时，式(6.4.1)用于把模拟系统函数 $H_a(s)$映射成数字滤波器的系统函数 $H(z)$；式(6.4.2)用于把给定的 IIR 低通滤波器设计频率参数映射成对应模拟低通滤波器设计的频率参数。

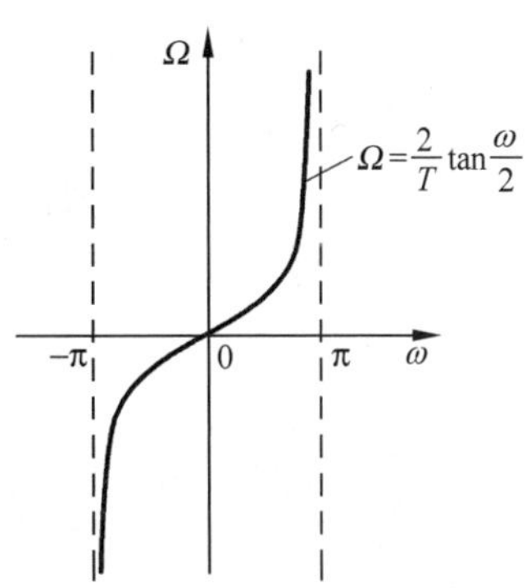

图 6.4.1　双线性变换法的频率变换关系

图 6.4.1 示意了双线性变换法的模拟域角频率和数字域数字频率之间的关系，当数字频率 ω 从 $-\pi$ 经 0 到 $+\pi$ 时，对应的模拟角频率 Ω 从 $-\infty$ 经 0 到 $+\infty$，模拟域频率与数字域频率呈现一一对应的关系。因此模拟滤波器在$(-\infty,+\infty)$全频段上频响特性 $H_a(\mathrm{j}\Omega)$将一一映射成数字滤波器全频段，$[-\pi,+\pi]$范围的频响特性 $H(\mathrm{e}^{\mathrm{j}\omega})$，从而避免脉冲响应不变法设计的数字滤波器频响高频段的“频率混叠失真”。

由式(6.4.2)可总结双线性变换有如下特点：

(1) s 平面上的角频率 Ω 与 z 平面的数字频率 ω 成非线性的正切函数关系，如图 6.4.1 所示。$\Omega=0$，对应于 $\omega=0$；$\Omega=\pm\infty$，对应于 $\omega=\pm\pi$。

s 平面整个虚轴(复频率 $\mathrm{j}\Omega$)单值地映射成 z 平面上的单位圆一周。这种单值映射关系，消除了频率混叠现象。

(2) 正是由于 Ω 与 ω 之间的非线性压缩关系，使设计的数字滤波器的频率响应相对于原模拟滤波器的频率响应，出现非线性失真，如图 6.4.2 所示。

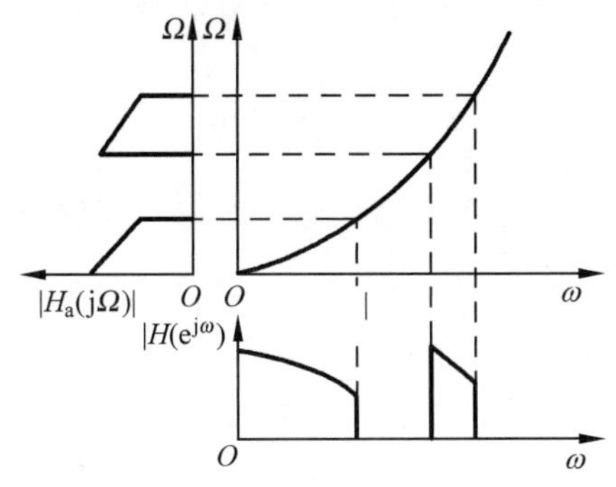

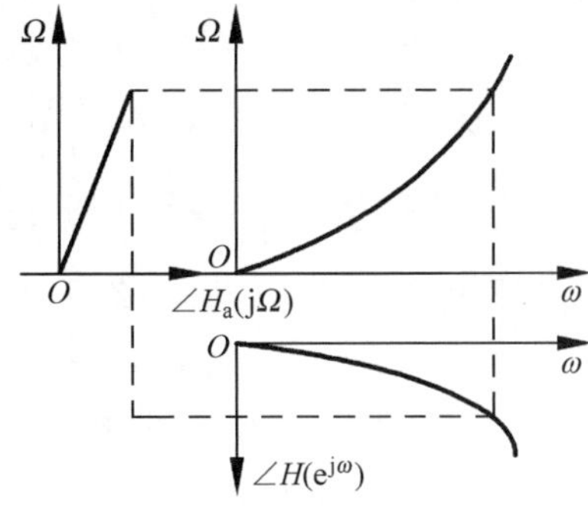

图 6.4.2　双线性变换法幅度和相位特性的非线性映射

非线性影响实质是：若 Ω 的刻度是均匀的，映射到 z 平面 ω 的刻度是不均匀的，且随着频率的增加，同样的 Ω 间隔，映射的 ω 间隔越来越小。因此只有当被变换的 $H_a(s)$ 具有分段常数的幅频特性(如理想 LPF、BPF、HPF 和 BSF(带阻滤波器)均为幅频特性分段恒定)，这种非线性压缩可在容许范围内得到补偿，用双线性变换法设计的数字滤波器才会有效。但双线性变换法设计无法避免数字滤波器的相位响应失真，因为模拟滤波器的相频响应一般不会是分段恒定的。例如，双线性变换也不能将连续时间微分器映射成离散时间微分器。

(3) 如果模拟滤波器是稳定的，则双线性变换法得到的数字滤波器也是稳定的。

(4) 模拟滤波器 $H_a(s)$ 的通带、阻带经双线性变换法将映射成数字滤波器 $H(z)$ 的通带、阻带。

双线性变换法将模拟 LPF 转换成数字 LPF 的步骤如下：

(1) 确定 IIR LPF 的参数。根据系统采样频率 f_s，将工程应用要求的模拟域指标变换成数字域指标：滤波器通带、阻带边缘频率 ω_p, ω_s，通带增益最大衰减 α_p，阻带增益最小衰减 α_s。

(2) 求对应的模拟 LPF 参数。滤波器频率响应的边界频率由 $\Omega=\frac{2}{T}\tan\frac{\omega}{2}$ 计算，$\omega_p \to \Omega_p, \omega_s \to \Omega_s$，通带增益、阻带增益衰减系数不变。

(3) 设计模拟 LPF 的系统函数 $H_a(s)$。该模拟 LPF 可以选巴特沃斯型、切比雪夫型或椭圆型等。

(4) 由模拟 LPF 的系统函数 $H_a(s)$ 转换成数字 LPF 的系统函数 $H(z)$。将 $s=\frac{2}{T}\cdot\frac{1-z^{-1}}{1+z^{-1}}$ 代入 $H_a(s)$，并整理。

为简化设计，研究人员已将模拟滤波器有理分式形式的系统函数各系数和经过双线性变换法得到的数字滤波器有理分式形式的系统函数各系数之间的关系制成表格，供设计时查用。有需要的读者可查阅有关的双线性变换设计参考文献。

6.4.2 间接法设计数字低通滤波器时 T 的选择

设计 IIR 低通滤波器，若在数字域给定数字 LPF 技术指标，则数字滤波器频响特性可能对应的最高频率一定小于或等于 π。

如果用脉冲响应不变法，数字域和模拟域频率变换关系为 $\omega=\Omega T$，转换得到对应模拟 LPF 的最高频率 $\Omega_c \leqslant \frac{\pi}{T}$，模拟 LPF 的全频带限于 $\pm\frac{\pi}{T}$ 之间；满足脉冲响应不变法对模拟低通滤波器的频响要求带限的条件，数字 LPF 高频段，$\omega=\pm\pi(2n+1)$，π 奇数倍附近频率混叠问题可以避免，故时域采样间隔 T 可任选。

如果用双线性变换法，模拟域角频率 Ω 和数字域数字频率 ω 的非线性变换关系，$\Omega=\frac{2}{T}\tan\frac{\omega}{2}$，保证了由模拟 LPF 转换得到的数字 LPF 频响无频率混叠失真。时域采样间隔 T 也可以任选。

综合起来，若直接从数字域给出数字滤波器设计指标，为设计简单，如果不特别指定，间接法设计 IIR 低通滤波器常取采样时间间隔 $T=1$。

但正如例 6.3.1 的结果所示，如果已知一个模拟 LPF，欲基于该模拟 LPF 的频响特性，通过间接法设计一个类似频响的数字 LPF 代替原模拟 LPF，不同的时域采样间隔 T，将会影响数字化后 IIR LPF 频响曲线的形状。

6.4.3　双线性变换法、脉冲响应不变法的比较

微课视频

下面从 4 方面，比较双线性变换法、脉冲响应不变法设计的数字滤波器特性。

(1) 滤波器的频率响应特性：双线性变换法消除了脉冲响应不变法固有的数字滤波器高频段幅频特性的频率混叠失真。但双线性变换法设计的数字 IIR 滤波器与原模拟滤波器相比，有相频特性的失真。

(2) 滤波器的频率映射关系：前者频率变换是非线性的，后者是线性的。

(3) 滤波器的实现结构：前者变换前可把模拟系统函数分解成并联或级联形式，后者更适用于把模拟系统函数分解成并联形式，即部分分式相加的形式。

(4) 滤波器的应用场合：前者适用于设计滤波器幅度频率响应为分段常数的系统，后者适用于设计能模仿模拟系统时域单位冲激响应 $h_a(t)$波形的数字系统。

6.5　无限长脉冲响应高通、带通、带阻滤波器设计

6.5.1　设计思路

微课视频

间接法 IIR 滤波器设计技术依靠现有的模拟滤波器系统函数得到数字滤波器系统函数，这些模拟滤波器叫做“原型滤波器”。考虑到模拟高通、带通、带阻滤波器设计，可以采用模拟域的频带变换技术，由模拟低通滤波器转换得到，因此，模拟低通滤波器是最基本的原型滤波器。

实际根据模拟低通滤波器技术指标，设计原型模拟低通滤波器时，应根据工程上对滤波器幅频响应的波形函数特征要求，在广泛应用的巴特沃斯型、切比雪夫Ⅰ型、切比雪夫Ⅱ型和椭圆型滤波器等种类中选择一种合适的滤波器进行具体设计。图 6.5.1 中左上“模拟-模拟频带变换”指示了这种设计思路。

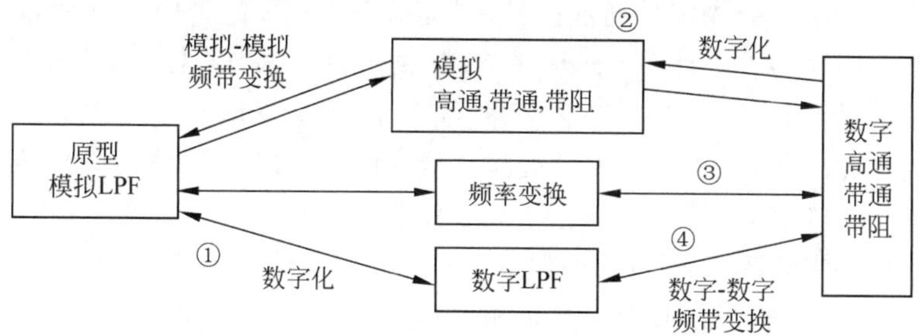

图 6.5.1　数字 LPF、HPF、BPF、BSF 的设计方案

如果按功能将数字滤波器分为数字低通、高通、带通、带阻滤波器几类，针对这些数字滤波器的特点，间接法设计 IIR 滤波器可以有多种实现方案。下面分别介绍图 6.5.1 所示典型方案的设计思想。

(1) 低通滤波器的数字化方案。

图 6.5.1 中①所示的双向流程。如果要设计 IIR 低通滤波器，可以按 6.3 节和 6.4 节介绍的方法。即给定原型模拟低通滤波器系统函数 $H_a(s)$时，用脉冲响应不变法或双线性变换法，进行 s 域和 z 域变量代换，令 $s=f(z)$代入 $H_a(s)$化简即可。如果给定的是数字低通滤波器的数字域设计指标，则要先用频率转换关系 $\Omega=g(\omega)$求出原型模拟低通滤波器设计指标。

(2) 高通、带通、带阻滤波器的数字化方案。

图 6.5.1 中②所示的双向流程。这些类型的数字滤波器设计，数字化过程是在同类模拟滤波器、数字滤波器之间进行的。类似方案(1)，将原型模拟高通、带通、带阻滤波器数字化成数字高通、带通、带阻滤波器。相应原型模拟高通、带通、带阻的设计，可以用模拟域的频率变换方法由原型模拟低通滤波器转换得到。

显然，本章介绍的脉冲响应不变法、双线性变换法等数字化变换技术不改变滤波器的功能。但要注意具体间接方法的选择：如脉冲响应不变法，只适用于低通、带通滤波器设计；不考虑相位频率响应失真时，双线性变换法适用于所有滤波器类型的设计。

(3) 频率变换方案。

图 6.5.1 中③所示的双向流程。这种方案是对仅关心滤波器幅频响应的数字滤波器设计，把方案(2)的"数字化"和"模拟域频带变换"进行综合，推导出专门的各类"双线性变换"公式。直接用"原型模拟低通滤波器"转换出希望的数字高通、带通、带阻滤波器。本节将以数字 HPF 设计为例，对这种设计思想进行介绍，读者可以类似地，自行推导其他类型的"双线性变换"公式或查阅参考文献[8]。

(4) 数字域设计："z 平面变换法"。

图 6.5.1 中④所示的双向流程。这种设计方案，是把已知的数字低通滤波器作为"原型滤波器"，系统函数记为 $H_L(z^{-1})$，推导出数字域(z 域)上的频带变换关系式，根据这些 z 域的频带变换关系，将原型数字低通滤波器转换成希望指标的数字低通滤波器、数字高通、带通、带阻滤波器，系统函数记为 $H(z^{-1})$。本课程不重点介绍，有兴趣的读者可参阅有关参考文献[8]。

根据所介绍的由模拟滤波器设计各类数字滤波器的频率变换思想，利用 MATLAB 软件中的相应工具箱，可方便地设计出希望的各类数字滤波器。例 6.5.1 给出用"数字化"和"模拟域频带变换法"设计数字滤波器的例子。

微课视频

例 6.5.1 设计一个数字带通滤波器，其指标为：3dB 通带中心频率 $\omega_0=0.5\pi$ rad；3dB 通带上截止频率 $\omega_{c2}=0.55\pi$ rad；在阻带 $\omega_{r2}=0.6\pi$ rad 处，滤波器增益最小衰耗 $A=10$dB。设采样周期 $T=5\pi\times10^{-6}$s，要求$|\omega|>\omega_0$ 滤波器增益衰耗单调增加。①用脉冲响应不变法设计此滤波器；②用双线性变换法设计此滤波器；③比较设计结果。

解：本例 MATLAB 程序实现参见 6.7.2 节。

首先计算数字带通滤波器的设计指标。

根据 $\omega_0^2=\omega_{c1}\omega_{c2}$，求 3dB 通带下截止频率 $\omega_{c1}=0.45\pi$ rad；滤波器通带最大增益衰减 $\alpha_p=3$dB；根据上过渡带带宽求带通滤波器下阻带边缘频率：

$$\omega_{r1}=\omega_0-(\omega_{r2}-\omega_0)=0.4\pi \text{ rad}$$

然后计算对应模拟带通滤波器的设计指标。

最后从模拟 BPF 的指标，求出归一化模拟 LPF 原型的指标。因为要求滤波器增益衰减是单调的，所以选择巴特沃斯型实现模拟 LPF 原型。最后转换得到巴特沃斯型数字带通滤波器。

(1) 图 6.5.2 给出程序运行结果：脉冲响应不变法设计的数字 BPF 的幅度特性。程序运行注意到，巴特沃斯型模拟 LPF 的阶次 $N=2$，但转换得到的数字带通滤波器是 $2\times N=4$ 阶的。

```
*** 用脉冲响应不变法设计的带通滤波器传输函数(Transfer function)为:
  -2.857e-017 + 0.02029 z^-1 - 0.07187 z^-2 + 0.02519 z^-3
 ------------------------------------------------------------
1 - 0.002666 z^-1 + 1.582 z^-2 + 0.002251 z^-3 + 0.6544 z^-4
Sampling time: 1.5708e-005
```

写成习惯形式：

$$H(z)=10^{-2}\frac{2.029z^{-1}-7.187z^{-2}+2.519z^{-3}}{1-0.00267z^{-1}+1.582z^{-2}+0.00225z^{-3}+0.6544z^{-4}}$$

(2) 图 6.5.3 给出了双线性变换法程序设计的数字 BPF 的幅度特性。

```
*** 用双线性变换法设计的带通滤波器传输函数(Transfer function)为:
0.0187 - 4.015e-016 z^-1 - 0.0374 z^-2 + 8.406e-017 z^-3 + 0.0187 z^-4
 ------------------------------------------------------------------------
   1 + 2.276e-015 z^-1 + 1.578 z^-2 + 1.527e-015 z^-3 + 0.6524 z^-4
Sampling time: 1.5708e-005
```

写成习惯形式：

$$H(z)=10^{-2}\frac{1.87-3.74z^{-2}+1.87z^{-4}}{1+1.578z^{-2}+0.6524z^{-4}}$$

(3) 比较图 6.5.2、图 6.5.3 可知，脉冲响应不变法和双线性变换法设计映射的数字滤波器均是稳定的。因为实际模拟滤波器频响不可能真正带限，用前一方法设计的数字滤波器模仿原模拟滤波器的频率响应时，滤波器幅频特性在 $\omega=\pi$ 附近出现了频率混叠失真；而用后一方法设计时，因为模拟域和数字域频率之间是非线性频率压缩变换，因此设计出的数字滤波器幅频特性不存在频率混叠失真。

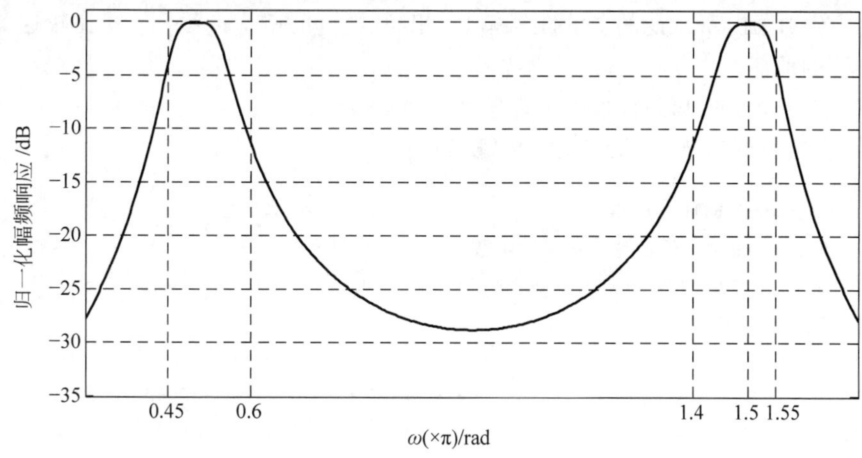

图 6.5.2　脉冲响应不变法设计的数字 BPF 的幅度特性

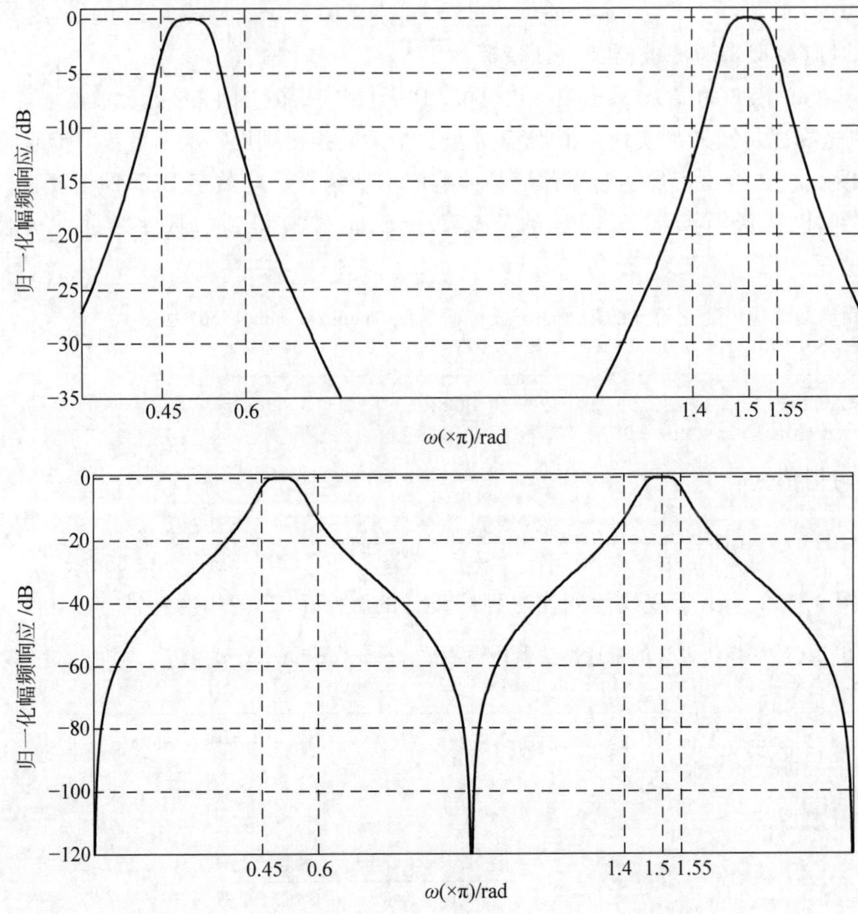

图 6.5.3　双线性变换法设计的数字 BPF 的幅度特性

下面研究同样滤波器设计指标下，选择不同函数特征实现的数字滤波器的区别。

例 6.5.2　利用双线性变换法，设计数字 LPF，其指标为：通带截止频率 $\omega_p=0.2\pi$ rad；通带增益衰耗 $R_p=1$dB；阻带截止频率 $\omega_s=0.3\pi$ rad，阻带增益衰耗 $A_s=15$dB。试分别用数字巴特沃斯型，数字切比雪夫Ⅱ型，数字椭圆型实现。①试求出各数字滤波器的阶数、传输函数；②分别画出所设计的各滤波器幅频、相频、群延时响应曲线图；③比较这 3 类数字低通滤波器的性能。

解：本例题的 MATLAB 程序实现参见 6.7.2 节。

(1) 3 种数字低通滤波器的阶数、传输函数。

```
*** Butterworth Filter Order = 6,     OmegaC  =  7.2729e-001
*** Butterworth 数字低通滤波器传输函数(Transfer function):
0.0005797 + 0.003478 z^-1 + 0.008695 z^-2 + 0.01159 z^-3 + 0.008695 z^-4 +
0.003478 z^-5 + 0.0005797 z^-6
------------------------------------------------------------------------------
1 - 3.314 z^-1 + 4.95 z^-2 - 4.143 z^-3 + 2.028 z^-4 - 0.5458 z^-5 + 0.06284 z^-6
Sampling time: 1,
```

写成习惯形式：

$$H(z)=10^{-3}\frac{0.5797+3.478z^{-1}+8.695z^{-2}+11.59z^{-3}+8.695z^{-4}+3.478z^{-5}+0.5797z^{-6}}{1-3.314z^{-1}+4.95z^{-2}-4.143z^{-3}+2.028z^{-4}-0.5458z^{-5}+0.0628z^{-6}}$$

```
*** 切比雪夫Ⅱ型滤波器阶次 = 4
*** 切比雪夫Ⅱ数字 LPF 传输函数(Transfer Function):
0.1797 - 0.09161 z^ - 1 + 0.2525 z^ - 2 - 0.09161 z^ - 3 + 0.1797 z^ - 4
---------------------------------------------------------------
   1 - 1.551 z^ - 1 + 1.342 z^ - 2 - 0.4707 z^ - 3 + 0.1079 z^ - 4
Sampling time: 1
```

写成习惯形式：

$$H(z)=10^{-2}\frac{17.97-9.161z^{-1}+25.25z^{-2}-9.161z^{-3}+17.97z^{-4}}{1-1.551z^{-1}+1.342z^{-2}-0.4707z^{-3}+0.1097z^{-4}}$$

```
*** Elliptic Filter Order = 3
*** 椭圆数字低通滤波器传输函数(Transfer Function):
0.1329 - 0.05596 z^ - 1 - 0.05596 z^ - 2 + 0.1329 z^ - 3
-------------------------------------------------
   1 - 2.111 z^ - 1 + 1.784 z^ - 2 - 0.5325 z^ - 3
Sampling time: 1
```

写成习惯形式：

$$H(z)=10^{-2}\frac{13.29-5.596z^{-1}-5.596z^{-2}+13.29z^{-3}}{1-2.111z^{-1}+1.784z^{-2}-0.5325z^{-3}}$$

(2) 图 6.5.4、图 6.5.5 和图 6.5.6 分别是巴特沃斯型、切比雪夫Ⅱ型和椭圆型数字 LPF 的幅频、相频和群延迟特性曲线。

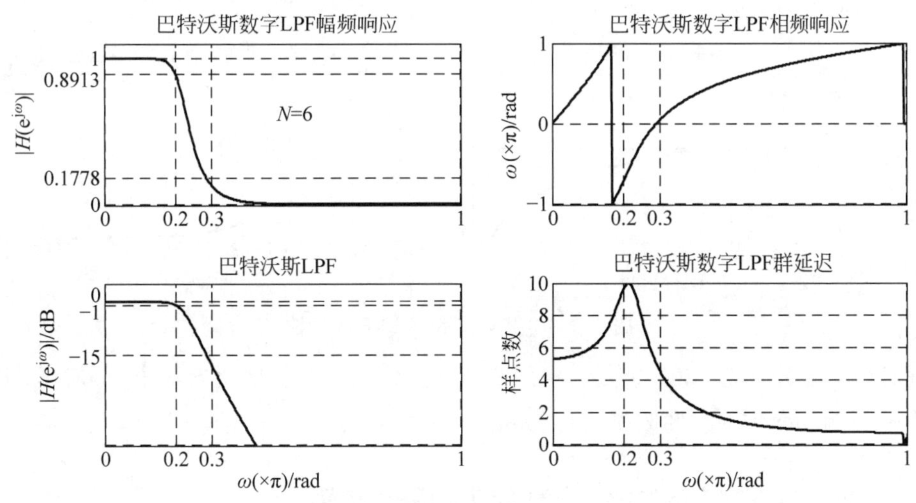

图 6.5.4 巴特沃斯型数字 LPF 的特性

(3) 比较 3 种不同函数特征的数字低通滤波器特性可见，在同样滤波器设计指标的情况下：

滤波器阶次：椭圆型阶数最低，切比雪夫Ⅱ型次之，巴特沃斯型阶数最高。

滤波器阻带增益衰减：椭圆型最小，切比雪夫Ⅱ型次之，巴特沃斯型最大(同时也优于设计指标)。

滤波器相频响应：通带范围内椭圆型有最明显的非线性相位响应。

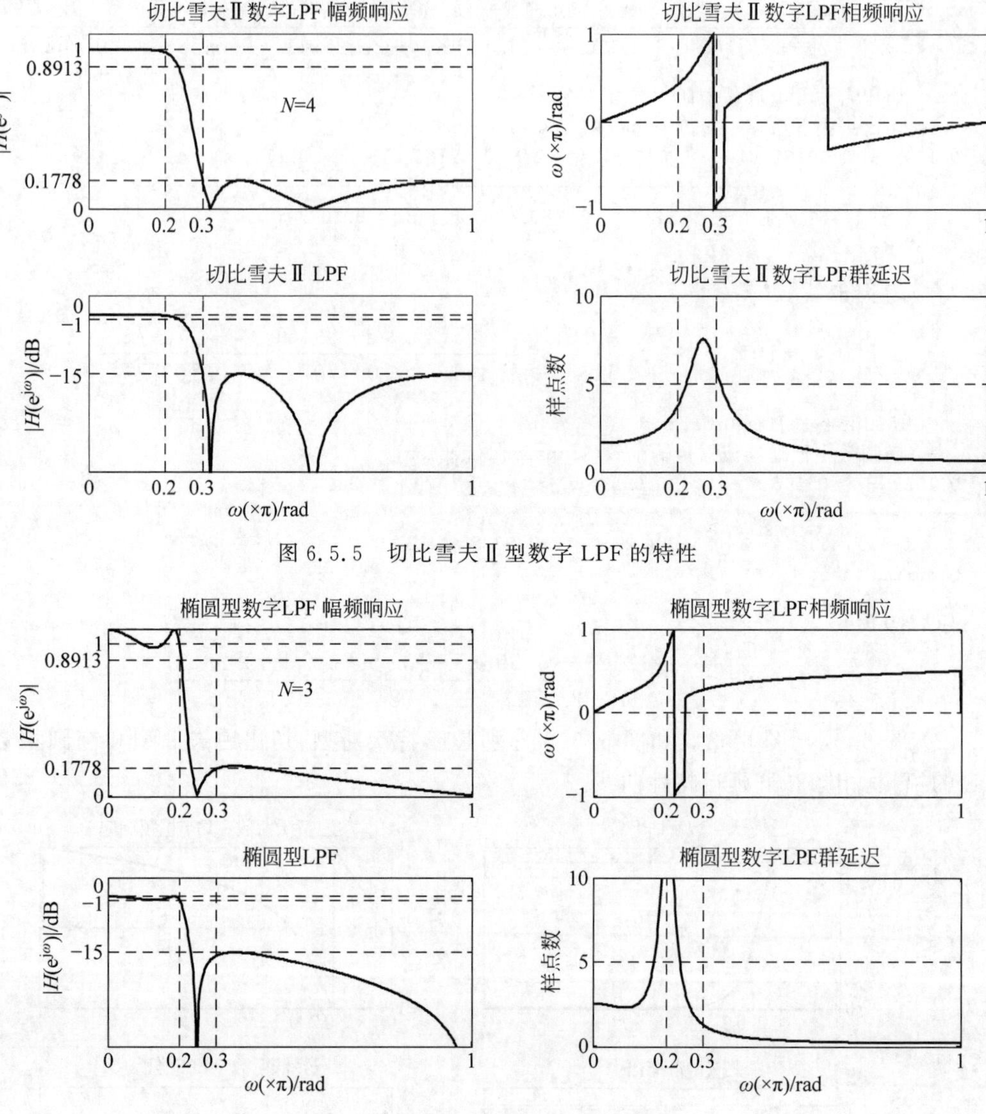

图 6.5.5 切比雪夫Ⅱ型数字 LPF 的特性

图 6.5.6 椭圆型数字 LPF 的特性

群时延：在通带截止频率点 $\omega_p=0.2\pi$ rad 处，切比雪夫Ⅱ型约 4 samples 时延；巴特沃斯型约 10 samples 时延；椭圆型>10 samples 时延。

6.5.2 频率变换法设计数字高通滤波器

下面介绍以模拟 LPF 为原型，将模拟低通滤波器系统函数 $H_a(s)$直接转换成数字高通滤波器的系统函数 $H(z)$的变换公式。

考虑到模拟低通滤波器转换成模拟高通滤波器，是模拟域 s 变量的倒数变换。又因为设计时只考虑滤波器的幅频特性时，双线性变换法适合任意类型的数字滤波器设计。所以，从模拟低通滤波器转换成数字高通滤波器可以把 s 域、z 域间的双线性变换公式修正为

$$\frac{1}{s}=\frac{2}{T}\frac{1-z^{-1}}{1+z^{-1}} \tag{6.5.1}$$

$$s=\frac{T}{2}\frac{1+z^{-1}}{1-z^{-1}} \tag{6.5.2}$$

令 $s=\mathrm{j}\Omega, z=\mathrm{e}^{\mathrm{j}\omega}$，代入式(6.5.2)，整理得数字高通滤波器数字频率 ω 和模拟低通滤波器模拟角频率 Ω 的变换关系：

$$\Omega=-\frac{T}{2}\cot\left(\frac{\omega}{2}\right) \tag{6.5.3}$$

实际应用中，如果给定了数字高通滤波器的设计频率指标，可用式(6.5.3)求出对应的模拟低通滤波器的边界频率指标，以便进行模拟低通原型的设计。由于滤波器振幅频响曲线正负频率范围内是偶对称的，进行频率转换可不考虑式(6.5.3)中的"－"号。式(6.5.2)用于将模拟低通滤波器的系统函数 $H_{\mathrm{a}}(s)$ 映射成数字高通滤波器的系统函数 $H(z^{-1})$，图 6.5.7 给出了模拟低通滤波器幅频特性 $|H_{\mathrm{a}}(\mathrm{j}\Omega)|$ 与数字高通滤波器幅频特性 $|H(\mathrm{e}^{\mathrm{j}\omega})|$ 经过频率变换后的映射关系。

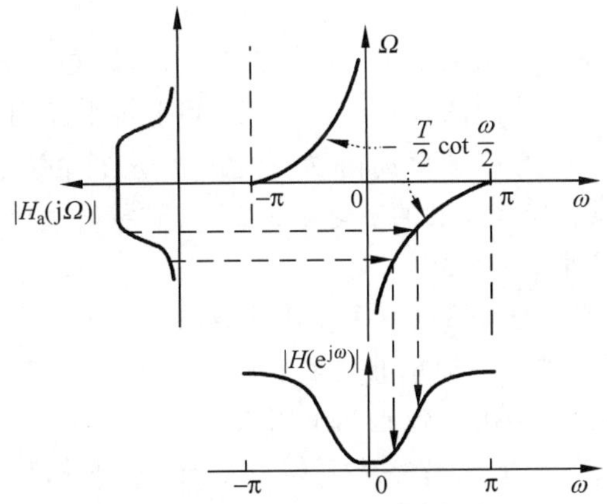

图 6.5.7　模拟低通与数字高通滤波器幅频特性映射的关系

数字带通滤波器、数字带阻滤波器与模拟低通原型滤波器间的频率变换公式可以类似地得到。

6.5.3　z 平面变换法

给定数字原型 LPF 的系统函数 $H_{\mathrm{L}}(z^{-1})$，通过特定的变换，得到期望的各种不同数字滤波器 $H_{\mathrm{d}}(z^{-1})$，这种变换实质上是将 $H_{\mathrm{L}}(z^{-1})$ 所在的 z 平面映射成 $H_{\mathrm{d}}(z^{-1})$ 所在的 z 平面，为区别变换前后两个不同的 z 平面，将变换前的 z 平面记为 u 平面。从 u 到 z 的映射关系可表示为函数关系式：

$$u^{-1}=G(z^{-1}) \tag{6.5.4}$$

则期望的数字滤波器系统函数可通过变量代换得到：

$$H_{\mathrm{d}}(z^{-1})=H_{\mathrm{L}}(u^{-1})\big|_{u^{-1}=G(z^{-1})} \tag{6.5.5}$$

变换式(6.5.4)中选用复变量 u^{-1},z^{-1} 是因数字滤波器系统函数以负幂次多项式有理分式形式出现。下面讨论对变换函数 $G(z^{-1})$的要求。

首先,因果稳定的数字低通滤波器原型系统函数 $H_{\mathrm{L}}(z^{-1})$变换后应该得到因果稳定的期望数字滤波器的系统函数 $H_{\mathrm{d}}(z^{-1})$,故 u 平面单位圆内部应对应着 z 平面单位圆的内部。其次,滤波器频率响应应满足一定的变换要求,频率轴应能对应起来,即 u 平面上的单位圆要映射为 z 平面上的单位圆,用 θ、ω 分别表示 u 平面、z 平面上的数字频率,则 $\mathrm{e}^{\mathrm{j}\theta}$、$\mathrm{e}^{\mathrm{j}\omega}$ 分别表示 u 平面、z 平面上的单位圆,式(6.5.4)应满足

$$\mathrm{e}^{-\mathrm{j}\theta}=G(\mathrm{e}^{-\mathrm{j}\omega})=|G(\mathrm{e}^{-\mathrm{j}\omega})|\mathrm{e}^{\mathrm{j}\varphi(\omega)} \tag{6.5.6}$$

其中,$\varphi(\omega)$为复变换函数 $G(\mathrm{e}^{-\mathrm{j}\omega})$的相位函数,并要求其幅度函数恒定,不失一般地,令式(6.5.7)成立:

$$|G(\mathrm{e}^{-\mathrm{j}\omega})|\equiv 1 \tag{6.5.7}$$

式(6.5.7)表明复变换函数 $G(\mathrm{e}^{-\mathrm{j}\omega})$在 z 平面单位圆上的幅度恒为 1,“全通系统”的系统函数具有这个特征。而 N 阶全通系统可表示为

$$G(z^{-1})\equiv\pm\prod_{k=1}^{N}\frac{z^{-1}-\alpha_k^*}{1-\alpha_k z^{-1}} \tag{6.5.8}$$

其中,α_k,$k=1,2,\cdots,N$,是复变换函数 $G(z^{-1})$的极点,可以是实数极点,也可以是共轭复数极点,但要求这些极点在单位圆内,即$|\alpha_k|<1$,以保证 u 平面到 z 平面之间映射的稳定性。可以证明,当 z 平面上的数字频率 ω 由 0 变到 π 时,全通系统的系统函数 $G(z^{-1})$的相角 $\varphi(\omega)$,对应着 u 平面的数字频率 θ 的变化量为 $N\pi$。选择合适的 N 和 α_k,则可得到期望的各类数字滤波器的 z 平面变换公式。

例如,期望进行数字低通滤波器到数字带通滤波器的变换。数字带通滤波器的中心频率 ω_0,应该对应于数字低通滤波器原型的通带中心,即 $\theta=0\mathrm{rad}$ 点;当数字带通滤波器的数字频率 $\omega_0\to\pi$ 时,其幅频特性是由通带趋向上阻带,应该对应于数字低通滤波器原型的数字频率$(\theta)0\to\pi$;同样,数字 BPF 的数字频率$(\omega)\omega_0\to 0$ 时,其幅频特性是由通带趋向下阻带,应该对应于原型数字 LPF 的数字频率$(\theta)0\to-\pi$,数字 LPF 原型的镜像频响部分。综合起来,当数字 BPF 的数字频率$(\omega)0\to\pi$ 时,原型数字 LPF 的数字频率 θ 相应地$-\pi\to\pi$,变化了 2π,即全通系统 $G(z^{-1})$的阶数为 $N=2$。如果取二阶全通系统 $G(z^{-1})$的极点为一对共轭极点,则变换函数 $G(z^{-1})$可具体为

$$G(z^{-1})\equiv\pm\frac{z^{-1}-\alpha^*}{1-\alpha z^{-1}}\frac{z^{-1}-\alpha}{1-\alpha^* z^{-1}} \tag{6.5.9}$$

在这个变换例子中,数字 BPF 的数字频率 $\omega=0(z^{-1}=\mathrm{e}^{-\mathrm{j}0}=1)$,对应着数字 LPF 原型的数字频率 $\theta=-\pi(u^{-1}=\mathrm{e}^{\mathrm{j}\pi}=-1)$;所以有 $\mathrm{e}^{\mathrm{j}\pi}=G(\mathrm{e}^{-\mathrm{j}0})=-1$,式(6.5.9)应取“$-$”号。若考虑到复变换函数 $G(z^{-1})$有共轭极点,则式(6.5.9)等效为实系数二阶节形式:

$$G(z^{-1})=-\frac{z^{-2}+r_1z^{-1}+r_2}{r_2z^{-2}+r_1z^{-1}+1} \tag{6.5.10}$$

式(6.5.10)中两个未知系数 r_1、r_2 的求解:由已知的数字带通滤波器(BPF)通带的下、上截止频率 ω_{l}、ω_{u} 及其对应的已知数字低通滤波器(LPF)原型截止频率 θ_{c}、$-\theta_{\mathrm{c}}$ 代入式(6.5.10)中,可得到两个方程;解此方程组就得到系数 r_1、r_2 的值。

6.6　无限长脉冲响应滤波器直接设计法

数字滤波器的直接设计法是优化设计方法，要借助计算机平台上的数值运算，在频域或时域用设计出的数字滤波器系统函数或单位采样脉冲响应逼近给定的滤波器系统特性。

数字滤波器的频域逼近优化设计方法主要有滤波器零极点累试法和滤波器幅度特性平方误差最小法。设 $H_d(e^{j\omega})$、$H(e^{j\omega})$ 分别是希望的 IIR 滤波器频响和实际设计出的 IIR 滤波器频响，下面分别介绍常用的数字滤波器直接设计法。

1. 零点、极点累试法

数字滤波器的零点、极点累试法优化设计主要步骤如下：

(1) 因为数字滤波器的极点位置影响其幅频响应的峰值位置和尖锐程度；零点位置影响其谷值位置和凹下程度。所以根据希望的 IIR 滤波器频响 $H_d(e^{j\omega})$ 波形，估计该滤波器零点、极点的位置。

(2) 按估计的零点、极点写出拟设计滤波器的系统函数 $H(z^{-1})$；令 $z=e^{j\omega}$ 代入 $H(z^{-1})$，将得到的滤波器频率响应 $H(e^{j\omega})$ 与已知的期望频响 $H_d(e^{j\omega})$ 比较。

(3) 根据(2)的比较结果，反复修改零点、极点的位置，直到比较结果满足误差要求。

注意：极点的设置必须在 z 平面单位圆内；复数零点、极点应共轭成对。

2. 幅度特性平方误差最小法

数字滤波器的幅度特性平方误差最小法优化设计主要步骤如下：

(1) 给定希望的 IIR 滤波器频响 $H_d(e^{j\omega})$。

(2) 写出拟设计 IIR 滤波器 K 个二阶节(SOS)级联形式的系统函数：

$$H(z^{-1})=A\prod_{i=1}^{K}\frac{1+a_iz^{-1}+b_iz^{-2}}{1+c_iz^{-1}+d_iz^{-2}} \tag{6.6.1}$$

式(6.6.1)中共有 $4K+1$ 个实系数待求。

(3) 在$[0,\pi]$上取希望的 IIR 滤波器频响 $H_d(e^{j\omega})$ 和式(6.6.1)所示滤波器频响的 N 个采样，分别记为：$H_d(e^{j\omega_i})$，$H(e^{j\omega_i})$，$i=1,2,\cdots,N$，一般 $N\gg K$。

(4) 定义幅度特性平方误差函数：

$$E=\sum_{i=1}^{N}[|H(e^{j\omega_i})|-|H_d(e^{j\omega_i})|]^2 \tag{6.6.2}$$

(5) 选初始 $4K+1$ 个实系数$\{A,a_i,b_i,c_i,d_i,i=1,2,\cdots,K\}$代入式(6.6.2)中，将 E 与允许的误差指标(如 ε)比较；不断修正这些系数，直到误差满足要求。

注意：稳定数字系统的极点在 z 平面单位圆内，所以要注意检验并修正在 z 平面单位圆外的极点 z_p。一般用其倒数极点替代 z 平面单位圆外的极点。这种替代的效果是：幅频响应形状不变，但增益会偏移 $|z_p|^2$。在归一化意义下，这个影响可不必考虑。

3. 时域优化设计

数字滤波器的时域优化设计思想是要求设计出的 IIR 滤波器的单位采样脉冲响应

$h(n)$充分逼近给定系统的单位采样脉冲响应 $h_d(n)$。具体步骤如下：

(1) 给定希望的 IIR 数字滤波器的单位采样脉冲响应 $h_d(n)$，理论上是无穷长的。

(2) 写出拟设计的 IIR 数字滤波器的系统函数：

$$H(z^{-1})=\frac{\sum_{j=0}^{M}b_jz^{-j}}{\sum_{i=0}^{N}a_iz^{-i}}\equiv\sum_{k=0}^{\infty}h(n)z^{-k} \tag{6.6.3}$$

式(6.6.3)中一般取 $a_0=1$，$\{a_i,b_j,i=1,2,\cdots,N;j=0,1,2,\cdots,M\}$共 $N+M+1$ 个系数待求。

(3) 令式(6.6.3)中右边 $h(n)=h_d(n)$，$n=0,1,\cdots,p$，$p=N+M+1$，代入式(6.6.3)右边。

(4) 将式(6.6.3)中 $H(z^{-1})$的有理分式展成多项式，令式(6.6.3)两边 z^{-1} 的同次幂系数相等，得关于拟设计 IIR 滤波器系统函数分母、分子多项式系数的 $N+M+1$ 个代数方程，求解方程组得设计的滤波器系统函数中的待定系数$\{a_i,b_j,i=1,2,\cdots,N;j=0,1,2,\cdots,M\}$。

需要指出的是，数字滤波器时域优化设计的步骤(3)只用了给定系统单位采样脉冲响应 $h_d(n)$的前 $N+M+1$ 个值。设计出的 IIR 数字滤波器系统函数 $H(z^{-1})$所对应的单位采样脉冲响应 $h(n)$，在 $n\geqslant N+M+1$ 时，相对于给定系统单位采样脉冲响应 $h_d(n)$的误差可能不满足要求。

6.7 无限长脉冲响应滤波器设计应用实例(MATLAB 分析)

6.7.1 模拟低通滤波器设计

例 6.2.1 的 MATLAB 实现程序：

```
% Butterworth Lowpass Analog filter design
fp = 5000; fs = 12000; % Hz;    Wp = 2 * pi * fp;Ws = 2 * pi * fs;Rp = 2;As = 30;
Ripple = 10^( - Rp/20);Attn = 10^( - As/20);
[b,a] = afd_butt(Wp,Ws,Rp,As);
[C,B,A] = sdir2cas(b,a)                          % 转换处级联各 SOS 系数
[db,mag,pha,w] = freqs_m(b,a,1.1 * Ws);  [ha,x,t] = impulse(b,a);
% plots
sc = 2 * pi * 1000;
figure(1)
subplot(2,2,1);plot(w/sc,mag);title('Amplitude')
xlabel('Analog f(kHz)');ylabel('|H|'); axis([0,15,0,1.1])
set(gca,'XTickMode','manual','XTick',[0,5,12,15]);
set(gca,'YTickMode','manual','YTick',[0,Attn,Ripple,1]);grid
subplot(2,2,2);plot(w/sc,db);title('Amplitude(dB)')
xlabel('Analog f(kHz)');ylabel('dB'); axis([0,15, - 60,5])
set(gca,'XTickMode','manual','XTick',[0,5,12,15]);
set(gca,'YTickMode','manual','YTick',[ - 60, - As, - Rp,0]);grid
set(gca,'YTickLabelMode','manual','YTickLabels',[ - 60, - 30, - 2,0])
subplot(2,2,3);plot(w/sc,pha/pi);title('Phase Resp.')
xlabel('Analog f(kHz)');ylabel('rad'); axis([0,15, - 1,1])
set(gca,'XTickMode','manual','XTick',[0,5,12,15]);
set(gca,'YTickMode','manual','YTick',[ - 1, - 0.5,0,0.5,1]);grid
```

```
subplot(2,2,4);plot(t,ha,[0,max(t)],[0,0]);title('Impulse Resp.')
xlabel('Time(sec.)');ylabel('ha(t)'); axis([0,max(t),min(ha),max(ha)])
```

例 6.2.2 的 MATLAB 实现程序：相同滤波器设计指标下，3 种类型模拟滤波器的特性比较。

```
Wp = 0.2 * pi;Ws = 0.3 * pi;Rp = 1;As = 16;   Ripple = 10^( - Rp/20);Attn = 10^( - As/20);
[b,a] = afd_butt(Wp,Ws,Rp,As); sys1 = tf(b,a)
[db,mag,pha,w] = freqs_m(b,a,0.5 * pi);   [ha,x,t] = impulse(b,a);
figure(1)
subplot(2,2,1);plot(w/pi,mag);title('Butterworth Magnitude Response')
xlabel('Analog frequency in pi units'); ylabel('|H|'); axis([0,0.5,0,1.1])
set(gca,'XTickMode','manual','XTick',[0,0.2,0.3,0.5]);
set(gca,'YTickMode','manual','YTick',[0,Attn,Ripple,1]);grid
subplot(2,2,2);plot(w/pi,db);title('Butterworth Magnitude in dB')
xlabel('Analog frequency in pi units');ylabel('decibels');  axis([0,0.5, - 30,5])
set(gca,'XTickMode','manual','XTick',[0,0.2,0.3,0.5]);
set(gca,'YTickMode','manual','YTick',[ - 30, - As, - Rp,0]);grid
set(gca,'YTickLabelMode','manual','YTickLabels',[30;16;1;0])
subplot(2,2,3);plot(w/pi,pha/pi);title('Butterworth Phase Response')
xlabel('Analog frequency in pi units');ylabel('radians');  axis([0,0.5, - 1,1])
set(gca,'XTickMode','manual','XTick',[0,0.2,0.3,0.5]);
set(gca,'YTickMode','manual','YTick',[ - 1, - 0.5,0,0.5,1]);grid
subplot(2,2,4);plot(t,ha,[0,max(t)],[0,0]);title('Butterworth Impulse Response')
xlabel('time in seconds');ylabel('ha(t)'); axis([0,max(t),min(ha),max(ha)])

[b,a] = afd_chb1(Wp,Ws,Rp,As);   sys2 = tf(b,a)
[db,mag,pha,w] = freqs_m(b,a,0.5 * pi);   [ha,x,t] = impulse(b,a);
figure(2)
subplot(2,2,1);plot(w/pi,mag);title('Chebyshev Ⅰ Magnitude Response')
xlabel('Analog frequency in pi units');ylabel('|H|'); axis([0,0.5,0,1.1])
set(gca,'XTickMode','manual','XTick',[0,0.2,0.3,0.5]);
set(gca,'YTickMode','manual','YTick',[0,Attn,Ripple,1]);grid
subplot(2,2,2);plot(w/pi,db);title('Chebyshev Ⅰ Magnitude in dB')
xlabel('Analog frequency in pi units');ylabel('decibels');  axis([0,0.5, - 30,5])
set(gca,'XTickMode','manual','XTick',[0,0.2,0.3,0.5]);
set(gca,'YTickMode','manual','YTick',[ - 30, - As, - Rp,0]);grid
set(gca,'YTickLabelMode','manual','YTickLabels',[30;16;1;0])
subplot(2,2,3);plot(w/pi,pha/pi);title('Chebyshev Ⅰ Phase Response')
xlabel('Analog frequency in pi units');ylabel('radians'); axis([0,0.5, - 1,1])
set(gca,'XTickMode','manual','XTick',[0,0.2,0.3,0.5]);
set(gca,'YTickMode','manual','YTick',[ - 1, - 0.5,0,0.5,1]);grid
subplot(2,2,4);plot(t,ha,[0,max(t)],[0,0]);title('Chebyshev Ⅰ Impulse Response')
xlabel('time in seconds');ylabel('ha(t)'); axis([0,max(t),min(ha),max(ha)])

[b,a] = afd_elip(Wp,Ws,Rp,As);   sys3 = tf(b,a)
[db,mag,pha,w] = freqs_m(b,a,0.5 * pi);   [ha,x,t] = impulse(b,a);
figure(3)
subplot(2,2,1);plot(w/pi,mag);title('Elliptic Magnitude Response')
xlabel('Analog frequency in pi units');ylabel('|H|'); axis([0,0.5,0,1.1])
set(gca,'XTickMode','manual','XTick',[0,0.2,0.3,0.5]);
set(gca,'YTickMode','manual','YTick',[0,Attn,Ripple,1]);grid
subplot(2,2,2);plot(w/pi,db);title('elliptic Magnitude in dB')
xlabel('Analog frequency in pi units');ylabel('decibels'); axis([0,0.5, - 30,5])
```

```
set(gca,'XTickMode','manual','XTick',[0,0.2,0.3,0.5]);
set(gca,'YTickMode','manual','YTick',[-30,-As,-Rp,0]);grid
set(gca,'YTickLabelMode','manual','YTickLabels',[30;16;1;0])
subplot(2,2,3);plot(w/pi,pha/pi);title('Elliptic Phase Response')
xlabel('Analog frequency in pi units');ylabel('radians');  axis([0,0.5,-1,1])
set(gca,'XTickMode','manual','XTick',[0,0.2,0.3,0.5]);
set(gca,'YTickMode','manual','YTick',[-1,-0.5,0,0.5,1]);grid
subplot(2,2,4);plot(t,ha,[0,max(t)],[0,0]);title('Elliptic Impulse Response')
xlabel('time in seconds');ylabel('ha(t)'); axis([0,max(t),min(ha),max(ha)])
```

6.7.2 模拟-数字滤波器的转换

例 6.3.1 的 MATLAB 实现程序：脉冲响应不变法不同时域采样间隔 T 下，设计的数字滤波器特性比较。

```
% frequency responses to analog and digital filters:
% analog filter:
b=2; a=[1 4 3]; w=[0:10*2*pi];   % define the analog frequency ,max. is 5Hz;
[Ha w]=freqs(b,a,w); % frequency response to analog filter
HadB=20*log(abs(Ha)/abs(Ha(1)));
subplot(2,1,1);    plot(w/2/pi,HadB);
axis([0 10 min(HadB) max(HadB)]);  xlabel('f  (Hz)');
st1='|Ha(j'; st2='\omega'; st3=')|   (dB)'; st=[st1 st2 st3]; ylabel(st);
grid;  gtext('analog filter');
FS0=[2  20  40]; % three sample frequencies in Hz;
for m=1:3
    fs=FS0(m);                          % T=0.5s,0.01s, 0.05s
[d c]=impinvar(b,a,fs); % get the digital filter using function impinvar()
wd=[0:511]*pi/512; % define the digital frequencies,total 512 samples;
Hd=freqz(d,c,wd); % Calculate the frequency response to the digital filter
HddB=20*log(abs(Hd)/abs(Hd(1)));
subplot(2,1,2); plot(wd/pi,HddB); sttext=sprintf('fs=%d', fs);
stotal=[sttext   'Hz']; gtext(stotal); hold on;
end
axis([0 1 min(HddB) max(HddB)]); st4='/pi    rad'; stdx=[st2 st4];
st5='|Hd(j';    stdy=[st5 st2 st3];
xlabel(stdx);  ylabel(stdy); grid;
```

例 6.5.1 的 MATLAB 程序实现：给定同样的滤波器设计指标，比较不同数字化方法设计数字滤波器结果的区别。

```
% Impulse Response Invariant:
% digital BPF's specifications:
omega0=0.5*pi; omegac2=0.55*pi; omegac1=omega0*omega0/omegac2; Apmax=3;
omegar2=0.6*pi; Armin=10; omegar1=omega0-(omegar2-omega0); T=5*pi*10^(-6);
% analog BPF filter's specificataion corresponding:
wc1=omegac1/T; wc2=omegac2/T; % end freqs. of pass band.
w0=omega0/T;   wr1=omegar1/T;wr2=omegar2/T; % end freq. of resistant band
B=wc2-wc1;
% BPF to normalized LPF's specifications:
norm_wr1=(((wr1^2)-(w0^2))/(B*wr1)); norm_wr2=(((wr2^2)-(w0^2))/(B*wr2));
norm_wc1=(((wc1^2)-(w0^2))/(B*wc1)); norm_wc2=(((wc2^2)-(w0^2))/(B*wc2));
if (abs(norm_wr1)-abs(norm_wr2))>0
```

```
    norm_wr = abs(norm_wr2);
else
    norm_wr = abs(norm_wr1);
end
norm_wc = 1;                         % theoreteically norm_wc = 1 = norm_wc2;
N = buttord(norm_wc,norm_wr,Apmax,Armin,'s');
[b_LP,a_LP] = butter(N,norm_wc,'s'); [b_BP,a_BP] = lp2bp(b_LP,a_LP,w0,B);  FS = 1/T;
[b,a] = impinvar(b_BP,a_BP,FS);  w = linspace(0,2 * pi,500); h = freqz(b,a,w);
figure(1)
plot(w,20 * log10(abs(h)));axis([0.3 * pi,1.7 * pi, - 35,1]); grid
set(gca,'XTickMode','manual','XTick',[0.45 * pi,0.6 * pi,1.4 * pi,1.5 * pi,1.55 * pi]);
set(gca,'XTickLabelMode','manual','XTickLabels',[0.45;0.6;1.4;1.5;1.55]);
title('BPF designed by Impulse Response Invariant');
xlabel('Digital Frequency in \pi'); ylabel('Normalized Magnitude (dB)');
fprintf('\n *** 用脉冲响应不变法设计的带通滤波器传输函数为: \n')
sys = tf(b,a,T,'Variable', 'z^ - 1')

% Bilinear Transformation:
wc1 = (2/T) * tan(omegac1/2);wc2 = (2/T) * tan(omegac2/2);
wr1 = (2/T) * tan(omegar1/2);wr2 = (2/T) * tan(omegar2/2);  w0 = (2/T) * tan(omega0/2);
B = wc2 - wc1;
norm_wr1 = (((wr1^2) - (w0^2))/(B * wr1)); norm_wr2 = (((wr2^2) - (w0^2))/(B * wr2));
norm_wc1 = (((wc1^2) - (w0^2))/(B * wc1)); norm_wc2 = (((wc2^2) - (w0^2))/(B * wc2));
if (abs(norm_wr1) - abs(norm_wr2))> 0
    norm_wr = abs(norm_wr2);
else
    norm_wr = abs(norm_wr1);
end
norm_wc = 1;  N = buttord(norm_wc,norm_wr,Apmax,Armin,'s');
[b_LP,a_LP] = butter(N,norm_wc,'s'); [b_BP,a_BP] = lp2bp(b_LP,a_LP,w0,B); FS = 1/T;
[b,a] = bilinear(b_BP,a_BP,FS); w = linspace(0,2 * pi,500); h = freqz(b,a,w);
figure(2)
plot(w,20 * log10(abs(h)));axis([0.3 * pi,1.7 * pi, - 35,1]);grid
set(gca,'XTickMode','manual','XTick',[0.45 * pi,0.6 * pi,1.4 * pi,1.5 * pi,1.55 * pi]);
set(gca,'XTickLabelMode','manual','XTickLabels',[0.45;0.6;1.4;1.5;1.55]);
title('BPF designed by Bilinear Transformation')
xlabel('Digital Frequency in \pi'); ylabel('Normalized Magnitude (dB)');
fprintf('\n *** 用双线性变换法设计的带通滤波器传输函数为: \n');
sys = tf(b,a,T,'Variable', 'z^ - 1')
```

例6.5.2的MATLAB程序实现：研究同样滤波器设计指标下，选择不同函数特征实现的数字滤波器的性能区别。

```
% specifications to LPF:
wp = 0.2 * pi; ws = 0.3 * pi; Rp = 1; As = 15; T = 1;Fs = 1/T;
OmegaP = (2/T) * tan(wp/2); OmegaS = (2/T) * tan(ws/2);  ep = sqrt(10^(Rp/10) - 1);
Ripple = sqrt(1/(1 + ep * ep)); Attn = 1/(10^(As/20));
[cs1,ds1] = afd_butt(OmegaP,OmegaS,Rp,As); [b1,a1] = bilinear(cs1,ds1,T);
fprintf('\n * * * Butterworth 数字低通滤波器传输函数\n'); sys1 = tf(b1,a1,T,'Variable', 'z^ - 1')
figure(1)
[db,mag,pha,grd,w] = freqz_m(b1,a1);
subplot(2,2,1);plot(w/pi,mag);title('Butterworth Digit. LPF Magnitude Response')
xlabel('frequency in pi units');ylabel('|H|');axis([0,1,0,1.1])
set(gca,'XTickMode','manual','XTick',[0,0.2,0.3,1]);
```

```
set(gca,'YTickMode','manual','YTick',[0,Attn,Ripple,1]);grid
subplot(2,2,3);plot(w/pi,db);title('Butterworth Digit. LPF Magnitude in dB');
xlabel('frequency in pi units');ylabel('decibels'); axis([0,1,-40,5]);
set(gca,'XTickMode','manual','XTick',[0,0.2,0.3,1]);
set(gca,'YTickMode','manual','YTick',[-50,-15,-1,0]);grid
set(gca,'YTickLabelMode','manual','YTickLabels',[50;15;1;0])
subplot(2,2,2);plot(w/pi,pha/pi);title('Butterworth Digit. LPF Phase Response')
xlabel('frequency in pi units');ylabel('pi units'); axis([0,1,-1,1]);
set(gca,'XTickMode','manual','XTick',[0,0.2,0.3,1]);
set(gca,'YTickMode','manual','YTick',[-1,0,1]);grid
subplot(2,2,4);plot(w/pi,grd);title('Butterworth Digit. LPF Group Delay')
xlabel('frequency in pi units');ylabel('Samples'); axis([0,1,0,10])
set(gca,'XTickMode','manual','XTick',[0,0.2,0.3,1]);
set(gca,'YTickMode','manual','YTick',[0:2:10]);grid

[cs2,ds2] = afd_chb2(OmegaP,OmegaS,Rp,As); [b2,a2] = bilinear(cs2,ds2,T);
fprintf('\n*** Chebyshev Ⅱ数字低通滤波器传输函数\n'); sys2 = tf(b2,a2,T,'Variable', 'z^-1')
figure(2)
[db,mag,pha,grd,w] = freqz_m(b2,a2);
subplot(2,2,1);plot(w/pi,mag);title('Chebyshev Ⅱ Digit. LPF Magnitude Response')
xlabel('frequency in pi units');ylabel('|H|');axis([0,1,0,1.1])
set(gca,'XTickMode','manual','XTick',[0,0.2,0.3,1]);
set(gca,'YTickMode','manual','YTick',[0,Attn,Ripple,1]);grid
subplot(2,2,3);plot(w/pi,db);title('Chebyshev Ⅱ Digit. LPF Magnitude in dB');
xlabel('frequency in pi units');ylabel('decibels');  axis([0,1,-40,5]);
set(gca,'XTickMode','manual','XTick',[0,0.2,0.3,1]);
set(gca,'YTickMode','manual','YTick',[-50,-15,-1,0]);grid
set(gca,'YTickLabelMode','manual','YTickLabels',[50;15;1;0])
subplot(2,2,2);plot(w/pi,pha/pi);title('Chebyshev Ⅱ Digit. LPF Phase Response')
xlabel('frequency in pi units');ylabel('pi units'); axis([0,1,-1,1]);
set(gca,'XTickMode','manual','XTick',[0,0.2,0.3,1]);
set(gca,'YTickMode','manual','YTick',[-1,0,1]);grid
subplot(2,2,4);plot(w/pi,grd);title('Chebyshev Ⅱ Digit. LPF Group Delay')
xlabel('frequency in pi units');ylabel('Samples'); axis([0,1,0,10])
set(gca,'XTickMode','manual','XTick',[0,0.2,0.3,1]);
set(gca,'YTickMode','manual','YTick',[0:5:15]);grid

[cs3,ds3] = afd_elip(OmegaP,OmegaS,Rp,As); [b3,a3] = bilinear(cs3,ds3,T);
fprintf('\n***椭圆数字低通滤波器传输函数\n'); sys3 = tf(b3,a3,T,'Variable', 'z^-1')
figure(3)
[db,mag,pha,grd,w] = freqz_m(b3,a3);
subplot(2,2,1);plot(w/pi,mag);title('Elliptic Digit. LPF Magnitude Response')
xlabel('frequency in pi units');ylabel('|H|');axis([0,1,0,1.1])
set(gca,'XTickMode','manual','XTick',[0,0.2,0.3,1]);
set(gca,'YTickMode','manual','YTick',[0,Attn,Ripple,1]);grid
subplot(2,2,3);plot(w/pi,db);title('Elliptic Digit. LPF Magnitude in dB');
xlabel('frequency in pi units');ylabel('decibels'); axis([0,1,-40,5]);
set(gca,'XTickMode','manual','XTick',[0,0.2,0.3,1]);
set(gca,'YTickMode','manual','YTick',[-50,-15,-1,0]);grid
set(gca,'YTickLabelMode','manual','YTickLabels',[50;15;1;0])
subplot(2,2,2);plot(w/pi,pha/pi);title('Elliptic Digit. LPF Phase Response')
xlabel('frequency in pi units');ylabel('pi units'); axis([0,1,-1,1]);
set(gca,'XTickMode','manual','XTick',[0,0.2,0.3,1]);
set(gca,'YTickMode','manual','YTick',[-1,0,1]);grid
```

```
subplot(2,2,4);plot(w/pi,grd);title('Elliptic Digit. LPF Group Delay')
xlabel('frequency in pi units');ylabel('Samples'); axis([0,1,0,10])
set(gca,'XTickMode','manual','XTick',[0,0.2,0.3,1]);
set(gca,'YTickMode','manual','YTick',[0:5:15]);grid
```

6.7.3 数字滤波器应用实例

微课视频

例 6.7.1 研究选频滤波器。若信号由 5Hz、15Hz 和 30Hz 三个正弦频率成分构成，请设计一个椭圆型数字滤波器，滤除 5Hz 和 30Hz 频率成分。

解：设输入连续时间信号在程序上可表示为

```
x(t) = sin(2 * pi * t * 5) + sin(2 * pi * t * 15) + sin(2 * pi * t * 30);
```

其中，参数 pi$=\pi$，参数 t 为时间变量。根据题目要求，应设计一个带通椭圆型数字滤波器。待处理信号的最高频率 $f_h=30$Hz，所以根据奈奎斯特定理，取数字滤波器采样频率 $f_s=100\text{Hz}\gg 2f_h$。基于 MATLAB 软件设计椭圆型数字滤波器的调用函数语法为

```
    [B,A] = ellip(N,Rp,Rs,Wn)
% If Wn is a two-element vector, Wn = [W1 W2], ellip(·) returns an order 2N bandpass filter
% with passband W1 < W < W2.
% 数组 B,A 分别存椭圆型数字滤波器系统函数分子、分母多项式的系数.
% 矢量 Wn 是以数字域折叠频率做归一化的无量纲参数.
```

显然，对数字频率 $\omega=\Omega T=2\pi\dfrac{f}{f_s}$，若用 π 进行归一化，则调用函数 ellip(·)中 Wn=1 就对应于滤波器的折叠频率$\left(\dfrac{f_s}{2}\right)$。

首先以采样频率 $f_s=100$Hz，对连续时间信号 $x(t)$进行采样，得到序列 $x(nT)$。

下面分别用试凑法对滤波器不同阶次($N=4,2$)；不同通带、阻带增益衰减指标(α_p，$\alpha_s=0.1$，40dB；5，20dB)；不同通带宽度($B=10$Hz，6Hz)条件下，所设计的椭圆型数字带通滤波器对输入信号 $x(nT)$的滤波效果进行讨论。

(1) 若取$[b,a]$=ellip(4,0.1,40,[10 20] * 2/Fs)，则程序运行结果如图 6.7.1 所示。

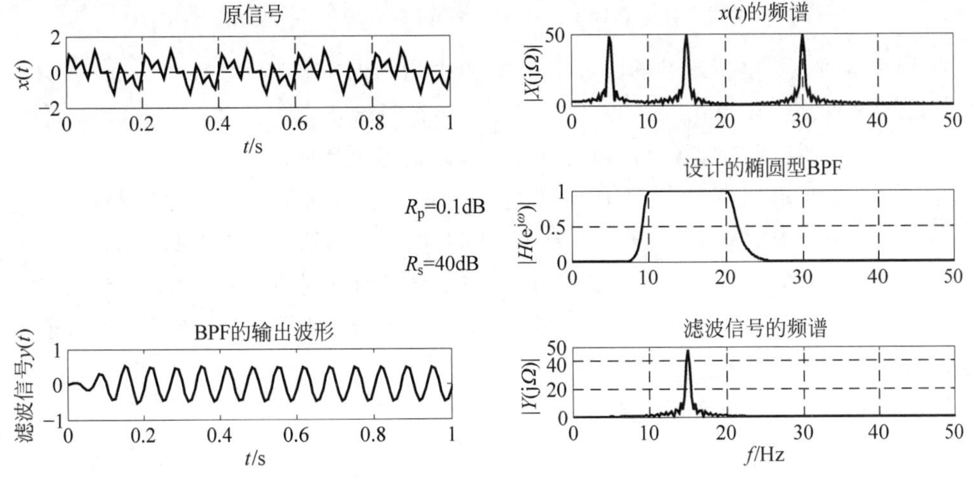

图 6.7.1　椭圆型 BPF：$[b,a]$=ellip(4,0.1,40,[10 20] * 2/Fs)

(2) 若取[b,a]=ellip(4,5,20,[10 20] * 2/Fs),则程序运行结果如图 6.7.2 所示。

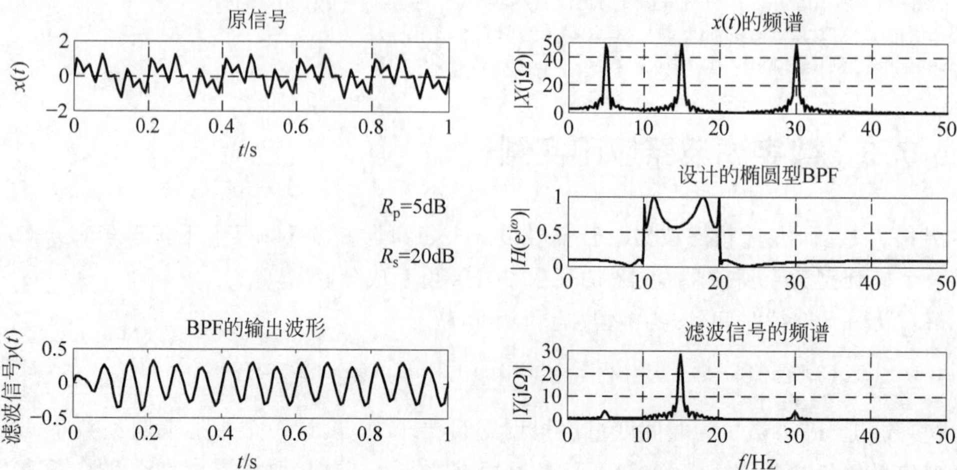

图 6.7.2 椭圆型 BPF:[b,a]=ellip(4,5,20,[10 20] * 2/Fs)

(3) 若取[b,a]=ellip(2,5,20,[12 18] * 2/Fs),则程序运行结果如图 6.7.3 所示。

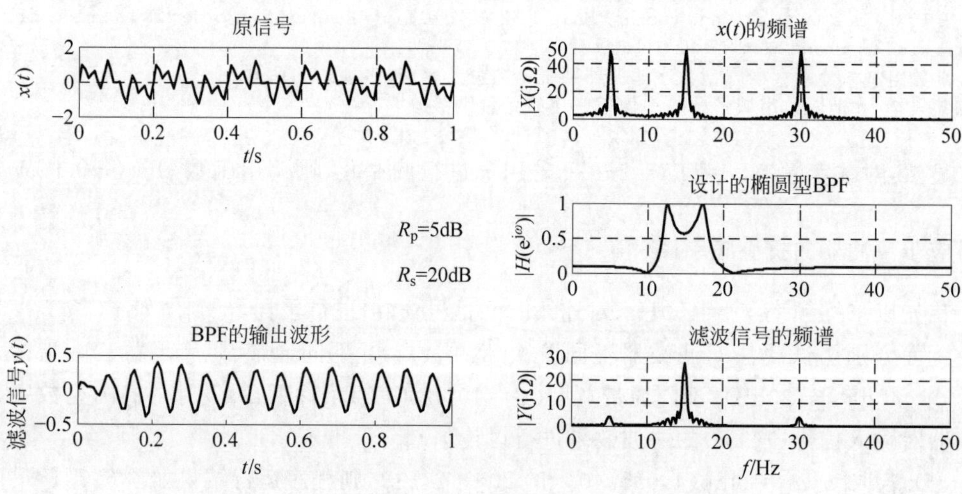

图 6.7.3 椭圆型 BPF:[b,a]=ellip(2,5,20,[12 18] * 2/Fs)

图 6.7.1、图 6.7.2 所示的椭圆数字 BPF 阶次均为四阶,带宽均为 20−10=10Hz。但前者通带增益最大衰减为 0.1dB,后者为 5dB;前者阻带增益最小衰减为 40dB,而后者为 20dB。显然,前者椭圆滤波器通带和阻带增益衰减指标更严格。

将图 6.7.2 所示的椭圆数字 BPF 指标改变两点:阶次取二阶;通带中心频率保持 15Hz 不变,但通带带宽减小为 18−12=6Hz,就是图 6.7.3 所示的椭圆数字 BPF。

比较数字椭圆带通滤波器输入、输出的时域信号波形和对应信号的频谱分析结果可见:当椭圆带通滤波器的阶次比较高,通带和阻带增益衰减指标更严格时,能更好地滤除信号中 5Hz、30Hz 的无用频率分量。

例 6.7.1 的 MATLAB 程序实现:

```
Fs = 100; t = (0:99)/Fs;
 s1 = .5 * sin(2 * pi * t * 5); s2 = 0.5 * sin(2 * pi * t * 15); s3 = sin(2 * pi * t * 60);
```

```
 s = s1 + s2 + s3;

[b,a] = ellip(4,5,20,[10 20] * 2/Fs); [H,w] = freqz(b,a,512);    % 滤波器频响
 S = fft(s,512); sf = filter(b,a,s); SF = fft(sf,512);            % 输出时域信号的频谱
 subplot(3,2,1);plot(t,s); title('Original Wave '); grid; ylabel('original signal');
 subplot(3,2,5);plot(t,sf); title('Out Wave from BPF ');
 xlabel('Time(s)'); ylabel('filted signal');

 w1 = (0:255)/256 * (Fs/2);
 subplot(3,2,2);plot(w1,abs(S(1:256)));title('Spectrum to Original Wave'); grid
 ylabel('original spectrum');
 subplot(3,2,4);plot(w * Fs/(2 * pi),abs(H)); title('Designed Elliptic BPF')
 ylabel('filter'); grid
 subplot(3,2,6);plot(w1,abs(SF(1:256))); title('Spectrum to Filtered Wave')
 xlabel('Frequency (Hz)'); ylabel('filted spectrum'); grid
```

6.8 习题

6.1　设计一个巴特沃斯模拟低通滤波器，要求其通带截止频率 $f_p=6\text{kHz}$，通带增益最大衰减 $\alpha_p=3\text{dB}$，阻带截止频率 $f_s=12\text{kHz}$，阻带增益最小衰减 $\alpha_s=25\text{dB}$。求出滤波器归一化系统函数 $H_a(p)$以及实际的系统函数 $H_a(s)$。

6.2　设计一个切比雪夫模拟低通滤波器，要求其通带截止频率 $f_p=3\text{kHz}$，通带增益最大衰减 $\alpha_p=0.2\text{dB}$，阻带截止频率 $f_s=12\text{kHz}$，阻带增益最小衰减 $\alpha_s=50\text{dB}$。求出滤波器归一化系统函数 $H_a(p)$以及实际的系统函数 $H_a(s)$。

6.3　设计一个巴特沃斯模拟高通滤波器，要求通带截止频率 $f_p=20\text{kHz}$，阻带截止频率 $f_s=10\text{kHz}$；f_p 处滤波器增益最大衰减为 3dB，阻带增益最小衰减 $\alpha_s=15\text{dB}$。求该高通滤波器的系统函数 $H_a(s)$。

6.4　已知模拟滤波器的系统函数为

(1) $H_a(s)=\dfrac{1}{s^2+s+1}$。

(2) $H_a(s)=\dfrac{1}{2s^2+3s+1}$。

试采用脉冲响应不变法和双线性变换法将其转换成数字滤波器的系统函数 $H(z)$。设数字滤波器的时域采样间隔 $T=2\text{s}$。

6.5　设计低通数字滤波器，要求其通带内频率低于 0.2π rad 时，允许幅度增益误差在 1dB 之内；频率在 0.3π rad 到 π rad 之间的阻带增益衰减大于 10dB。试采用巴特沃斯模拟滤波器进行设计，用脉冲响应不变法进行转换，采时域样间隔为 $T=1\text{ms}$。

6.6　设计一个高通数字滤波器，要求其通带截止频率为 $\omega_p=0.8\pi$ rad，通带增益衰减不大于 3dB，阻带截止频率 $\omega_s=0.5\pi$ rad，阻带增益衰减不小于 18dB。试采用巴特沃斯型滤波器实现。

6.7　设计一个带通数字滤波器，其通带范围为 $0.25\pi\sim0.45\pi$ rad，通带内增益最大衰减为 3dB，0.15π rad 以下和 0.55π rad 以上为阻带，阻带内增益最小衰减为 15dB。试采用

巴特沃斯型滤波器实现。

6.8 要求从二阶巴特沃斯模拟滤波器原型的系统函数出发，用双线性变换设计出一低通数字滤波器，已知数字低通滤波器的 3dB 截止频率为 100Hz，数字系统采样频率为 1kHz。

6.9 某一低通数字滤波器的设计指标和参量要求如下：

(1) 数字滤波器为巴特沃斯型幅频响应，采用双线性变换法设计。

(2) 当 $0 \leqslant f \leqslant 2.5$Hz 时，滤波器增益衰减小于 3dB。

(3) 当 $f \geqslant 50$Hz 时，滤波器增益衰减大于或等于 40dB。

(4) 数字系统的采样频率为 200Hz。

试确定该数字 LPF 的系统函数 $H(z)$，并求其每级阶数不超过二阶的级联型系统函数。

6.10 要求设计一个二阶巴特沃斯型带阻数字滤波器，设其阻带 3dB 的边带频率分别为 40kHz 和 20kHz，数字系统的采样频率 $f_s = 200$kHz。

6.11 需要设计一个数字低通滤波器，通带内幅度特性在数字频率 $\omega_s \leqslant 0.3\pi$ rad 范围内，增益衰减在 0.75dB 以内，阻带在 $\omega = 0.5\pi$ rad 到 π rad 之间的频率上，增益衰减至少为 25dB。采用脉冲响应不变法及双线性变换法确定"原型"模拟系统函数及其极点，并求所得到的数字滤波器的系统函数(取时域采样周期 $T = 1$s)。

6.12 试设计一个切比雪夫模拟低通滤波器，使其满足下述指标：

(1) 要求滤波器通带内波纹起伏不大于 2dB。

(2) 滤波器截止频率为 40rad/s。

(3) 阻带 52rad/s 处滤波器增益衰减大于 20dB。

6.13 用脉冲响应不变法设计一个低通数字滤波器。已知模拟低通滤波器原型的系统函数为 $H_a(s) = \dfrac{2}{s^2 + 3s + 2}$，模拟域通带截止频率 f_c 为 1kHz，时域采样频率 f_s 为 4kHz。试求数字低通滤波器的系统函数 $H(z)$，并画出其级联型结构图。若保持 $H(z)$ 不变，时域采样频率 f_s 提高 4 倍，则该低通数字滤波器的截止频率有什么变化？

6.14 设计一个带通数字滤波器，其设计要求为

(1) 时域采样频率 $f_s = 8$kHz。

(2) 通带：2.025～2.225kHz，增益最大为 1dB 波动。

(3) 阻带：0～1.5kHz，2.7kHz 以上，增益衰减至少为 40dB。

6.15 用 MATLAB 编程设计一个模拟巴特沃斯带通滤波器，设计指标：通带频率范围：1000～2000Hz，滤波器通带两侧过渡带宽为 500Hz，通带增益衰减最大为 1dB，阻带增益衰减大于 100dB。

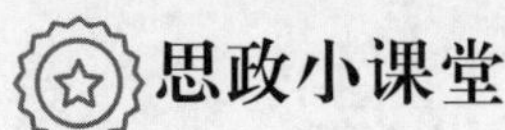

思政主题：数字滤波器在医学图像上的应用

思政方向：了解新工科相关应用领域的前沿进展，培养科研兴趣

在现代通信技术领域内，几乎没有一个分支不受到数字滤波技术的影响。数字滤波器已成功地应用于静止图像和活动图像的去噪、恢复和增强、数据压缩和识别，以及层析 X 线摄影，还成功地应用于雷达、声呐、超声波和红外信号的可见图像成像。

在医学影像图像处理过程中，因成像系统、传输介质和记录设备等环节诸多因素，导致医学影像图像在其形成、记录、传输等过程中常会受到多种噪声的污染，致使临床诊断失误，也使进一步的治疗与预后工作无法开展。因此，除去图像噪声是医学影像图像处理过程中的重要内容。高斯滤波、线性卡尔曼滤波、均值滤波、维纳滤波、自适应滤波等线性滤波法可有效抑制零均值高斯噪声，但同时也会将医学影像图像的原有细节信号滤掉，使医学影像图像变得模糊。而双边滤波、粒子滤波、中值滤波、小波滤波等非线性滤波法可使椒盐噪声得到较好的抑制，能较好地保留医学影像图像的细节信号。

此外，很多医疗设备已经开始选用高速通断的电力电子器件或者是选用伺服等整流/逆变类设备，这些器件或设备在工作过程中一定会产生谐波。而医疗设备并没有合适的抗谐波干扰能力，一个突发性的谐波造成的干扰问题对医疗设备的影响是巨大的，高次谐波会使医疗设备在使用时产生故障，如发生数据差错、传送图像模糊、信息丢失等。因此，如何提升医疗设备的抗干扰能力，也是医疗设备生产商必须考虑到的现实问题。滤波器就是提升医疗设备抗干扰能力的一个重要器件。

医学影像是指为了医疗或医学研究，对人体或人体某部分，以非侵入方式取得内部组织影像的技术与处理过程。全球及中国医疗影像发展史如图 F.1 所示。1990 年开始，随着微型计算机的普及医疗影像步入数字化时代，计算机的广泛使用标志着行业进入了数字成像时代。近年来，我国医疗器械领域相关企业研发实力强劲，有望在政策加持、需求扩容的时机下，加速推进国产化进程。目前医学影像的设备主要有数字 X 线摄影(DR)、计算机断层扫描(CT)、核磁共振(MRI)、核医学类(PET 及复合类 PET-CT、PET-MR 等)、超声和内镜等。国外巨头的影像设备基本处于一个技术瓶颈期，缺少重大突破，这也给国内的企业提供了一个非常难得的赶超机会。利用数字滤波技术及深度学习技术，提高放射科医生诊断的准确率和效率，是医学影像产业的重要发展方向之一，也是我国医疗影像产业迎头赶上国外巨头的契机之一。虽然目前国内高端医疗影像市场整体基本被海外巨头所垄断，尤其是数字剪影血管造影(DSA)设备，国产设备的占有率仅在 10%以内，技术门槛较高的 PET-MR 及 PET-CT 设备，国内产品的竞争力也比较弱。但与此同时，以联影、万东、东软和迈瑞为代表的国产影像设备企业正逐渐开始掌握核心技术，在主机制造方面处于快速成长的阶段，在某些领域逐渐显现出赶超之势。例如以联影、东软为代表的 MRI 产品，以万东为代表的 DR 产品，以及以迈瑞、开立为代表的超声设备等，部分产品已经跻身世界一流水平，相应的零部件的自产率也在持续上升，各类技术上的突破也给国内影像产业带来了巨大的信心和希望。

科学的生命在于发展、创新和革命，在于不断深化对自然界和人类社会规律的理解。在新时代中，青年群体的人生机遇与国家宏伟的发展战略十分契合，青年需肩负起国家富强、民族振兴、人民幸福和人类社会发展进步的时代使命。

19世纪	20世纪70年代至90年代
• 德国物理学家伦琴发现X线（1895） • 法国物理学家贝克勒尔发现铀的放射性（1896） • 德国西门子研制出世界上第一支X线球管（1896）	• X线CT（1972） • 超声CT（1974） • 电子扫描（1975） • SPECT、PET（1975） • DR（70年代末） • MRI（1979） • 多普勒图像（1982） • PACS（1982） • 螺旋扫描CT、UFCT（1983） • 超导MRI（1985） • 数字成像，如螺旋DSA、DDR • 微型摄像机、全数字闪烁相机
20世纪初至60年代	**21世纪**
• 旋转阳极X线管（1915） • A超（1942） • 发现磁共振现象（1946） • 闪烁扫描（1951） • B超（1954） • 六脉冲高压发生器（1963） • 热成像设备（1963） • 介入放射学系统（1964）	• PET-CT成像套件生产（2000） • 64排CT（2004） • PET-MRI（2008） • 128排CT（2015年后），最先进到203排

(a) 全球

起步较晚，艰苦创业	外企全面进入国内市场，国企进行转型
• 1952年，中国首台200mA医用X光机由华东工业部器械二厂研制成功，安装于中山医院内进行试用，定名为“国庆号” • 1953年，华东工业部器械二厂改名为上海精密医疗器械厂，并实现X光机的批量生产 • 我国于20世纪70年代末（改革开放初期）引进了首台CT	• 1985年，飞利浦在中国开设第一家合资企业 • 1991年，GE在北京设立GE航卫医疗公司，同年迈瑞医疗成立 • 1992年，西门子医疗在上海建立德国以外第一个CT生产基地 • 1994年，北京万东医疗装备公司成立 • 1998年，东软医疗成立，国产CT实现产业化
学习国外技术，加快产品自研	**走出国门，与国际品牌同台竞技**
• 1980年，西南医用设备厂推出了中国首台500mA医用诊断X射线机 • 我国与1985年引进了第一台MRI • 1986年，北京医用射线机厂研制成功中国首台1250mA大型X射线产品	• 2000年，东软医疗自研CT首次成功出口欧洲 • 2011年，上海市国资牵头，张强创立联影医疗 • 万东医疗（1955年成立）、迈瑞医疗（1991年成立）、东软医疗（1998年成立），加上联影医疗，构成如今中国本土医疗影像第一梯队

(b) 中国

图 F.1　全球及中国医疗影像发展史

第7章 有限长脉冲响应滤波器的设计

CHAPTER 7

IIR 数字滤波器在设计模式上继承了传统的模拟滤波器设计技术，因而保留了一些典型模拟滤波器优良的幅度特性。但设计中只考虑了幅度特性，相频特性却是非线性的，若想得到线性相频特性，则要采用全通网络进行相位校正。FIR 滤波器在保证幅度特性满足技术要求的同时，很容易做到有严格的线性相位特性。此外，因为 FIR 滤波器的单位采样脉冲响应是有限长的，所以一定是稳定的，而且只要经过适当延时，任何非因果的有限长序列都能变成因果的有限长序列，所以总可以用因果系统实现。

FIR 滤波器设计的目的是构造一传输函数 $H(z)$，或有限长单位采样脉冲响应 $h(n)$，使系统满足给定的频响指标。本章首先讨论实现 FIR 滤波器线性相位对其单位采样脉冲响应 $h(n)$所提出的约束条件，然后介绍 FIR 滤波器三种设计方法：窗函数法、频率采样法、优化设计法，其中频率采样法可以看成是窗函数法的特例。

7.1 有限长脉冲响应滤波器的线性相位条件和特点

微课视频

1. 第一、第二类线性相位

设 FIR 滤波器具有长为 N 的单位采样脉冲响应 $h(n)$，其传输函数：

$$H(\mathrm{e}^{\mathrm{j}\omega})=\sum_{n=0}^{N-1}h(n)\mathrm{e}^{-\mathrm{j}\omega n}\equiv H_{\mathrm{g}}(\omega)\mathrm{e}^{\mathrm{j}\theta(\omega)} \tag{7.1.1}$$

其中，$H_{\mathrm{g}}(\omega)$称为滤波器的幅度特性，是实函数；$\theta(\omega)$称为滤波器的相位特性，也是实函数。滤波器传输函数 $H(\mathrm{e}^{\mathrm{j}\omega})$具有线性相位，是指$\theta(\omega)$是数字频率 ω 的线性函数，即满足式(7.1.2)或式(7.1.3)。

第一类线性相位函数：
$$\theta(\omega)=-\tau\omega \tag{7.1.2}$$

第二类线性相位函数：
$$\theta(\omega)=\theta_0-\tau\omega \tag{7.1.3}$$

式(7.1.2)和式(7.1.3)中，τ 为常数，$-\pi\leqslant\omega\leqslant\pi$，$\theta_0$ 是起始相位。

2. FIR 滤波器线性相位条件

FIR 滤波器具有线性相位，其长为 N 的单位采样脉冲响应 $h(n)$应满足下列两个充分必要条件之一。

(1) 第一类线性相位的条件，$h(n)$是实序列且对$\frac{N-1}{2}$偶对称，即满足：

$$h(n)=h(N-1-n),\quad 0\leqslant n\leqslant N-1 \tag{7.1.4}$$

(2) 第二类线性相位的条件，$h(n)$是实序列且对$\frac{N-1}{2}$奇对称，即满足：

$$h(n)=-h(N-1-n),\quad 0\leqslant n\leqslant N-1 \tag{7.1.5}$$

由于 FIR 滤波器的单位采样脉冲响应 $h(n)$的长度可分为 N 为偶数和奇数两种情况，因而 $h(n)$可以有 4 种类型，如图 7.1.1 和图 7.1.2 所示，对应于 4 种线性相位 FIR 数字滤波器。

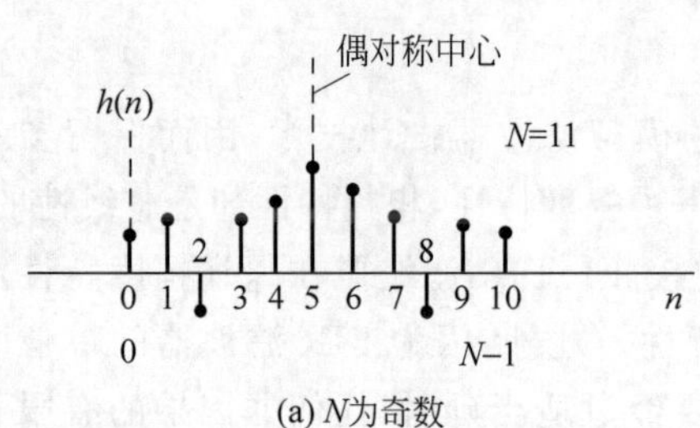

(a) N为奇数

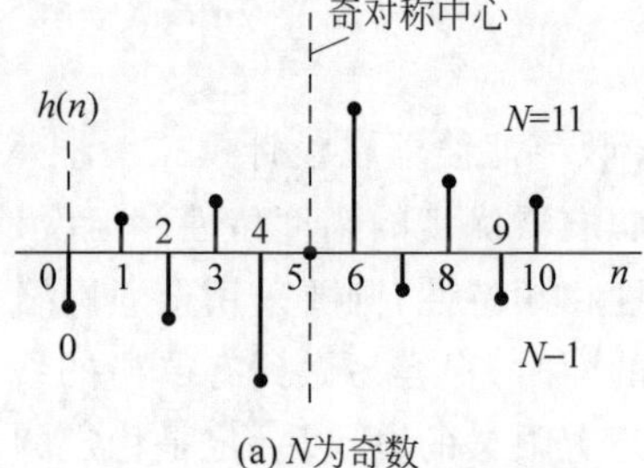

(a) N为奇数

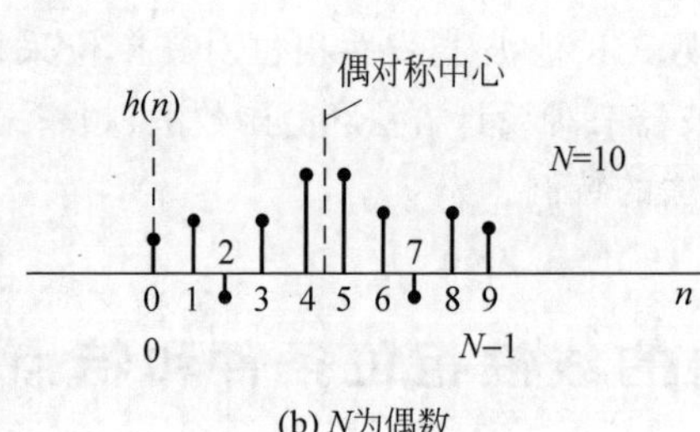

(b) N为偶数

图 7.1.1　$h(n)$偶对称

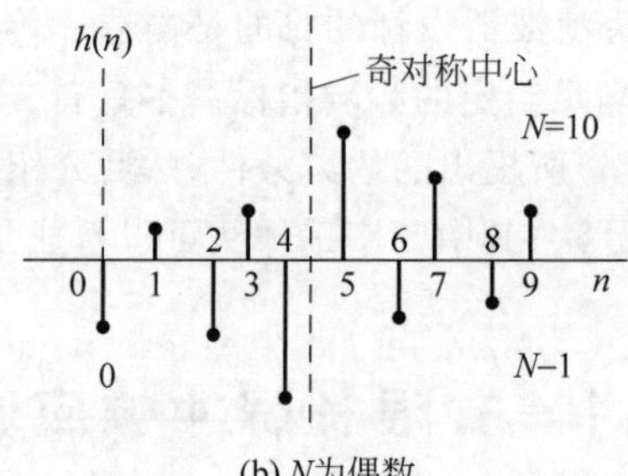

(b) N为偶数

图 7.1.2　$h(n)$奇对称

证明：

(1) FIR 滤波器具有第一类线性相位的条件。

给定 FIR 滤波器长为 N 的单位采样脉冲响应 $h(n)$，且满足条件式(7.1.4)。按定义，其系统函数 $H(z)=\sum_{n=0}^{N-1}h(n)z^{-n}$ 可等效写成

$$H(z)=\sum_{n=0}^{N-1}h(N-1-n)z^{-n}=\sum_{m=0}^{N-1}h(m)z^{-(N-1-m)}$$

$$=z^{-(N-1)}\sum_{m=0}^{N-1}h(m)(z^{-1})^{-m}=z^{-(N-1)}H(z^{-1}) \tag{7.1.6}$$

根据式(7.1.6)，FIR 滤波器的系统函数等效地可变形为

$$H(z)=\frac{1}{2}[H(z)+z^{-(N-1)}H(z^{-1})]=\frac{1}{2}\sum_{n=0}^{N-1}h(n)[z^{-n}+z^{-(N-1)}z^{n}]$$

$$=z^{-\frac{N-1}{2}}\sum_{n=0}^{N-1}h(n)\cdot\frac{1}{2}[z^{-n+\frac{N-1}{2}}+z^{n-\frac{N-1}{2}}] \tag{7.1.7}$$

将 $z=\mathrm{e}^{\mathrm{j}\omega}$ 代入式(7.1.7)，得 FIR 滤波器的传输函数(频率响应)：

$$H(\mathrm{e}^{\mathrm{j}\omega})=\mathrm{e}^{-\mathrm{j}\omega\frac{N-1}{2}}\sum_{n=0}^{N-1}h(n)\cos\left[\left(n-\frac{N-1}{2}\right)\omega\right] \tag{7.1.8}$$

对照式(7.1.1)的定义，由式(7.1.8)可得 FIR 滤波器的幅度函数和相位函数分别为式(7.1.9)和式(7.1.10)，显然 FIR 滤波器幅度函数是实函数，相位函数是第一类线性相位函数。

$$H_{\mathrm{g}}(\omega)=\sum_{n=0}^{N-1}h(n)\cos\left[\left(n-\frac{N-1}{2}\right)\omega\right] \tag{7.1.9}$$

$$\theta(\omega)=-\frac{N-1}{2}\omega \tag{7.1.10}$$

因此，只要 FIR 滤波器的 $h(n)$ 是实序列，且满足条件式(7.1.4)，那么该滤波器就一定具有第一类线性相位特点。

(2) FIR 滤波器具有第二类线性相位的条件。

给定 FIR 滤波器长为 N 的单位采样脉冲响应 $h(n)$，且满足条件式(7.1.5)。按定义其系统函数 $H(z)=\sum\limits_{n=0}^{N-1}h(n)z^{-n}$，可等效写成：

$$\begin{aligned}H(z)&=\sum_{n=0}^{N-1}h(n)z^{-n}=-\sum_{n=0}^{N-1}h(N-1-n)z^{-n}\\&=-z^{-(N-1)}\sum_{m=0}^{N-1}h(m)(z^{-1})^{-m}=-z^{-(N-1)}H(z^{-1})\end{aligned} \tag{7.1.11}$$

根据式(7.1.11)，FIR 滤波器的系统函数等效地可变形为

$$\begin{aligned}H(z)&=\frac{1}{2}[H(z)-z^{-(N-1)}H(z^{-1})]=\frac{1}{2}\sum_{n=0}^{N-1}h(n)[z^{-n}-z^{-(N-1)}z^{n}]\\&=z^{-\frac{N-1}{2}}\sum_{n=0}^{N-1}h(n)\cdot\frac{1}{2}[z^{-n+\frac{N-1}{2}}-z^{n-\frac{N-1}{2}}]\end{aligned} \tag{7.1.12}$$

将 $z=\mathrm{e}^{\mathrm{j}\omega}$ 代入式(7.1.12)，整理得 FIR 滤波器的传输函数(频率响应)：

$$\begin{aligned}H(\mathrm{e}^{\mathrm{j}\omega})&=\mathrm{e}^{-\mathrm{j}\omega\frac{N-1}{2}}\sum_{n=0}^{N-1}h(n)\cdot\frac{1}{2}[\mathrm{e}^{-\mathrm{j}\omega\left(n-\frac{N-1}{2}\right)}-\mathrm{e}^{\mathrm{j}\omega\left(n-\frac{N-1}{2}\right)}]\\&=\mathrm{e}^{-\mathrm{j}\omega\frac{N-1}{2}}\sum_{n=0}^{N-1}(-\mathrm{j})h(n)\sin\left[\left(n-\frac{N-1}{2}\right)\omega\right]\\&=\mathrm{e}^{-\mathrm{j}\omega\frac{N-1}{2}}\sum_{n=0}^{N-1}\mathrm{j}h(n)\sin\left[\left(\frac{N-1}{2}-n\right)\omega\right]\\&=\mathrm{e}^{-\mathrm{j}\omega\frac{N-1}{2}+\mathrm{j}\frac{\pi}{2}}\sum_{n=0}^{N-1}h(n)\sin\left[\left(\frac{N-1}{2}-n\right)\omega\right]\quad\left(\mathrm{j}=\cos\frac{\pi}{2}+\mathrm{j}\sin\frac{\pi}{2}=\mathrm{e}^{\mathrm{j}\frac{\pi}{2}}\right)\end{aligned} \tag{7.1.13}$$

对照式(7.1.1)的定义，由式(7.1.13)可得 FIR 滤波器的幅度函数和相位函数分别为式(7.1.14)和式(7.1.15)，显然该 FIR 滤波器幅度函数是实函数，相位函数是第二类线性相位函数。

$$H_{\mathrm{g}}(\omega)=\sum_{n=0}^{N-1}h(n)\sin\left[\left(\frac{N-1}{2}-n\right)\omega\right] \tag{7.1.14}$$

$$\theta(\omega)=-\frac{N-1}{2}\omega+\frac{\pi}{2} \tag{7.1.15}$$

因此,证明了当 FIR 滤波器单位采样脉冲响应 $h(n)$是实序列,且满足条件式(7.1.5)时,那么该滤波器就一定具有第二类线性相位特点。

类似地,可以证明当 FIR 滤波器的幅度特性为实函数,同时满足第一类(或第二类)的线性相位函数的条件时,该滤波器的单位采样脉冲响应 $h(n)$一定是实的,且对$\frac{N-1}{2}$具有相应的偶(或奇)对称性。

微课视频

3. 线性相位 FIR 滤波器的幅度特性

观察式(7.1.9)和式(7.1.14)可见:线性相位 FIR 滤波器的幅度特性是以其 N 点单位采样脉冲响应$h(n)$为权重的、频率为 ω 的简谐信号 N 点样值的线性组合,$h(n)$长度 N 的奇偶性和$h(n)$的对称性,使 FIR 滤波器的幅度特性 $H_g(\omega)$也有相应的奇偶对称性。

当 $h(n)=h(N-1-n)$时,按照式(7.1.9)分析线性相位 FIR 滤波器的幅度函数,可以得到 N 为奇数和偶数时两种情况下的 $H_g(\omega)$表达式;当 $h(n)=-h(N-1-n)$时,按照式(7.1.14)分析线性相位 FIR 滤波器的幅度函数,也可以得到 N 为奇数和偶数时两种情况的 $H_g(\omega)$表达式。

因此,根据 FIR 滤波器是第一类或第二类的线性相位以及其单位采样脉冲响应长度 N 的奇偶性,线性相位 FIR 滤波器共有 4 种具体的幅度特性特点。本书将这 4 种线性相位 FIR 滤波器的幅度特性、有限长单位采样脉冲响应 $h(n)$需满足的条件以及相位特性综合在表 7.1.1 中。

表 7.1.1 线性相位 FIR 滤波器的幅度特性与相位特性

	偶对称 $h(n)=h(N-1-n)$	奇对称 $h(n)=-h(N-1-n)$
相位函数	$\theta(\omega)=-\frac{N-1}{2}\omega$	$\theta(\omega)=\frac{\pi}{2}-\frac{N-1}{2}\omega$
N 为奇数	幅度函数 $H_g(\omega)=\sum_{n=0}^{\frac{N-1}{2}}a(n)\cos(n\omega)$ $a(n)=h\left(\frac{N-1}{2}\right),\quad n=0$ $a(n)=2h\left(\frac{N-1}{2}-n\right),\quad n\neq 0$	幅度函数 $H_g(\omega)=\sum_{n=1}^{\frac{N-1}{2}}c(n)\sin(n\omega)$ $c(n)=2h\left(\frac{N-1}{2}-n\right),\quad n=1,2,\cdots,\frac{N-1}{2}$

续表

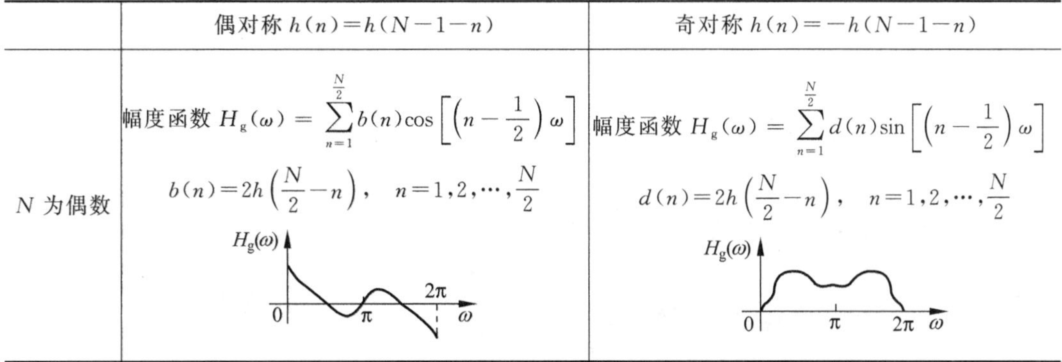

	偶对称 $h(n)=h(N-1-n)$	奇对称 $h(n)=-h(N-1-n)$
N 为偶数	幅度函数 $H_g(\omega)=\sum_{n=1}^{\frac{N}{2}} b(n)\cos\left[\left(n-\frac{1}{2}\right)\omega\right]$ $b(n)=2h\left(\frac{N}{2}-n\right),\quad n=1,2,\cdots,\frac{N}{2}$	幅度函数 $H_g(\omega)=\sum_{n=1}^{\frac{N}{2}} d(n)\sin\left[\left(n-\frac{1}{2}\right)\omega\right]$ $d(n)=2h\left(\frac{N}{2}-n\right),\quad n=1,2,\cdots,\frac{N}{2}$

由表 7.1.1 可知，在偶对称 $h(n)$ 和 N 为奇数的情况下，幅度特性 $H_g(\omega)$ 对 $\omega=0,\pi,2\pi$ 是偶对称的；在偶对称 $h(n)$ 和 N 为偶数的情况下，幅度特性 $H_g(\omega)$ 在 $\omega=\pi$ 处为零，即在 z 平面上 $z=-1$ 处滤波器幅频响应是零点，且 $H_g(\omega)$ 对 $\omega=0,\pi,2\pi$ 呈奇对称形式；在奇对称 $h(n)$ 和 N 为奇数的情况下，$H_g(\omega)$ 对 $\omega=\pi$ 奇对称，且在 $\omega=0,\pi$ 处为零点，使 $H_g(\omega)=0$；在奇对称 $h(n)$ 和 N 为偶数的情况下，$H_g(\omega)$ 在 $\omega=0,2\pi$ 处为零，即在 z 平面上 $z=1$ 处有一个滤波器幅频响应零点，且对 $\omega=\pi$ 呈偶对称。另外，第一类线性相位 FIR 滤波器，常用来实现选频性滤波器，但 N 为偶数时，滤波器幅度特性在高频段（π 附近）增益很小（理论上 $H_g(\pi)=0$），而不适合实现高通滤波器和带阻滤波器；第二类线性相位 FIR 滤波器，具有 $\frac{\pi}{2}$ 的恒定相移，常用于实现微分器（differentiator），90°相移器。

4. 线性相位 FIR 滤波器的零点分布特点

由式(7.1.6)和式(7.1.11)可以看到，线性相位 FIR 滤波器的系统函数满足：

$$H(z)=\pm z^{-(N-1)}H(z^{-1}) \tag{7.1.16}$$

由式(7.1.16)可见，当 $z=z_i$ 时是 $H(z)$ 的零点，z_i^{-1} 必是 $H(z)$ 的零点；又因为 $h(n)$ 是因果实序列，其 z 变换得到的系统函数 $H(z)$ 的零点必为实的或是共轭对称的复数对，故 z_i^*，$(z_i^{-1})^*$ 也是 $H(z)$ 的零点。

综合起来，线性相位 FIR 滤波器的零点一般是互为倒数的且以共轭复数对形式出现。如图 7.1.3 中 z_1，z_1^{-1}，z_1^* 和 $(z_1^{-1})^*$ 情况。线性相位 FIR 滤波器零点分布特例：

(1) 实零点，且不在 z 平面单位圆上，则只有倒数对，如图 7.1.3 中 z_2 和 z_2^{-1}。

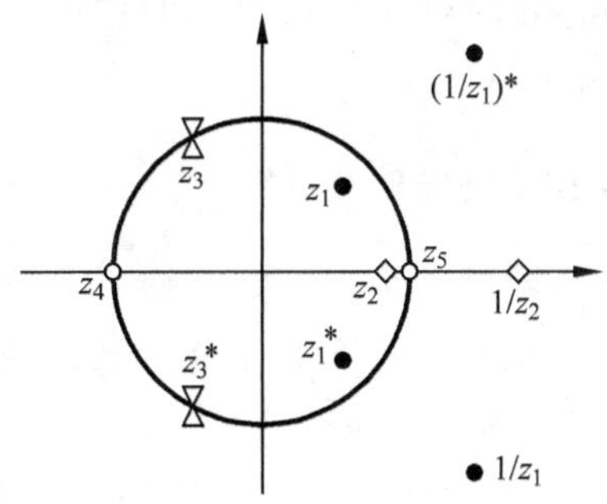

图 7.1.3　线性相位 FIR 滤波器零点分布

(2) 实零点,且在 z 平面单位圆上,则只有一个,如图 7.1.3 中 z_4 和 z_5。

(3) 复数零点,且在 z 平面单位圆上,则只有共轭对,如图 7.1.3 中 z_3, z_3^*。

7.2 窗函数法设计有限长脉冲响应滤波器

7.2.1 窗函数技术

微课视频

1. 窗函数法设计 FIR 滤波器的步骤

(1) 给定要求的滤波器频响函数 $H_d(e^{j\omega})$,明确如线性相位、低通等技术指标。

(2) 用傅里叶反变换(IDTFT)计算给定频响的理想单位采样脉冲响应:

$$h_d(n)=\frac{1}{2\pi}\int_{-\pi}^{\pi} H_d(e^{j\omega})e^{j\omega n}d\omega, \quad -\infty < n < \infty \tag{7.2.1}$$

或者在频域直接对 $H_d(e^{j\omega})$ 采样 M 点,通过 M 点的 IDFT 近似计算 $h_d(n)\approx h_M(n)$:

$$h_M(n)=\frac{1}{M}\sum_{k=0}^{M-1} H_d(e^{j\frac{2\pi}{M}k})e^{j\frac{2\pi}{M}kn} \tag{7.2.2}$$

(3) 根据滤波器的过渡带宽及阻带增益最小衰减要求,选择合适的窗函数 $w(n)$ 及其列长 N 的大小,N 也是最终设计的 FIR 滤波器有限长单位采样脉冲响应 $h(n)$ 的长度,可试验确定。

(4) 用选定的合适窗函数 $w(n)(n=0,1,2,\cdots,N-1)$ 来修正计算出的理想单位采样脉冲响应 $h_d(n)$,可以得到设计的 FIR 滤波器单位采样脉冲响应:

$$h(n)=w(n)h_d(n), \quad n=0,1,2,\cdots,N-1 \tag{7.2.3}$$

(5) 由 $h(n)$ 计算设计的 FIR 滤波器的频响(可用 FFT):

$$H(e^{j\omega})=\sum_{n=0}^{N-1} h(n)e^{-j\omega n} \tag{7.2.4}$$

将 $H(e^{j\omega})$ 与要求的滤波器频响函数 $H_d(e^{j\omega})$ 比较,直到误差满足要求。

上面 FIR 滤波器窗函数法设计的 5 个步骤中,关键是求 $h_d(n)$,选择 $w(n)$。

2. 窗函数法设计 FIR 滤波器的思想

用有限长的滤波器单位采样脉冲响应 $h(n)$ 系统的频响,近似表示给定的无限长的单位采样脉冲响应 $h_d(n)$ 系统的频响。

微课视频

3. FIR 滤波器可实现的典型理想滤波器系统

由于窗函数法设计 FIR 滤波器的关键之一是计算所需理想滤波器的单位采样脉冲响应,故设窗函数法可实现的典型理想滤波器的相位特性是线性的,其幅度频率特性记为 $D(\omega)$,是数字频率的实函数;则理想滤波器的频率响应可写为

$$H_d(e^{j\omega})=D(\omega)e^{-ja\omega}, \quad a\ 为(延迟)常数 \tag{7.2.5}$$

如果知道了滤波器的幅频特性 $D(\omega)$,也就得到了滤波器的整个频率响应 $H_d(e^{j\omega})$,从

而可计算出其单位采样脉冲响应 $h_d(n)$。下面从典型理想滤波器幅频特性角度，给出窗函数设计法可实现的典型理想滤波器如下几类。

1）根据幅度频率特性 $D(\omega)$来分

（1）幅频特性分段常数的选频滤波器。

理想低通（LP）、高通（HP）、带通（BP）和带阻（BS）滤波器的幅频特性 $D(\omega)$可以用分段常数表示，如图 7.2.1 所示。

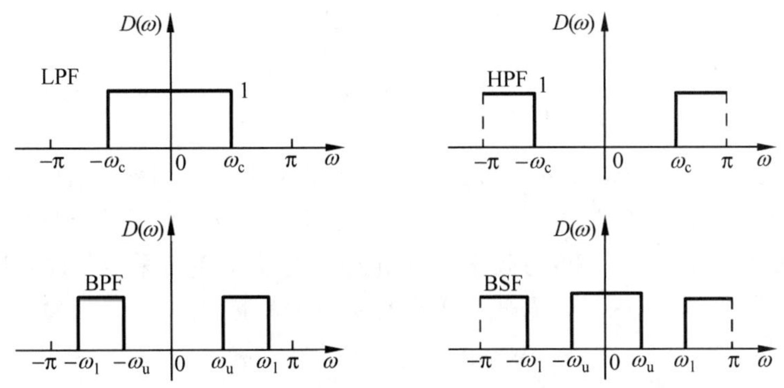

图 7.2.1　理想滤波器（LPF、HPF、BPF 和 BSF）的幅频特性

（2）理想微分滤波器。

理想微分滤波器的幅频特性 $D(\omega)$如图 7.2.2 所示，是频率的线性函数；其频率响应一般应写成式(7.2.6)，表示理想微分器通常是具有第二类线性相位特性的系统。

$$H_d(e^{j\omega})=j\omega e^{-j\alpha\omega}=\omega e^{j\left(\frac{\pi}{2}-\alpha\omega\right)} \tag{7.2.6}$$

（3）希尔伯特变换滤波器。

希尔伯特（Hilbert）变换滤波器的幅频特性 $D(\omega)$如图 7.2.3 所示，和数字频率 ω 的“符号函数”有关；其频率响应一般写成式(7.2.7)，表示希尔伯特变换滤波器通常也是具有第二类线性相位特性的系统。又由于希尔伯特变换器幅频响应具有近似全通的特点，有时也用它做 90°移相器：

$$H_d(e^{j\omega})=-j\mathrm{sign}(\omega)e^{-j\alpha\omega}=-\mathrm{sign}(\omega)e^{j\left(\frac{\pi}{2}-\alpha\omega\right)} \tag{7.2.7}$$

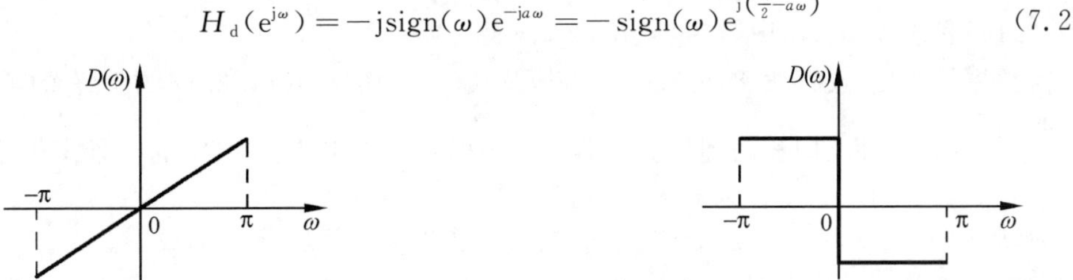

图 7.2.2　理想微分滤波器的幅频特性　　　图 7.2.3　希尔伯特变换滤波器的幅频特性

2）典型理想滤波器的单位采样脉冲响应 $h_d(n)$

根据上面所列可实现的几类典型理想滤波器的幅频特性和式(7.2.5)所示 $H_d(e^{j\omega})$，可由式(7.2.1)计算傅里叶反变换求出对应滤波器的理想单位采样脉冲响应 $h_d(n)$。

（1）幅频特性为分段常数的选频滤波器的理想单位采样脉冲响应，如式(7.2.8)～式(7.2.11)所示。

$$\text{LPF:}\quad h_d(n)=\frac{\sin\omega_c(n-a)}{\pi(n-a)} \tag{7.2.8}$$

$$\text{HPF:}\quad h_d(n)=\delta(n-a)-\frac{\sin\omega_c(n-a)}{\pi(n-a)} \tag{7.2.9}$$

式(7.2.8)和式(7.2.9)中,ω_c 为截止频率;且对 LPF,$h_d(a)=\frac{\omega_c}{\pi}$。

$$\text{BPF:}\quad h_d(n)=\frac{\sin\omega_l(n-a)-\sin\omega_u(n-a)}{\pi(n-a)} \tag{7.2.10}$$

$$\text{BSF:}\quad h_d(n)=\delta(n-a)-\frac{\sin\omega_l(n-a)-\sin\omega_u(n-a)}{\pi(n-a)} \tag{7.2.11}$$

式(7.2.10)和式(7.2.11)中,ω_u、ω_l 分别为 BPF、BSF 的下截止频率、上截止频率。

在式(7.2.8)~式(7.2.11)中 $-\infty<n<+\infty$。显然,当理想 LPF 和理想 HPF 的截止频率相等、理想 BPF 和理想 BSF 的截止频率相等时,它们的单位采样脉冲响应有关系式:

$$h_d(n)_{\text{LPF}}+h_d(n)_{\text{HPF}}=\delta(n) \tag{7.2.12}$$

$$h_d(n)_{\text{BPF}}+h_d(n)_{\text{BSF}}=\delta(n) \tag{7.2.13}$$

对应的滤波器幅频特性有关系式为

$$D_{\text{LP}}(\omega)+D_{\text{HP}}(\omega)=1 \tag{7.2.14}$$

$$D_{\text{BP}}(\omega)+D_{\text{BS}}(\omega)=1 \tag{7.2.15}$$

分别满足关系式(7.1.12)~式(7.1.15)的两个理想滤波器称为“互补”滤波器。

(2) 理想微分滤波器的理想单位采样脉冲响应。

对式(7.2.6)计算 IDTFT 得:

$$h_d(n)=\frac{\cos\pi(n-a)}{n-a}-\frac{\sin\pi(n-a)}{\pi(n-a)^2} \tag{7.2.16}$$

(3) 希尔伯特变换器的理想单位采样脉冲响应。

对式(7.2.7)计算 IDTFT 得:

$$h_d(n)=\frac{1-\cos\pi(n-a)}{\pi(n-a)} \tag{7.2.17}$$

式(7.2.16)和式(7.2.17)中,$-\infty<n<\infty$。

需要注意的是,式(7.2.8)~式(7.2.11)及式(7.2.16)~式(7.2.17)中所有的延迟参数 $a=\frac{N-1}{2}$,才能保证无限长的理想滤波器单位采样脉冲响应被长为 N 的因果窗函数 $w(n)$ 截取后,$h(n)=h_d(n)w(n)$ 是关于 $\frac{N-1}{2}$ 对称的,实现线性相位 FIR 滤波器。

微课视频

4. 各种典型窗函数

工程应用中常用的典型窗函数的时域模型和窗函数的频谱特性介绍如下。

1) 矩形窗

长为 N 的矩形窗(rectangular window)的时域模型由式(7.2.18)给出。将 $w_R(n)$ 进行 DTFT,可得到式(7.2.19)所示的矩形窗频谱特性,简称矩形窗的“窗谱”。

$$w_R(n)=R_N(n) \tag{7.2.18}$$

$$W_R(e^{j\omega})=\frac{\sin\frac{N\omega}{2}}{\sin\frac{\omega}{2}}e^{-j\frac{N-1}{2}\omega}\equiv W_R(\omega)e^{-j\frac{N-1}{2}\omega} \tag{7.2.19}$$

式(7.2.19)中，如果令窗谱的幅度谱 $W_R(\omega)=0$，可得矩形窗幅度谱的第一个零点对应的正数字频率 $\omega=\frac{2\pi}{N}$。考虑到矩形窗幅度谱对 $\omega=0$ 的偶对称性，工程上常定义：矩形窗的幅度谱在频率 $|\omega|\leqslant\frac{2\pi}{N}$ 范围的部分为窗谱的"主瓣"，在频率 $|\omega|>\frac{2\pi}{N}$ 范围的部分为窗谱的"旁瓣"；故可记矩形窗的主瓣宽度为 $B_0=\frac{4\pi}{N}$。第 1 旁瓣比主瓣增益低 13dB。

2) 三角窗

长为 N 的三角形窗(bartlett window)的时域模型由式(7.2.20)给出，三角形窗的"窗谱"如式(7.2.21)所示。类似于矩形窗幅度谱主瓣、旁瓣的定义，由式(7.2.21)可以求出三角形窗的窗谱主瓣宽 $B_0=\frac{8\pi}{N}$。第 1 旁瓣比主瓣增益低 26dB。

$$w_{Br}(n)=\begin{cases}\dfrac{2n}{N-1}, & 0\leqslant n\leqslant\dfrac{N-1}{2}\\[2mm] 2-\dfrac{2n}{N-1}, & \dfrac{N-1}{2}<n\leqslant N-1\end{cases} \tag{7.2.20}$$

$$W_{Br}(e^{j\omega})=\frac{2}{N}\left[\frac{\sin\left(\frac{N\omega}{4}\right)}{\sin\left(\frac{\omega}{2}\right)}\right]^2 e^{-j\frac{N-1}{2}\omega} \tag{7.2.21}$$

3) 汉宁窗——升余弦窗

长为 N 的汉宁(Hanning)窗的时域模型由式(7.2.22)给出，其"窗谱"如式(7.2.23)所示。

$$w_{Hn}(n)=\sin^2\left(\frac{\pi n}{N-1}\right)R_N(n)=0.5\left\{1-\cos\left(\frac{2\pi n}{N-1}\right)\right\}R_N(n) \tag{7.2.22}$$

$$\begin{aligned}W_{Hn}(n)&=\left\{0.5W_R(\omega)+0.25\left[W_R\left(\omega-\frac{2\pi}{N-1}\right)+W_R\left(\omega+\frac{2\pi}{N-1}\right)\right]\right\}e^{-j\omega\frac{N-1}{2}}\\&=W_{Hn}(\omega)e^{-j\omega\frac{N-1}{2}}\end{aligned} \tag{7.2.23}$$

当 $N\gg1$ 时，$N-1\approx N$，式(7.2.23)中的幅度谱可简化为

$$W_{Hn}(\omega)\approx0.5W_R(\omega)+0.25\left[W_R\left(\omega-\frac{2\pi}{N}\right)+W_R\left(\omega+\frac{2\pi}{N}\right)\right] \tag{7.2.24}$$

式(7.2.24)表明汉宁窗谱的幅度函数 $W_{Hn}(\omega)$ 由三部分相加，可使窗函数的能量更集中在主瓣中，汉宁窗谱的主瓣宽 $B_0\approx\frac{4\pi}{N}+2\times\frac{2\pi}{N}=\frac{8\pi}{N}$。第 1 旁瓣比主瓣增益低 31dB。

4) 海明窗——改进的升余弦窗

长为 N 的海明(Hamming)窗的时域模型由式(7.2.25)给出，其窗谱如式(7.2.26)所示。

$$w_{\mathrm{Hm}}(n)=\left\{0.54-0.46\cos\left(\frac{2\pi n}{N-1}\right)\right\}R_{\mathrm{N}}(n) \quad (7.2.25)$$

$$W_{\mathrm{Hm}}(\mathrm{e}^{\mathrm{j}\omega})=0.54W_{\mathrm{R}}(\mathrm{e}^{\mathrm{j}\omega})-0.23\{W_{\mathrm{R}}(\mathrm{e}^{\mathrm{j}\left[\omega-\frac{2\pi}{N-1}\right]})+W_{\mathrm{R}}(\mathrm{e}^{\mathrm{j}\left[\omega+\frac{2\pi}{N-1}\right]})\} \quad (7.2.26)$$

当 $N\gg1$ 时,其窗谱幅度谱 $W_{\mathrm{Hm}}(\omega)$ 可近似表示为

$$W_{\mathrm{Hm}}(\omega)\approx0.54W_{\mathrm{R}}(\omega)+0.23\left[W_{\mathrm{R}}\left(\omega-\frac{2\pi}{N}\right)+W_{\mathrm{R}}\left(\omega+\frac{2\pi}{N}\right)\right] \quad (7.2.27)$$

类似于汉宁窗,海明窗幅度谱的主瓣宽 $B_0=\frac{4\pi}{N}+2\times\frac{2\pi}{N}=\frac{8\pi}{N}$。第 1 旁瓣比主瓣增益低 41dB。

5) 布莱克曼窗

设窗函数长为 N,对于时域模型为 $w(n)=\sum_{m=0}^{K-1}a_m\cos\left(\frac{2\pi nm}{N-1}\right)$ 的窗函数,若取 $K=3$,且有约束 $\sum_{m=0}^{K-1}a_m=1$ 时,即为布莱克曼(Blackman)窗。常见的布莱克曼窗时域模型如式(7.2.28)所示。

$$w_{\mathrm{BL}}(n)=\left\{0.42-0.5\cos\left(\frac{2\pi n}{N-1}\right)+0.08\cos\left(\frac{4\pi n}{N-1}\right)\right\}R_{\mathrm{N}}(n) \quad (7.2.28)$$

当 $N\gg1$ 时,布莱克曼窗谱的幅度谱函数 $W_{\mathrm{BL}}(\omega)$ 可近似表示为

$$\begin{aligned}W_{\mathrm{BL}}(n)=&0.42W_{\mathrm{R}}(\omega)+0.25\left[W_{\mathrm{R}}\left(\omega-\frac{2\pi}{N}\right)+W_{\mathrm{R}}\left(\omega+\frac{2\pi}{N}\right)\right]\\&+0.04\left[W_{\mathrm{R}}\left(\omega-\frac{4\pi}{N}\right)+W_{\mathrm{R}}\left(\omega+\frac{4\pi}{N}\right)\right]\end{aligned} \quad (7.2.29)$$

由式(7.2.29)可知,布莱克曼窗谱的幅度谱主瓣宽 $B_0=\frac{4\pi}{N}+2\times\frac{4\pi}{N}=\frac{12\pi}{N}$。第 1 旁瓣比主瓣增益低 57dB。

6) 凯塞窗

长为 N 的凯塞(Kaiser)窗的时域模型由式(7.2.30)给出;其中 $I_0(x)$ 是零阶第一类修正贝塞尔函数,参数 α 可控制窗的形状,α 越大,则凯塞窗谱幅度谱的主瓣宽度越大,幅度谱的旁瓣增益 R 越小(通常选择 $4<\alpha<9$)。

$$w_{\mathrm{k}}(n)=\frac{I_0(\beta)}{I_0(\alpha)},\quad 0\leqslant n\leqslant N-1 \quad (7.2.30)$$

式(7.2.30)中,参数 β 与 α 的关系为

$$\beta=\alpha\left\{1-\left[\frac{2n}{N-1}-1\right]^2\right\}^{1/2} \quad (7.2.31)$$

工程应用中,为了比较不同窗函数的幅度谱主瓣宽度的差异,常以矩形窗的幅度谱主瓣宽度为基准,引入主瓣等效带宽因子 c 度量,简称"窗口宽度因子"c;在此框架下,令矩形窗的主瓣等效带宽因子 $c=1$,则海明窗的为 $c=2$;布莱克曼窗的为 $c=3$;凯塞窗的主瓣等效带宽因子则可由其第一旁瓣增益 R 估计出:

$$c=\frac{6\times(|R|+12)}{155} \quad (7.2.32)$$

式(7.2.32)中,R 的单位为 dB。

5. 窗函数法设计 FIR 滤波器总结

(1) 理想滤波器系统的幅度频率响应 $D(\omega)$很复杂时,式(7.2.1)的闭式积分可能得不到。解决对策:可用数值计算来实现。对 $D(\omega)$在频域采样 M 点(通常 $M \gg N$),得 $D(\omega_k)$,$k=0,1,\cdots,M-1$,求 $D(\omega_k)$的 M 点 IFFT 得近似 $h_d(n)$,只取 $h_d(n)$的前 N 点,即令 $0 \leqslant n \leqslant N-1$ 时为理想滤波器系统的单位采样脉冲响应。

(2) 要预先确定窗函数的形式和窗的列长 N,使单位采样脉冲响应为 $h(n)=w(n)h_d(n)$的系统满足预定的滤波器频响要求,这可以借助计算机用试探法实现。

(3) 矩形窗和海明窗等设计 FIR 滤波器的方法简单,但对滤波器指标的控制不灵活;而凯塞窗设计 FIR 滤波器可灵活地实现各种滤波器指标要求,代价是凯塞窗函数比较复杂。表 7.2.1 给出了常用窗函数幅度谱的主要参数指标,同时给出了用相应窗函数设计出来的 FIR 滤波器的性能指标。

表 7.2.1 不同类型窗设计滤波器的不同指标

窗函数	窗谱性能指标		加窗后 FIR 滤波器的性能指标			
	旁瓣峰值/dB	主瓣宽度,$2\pi/N$	过渡带宽 $\Delta\omega$,$2\pi/N$	通带最大衰减 A_{pass}/dB	阻带最小衰减 A_{stop}/dB	通带、阻带过冲
矩形	−13	2	0.91	1.55	−21	8.9%
汉宁	−31	4	3.32	0.06	−44	0.34%
海明	−41	4	3.44	0.03	−54	0.2%
布莱克曼	−57	6	5.98	0.0035	−74	0.02%
凯塞	可调	可调	可调	17.327δ	$20\lg\delta$	δ 可调
凯塞 $\alpha=7.865$	−57	5	5	±0.000 868 i. e. 0.001 736	−80	$\delta=0.0001$

如表 7.2.1 所示,矩形窗和海明窗设计的 FIR 滤波器通带(或阻带)因吉布斯(Gibbs)效应分别有固定的 8.9%、0.2%过冲电平(波纹)。除凯塞窗外,其他常用窗函数的幅度谱第一旁瓣的峰值电平相对其主瓣的电平值近似恒定,如矩形窗的为 −13dB,海明窗的为 −41dB。窗口列长 N 给定,窗函数幅度谱主瓣宽度即确定,对应于所设计的 FIR 滤波器的过渡带宽也就确定。而用凯塞窗函数设计 FIR 滤波器,通过适当选择凯塞窗的列长 N 和 α 参数,或给定允许的滤波器通带、阻带过冲指标 δ,可以很容易地满足设计要求的 FIR 滤波器指标;对于凯塞窗,当参数 $\alpha=0$ 时,退化为矩形窗;当 $\alpha=5$ 时,除端点外,凯塞窗时域形状和海明窗几乎一样。

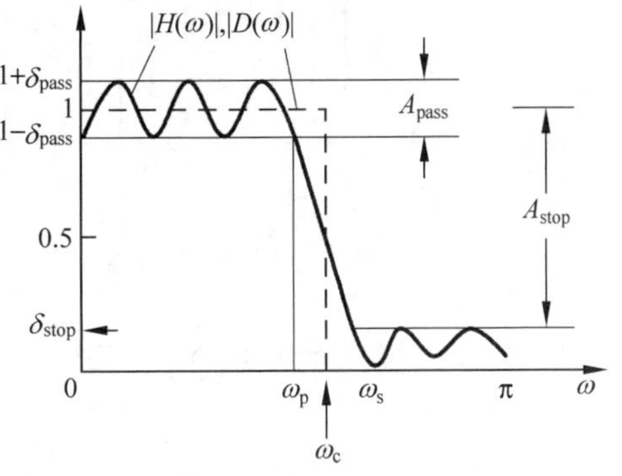

图 7.2.4 LPF 幅度响应的参数

图 7.2.4 所示是设计数字 LPF 时,常用的幅度响应的参数,其定义如下:

A_{pass} 为通带的波纹起伏。

A_{stop},相对于滤波器通带增益,其为阻带增益最小衰减。除凯塞窗外,用其他窗函数设计

FIR 滤波器，能达到的参数值 A_{stop} 近似恒定；如用矩形窗设计 FIR 滤波器，其阻带增益最小衰减只有 $A_{stop}=-21\text{dB}$，这是因为矩形窗的最大旁瓣电平相对其主瓣电平只下降 13dB。

根据图 7.2.4 中的标示，可得到表 7.2.1 中设计 FIR 滤波器时不同单位的各设计参数之间的关系：

$$A_{stop}=20\lg\delta_{stop}\quad \text{dB} \tag{7.2.33}$$

$$A_{pass}=20\lg\left(\frac{1+\delta_{pass}}{1-\delta_{pass}}\right)\quad \text{dB} \tag{7.2.34}$$

因为窗函数法设计的 FIR 滤波器，通带和阻带波纹是相等的，故工程应用中可假设滤波器的通带、阻带波纹一样，式(7.2.33)和式(7.2.34)中取 $\delta_{stop}=\delta_{pass}=\delta$。

(4) 窗函数法设计的 FIR 滤波器的频响 $H(e^{j\omega})$ 与预期频响 $H_d(e^{j\omega})$ 的差异主要由于对无限长的理想单位采样脉冲响应 $h_d(n)$ 时域加窗 $w(n)$ 引起。故设计的 FIR 滤波器特性在频域表现如下：

- 使理想幅频特性不连续点附近形成过渡带。过渡带的宽度近似等于窗谱幅度谱的主瓣宽。
- 设计的 FIR 滤波器过渡带两边产生肩峰和阻尼余振，振荡幅度取决于窗的幅度谱旁瓣峰值电平相对主瓣电平的衰减程度；振荡峰的数目多少，取决于窗的幅度谱旁瓣数目的多少。
- 改变窗函数长度(窗口 N)大小，会改变窗谱幅度的绝对大小和主、副瓣宽度；但不改变副瓣与主瓣的相对电平比例；此相对电平比例值，决定了设计的 FIR 滤波器通带的平稳性和阻带增益的最小衰减值。图 7.2.5 给出了窗口长 $N=35$ 的矩形窗的窗谱幅度函数及其设计出的低通 FIR 滤波器的幅度特性的比较。由图 7.2.5 可见所设计的 LPF 幅频特性的通带、阻带之间的过渡带宽近似等于矩形窗的主瓣宽。

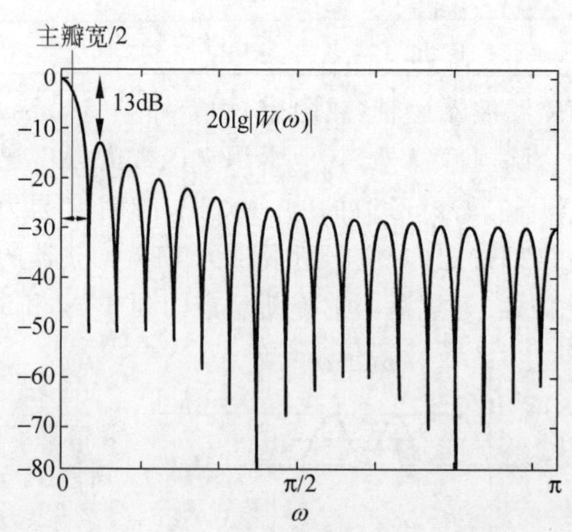

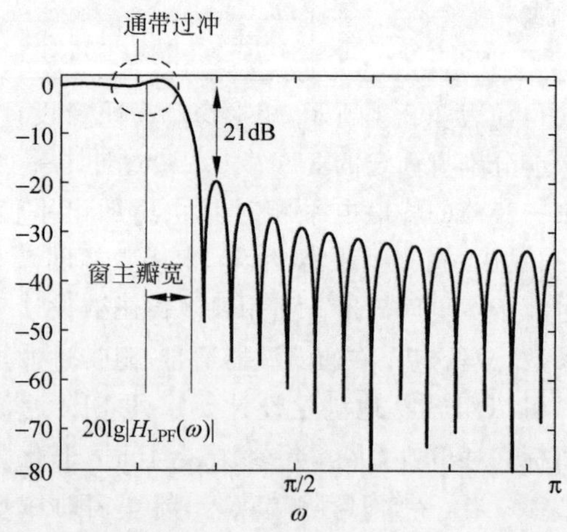

图 7.2.5 矩形窗谱和所设计的 FIR 滤波器幅度谱

7.2.2 窗函数法的应用

例 7.2.1 用矩形窗函数法设计一个理想 LPF，其截止频率 $\omega_c=0.3\pi$，取窗函数长 $N=41$ 和 $N=121$ 两种情况。

解：例 7.2.1 的 MATLAB 程序参考实现见 7.6.1 节。

(1) 由已计算出的理想 LPF 的单位采样脉冲响应式(7.2.8)，得

$$h_d(n)=\frac{\sin\omega_c(n-a)}{\pi(n-a)},\quad -\infty<n<+\infty$$

(2) 当 $N=41$ 时，线性相位延迟系数 $a=(41-1)/2=20$，理想 LPF 的 $h_d(n)$ 具体为

$$h_d(n)=\frac{\sin[0.3\pi(n-20)]}{\pi(n-20)},\quad -\infty<n<+\infty$$

因为选用矩形窗，所以 $w_R(n)=R_{41}(n)$，$0\leqslant n\leqslant 40$。

故矩形窗函数设计的 FIR 低通滤波器单位采样脉冲响应为

$$h(n)=w_R(n)h_d(n)=\frac{\sin[0.3\pi(n-20)]}{\pi(n-20)},\quad 0\leqslant n\leqslant 40$$

其中，

$$h(20)=\lim_{n\to 20}\frac{\sin[0.3\pi(n-20)]}{\pi(n-20)}=0.3$$

(3) 当 $N=121$ 时，线性相位延迟系数 $a=(121-1)/2=60$，类似地可得到矩形窗函数设计的 FIR LPF 的单位采样脉冲响应为

$$h(n)=w_R(n)h_d(n)=\frac{\sin[0.3\pi(n-60)]}{\pi(n-60)},\quad 0\leqslant n\leqslant 120$$

其中，

$$h(60)=\lim_{n\to 60}\frac{\sin[0.3\pi(n-60)]}{\pi(n-60)}=0.3$$

(4) 两种窗函数长度下，设计的 FIR LPF 的单位脉冲响应 $h(n)$ 如图 7.2.6 所示。

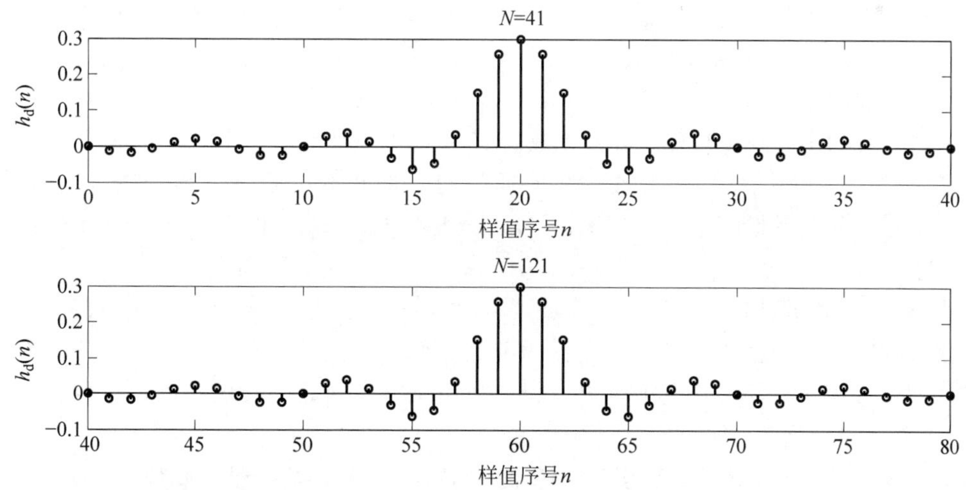

图 7.2.6　LPF 在两种窗函数长度下的理想单位采样脉冲响应

(5) 两种窗函数长度下，设计出的 FIR LPF 的幅频响应如图 7.2.7 所示。该滤波器幅频特性分析如下。

因为所设计滤波器的单位采样脉冲响应 $h(n)=w_R(n)h_d(n)$，根据频域卷积定理——“时域相乘，频域卷积”的特点，设计滤波器的频响：

$$H(\omega)=\frac{1}{2\pi}\int_{-\pi}^{\pi}W(\omega-\omega')\mathrm{e}^{\mathrm{j}\omega' a}D(\omega')\mathrm{d}\omega'$$

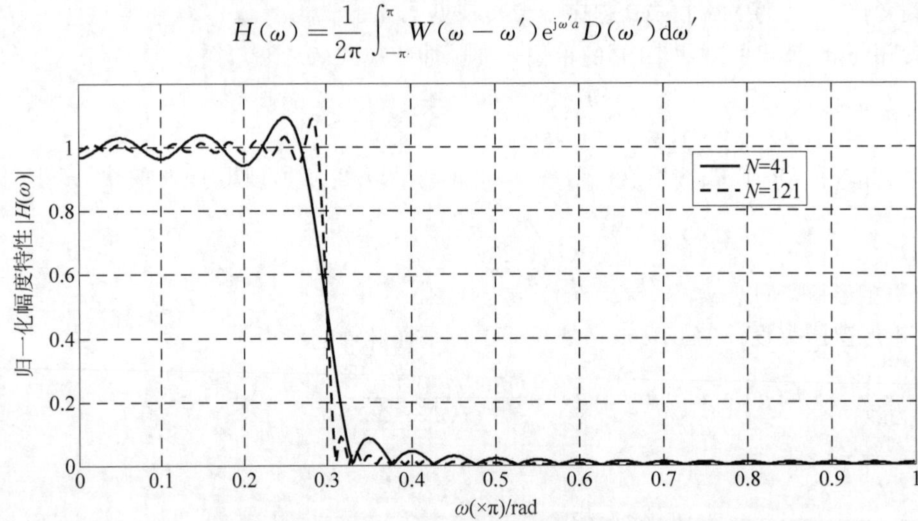

图 7.2.7 LPF 在两种窗函数长度下的 $|H(\omega)|$

考虑到 $h_{\mathrm{d}}(n)$ 有 a 个时间单位的延迟，所以 $h_{\mathrm{d}}(n)$ 的 DTFT，频域函数 $H_{\mathrm{d}}(\omega)$ 是理想 LPF 的幅度函数($D(\omega')=1,0\leqslant|\omega'|\leqslant\omega_{\mathrm{c}}$；$D(\omega')=0,\omega_{\mathrm{c}}<|\omega'|\leqslant\pi$)乘以表示线性相移的相位函数，因子 $\mathrm{e}^{\mathrm{j}\omega' a}$。

而矩形窗 $w_{\mathrm{R}}(n)$ 的幅度频谱 $W(\omega)$ 是 $\frac{\sin x}{x}$ 函数，故所设计滤波器 $h(n)$ 的幅频响应 $|H(\omega)|$ 的通带、阻带波纹，就是理想 LPF 通带幅度函数 $=1$ 的部分对有波纹的矩形窗频谱积分的结果。

从例 7.2.1 中画出的滤波器幅度谱上可总结出，窗函数 N 增大，有 3 个效应：

① 滤波器通带或阻带波纹减小，$|H(\omega)|\rightarrow D(\omega)$，更趋于理想的幅频特性。

② 滤波器过渡带宽减小，但截止频率处($\omega=\omega_{\mathrm{c}}$)，$|H(\omega_{\mathrm{c}})|\equiv 0.5$。说明窗函数设计的滤波器过渡带的中心频点与理想分段常数的 LPF 截止频率点重合。

③ 滤波器幅度增益最大的波纹移向通带和阻带的不连续点，但通带的正肩峰约为 8.9%，近似常数。阻带的最大电平(增益最小衰减)也近似恒定，$\delta_{\mathrm{stop}}\approx 8.9\%$，即 $A_{\mathrm{stop}}=-21\mathrm{dB}$。

当 $N\rightarrow\infty$ 时，滤波器幅频特性所有波纹挤向 $\omega=\omega_{\mathrm{c}}$ 处——吉布斯(Gibbs)现象。

大多数窗函数法设计的 FIR 滤波器的不足之处是所设计的滤波器幅频响应具有近似固定的通带过冲和阻带增益最小衰减 A_{stop}。但用凯塞窗函数可实现任意希望的 FIR 滤波器阻带衰减(即参数 δ 可调节)。

为方便工程应用，窗函数法设计 FIR 滤波器时，可定义滤波器过渡带的带宽因子 D。由 FIR 滤波器的具体参数定义过渡带宽因子 D：

$$D=(N-1)\frac{\Delta f}{f_{\mathrm{s}}} \tag{7.2.35}$$

式中，$\Delta f=f_{\mathrm{stop}}-f_{\mathrm{pass}}$ 为 FIR 滤波器过渡带宽；N 为窗函数的长度。f_{stop}、f_{pass} 分别为 LPF 的阻带、通带边缘频率；f_{s} 为数字系统的采样频率。

当用凯塞窗设计 FIR 滤波器时，过渡带的带宽因子 D 与设计出的 FIR 滤波器的阻带

衰减 A_{stop} 有近似关系：

$$D=\begin{cases}(|A_{stop}|-7.95)/14.36, & A_{stop}>21\text{dB}\\ 0.922, & A_{stop}\leqslant 21\text{dB}\end{cases} \tag{7.2.36}$$

如果给定希望的滤波器 A_{stop}，由式(7.2.36)可求 D；再由式(7.2.35)可确定凯塞窗函数的长度 N，从而得到合适的凯塞窗函数进行 FIR 滤波器设计。

表 7.2.2 给出了常用窗函数设计的 FIR 滤波器过渡带宽因子 D。

表 7.2.2　常用窗函数设计的 FIR 滤波器过渡带宽因子 D

过渡带宽因子	窗　函　数				
	矩形	汉宁	海明	布莱克曼	凯塞，$\alpha=7.865$
D	0.91	3.32	3.44	5.98	5

微课视频

例 7.2.2　用合适的窗函数改善模拟信号的谱分析精度。

一模拟信号有 3 个频率分量：$f_1=2\text{kHz}$，$f_2=2.5\text{kHz}$，$f_3=3\text{kHz}$；相对振幅 $A_1=A_3=1$，$A_2=10^{-50/20}=0.0032$，即 $x(t)=A_1\cos(2\pi f_1 t)+A_2\cos(2\pi f_2 t)+A_3\cos(2\pi f_3 t)$，$t$ 的单位为毫秒(ms)，用 $f_s=10\text{kHz}$ 对其采样后进行 DFT，分析其谱结构。

(1) 确定合适的窗函数。

(2) 确定窗函数的长度。

(3) 用所得长度的海明窗和凯塞窗进行时域信号截断，画出截短序列频谱。

(4) 比较用凯塞、海明窗进行信号谱分析的差异；解释不同长度窗截短序列对原模拟信号谱分析的频率分辨率的影响。

微课视频

解：例 7.2.2 的 MATLAB 程序参考实现见 7.6.1 节。

对模拟信号用 DFT 进行谱分析，需要将连续时间信号采样、截短。

据题意，采样频率 $f_s\gg 2\times$信号最高频率，满足奈奎斯特采样定理，所以采样带来的信号失真可以忽略；截短处理则需关注如下问题。

首先，持续时长“变短”的信号，相对原无限长的信号，其频谱的物理频率分辨率将会下降。其次，从原来无限时长的信号序列中，“截取”时间有限的一段信号，等效于原无限长时域序列乘窗函数，这在频域将表现为“频率泄漏”；这主要是窗函数幅度谱的旁瓣电平非零所引起的。窗幅度谱旁瓣电平一是导致信号频谱的频率泄漏问题；二是泄漏频率(旁瓣频率分量)的电平如果和原信号中的微弱(低电平)频率分量的电平处于同一量级，将使检测原信号中的低电平频率分量受到干扰。故例 7.2.2 应具体分析如下。

(1) 确定合适的窗函数的理由：已知信号 $x(t)$的三个频率分量的振幅，f_2 的比其他两个的低，约 $20\lg(10^{-50/20})=-50\text{dB}$。由表 7.2.1 中给出的窗幅度谱性能可见，若用长为 L 的海明窗对采样序列截短，其窗幅度谱第一旁瓣电平相对主瓣电平约为 $-R=-41\text{dB}$。比信号中 f_2 分量电平相对 f_1、f_3 的电平要大。海明窗函数旁瓣电平的存在(泄漏频率分量电平)将淹没信号中 f_2 分量的谱。故应选窗幅度谱旁瓣电平低于-50dB 的窗。查表 7.2.1 得布莱克曼窗谱旁瓣电平为-57dB，应该够用了。

但对凯塞窗函数，通过选择 α 参数，可调整凯塞窗谱的旁瓣电平 R(单位：dB)。所以为保证例题中 $x(t)$的小信号分量在用窗函数截短时在频域其谱不被淹没，也可以选择凯塞窗函数。实践经验表明，当凯塞窗的幅度谱旁瓣电平 R 指定后，估计凯塞窗形状参数 α 可用经验公式(7.2.37)：

$$\alpha=\begin{cases}0, & R\leqslant 13.26\text{dB}\\ 0.766(R-13.26)^{0.4}+0.098(R-13.26), & 13.26\text{dB}<R<60\text{dB}\\ 0.124(R+6.3), & 60\text{dB}\leqslant R\leqslant 120\text{dB}\end{cases} \tag{7.2.37}$$

如果取凯塞窗谱的旁瓣电平为 $R=70$dB，对应凯塞窗形状参数 α：

$$\alpha=0.124(70+6.3)=9.46$$

为比较明显起见，本例题选海明窗和凯塞窗截短信号，进行 DFT 分析。

(2) 窗函数长度的确定准则：用窗函数对信号 $x(t)$ 的采样序列 $x(n)$ 截短时，若窗函数的长度 N 不够大，则截短序列持续时长短，所截信号频谱的物理频率分辨率 Δf 将下降，截短信号的谱和原信号的谱相比产生较大失真。假设希望截短序列的物理频率分辨率为 Δf，则应选择窗函数长度 N，使得该窗幅度谱主瓣半宽度 $\Delta f_{\text{w}}\leqslant \Delta f$。

工程应用中窗函数的主瓣半宽度 Δf_{w} 满足关系式：

$$\Delta f_{\text{w}}=c\,\frac{f_{\text{s}}}{N-1} \tag{7.2.38}$$

其中，c 为相应窗函数的"窗口宽度因子"；f_{s} 为采样频率；N 为窗函数的长度。已知 Δf_{w}、c 和 f_{s}，就可以由式(7.2.38)估计选定窗函数的长度 N 了。

例 7.2.2 题中在频域为保证信号 3 个频率分量清晰可辨，取物理频率分辨率 $\Delta f=\dfrac{f_2-f_1}{3}=\dfrac{0.5}{3}\text{kHz}=0.167\text{kHz}$。如果选用凯塞窗，并取窗幅度谱旁瓣电平 $-R=-70$dB，则凯塞窗幅度谱主瓣宽度因子，由式(7.2.32)得：$c=6\times\dfrac{|R|+12}{155}=3.174$。

令凯塞窗幅度谱主瓣半宽度 $\Delta f_{\text{w}}=\Delta f=0.167$kHz，则由式(7.2.38)估计凯塞窗的长度 $N=1+c\,\dfrac{f_{\text{s}}}{\Delta f}=1+3.174\times 10/0.167=191.05$，实际取 $N=193$。窗函数长 $N=193$ 时，窗函数的中心点序号 $a=\dfrac{193-1}{2}=96$。

(3) 对给定信号采样、用窗函数截短并做 DFT 分析。

对 $x(t)$ 采样得：$x(n)=A_1\cos\left(\dfrac{2\pi f_1 n}{f_{\text{s}}}\right)+A_2\cos\left(\dfrac{2\pi f_2 n}{f_{\text{s}}}\right)+A_3\cos\left(\dfrac{2\pi f_3 n}{f_{\text{s}}}\right)$，模拟信号 $x(t)$ 及其采样序列 $x(n)$ 波形见图 7.2.8。

海明窗截短

$$x_{\text{H}}(n)=x(n)\left\{0.54-0.46\cos\left(\frac{2\pi n}{N-1}\right)\right\}R_{\text{N}}(n)$$

凯塞窗截短

$$x_{\text{K}}(n)=x(n)w_{\text{K}}(n)=x(n)\,\frac{I_0(\beta)}{I_0(\alpha)}$$

其中，α 为凯塞窗形状参数，$\beta=\alpha\left\{1-\left[\dfrac{2n}{N-1}-1\right]^2\right\}^{1/2}$，将 $a=\dfrac{N-1}{2}$ 代入 β 表示式并整理得：

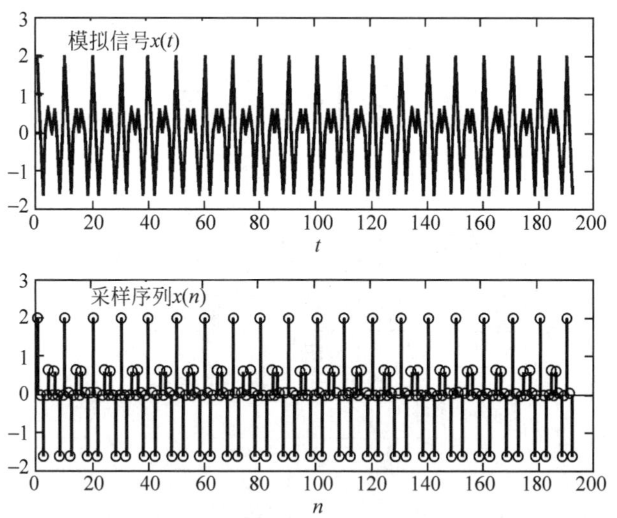

图 7.2.8　模拟信号 $x(t)$及其采样序列 $x(n)$

$$\beta=\alpha\left\{1-\left[\frac{n}{a}-1\right]^{2}\right\}^{1/2}=\alpha\ \frac{\{n(2a-n)\}^{1/2}}{a}$$

窗函数长度为 193 时，海明窗和凯塞窗的截短序列如图 7.2.9 所示。为了更清楚地比较不同窗函数截短对信号频谱的影响，这里用 DTFT 代替 DFT 分析相应序列频谱，结果如图 7.2.10 所示。实践中可用足够大点数的 DFT 近似理论上的 DTFT。

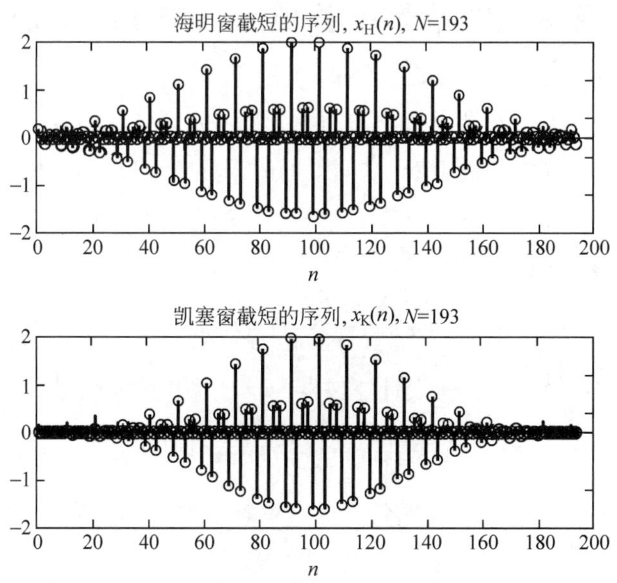

图 7.2.9　海明窗和凯塞窗的截短序列($N=193$)

(4) 用凯塞窗、海明窗进行谱分析的差异。

由图 7.2.10 可见，凯塞窗截短的序列，其频谱有 3 个明显的峰分别对应信号中的 3 个频率分量，中间频率分量电平比其他两个的低 50dB。海明窗截短的序列频谱中，较大的海明窗谱旁瓣电平淹没了原 $x(t)$谱的 f_2 分量；但其峰更窄，即频率分辨率稍高。因为海明窗的等效带宽因子 $c=2<3.174$(旁瓣电平为-70dB 的凯塞窗的)；同样窗函数长度，海明

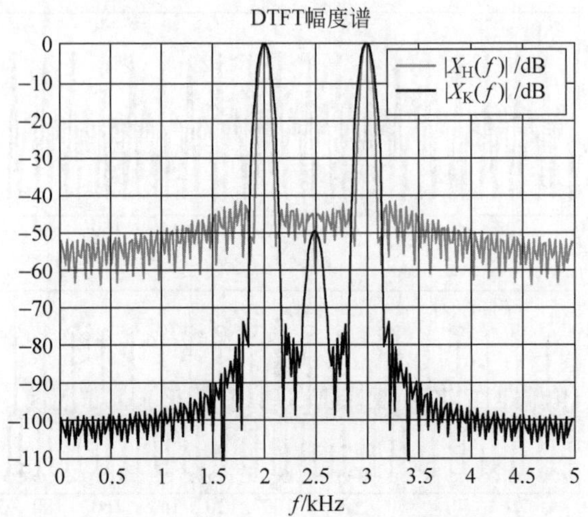

图 7.2.10 用 DTFT 分析的截短序列频谱

窗截短序列的物理频率分辨率$\Delta f=\Delta f_{\mathrm{w}}=\dfrac{cf_{\mathrm{s}}}{N-1}=2\times\dfrac{10\mathrm{kHz}}{193-1}=0.104\mathrm{kHz}$,比同样长的凯塞窗截短序列的频率分辨率 0.167kHz 高。另一方面,当窗函数类型选定(c 固定),则窗口长度 N 越长,截短得到的序列物理频率分辨率就越高。

微课视频

7.3 频率采样法设计有限长脉冲响应滤波器

频率采样法实际是窗函数法中当待设计的频谱 $H_{\mathrm{d}}(\mathrm{e}^{\mathrm{j}\omega})$复杂时设计 FIR 滤波器的对策。具体思想是:对 $H_{\mathrm{d}}(\mathrm{e}^{\mathrm{j}\omega})$在$[0,2\pi]$之间等间隔采样 N 点得 $H_{\mathrm{d}}(k)$:

$$H_{\mathrm{d}}(k)=H_{\mathrm{d}}(\mathrm{e}^{\mathrm{j}\omega})\Big|_{\omega=\frac{2\pi}{N}k},\quad k=0,1,\cdots,N-1 \tag{7.3.1}$$

求 $H_{\mathrm{d}}(k)$的 N 点 IDFT 得 $h(n)$:

$$h(n)=\frac{1}{N}\sum_{k=0}^{N-1}H_{\mathrm{d}}(k)\mathrm{e}^{\mathrm{j}\frac{2\pi}{N}nk} \tag{7.3.2}$$

由式(7.3.2)中的 $h(n)$作为所设计滤波器的单位采样脉冲响应,其系统函数 $H(z)$为

$$H(z)=\sum_{n=0}^{N-1}h(n)z^{-n} \tag{7.3.3}$$

另外,从 $H_{\mathrm{d}}(k)$可由 DFT 的内插公式得出系统函数 $H(z)$及频率响应 $H(\mathrm{e}^{\mathrm{j}\omega})$去逼近给定的 $H_{\mathrm{d}}(z)$、$H_{\mathrm{d}}(\mathrm{e}^{\mathrm{j}\omega})$:

$$H(z)=\frac{1}{N}(1-z^{-N})\sum_{k=0}^{N-1}\frac{H_{\mathrm{d}}(k)}{1-W_N^{-k}z^{-1}} \tag{7.3.4}$$

$$H(\mathrm{e}^{\mathrm{j}\omega})=\frac{1}{N}\mathrm{e}^{-\mathrm{j}\omega\frac{N-1}{2}}\sum_{k=0}^{N-1}H_{\mathrm{d}}(k)\mathrm{e}^{-\mathrm{j}\frac{\pi}{N}k}\frac{\sin\left(\dfrac{N\omega}{2}\right)}{\sin\left(\dfrac{\omega}{2}-\dfrac{\pi}{N}k\right)} \tag{7.3.5}$$

式(7.3.3)和式(7.3.4)都是频率采样法设计的滤波器系统函数,但它们对应着不同的

网络结构，式(7.3.3)适合 FIR 滤波器直接型网络结构，式(7.3.4)适合频率采样型结构。以下讨论两个问题，一个是为实现线性相位 FIR 滤波器，则 $H_d(k)$应满足什么条件；另一个是逼近误差问题及改进措施。

1. 设计线性相位 FIR 滤波器时，对 $H_d(e^{j\omega})$的采样点的要求

以第一类线性相位 FIR 滤波器为例，如果 $H_d(e^{j\omega})=H_g(\omega)e^{j\theta(\omega)}$是单位采样脉冲响应长为 N 的第一类线性相位 FIR 滤波器的频响函数，则由表 7.1.1 可知，在$[0,2\pi]$内：

N 为奇数时，幅度函数 $H_g(\omega)$对 π 偶对称：

$$H_g(\omega)=H_g(2\pi-\omega) \tag{7.3.6}$$

N 为偶数时，幅度函数 $H_g(\omega)$对 π 奇对称：

$$H_g(\omega)=-H_g(2\pi-\omega),\quad 且\quad H_g(\pi)=0 \tag{7.3.7}$$

N 为奇数或偶数时，相位函数均为

$$\theta(\omega)=-\frac{N-1}{2}\omega \tag{7.3.8}$$

式(7.3.6)～式(7.3.8)中，$0\leqslant\omega\leqslant\pi$。

当在$[0,2\pi]$内等间隔取 N 个频点，$\omega_k=\dfrac{2\pi k}{N}$，$k=0,1,\cdots,N-1$，简记幅度函数 $H_g(\omega)$的采样值为 $H_g(\omega_k)\equiv H_g(k)$，相位函数的采样值为$\theta(k)$，则滤波器频响函数的采样值为 $H_d(k)=H_g(k)e^{j\theta(k)}$，序号 k 对应着离散数字频率 ω_k，式(7.3.6)～式(7.3.8)可写成离散形式。

N 为奇数时，幅度函数采样值 $H_g(k)$对$\dfrac{N}{2}$(虚拟对称点)偶对称：

$$H_g(k)=H_g(N-k) \tag{7.3.9}$$

N 为偶数时，幅度函数采样值 $H_g(k)$对$\dfrac{N}{2}$奇对称：

$$H_g(k)=-H_g(N-k),\quad 且\quad H_g\left(\frac{N}{2}\right)=0 \tag{7.3.10}$$

相位函数采样值均为

$$\theta(k)=-\frac{N-1}{2}\cdot\frac{2\pi}{N}k=-\frac{(N-1)\pi}{N}k,\quad k=0,1,\cdots,N-1 \tag{7.3.11}$$

例 7.3.1 设线性相位理想 LPF 的截止频率为 $\omega_c\leqslant\pi$。试用频率采样法设计 FIR 低通滤波器，使其频响逼近给定的理想 LPF。确定对理想 LPF 幅度特性的取值要求，并求出所设计 FIR 低通滤波器的系统函数。

解：

(1) 欲对线性相位理想 LPF 的频响函数在 2π 范围上取 N 点样值，则频响函数的频率采样具体为：

N 为奇数时，幅度函数采样值 $H_g(k)$对$\dfrac{N}{2}$(虚拟对称点)偶对称，如图 7.3.1 所示。频响采样值具有式(7.3.12)给出的特征。

$$\begin{cases} H_g(k)=H_g(N-k)=1, & 0\leqslant k\leqslant k_c \\ H_g(k)=0, & k_c+1\leqslant k\leqslant N-1-k_c \\ \theta(k)=-\dfrac{(N-1)\pi}{N}k, & 0\leqslant k\leqslant N-1 \end{cases} \tag{7.3.12}$$

N 为偶数时，幅度函数采样值 $H_g(k)$ 对 $\dfrac{N}{2}$ 奇对称，如图 7.3.2 所示。频响采样值具有式(7.3.13)给出的特征。

$$\begin{cases} H_g(k)=1, \quad H_g(N-k)=-1, & 0\leqslant k\leqslant k_c \\ H_g(k)=0, & k_c+1\leqslant k\leqslant N-1-k_c \\ \theta(k)=-\dfrac{(N-1)\pi}{N}k, & 0\leqslant k\leqslant N-1 \end{cases} \tag{7.3.13}$$

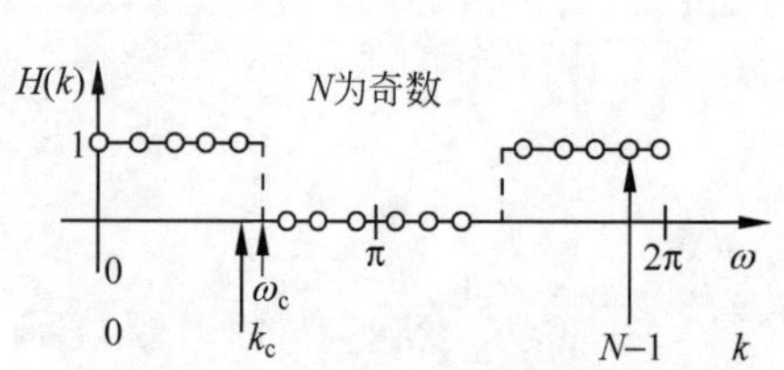

图 7.3.1 N 为奇数时的幅度特性

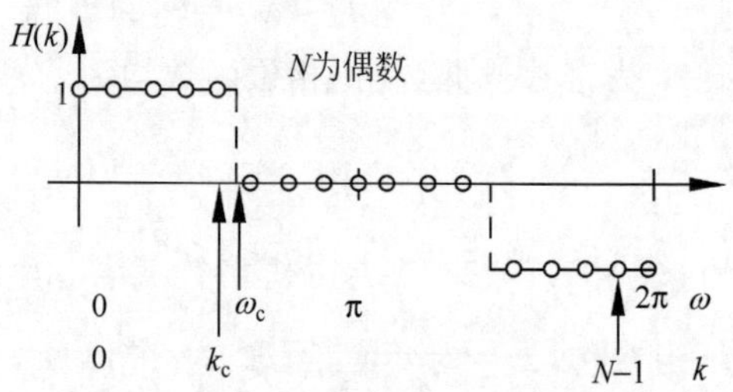

图 7.3.2 N 为偶数时的幅度特性

式(7.3.12)和式(7.3.13)中的 k_c 需由给定的理想 LPF 通带截止频率 ω_c 确定。因为数字截止频率 $\omega_c\leqslant\pi$，$k_c\leqslant\dfrac{N}{2}$，且当在$[0,2\pi]$范围等间隔 N 点采样时，序号 k_c 对应的数字频率 ω_{k_c} 应满足条件式：$\omega_{k_c}=\dfrac{2\pi}{N}k_c\leqslant\omega_c$，故 k_c 为小于或等于 $\dfrac{N}{2\pi}\omega_c$ 的正整数。

(2) 用频响函数的采样值构造所设计的 FIR LPF 的完整传输函数：

$$H_d(k)=H_g(k)e^{j\theta(k)} \tag{7.3.14}$$

(3) 由 $H_d(k)$ 计算 IDFT，得 FIR LPF 的单位采样脉冲响应：

$$h(n)=\frac{1}{N}\sum_{k=0}^{N-1}H_d(k)e^{j\frac{2\pi}{N}nk} \tag{7.3.15}$$

再根据式(7.3.3)可得到 FIR 滤波器直接型结构的系统函数。或者由 $H_d(k)$ 求出 FIR 滤波器频率采样型网络结构的系统函数：

$$H(z)=\frac{1}{N}(1-z^{-N})\sum_{k=0}^{N-1}\frac{H_d(k)}{1-W_N^{-k}z^{-1}} \tag{7.3.16}$$

2. 频率采样法的改进

由例 7.3.1 中可见，频率采样法设计中对理想滤波器频响采样值，均是理想的通带、阻带采样值，所设计的 FIR 滤波器相对理想滤波器的性能存在逼近误差。频率采样法的改进方法——“过渡带采样的优化设计”的目的就是减少逼近误差，即设法加宽所设计 FIR 滤波器的过渡带，以减小所设计滤波器通带性能的逼近误差。

(1) 逼近误差：指设计出的 FIR 滤波器的 $h(n)$ 较之希望的 $h_d(n)$ 之间有误差，FIR 滤

波器的 $H(e^{j\omega})$ 对希望的 $H_d(e^{j\omega})$ 之间有误差。

① 时域逼近误差的产生机理。

设希望的滤波器 $H_d(e^{j\omega})$，对应的单位采样脉冲响应为 $h_d(n)$。

$$h_d(n)=\frac{1}{2\pi}\int_{-\pi}^{\pi}H_d(e^{j\omega})e^{j\omega n}d\omega,\quad -\infty<n<\infty$$

若在频域对 $H_d(e^{j\omega})$ 等间隔采样 N 点，由采样频谱计算 N 点 IDFT 得到的 $h(n)$ 是 $h_d(n)$ 以 N 为周期的周期延拓。当 $H_d(e^{j\omega})$ 有不连续点时，$h_d(n)$ 理论上无穷长，其延拓出的 $h(n)$ 表现出"时域混叠"，即 $h(n)$ 与 $h_d(n)$ 的波形不同，出现时域"逼近误差"。

② 频域逼近误差的产生机理。

对理想滤波器频响 $H_d(e^{j\omega})$ 等间隔采样 N 点，由采样频谱 $H_d(k)$，设计的 FIR 滤波器的系统函数 $H(z)$ 可用频域内插公式表示：

$$H(z)=\frac{1}{N}(1-z^{-N})\sum_{k=0}^{N-1}\frac{H_d(k)}{1-W_N^{-k}z^{-1}}$$

将 $z=e^{j\omega}$ 代入上式，得到系统频率响应 $H(e^{j\omega})$：

$$H(e^{j\omega})=\sum_{k=0}^{N-1}H_d(k)\Phi\left(\omega-\frac{2\pi}{N}k\right)$$

式中，

$$\Phi(\omega)=\frac{1}{N}e^{-j\omega\frac{N-1}{2}}\frac{\sin\left(\frac{N\omega}{2}\right)}{\sin\left(\frac{\omega}{2}\right)}$$

显然 $H(e^{j\omega})$ 仅在 $\omega_k=\frac{2\pi}{N}k\,(k=0,1,\cdots,N-1)$ 处等于希望的频响值 $H_d(k)$，其他频率上 FIR 滤波器的频响值是用 N 个频点处的理想频响采样值为权，用内插函数 $\Phi\left(\omega-\frac{2\pi}{N}k\right)$ 叠加出的。表现出设计的 FIR 滤波器频响在原理想频响不连续点出现波动，即 $H(e^{j\omega})$ 与 $H_d(e^{j\omega})$ 波形不同，会出现频域"逼近误差"。

(2) 对策：过渡带采样的优化设计。

为了减小所设计 FIR 滤波器的逼近误差，即减小滤波器通带边缘处由于采样点的突然变化而引起的滤波器频响特性的振荡起伏，可以在理想滤波器频响的不连续点边缘增加一定的过渡带采样点，从而增加过渡带宽，减小所设计滤波器频带边缘的起伏振荡，同时还可以增加滤波器阻带衰减。这些过渡带采样点上的取值不同，产生的效果也就不同。一般过渡带取 1～3 点采样值即可得到满意的效果。

在低通滤波器设计中，不加过渡带采样点时，阻带增益最大仅有 -20dB(仅衰减 20dB)；增加一个过渡带采样点，阻带增益最大可达 $-54\sim-44$dB(衰减达 54～44dB 以上)；增加两个过渡带采样点，则阻带增益至少为 $-75\sim-65$dB(衰减达 75～65dB 以上)；增加三个过渡带采样点时，阻带增益至少为 $-95\sim-85$dB。

微课视频

例 7.3.2 设线性相位理想 LPF 的截止频率为 $\omega_c=0.3\pi$。试用频率采样法设计 FIR 低通滤波器，使其频响逼近给定的理想 LPF。采样点数为 N，分 3 种情况讨论：

- $N=25$，没有过渡带采样点；

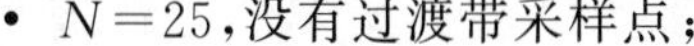

- $N=25$,取一个幅值为0.4的过渡带采样点;
- $N=51$,取一个幅值为0.4的过渡带采样点。

(1) 在上述3种情况下,分别画出如下图形:

① 理想低通滤波器幅频响应$|H_d(\omega)|$;

② 设计的FIR低通滤波器单位采样脉冲响应$h(n)$;

③ 理想LPF幅频响应采样点$|H_d(k)|$和设计的滤波器幅频特性$|H(\omega)|$;

④ 设计的FIR低通滤波器的增益特性(单位:dB)。

(2) 比较上述3种情况下所设计的FIR低通滤波器特性。

解:例7.3.2的MATLAB程序参考实现见7.6.2节。

(1) 由MATLAB程序运行得到图7.3.3、图7.3.4和图7.3.5。

(2) $N=25$时的设计结果,如图7.3.3所示。

图7.3.3(a):理想LPF的幅频响应和[0,2π]频率范围上的25个频率采样点。

图7.3.3(b):设计出的FIR LPF的$h(n)$,具有中心对称性,满足线性相位条件。

图7.3.3(c):理想LPF幅频响应的频率采样点和设计出的FIR LPF实际幅频响应。

可见,后者在频率采样点处准确地等于理想LPF幅频响应的采样值,频率采样点之间的FIR幅频响应与理想LPF的存在逼近误差。

图7.3.3(d):设计出的FIR LPF的实际幅频响应(单位:dB),其阻带衰减不大,约20dB。可采用增加过渡带采样点的方法增大阻带衰耗。

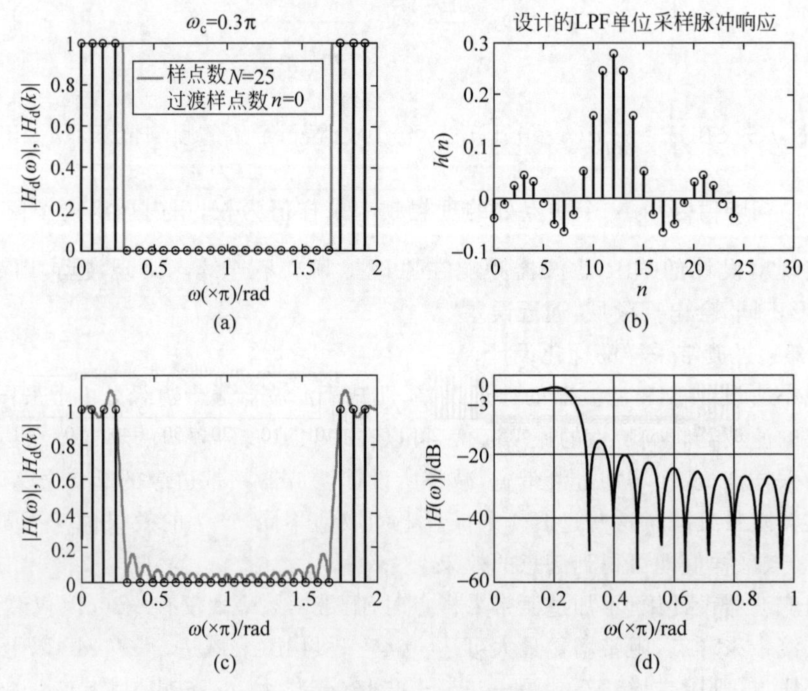

图7.3.3 采样点数$N=25$,无过渡带采样点

(3) 当$N=25$时,其中含一个过渡带采样点时的设计结果,如图7.3.4所示。

若采样点$N=25$,其中取一个值为0.4的过渡带采样点,则可对图7.3.3设计出的滤波器性能进行改进。从图7.3.4(d)中可见,FIR滤波器阻带衰耗特性较图7.3.3(d)有明显

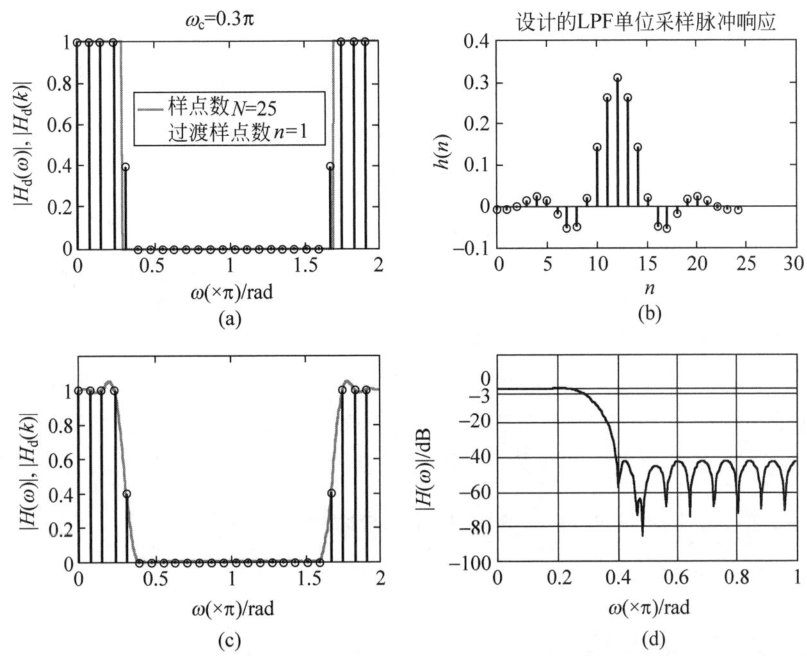

图 7.3.4　采样点数 $N=25$，有一个过渡带采样点

改善，阻带衰耗增加至 40dB，而且滤波器通带更加平坦。

但这时过渡带变宽，约为$\frac{4\pi}{25}$。为了在增加滤波器阻带衰减的同时，也减少过渡带宽的增加，可以通过增加采样点数 N 来进一步改进。

(4) 当 $N=51$ 时，其中含一个过渡带采样点时的设计结果，如图 7.3.5 所示。

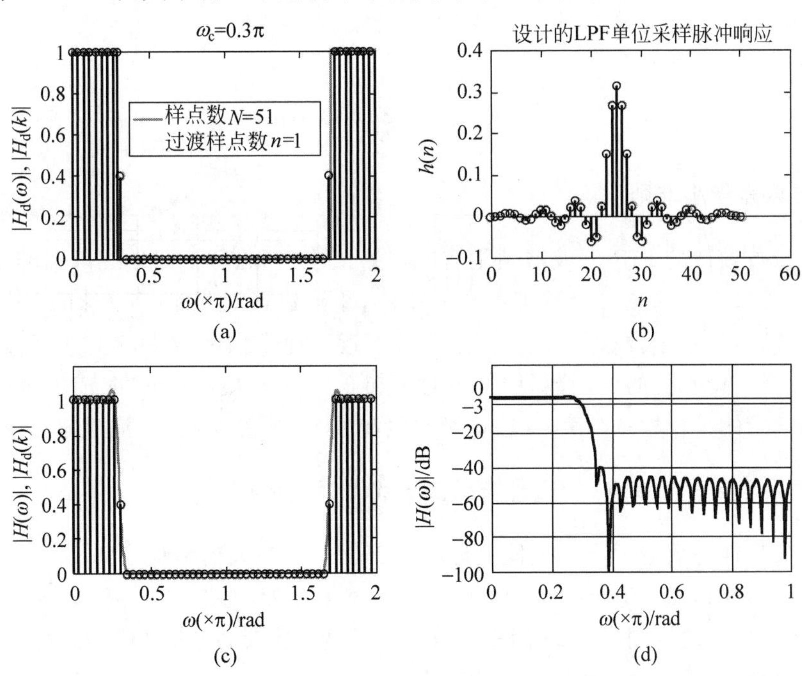

图 7.3.5　采样点数 $N=51$，有一个过渡带采样点

采样点数 $N=51$，其中仍取一个过渡带样点，则设计出的 FIR LPF 幅频响应如图 7.3.5(d)所示，其过渡带更陡，约为$\frac{4\pi}{51}$，采样点数的增加使滤波器幅频响应的频域采样点更密集，因而使所设计的 FIR 滤波器通带特性更加平坦，而过渡带采样点数仍为一个，故与图 7.3.4(d)相比阻带衰减变化不大。

注意：与窗函数法类似，增加频率采样法的采样点数，等效于增加设计的 FIR 滤波器的阶数，其线性相位移的大小改变，延时 $\tau=\frac{N-1}{2}$ 也随之增加，如图 7.3.5(b)所示，滤波器单位采样脉冲响应的峰值延迟到 $n=25$ 处。

改进的频率采样法通过过渡带采样，可以提高设计出的 FIR 滤波器的阻带衰减，减少通带波纹，通常每增加一个过渡带采样点，阻带衰减约增加 20dB，但代价是设计出的 FIR 滤波器幅度特性过渡带变宽。一般若取 m 个过渡带采样点，长为 N 的 FIR 滤波器过渡带宽近似为$\frac{2\pi}{N}(m+1)$，所以可以增加 N 来减少过渡带宽增加。

微课视频

7.4 优化技术设计

7.4.1 优化准则

假设要求的滤波器频响为 $H_d(e^{j\omega})$，设计的滤波器频响为 $H(e^{j\omega})$，则逼近误差 $E(e^{j\omega})$ 定义为

$$E(e^{j\omega})=H_d(e^{j\omega})-H(e^{j\omega}) \tag{7.4.1}$$

其均方误差为

$$e^2=\frac{1}{2\pi}\int_{-\pi}^{\pi}|E(e^{j\omega})|^2 d\omega \tag{7.4.2}$$

1. 均方误差最小准则

矩形窗函数设计的 FIR 滤波器满足均方误差最小准则，即满足 $\min[e^2]$准则。这里最小是指式(7.4.2)所示的在整个频带上积分最小，矩形窗函数保证了设计的 FIR 滤波器具有最窄的过渡带，但由于吉布斯效应，使过渡带附近的通带内有较大的上冲，而阻带衰减量不足。为此，可使用其他的窗函数，用加宽过渡带的方法来换取设计的 FIR 滤波器阻带衰减的加大和通带的平稳性；然而，这些窗函数设计的 FIR 滤波器已不满足 $\min[e^2]$准则。

2. 最大误差最小化准则(切比雪夫最佳一致逼近准则)

切比雪夫最佳一致逼近准则是使逼近误差 $E(e^{j\omega})$的最大值为最小：

$$\min[\max|E(e^{j\omega})|],\quad \omega\in \text{整个频带(通带和阻带)} \tag{7.4.3}$$

基于式(7.4.3)的准则设计的 FIR 滤波器在通带和阻带内，必呈现等波纹特性，因此这种设计方法也称为"等波纹 Chebyshev 逼近"。

7.4.2　线性相位有限长脉冲响应滤波器的切比雪夫最优逼近

1．加权误差函数

设要求设计的滤波器幅度特性为 $H_d(\omega)$，实际设计的滤波器幅度特性为 $H_g(\omega)$，所设计滤波器幅度特性的加权误差函数 $E(\omega)$定义为

$$E(\omega)=W(\omega)[H_d(\omega)-H_g(\omega)] \tag{7.4.4}$$

其中，$W(\omega)$为误差加权函数，它在不同滤波器频带中取值可不同，以反映工程上对不同频带逼近精度的差异。逼近精度要求高的频带，$W(\omega)$取值就大；精度要求低时，$W(\omega)$取值就小。可满足滤波器通带和阻带不同的指标要求。

2．四种类型线性相位 FIR 滤波器的统一表示

四种类型的单位采样脉冲响应长为 N 的线性相位 FIR 滤波器的幅度特性可统一表示为

$$H_g(\omega)=Q(\omega)P(\omega) \tag{7.4.5}$$

其中，$Q(\omega)$是频率 ω 的固定函数，确知；$P(\omega)$是若干个余弦函数的线性组合。单位采样脉冲响应长为 N 的线性相位 FIR 滤波器四种类型的 $Q(\omega)$和 $P(\omega)$如表 7.4.1 所示。

表 7.4.1　线性相位 FIR 滤波器四种类型

表达式		$H_g(\omega)$	$Q(\omega)$	$P(\omega)$	M
$h(n)=h(N-n-1)$ 偶对称	N 为奇数	$\sum_{n=0}^{M}a(n)\cos(n\omega)$	1	$\sum_{n=0}^{M}a(n)\cos(n\omega)$	$\frac{N-1}{2}$
	N 为偶数	$\sum_{n=1}^{M}b(n)\cos[(n-0.5)\omega]$	$\cos\frac{\omega}{2}$	$\sum_{n=0}^{M-1}b'(n)\cos(n\omega)$	$\frac{N}{2}$
$h(n)=-h(N-n-1)$ 奇对称	N 为奇数	$\sum_{n=1}^{M}c(n)\sin(n\omega)$	$\sin\omega$	$\sum_{n=0}^{M-1}c'(n)\cos(n\omega)$	$\frac{N-1}{2}$
	N 为偶数	$\sum_{n=1}^{M}d(n)\sin[(n-0.5)\omega]$	$\sin\frac{\omega}{2}$	$\sum_{n=0}^{M-1}d'(n)\cos(n\omega)$	$\frac{N}{2}$

表 7.4.1 中 $b'(n)$、$c'(n)$和 $d'(n)$与原系数 $b(n)$、$c(n)$和 $d(n)$之间的关系如式(7.4.6)～式(7.4.8)所示。

$$\begin{cases} b(1)=b'(0)+\dfrac{1}{2}b'(1) \\ b(n)=\dfrac{1}{2}[b'(n-1)+b'(n)] \quad n=2,3,\cdots,M-1 \\ b(M)=\dfrac{1}{2}b'(M-1) \end{cases} \tag{7.4.6}$$

$$\begin{cases} c(1)=c'(0)-\frac{1}{2}c'(2) \\ c(n)=\frac{1}{2}[c'(n-1)-c'(n+1)] \quad n=2,3,\cdots,M-2 \\ c(M-1)=\frac{1}{2}c'(M-2) \\ c(M)=\frac{1}{2}c'(M-1) \end{cases} \tag{7.4.7}$$

$$\begin{cases} d(1)=d'(0)-\frac{1}{2}d'(1) \\ d(n)=\frac{1}{2}[d'(n-1)-d'(n)] \quad n=2,3,\cdots,M-1 \\ d(M)=\frac{1}{2}d'(M-1) \end{cases} \tag{7.4.8}$$

3. 切比雪夫等波纹逼近

将式(7.4.5)代入式(7.4.4),所设计滤波器的加权误差函数可以改写为

$$\begin{aligned} E(\omega) &= W(\omega)[H_{\mathrm{d}}(\omega)-H_{\mathrm{g}}(\omega)] = W(\omega)[H_{\mathrm{d}}(\omega)-Q(\omega)P(\omega)] \\ &= W(\omega)Q(\omega)\left[\frac{H_{\mathrm{d}}(\omega)}{Q(\omega)}-P(\omega)\right] \\ &= W'(\omega)[H'_{\mathrm{d}}(\omega)-P(\omega)] \end{aligned} \tag{7.4.9}$$

其中,$W'(\omega)=W(\omega)Q(\omega)$,$H'_{\mathrm{d}}(\omega)=\dfrac{H_{\mathrm{d}}(\omega)}{Q(\omega)}$。

切比雪夫等波纹最优设计思路:给定 FIR 滤波器单位采样脉冲响应长度 N,期望的滤波器幅频特性 $H_{\mathrm{d}}(\omega)$,误差加权函数 $W(\omega)$,选定 FIR 滤波器的类型,则 $Q(\omega)$确定;求解相应于表 7.4.1 中选定 FIR 滤波器类型的 $P(\omega)$的一组系数$\{a(n)、b'(n)、c'(n)$或$d'(n)\}$;得到 FIR 滤波器的幅度特性 $H_{\mathrm{g}}(\omega)=Q(\omega)P(\omega)$,使得在实现逼近的各频带上,$E(\omega)$的最大绝对值达到最小。用符号$||E(\omega)||$表示此最小值,则切比雪夫等波纹逼近问题可以用式(7.4.10)的优化模型描述:

$$\| E(\omega) \| = \min[\max | E(\omega) |], \quad 0 \leqslant \omega \leqslant 2\pi \tag{7.4.10}$$

4. 求最优解的方法

求解优化问题式(7.4.10)的方法主要有:

(1) 非线性方程法;

(2) 拉格朗日(Lagrange)内插多项式法;

(3) 雷米兹(Remez)交替法;

(4) 线性规划技术。

其中前两种方法适用设计"误差函数 $E(\omega)$ 极点数目为最大可能值"的(最多波纹)FIR 滤波器,且滤波器单位采样脉冲响应长度 N、通带波纹峰值 δ_1 和阻带波纹峰值 δ_2 固定,滤波器的通带截止频率 ω_{p} 和阻带截止频率 ω_{s} 不能预先规定,要在最优设计后才能算出。

雷米兹交替法较精确，在滤波器单位采样脉冲响应 $h(n)$ 的长度 N 固定时，能控制其通带、阻带截止频率 ω_p、ω_s。

线性规划技术，适用设计对时域和频域都有约束的 FIR 滤波器。

总之，以上 4 种方法的设计程序都已有现成的，可根据设计要求选用。下面仅介绍雷米兹交替法。

5. 切比雪夫等波纹逼近的雷米兹交替法计算

设计 FIR 滤波器时，可用雷米兹交替法解式(7.4.10)所示的最优切比雪夫等波纹逼近问题。给定技术指标后，首先根据具体选用的滤波器情况，按照式(7.4.9)，把具体的滤波器加权误差函数模型 $E(\omega)$ 用统一形式的 FIR 滤波器幅度特性多项式 $P(\omega)$、$Q(\omega)$ 表示，再按雷米兹交替法进行设计。图 7.4.1 给出了切比雪夫等波纹逼近的雷米兹交替法设计线性相位 FIR 滤波器程序框图，图 7.4.2 给出了其中的雷米兹交替法流程图。

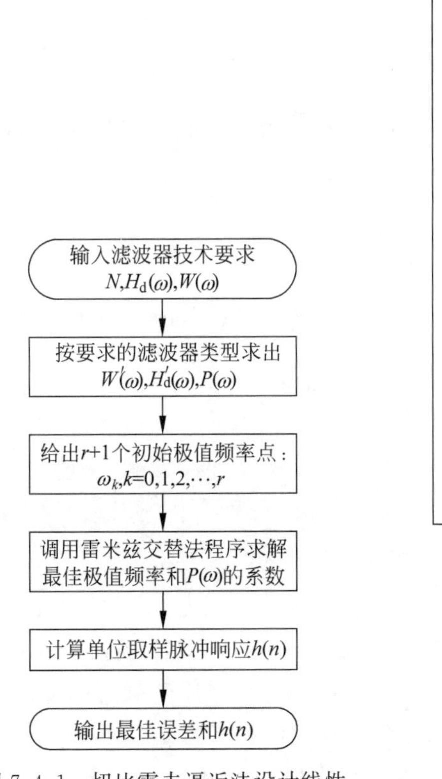

图 7.4.1　切比雪夫逼近法设计线性相位 FIR 滤波器程序框图

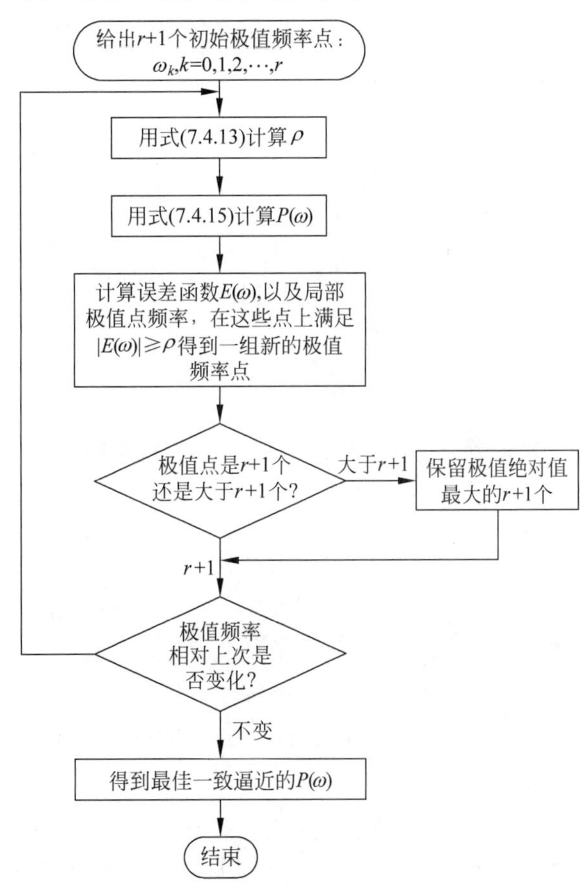

图 7.4.2　雷米兹交替法流程图

雷米兹交替法是利用交替定理来求解最佳逼近的一种优化算法。现在讨论在 FIR 滤波器的设计参数 N、ω_p、ω_s 固定的情况下此算法的求解过程。

(1) 确定一组频率$\{\omega_k\}(k=0,1,\cdots,r)$的初始猜测值。

这组频率中应包括 FIR 滤波器的通带、阻带截止频率ω_p和ω_s。

令式(7.4.9)中$\omega=\omega_k$,且$E(\omega_k)=(-1)^k\rho$,则有

$$W'(\omega_k)[H_d(\omega_k)-P(\omega_k)]=(-1)^k\rho,\quad k=0,1,\cdots,r \tag{7.4.11}$$

由表 7.4.1 所知,滤波器在 4 种情况下多项式$P(\omega)$都有式(7.4.12)的形式:

$$P(\omega)=\sum_{n=0}^{r-1}\alpha(n)\cos\omega n \tag{7.4.12}$$

只是不同情况下r不同,$\alpha(n)$则可表示表 7.4.1 中的$\alpha(n)$、$b'(n)$、$c'(n)$或$d'(n)$。因此按照交替定理,假设$r+1$个初始极值频率点ω_k,而且误差$E(\omega_k)$也按交替定理假设为$(-1)^k\rho$,即随着k的变化正负交替出现。现在应找到式(7.4.12)中的$\alpha(n)(n=0,1,\cdots,r-1)$以及$\rho$,使式(7.4.11)成立。

(2) 求ρ和$P(\omega)$。

已知一组频率值$\{\omega_k\}(k=0,1,\cdots,r)$条件下,可推导出$\rho$:

$$\rho=\frac{\sum_{k=0}^{r}a_k H'_d(\omega_k)}{\sum_{k=0}^{r}(-1)^k a_k/W'(\omega_k)} \tag{7.4.13}$$

其中,$a_k=\prod_{i=0,i\neq k}^{r}\frac{1}{\cos\omega_k-\cos\omega_i}$。$\rho$求出后,可由式(7.4.14)求得频率值$\{\omega_k,k=0,1,\cdots,r\}$处的多项式值$P(\omega_k)$:

$$P(\omega_k)=H'_d(\omega_k)-(-1)^k\frac{\rho}{W'(\omega_k)},\quad k=0,1,\cdots,r \tag{7.4.14}$$

根据数值$P(\omega_k),k=0,1,\cdots,r$,用拉格朗日插值公式,可由式(7.4.15)求出多项式$P(\omega)$:

$$P(\omega)=\frac{\sum_{k=0}^{r-1}\left[\frac{\beta_k}{\cos\omega-\cos\omega_k}\right]P(\omega_k)}{\sum_{k=0}^{r-1}\frac{\beta_k}{\cos\omega-\cos\omega_k}} \tag{7.4.15}$$

其中,$\beta_k=\prod_{i=0,i\neq k}^{r-1}\frac{1}{\cos\omega_k-\cos\omega_i}$。

(3) 求误差函数$E(\omega)$,并找出$E(\omega)$新的极值对应的频率。

求出$P(\omega)$后,代入式(7.4.9),可以求出误差函数$E(\omega)$。检查是否满足$|E(\omega)|\leqslant\rho(0\leqslant\omega\leqslant\pi)$,若不满足,应找出$E(\omega)$的新的极值点对应的频率值,而原来确定的那些频率值应当用$E(\omega)$新的极值频率来代替。然后再重新计算ρ和$P(\omega)$,如此迭代下去。

注意:每次迭代若$E(\omega)$的极值多于$r+1$个,则应保留$E(\omega)$极值绝对值最大的$r+1$个;另外,这$r+1$个新的$E(\omega)$极值频率点应包括ω_p和ω_s,不管它们是否在极值点上。经过若干次迭代后,如果对某一ρ,有$|E(\omega)|\leqslant\rho$,这时的ρ就是所求的误差函数的最小值,满足了交替定理的充要条件,故达到了最优逼近。

(4) 求$H_g(\omega)$和$h(n)$。

达到最大误差最小化准则下的等波纹$P(\omega)$最优逼近后,应求出此时的 FIR 滤波器的

频率响应 $H_g(\omega)$ 和单位采样脉冲响应 $h(n)$。由最优逼近的 $P(\omega)$ 和式(7.4.5)，可求得 $H_g(\omega)$，再由 $H_g(\omega)$ 配合线性相位函数，用 IDTFT 求出 $h(n)$。工程上可用远大于 N 的 $L=2^M$ 点 IFFT 近似计算 IDTFT，取其结果的前 N 点作为所设计的 FIR 滤波器的 $h(n)$。

利用切比雪夫逼近法设计 FIR 滤波器，由于采用了等波纹逼近，设计滤波器和期望滤波器的幅度相应误差均匀地分布在滤波器的全频带中，可以得到优良的滤波特性，这是一种滤波器的优化设计方法。它比前面介绍的窗函数法和频率采样法，在同样过渡带较窄的情况下，通带最平稳，阻带有最大的最小衰减。

例 7.4.1　试用雷米兹交替法优化设计法设计等波纹带通数字 FIR 滤波器，技术要求如下：

$$\omega_{1s}=0.2\pi,\quad \omega_{1p}=0.35\pi,\quad R_p=1\text{dB}$$

$$\omega_{2p}=0.65\pi,\quad \omega_{2s}=0.8\pi,\quad A_s=60\text{dB}$$

技术指标中的下标 s、p 分别表示滤波器的阻带、通带。画出此滤波器的特性。

解：例 7.4.1 的 MATLAB 程序参考实现见 7.6.3 节。

运行 7.6.3 节给出的设计程序，得到雷米兹交替法优化设计法设计的等波纹带通数字 FIR 滤波器的单位采样脉冲响应和幅度响应如图 7.4.3 所示。

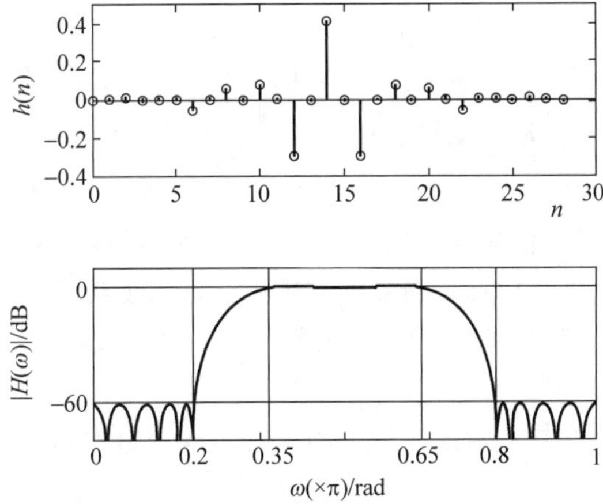

图 7.4.3　例 7.4.1 设计的 FIR 带通滤波器单位采样脉冲响应 $h(n)$ 和幅度谱 $|H(\omega)|$ 图

7.5　无限长脉冲响应滤波器和有限长脉冲响应滤波器的比较

IIR 与 FIR 滤波器各有特点，可以由实际应用时的要求，从多方面考虑来加以选择。

(1) FIR 滤波器主要采用非递归结构，因而从理论上以及从实际的有限精度的运算中，都是稳定的。有限精度运算误差也较小。IIR 滤波器必须采用递归的结构，滤波器极点必须在 z 平面单位圆内才能稳定，这种结构，运算中的四舍五入处理有时会引起寄生振荡。

(2) FIR 滤波器，由于其单位采样脉冲响应是有限长的，因而可以用快速傅里叶变换算法，这样运算速度可以快得多，IIR 滤波器则不能这样运算。

(3) IIR 滤波器结构主要有直接型Ⅰ、直接型Ⅱ、级联型、并联型和转置型；FIR 滤波器结构主要有直接型、级联型、线性相位型和频率采样型(修正频率采样型)。

(4) FIR 滤波器可得到严格的线性相位，而 IIR 滤波器则做不到这一点，IIR 滤波器的频率选择性越好，则其相位的非线性越严重。因而，如果 IIR 滤波器要得到线性相位，又要满足幅度滤波的技术要求，必须要加全通网络进行相位校正，这样同样会大大增加滤波器的阶数，从这一点上看，FIR 滤波器又优于 IIR 滤波器。所以，IIR 滤波器常用于语音通信，对线性相位要求不高。FIR 滤波器则用于图像信号处理，因为相位信息直接影响图像的质量。

(5) 频率采样型 FIR 滤波器结构，可灵活地适应各种幅度特性和相位特性的要求，实现如正交变换、理想微分、线性调频等数字滤波器。IIR 滤波器只限于实现幅频特性有分段常数特性的滤波器，如低通、高通、带通、带阻滤波器。

(6) 从设计方法上看，IIR 滤波器可以利用模拟滤波器设计的现成的闭合设计公式、数据和表格，因而计算工作量较小，对计算工具要求不高。FIR 滤波器则一般没有现成的设计公式，窗函数法只给出窗函数的计算公式，但计算滤波器的通带、阻带衰减仍无显示表达式。一般 FIR 滤波器设计只有计算机程序可资利用，因而要借助于计算机。

微课视频

例 7.5.1 FIR 数字滤波器实现幅度均衡。

设已知一信道呈现低通特性，其频率特性可以用下式表达：

$$H_{\mathrm{ch}}(\mathrm{e}^{\mathrm{j}\omega})=\frac{1}{\left(1+\mathrm{j}\dfrac{\omega}{\pi}\right)^2}$$

试设计数字均衡器实现信道传输的幅度均衡。

解：例 7.5.1 的 MATLAB 程序参考实现见 7.6.4 节。

信道均衡器常用来补偿信号在传输过程因信道(含终端设备和传输媒体)频率特性导致的失真，使传输误码率降低。因此均衡器的实质也就是滤波器，起着相位补偿和幅度补偿的作用，如果只考虑幅度均衡，宜选用 FIR 滤波器。因 FIR 滤波器有严格的线性相位，对原信道的相频特性的影响可忽略。

使用均衡器后，信道和均衡器串接构成的系统总频率特性希望是幅频特性在全频段近似恒定。理想效果为

$$H_{\mathrm{a}}(\mathrm{e}^{\mathrm{j}\omega})=H_{\mathrm{ch}}(\mathrm{e}^{\mathrm{j}\omega})H_{\mathrm{eq}}(\mathrm{e}^{\mathrm{j}\omega})=k\mathrm{e}^{-\mathrm{j}\omega t_0}$$

所以理想均衡器的频率特性应满足

$$H_{\mathrm{eq}}(\mathrm{e}^{\mathrm{j}\omega})=\frac{k\mathrm{e}^{-\mathrm{j}\omega t_0}}{H_{\mathrm{ch}}(\mathrm{e}^{\mathrm{j}\omega})}$$

如不失一般地，取 $k=1$，设 FIR 滤波器单位采样脉冲响应长为 N(阶次 $N-1$，N 为奇数)，则 $t_0=\dfrac{N-1}{2}$。理想均衡器的频率响应为

$$\begin{aligned}H_{\mathrm{eq}}(\mathrm{e}^{\mathrm{j}\omega})&=\frac{k\mathrm{e}^{-\mathrm{j}\omega t_0}}{H_{\mathrm{ch}}(\mathrm{e}^{\mathrm{j}\omega})}=\left(1+\mathrm{j}\frac{\omega}{\pi}\right)^2\mathrm{e}^{-\mathrm{j}\omega t_0}\\&=\left[1-\left(\frac{\omega}{\pi}\right)^2+\mathrm{j}2\frac{\omega}{\pi}\right]\mathrm{e}^{-\mathrm{j}\omega t_0}\\&=\left[1-\left(\frac{\omega}{\pi}\right)^2\right]\mathrm{e}^{-\mathrm{j}\omega t_0}+2\frac{\omega}{\pi}\cdot\mathrm{e}^{\mathrm{j}\left[\frac{\pi}{2}-\omega t_0\right]}\\&=H_3(\mathrm{e}^{\mathrm{j}\omega})+H_4(\mathrm{e}^{\mathrm{j}\omega})\end{aligned}$$

用汉宁窗设计该频响为 $H_{eq}(e^{j\omega})$ 的 FIR 滤波器，运行 7.6.4 节给出的设计程序，得均衡器幅频特性如图 7.5.1 和图 7.5.2 所示，图中细实线表示信道的幅频特性；虚线是均衡器的幅频特性；粗实线是均衡后总系统的幅频特性 $|H_a(e^{j\omega})|$。图 7.5.1 是 22 阶 FIR 均衡器的情况，在 80% 的频率范围，幅频特性都可以得到很好的均衡；图 7.5.2 是 114 阶均衡器的情况，可见随着均衡器阶数增加，均衡效果会更好，但 FIR 均衡器阶次增大，运算时间延长。

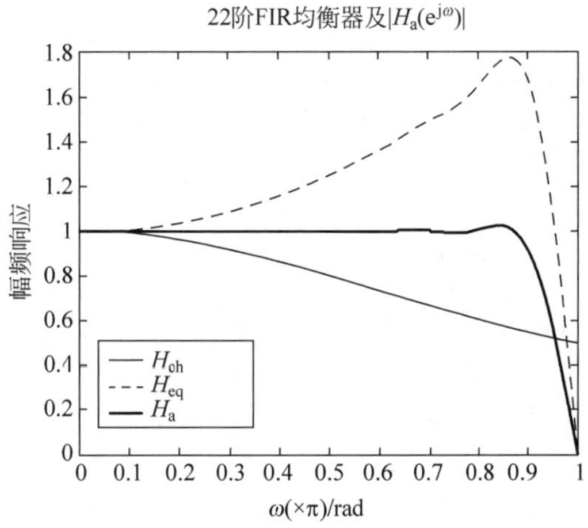

图 7.5.1　22 阶 FIR 均衡器幅频特性

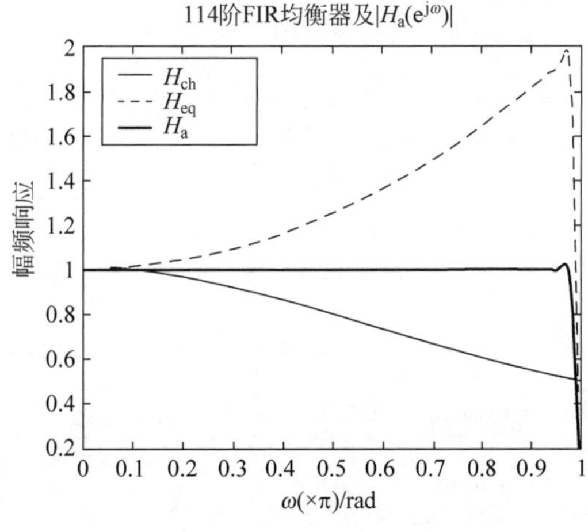

图 7.5.2　114 阶 FIR 均衡器幅频特性

7.6　有限长脉冲响应滤波器的 MATLAB 仿真实现

本节给出的 MATLAB 实现参考程序，均在 MATLAB 7.4.0 环境下调试通过。

7.6.1　窗函数法设计有限长脉冲响应滤波器的实现

例 7.2.1 的参考 MATLAB 实现如下：

```
omegac = 0.3 * pi;
N = 40; n = 0:N; hd = omegac/pi. * sinc(omegac/pi * (n - N/2));
figure(1)
subplot(2,1,1); stem([0:N],hd);
xlabel('Time n');ylabel('hd[n]');title('ideal impulse response, N = 41');
h = hd; H = fft(h,1024); H_db = 20 * log10(abs(H)/max(abs(H)));

subplot(2,1,2)
N1 = 120; n = 0:N1; hd1 = omegac/pi. * sinc(omegac/pi * (n - N1/2)); stem([40:80],hd1(41:81));
xlabel('Time n');ylabel('hd[n]');title('ideal impulse response, N = 121');
h1 = hd1; [H1,w] = freqz(h1);          % 0 - π 范围上的频率矢量,默认为 512 点
H1_db = 20 * log10(abs(H1)/max(abs(H1)));

figure(2)
c = plot(w/pi,abs(H(1:512)),w/pi,abs(H1),'r -- '); grid
xlabel('Frequency (in \pi rad)');ylabel('Normalized magnitude |H(\omega)|');
title('Magnitude response to LPF with different N ');
legend(c,'N = 41','N = 121',0); axis([0 1 0 1.2]);
```

例 7.2.2 的参考 MATLAB 实现如下：

```
% window methods to DFT: Hamming and Kaiser
A1 = 1; A3 = 1;A2 = 0.0032;   f1 = 2; f2 = 2.5; f3 = 3;          % 所有频率的单位均为 kHz
fs = 10;
omega1 = 2 * pi * f1/fs;omega2 = 2 * pi * f2/fs;omega3 = 2 * pi * f3/fs; alfas = 9.46;

N = 193;   a = (N - 1)/2;   alfas_a = alfas./a;   n = [0:N - 1];
betas = sqrt((2 * a - n). * n). * alfas_a;
x =  A1 * cos(omega1 * n) +  A2 * cos(omega2 * n) +  A3 * cos(omega3 * n); % x(t)采样
xH =  x. * (0.54 - 0.46 * cos(2 * pi * n./(N - 1)));               % 汉明窗截短
xK =  x. * besseli(0,betas)./(eps + besseli(0,alfas));          % 凯塞窗截短

figure (1)
subplot(2,1,1); plot(x); gtext('analoge x(t)');  subplot(2,1,2); stem(x); gtext('Sampled x(n)');
figure(2)
subplot(2,1,1); stem(xH);   subplot(2,1,2); stem(xK);
gtext(' xH(n),Cut by Hamming Window,N = 193');
gtext('xK(n),Cut by Kaiser Window,N = 193');

% calculate the spectrum of xH,xK using DTFT;
omegak = [0:255]. * pi/256;   fk = omegak * fs/2/pi;
XHdtft = dtft(xH,omegak);mXHdtft = max(abs(XHdtft));
XKdtft = dtft(xK,omegak);mXKdtft = max(abs(XKdtft));
XHdtft_db = 20 * log10(abs(XHdtft)/mXHdtft);
XKdtft_db = 20 * log10(abs(XKdtft)/mXKdtft);

figure(3)
plot(fk,XHdtft_db,'r',fk,XKdtft_db); grid on;   axis([0,fs/2, - 110,0]); xlabel('f (kHz)');
legend('|XH(f)|  (dB)','|XK(f)|  (dB)');  title('Spectrum using DTFT');

% for different length:
N1 = 257;   a1 = (N1 - 1)/2;   alfas_a1 = alfas./a1;   n1 = [0:N1 - 1];
x1 =  A1 * cos(omega1 * n1) +  A2 * cos(omega2 * n1) +  A3 * cos(omega3 * n1);
betas1 = sqrt((2 * a1 - n1). * n1). * alfas_a1;   xK1 =  x1. * besseli(0,betas1)./(eps + besseli
(0,alfas));
```

```
XK1dtft = dtft(xK1,omegak);mXK1dtft = max(abs(XK1dtft));
XK1dtft_db = 20 * log10(abs(XK1dtft)/mXK1dtft);
figure(4)
plot(fk,XKdtft_db,'r',fk,XK1dtft_db); grid on;  axis([0,fs/2, - 110,0]);  xlabel('f (kHz)');
legend('|XK(f)| (dB),N = 193','|XK1(f)| (dB),N = 257'); title('Spectrum using DTFT');
```

7.6.2　频率采样法设计有限长脉冲响应滤波器的实现

例 7.3.2 的参考 MATLAB 实现如下：

```
% FIR LPF Design using frequency sampling method
N = 25; tao = (N - 1)/2; omegac = 0.3 * pi;                    % 截止频率单位为 rad
m = fix(omegac/(2 * pi/N) + 1);   omega = [0:N - 1] * 2 * pi/N;
ABS_H = [ones(1,m),zeros(1,N - 2 * m + 1),ones(1,m - 1)];      % 理想 LPF
ts = 0;  LPFbyFreqSamples(N,ABS_H,tao,omega,omegac,ts);

ABS_H = [ones(1,m),0.4,zeros(1,N - 2 * m - 1),0.4,ones(1,m - 1)];          % 1个过渡带采样值
ts = 1; LPFbyFreqSamples(N,ABS_H,tao,omega,omegac,ts);
```

7.6.3　有限长脉冲响应滤波器的优化设计的实现

例 7.4.1 的参考 MATLAB 实现如下：

```
ws1 = 0.2 * pi;wp1 = 0.35 * pi;wp2 = 0.65 * pi;ws2 = 0.8 * pi;  Rp = 1.0;  As = 60;    % 单位为 dB
delta1 = (10^(Rp/20) - 1)/(10^(Rp/20) + 1);       % 对应通带波纹
delta2 = (1 + delta1) * (10^( - As/20));          % 相对于电平"1 + δ1"的阻带波纹
% delta2 = 10^( - As/20);                         % 相对于理想电平 1 的阻带波纹
deltaH = max(delta1,delta2);deltaL = min(delta1,delta2);  weights = [1 delta2/delta1 1];
delta_f = min((ws2 - wp2)/(2 * pi),(wp1 - ws1)/(2 * pi)); % 最小过渡带宽
delta_w = 2 * pi/1000;
ws1i = floor(ws1/delta_w) + 1; wp1i = floor(wp1/delta_w) + 1;
ws2i = floor(ws2/delta_w) + 1; wp2i = floor(wp2/delta_w) + 1;
M = ceil(( - 20 * log10(sqrt(delta1 * delta2)) - 13)/(14.6 * delta_f) + 1);
f = [0 ws1/pi wp1/pi wp2/pi ws2/pi 1];  m = [0 0 1 1 0 0];
h = remez(M - 1,f,m,weights);  [db,mag,pha,grd,w] = freqz_m(h,[1]);
Asd = - max(db(1:1:ws1i))
% if Asd < As,increase the order M and run Remez again. until the specification satisfied.
if (Asd < As) == 1
    M = M + 1;     h = remez(M - 1,f,m,weights);
[db,mag,pha,grd,w] = freqz_m(h,[1]);  Asd = - max(db(1:1:ws1i))
end
figure
subplot(2,1,1);stem([0:1:M - 1],h);title('Actual Impulse Response')
axis([0,M - 1, - 0.4,0.5]);  xlabel('n'); ylabel('h(n)')
set(gca,'XTickMode','manual','Xtick',[0,M - 1]);
set(gca,'YTickMode','manual','Ytick',[ - 0.4:0.2:0.5])
subplot(2,1,2);plot(w/pi,db);title('Magnitude Responsee indB');
axis([0,1, - 80,10]);xlabel('frequency in \\pi units'); ylabel('Decibels')
set(gca,'XTickMode','manual','Xtick',f);  set(gca,'YTickMode','manual','Ytick',[ - 60,0])
set(gca,'YTickLabelMode','manual','YtickLabels',[ - 60;0]);grid
```

7.6.4 信道均衡器的有限长脉冲响应滤波器的实现

例 7.5.1 的参考 MATLAB 实现如下：

```
% Equalization of Amplitude  by FIR filter.
N = 23;M = (N-1);tao = M/2;  omega1 = [0:tao] * 2 * pi/N;  H1mag = 1 - (omega1/pi).^2;
H1 = H1mag. * exp( - j * tao. * omega1);  H3 = [H1,fliplr(conj(H1(2:tao + 1)))];
H2mag = 2 * omega1/pi;
H2 = H2mag. * exp( - j * tao. * omega1 + j * pi/2);  H4 = [H2,fliplr(conj(H2(2:tao + 1)))];

H = H3 + H4;                                                       %均衡器系统
h3 = ifft(H3); h4 = ifft(H4);  h = ifft(H). * hanning(N)';         %窗函数法
Heq = fft(h,512);                                                  %所设计的均衡器的频率响应

omega = [0:255] * pi/256;  Hch = 1./(1 + j * omega/pi).^2;  Hcheq = Heq(1:256). * Hch;
figure(1)
c = plot(omega/pi,abs(Hch),'m-.',omega/pi,abs(Heq(1:256)),'r--',omega/pi,abs(Hcheq),'b');
xlabel('Frequency (in \\pi rad)');ylabel('magnitude response');
title('Order 22 FIR Equalization:  Hoverall');  legend(c,'Hch','Heq','Hoverall',0);

N = 115;M = (N-1);tao = M/2;  omega1 = [0:tao] * 2 * pi/N;  H1mag = 1 - (omega1/pi).^2;
H1 = H1mag. * exp( - j * tao. * omega1);H3 = [H1,fliplr(conj(H1(2:tao + 1)))];
H2mag = 2 * omega1/pi;
H2 = H2mag. * exp( - j * tao. * omega1 + j * pi/2);  H4 = [H2,fliplr(conj(H2(2:tao + 1)))];
H = H3 + H4; h3 = ifft(H3); h4 = ifft(H4);  h = ifft(H). * hanning(N)'; Heq = fft(h,512);

omega = [0:255] * pi/256;  Hch = 1./(1 + j * omega/pi).^2; Hcheq = Heq(1:256). * Hch;
figure(2)
c = plot(omega/pi,abs(Hch),'m-.',omega/pi,abs(Heq(1:256)),'r--',omega/pi,abs(Hcheq),'b');
xlabel('Frequency (in \\pi  rad)');ylabel('magnitude response');
title('Order 114 FIR Equalization: Hoverall');  legend(c,'Hch','Heq','Hoverall',0);
```

7.7 习题

7.1 试用窗函数法设计第一类线性相位 FIR 高通数字滤波器，取其 3dB 截止频率 $\omega_c=\dfrac{3\pi}{4}$rad，阻带增益至少衰减 $\alpha_s=50$dB，过渡带宽度 $\Delta\omega=\dfrac{\pi}{16}$rad。

7.2 试用频率采样法设计第一类线性相位 FIR 低通数字滤波器。要求通带截止频率为 $\omega_c=\dfrac{\pi}{16}$rad，过渡带宽 $\Delta\omega\leqslant\dfrac{\pi}{32}$rad，阻带增益至少衰减 $\alpha_s=40$dB。

7.3 设 FIR 滤波器的系统函数为

$$H(z)=\sum_{n=0}^{N-1}h(n)z^{-n}=\frac{1}{10}\times(1+0.9z^{-1}+2.1z^{-2}+0.9z^{-3}+z^{-4})$$

求出该滤波器的单位采样脉冲响应 $h(n)$，判断其是否具有线性相位；求出其幅度特性和相位特性，并画出其直接型和线性相位型结构。

7.4　用矩形窗函数设计线性相位低通 FIR 滤波器,逼近滤波器的传输函数为

$$|H_d(e^{j\omega})| = \begin{cases} e^{-j\omega\alpha}, & 0 \leqslant |\omega| \leqslant \omega_c \\ 0, & \omega_c < |\omega| \leqslant \pi \end{cases}$$

(1) 求出相应于理想低通滤波器的单位采样脉冲响应 $h_d(n)$。

(2) 求出矩形窗函数设计法得到的 $h(n)$ 表达式,确定滤波器群时延 α 与 $h(n)$ 的长度 N 之间的关系。

(3) N 取奇数或偶数对 FIR 滤波器的特性有什么影响?

7.5　用矩形窗函数设计一线性相位高通 FIR 滤波器,逼近滤波器的传输函数 $H_d(e^{j\omega})$ 为

$$H_d(e^{j\omega}) = \begin{cases} e^{-j\omega\alpha}, & \omega_c \leqslant |\omega| \leqslant \pi \\ 0, & \text{其他} \end{cases}$$

(1) 求出该理想高通滤波器的单位采样脉冲响应 $h_d(n)$;

(2) 求出矩形窗函数设计法得到的 $h(n)$ 表达式,确定滤波器群时延 α 与 $h(n)$ 的长度 N 之间的关系;

(3) N 的取值有什么限制? 为什么?

7.6　在图 7.7.1 中,$h_1(n)$ 是偶对称序列,$N=8$,$h_2(n)$ 是 $h_1(n)$ 的圆周移位$\left(移\frac{N}{2}=4点\right)$后的序列,设:

$$H_1(k) = \mathrm{DFT}[h_1(n)], \quad k=0,1,\cdots,N-1$$
$$H_2(k) = \mathrm{DFT}[h_2(n)], \quad k=0,1,\cdots,N-1$$

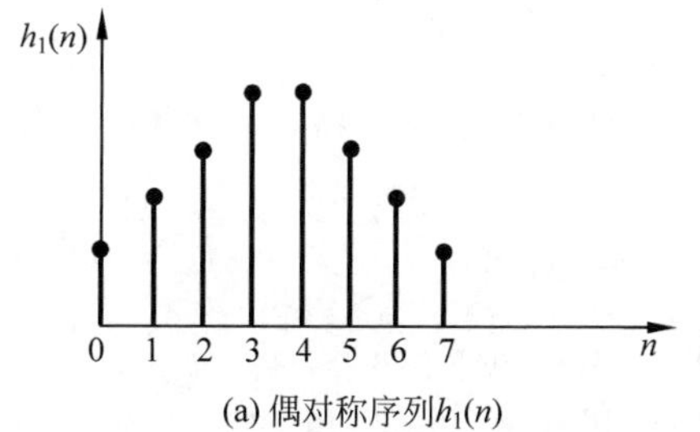

(a) 偶对称序列$h_1(n)$

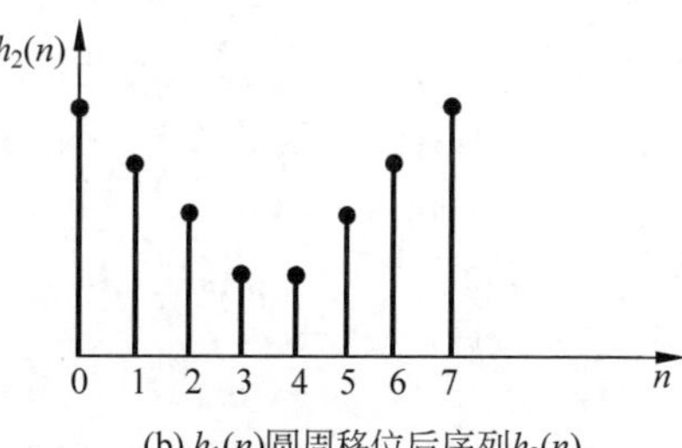

(b) $h_1(n)$圆周移位后序列$h_2(n)$

图 7.7.1　习题 7.6 用图

(1) $|H_1(k)|=|H_2(k)|$是否成立? 为什么?

(2) 用 $h_1(n)$ 和 $h_2(n)$ 分别构成的低通 FIR 滤波器是否具有线性相位? 群延时是多少?

7.7　利用矩形窗、升余弦窗、改进升余弦窗和布莱克曼窗设计线性相位 FIR 低通滤波器。要求通带截止频率 $\omega_c=\frac{\pi}{4}\mathrm{rad}$,窗函数长度 $N=21$。求出分别对应的 FIR 滤波器的单位采样脉冲响应,绘出它们的幅频特性并进行比较。

7.8　利用矩形窗函数法和频率采样法设计线性相位 FIR 低通滤波器,将两个设计结果进行比较。设滤波器的单位采样脉冲响应长 $N=16$,给定希望逼近滤波器的幅度采样

值为

$$H_{dg}(k)=\begin{cases}1, & k=0,1,2,3\\ 0.389, & k=4\\ 0 & k=5,6,7\end{cases}$$

7.9 设信号 $x(t)=s(t)+v(t)$,其中 $v(t)$是干扰,$s(t)$和 $v(t)$的频谱不混叠,其幅度谱如图 7.7.2 所示。要求设计一数字滤波器,将干扰滤除,指标是允许 $|S(f)|$ 在 $0\leqslant f\leqslant 15\text{kHz}$ 频率范围内幅度失真 $\pm 2\%(\delta_1=0.02)$; $f>20\text{kHz}$,幅度衰减大于 $40\text{dB}(\delta_2=0.01)$;要求分别用 FIR 和 IIR 两种滤波器进行滤除干扰,最后进行比较。

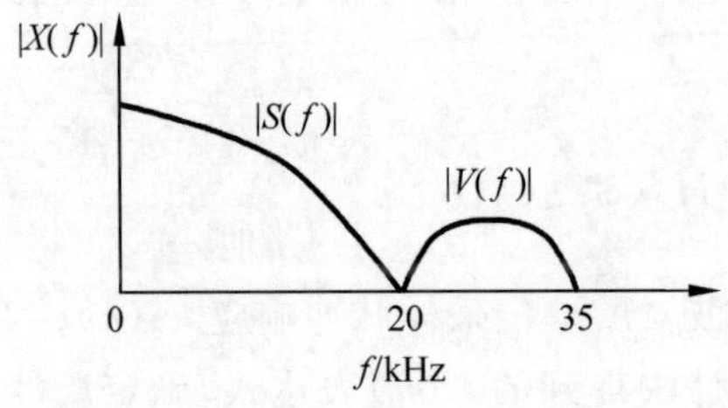

图 7.7.2 习题 7.9 用图

7.10 用三角窗函数设计一个 FIR 线性相位低通数字滤波器。已知: $\omega_c=0.5\pi$ rad,窗口长度 $N=21$。求出 FIR 滤波器的单位采样脉冲响应 $h(n)$,并画出其 $20\lg|H(e^{j\omega})|$的曲线。

7.11 用汉宁窗函数设计一个线性相位高通滤波器,逼近滤波器的频响特性为

$$H_d(e^{j\omega})=\begin{cases}e^{-j(\omega-\pi)\alpha}, & \pi-\omega_c\leqslant\omega\leqslant\pi\\ 0, & 0\leqslant\omega<\pi-\omega_c\end{cases}$$

求出滤波器的单位采样脉冲响应 $h(n)$的表达式,确定 α 与窗口长度 N 的关系。写出 $h(n)$的值,并画出 $20\lg|H(e^{j\omega})|$的曲线(设: $\omega_c=0.5\pi$ rad, $N=51$)。

7.12 用布莱克曼窗函数设计一个线性相位的理想带通滤波器,逼近滤波器的频响特性为

$$H_d(e^{j\omega})=\begin{cases}je^{-j\omega\alpha}, & -\omega_c\leqslant\omega-\omega_0\leqslant\omega_c\\ 0, & 0\leqslant\omega<\omega_0-\omega_c,\quad \omega_0+\omega_c<\omega\leqslant\pi\end{cases}$$

求出 FIR 滤波器的单位采样脉冲响应 $h(n)$序列,并画出 $20\lg|H(e^{j\omega})|$的曲线,设 $\omega_c=0.2\pi$ rad, $\omega_0=0.4\pi$ rad, $N=51$。

7.13 如果一个线性相位带通滤波器的频率响应为

$$H_{BP}(e^{j\omega})=H_{BP}(\omega)e^{j\varphi(\omega)}$$

(1) 试证明一个线性相位带阻滤波器可以表示成

$$H_{BS}(e^{j\omega})=[1-H_{BP}(\omega)]e^{j\varphi(\omega)},\quad 0\leqslant\omega\leqslant\pi$$

(2) 试用带通滤波器的单位采样脉冲响应 $h_{BP}(n)$来表达带阻滤波器的单位采样脉冲响应 $h_{BS}(n)$。

7.14 用雷米兹函数设计一带通 FIR 滤波器。要求幅频特性如下:

$$|H_d(e^{j\omega})|=\begin{cases}0, & 0\leqslant|\omega|\leqslant 0.3\pi\text{ rad},\quad 0.75\pi\text{ rad}\leqslant|\omega|\leqslant\pi\text{ rad}\\ 1, & 0.35\pi\text{ rad}\leqslant|\omega|\leqslant 0.7\pi\text{ rad}\end{cases}$$

基于 MATLAB 软件，画出单位采样脉冲响应 $h(n)$，并绘出滤波器的幅频特性曲线，再选择不同的幅度加权矢量 m，重复设计，观察权矢量的作用。

思政小课堂

思政主题：了解我国数字化电视的发展历程，窗函数的应用

思政方向：了解先进前沿技术，学习国家相关政策

随着 5G 时代的到来，越来越多的新技术和新策略也开始浮出水面。同样，与我们日常生活中息息相关的衣食住行也在悄然更新换代。例如，我国 20 世纪 90 年代还在普遍使用模拟信号收看电视节目，而近年来，几乎家家户户都已更新了数字电视(图 G.1)。为什么要把模拟的电视信号离线化、数字化？数字电视相比模拟电视有何好处？是什么政策引导我们进入数字电视时代？下面带大家了解这些内容。

(a) 传统模拟电视安装密度大，干扰多，需要不断调节室外天线保证收视效果——电影《我和我的祖国·夺冠》

(b) 数字电视及网络电视只需安装机顶盒，就可随时收看高清电视节目

图 G.1　模拟电视与数字电视

模拟电视是采用模拟传输系统，以连续波形式传送信号的电视。模拟电视信号指亮度、彩色、声音信号的参数变化完全模拟实际的物理参数变化。数字电视是指从电视节目采集、录制、播出到发射、接收的全部环节均采用数字编码与数字传输技术的新一代电视，是在数字技术基础上把电视节目转换成数字信息，以码流形式进行传播的数字形态，综合了数字压缩、多路复用、纠错掩错、调制解调等多种先进技术。

相比传统的模拟信号，数字信号采用新的编码和纠错码技术，因此抗干扰能力强，极大地避免了串台、串音和噪声的影响。同时，数字电视的图像清晰度可接近于发射端信源部分的清晰度。其原因之一是信噪比与连续处理的次数无关，由于杂波主要叠加在传输信号上，而采用二进制的数码信号，通过整形以及引入的检错技术，很容易消除这些杂波的影响，模拟信号在传输过程中噪声会逐步累积，而数字信号在传输中不会产生新的噪声，即信噪比(S/N)可基本保持不变，所以模拟信号要求 $S/N\geqslant 40\text{dB}$，而数字信号仅需 $S/N\geqslant 20\text{dB}$。原因之二是数字系统的非线性失真的影响很容易消除，而模拟系统中的非线性失真会造成图像畸变。

实际上，我国的数字化建设早已开始。在 2009 年，我国定下了于 2015 年全面实现关停模拟电视信号的目标。2022 年，中共中央办公厅、国务院办公厅印发了《关于推进实施国家文化数字化战略的意见》(以下简称《意见》)，《意见》明确，到“十四五”时期末，基本建成文化

数字化基础设施和服务平台，形成线上线下融合互动、立体覆盖的文化服务供给体系。到2035年，建成物理分布、逻辑关联、快速链接、高效搜索、全面共享、重点集成的国家文化大数据体系，中华文化全景呈现，中华文化数字化成果全民共享。2020年，已经有多地确定了正式停止提供模拟电视信号。如2018年，广州市已经确信要在2020年停止提供模拟电视信号。特别是广东省作为4K超高清规模先行试点，其有线电视数字化、智能化、超高清化的推行进程处于全国前列。正是我国相关政策的引导以及技术从业人员的支撑，才有了我们日常快捷、舒适的数字化居住和娱乐环境。

参考答案

第 1 章

1.1 答案：(1) 略。

(2) $x(n)=2\delta(n+4)+4\delta(n+3)+6\delta(n+2)+8\delta(n+1)+6\delta(n)+6\delta(n-1)+6\delta(n-2)+6\delta(n-3)+6\delta(n-4)$。

(3) 先把 $x(n)$左移两个单位得 $x(n+2)$,再拉伸三倍即得所求 $y(n)$。

1.2 提示：序列的卷积过程包含反转、移位、相乘、求和 4 个过程。

答案：$x(n) = \delta(n)+4\delta(n-1)+6\delta(n-2)+5\delta(n-3)+2\delta(n-4)$。

1.3 答案：$y(n)=\begin{cases}0, & n<n_0 \\ \dfrac{\alpha^{n+1-n_0}-\beta^{n+1-n_0}}{\alpha-\beta}, & n_0\leqslant n\leqslant n_0+N-1,\alpha\neq\beta \\ (n+1-n_0)\alpha^{n-n_0}, & n_0\leqslant n\leqslant n_0+N-1,\alpha=\beta \\ \beta^{n+1-N-n_0}\dfrac{\alpha^N-\beta^N}{\alpha-\beta}, & n>n_0+N-1,\alpha\neq\beta \\ N\alpha^{n-n_0}, & n>n_0+N-1,\alpha=\beta\end{cases}$

1.4 答案：(1) $y(n)=x(n)*h(n)=R_5(n)$。

(2) $y(n)=x(n)*h(n)=\{1,2,3,3,2,1\}$。

(3) $y(n)=x(n)*h(n)=0.5^{n-2}R_3(n-2)$。

(4) $y(n)=x(n)*h(n)=\begin{cases}\sum\limits_{m=-\infty}^{-1}0.5^{n-m}2^m=\dfrac{1}{3}\cdot 2^{-n}, & n\geqslant 0 \\ \sum\limits_{m=-\infty}^{n}0.5^{n-m}2^m=\dfrac{4}{3}\cdot 2^{n}, & n\leqslant -1\end{cases}$

1.5 答案：$y(n)=u(n)*h(n)=\sum\limits_{m=-\infty}^{\infty}a^{-m}u(-m)u(n-m)=\begin{cases}\dfrac{a^{-n}}{1-a}, & n\leqslant 0 \\ \dfrac{1}{1-a}, & n>0\end{cases}$

$$=\frac{1}{1-a}[a^{-n}u(-n)+u(n-1)]$$

1.6 答案：(1) $\omega=\dfrac{3}{7}\pi,\dfrac{2\pi}{\omega}=\dfrac{14}{3}$,为有理数,所以该序列为周期序列,周期是 $T=14$。

(2) $\omega=\dfrac{1}{8},\dfrac{2\pi}{\omega}=16\pi$,为无理数,所以该序列为非周期序列。

1.7 提示：利用系统线性特性和时不变特性验证。

答案：(1) 线性时不变系统。

(2) 非线性时不变系统。

(3) 线性时不变系统。

(4) 线性时变系统。

(5) 非线性时不变系统。

(6) 线性时变系统。

(7) 线性时变系统。

(8) 线性时变系统。

1.8 提示：利用系统的因果条件和稳定条件进行判别。

答案：(1) $N\geqslant 1$ 时，因果，稳定系统。

(2) 非因果，稳定系统。

(3) 非因果稳定系统。

(4) $n_0\geqslant 0$ 时因果稳定系统；$n_0<0$ 时，非因果稳定系统。

(5) 因果稳定系统。

1.9 提示：利用图解法或解析法求得输出波形。

答案：$y(n)=-2\delta(n+2)-\delta(n+1)-0.5\delta(n)+2\delta(n-1)+\delta(n-2)+4.5\delta(n-3)+2\delta(n-4)+\delta(n-5)$。

1.10 答案：$y(n)=\frac{1}{4}y(n-1)+x(n)+x(n-1)$，$y(n)=\left[\frac{8}{3}-\frac{5}{3}\left(\frac{1}{4}\right)^n\right]u(n)$。

1.11 答案：(1) $h(n)=\left(\frac{1}{2}\right)^{n-1}u(n-1)+\delta(n)$。

(2) $$y(n)=\frac{e^{j\omega n}-\left(\frac{1}{2}\right)^n}{e^{j\omega}-\frac{1}{2}}u(n-1)+e^{j\omega n}u(n)。$$

第 2 章

2.1 答案：(1) $X^*(e^{-j\omega})$。

(2) $X_e(e^{j\omega})$（为 $X(e^{j\omega})$ 的共轭对称部分）。

(3) $\frac{1}{2}X(e^{j\omega/2})+\frac{1}{2}X(-e^{j\omega/2})$。

(4) $G(e^{j\omega})=X(e^{j2\omega})$。

2.2 提示：可以使用两种方法求频率响应。

(1) 先求序列的 z 变换 $X(z)$，再求频率响应 $X(e^{j\omega})=X(z)\big|_{z=e^{j\omega}}$。

(2) 直接求序列的傅里叶变换 $X(e^{j\omega})=\sum\limits_{n=-\infty}^{+\infty}x(n)e^{-j\omega n}$。

答案：(1) $e^{-j\omega n_0}$。

(2) $\frac{1}{1-e^{-\alpha}e^{-j\omega}}$。

(3) $\dfrac{1}{1-e^{-2}e^{-j(\omega+\omega_0)}}$。

(4) $\dfrac{1-e^{-(\alpha+j\omega)}\cos\omega_0}{1-2e^{-(\alpha+j\omega)}\cos\omega_0+e^{-2(\alpha+j\omega)}}$。

2.3 答案：(1) $e^{j\omega_0}x(n)$。

(2) $x_e(n)=\dfrac{1}{2}[x(n)+x^*(-n)]$。

(3) $-jx_o(n)$，其中 $x_o(n)=\dfrac{1}{2}[x(n)-x^*(-n)]$。

2.4 答案：(1) $\dfrac{(a^2-1)z}{a(z-a)\left(z-\dfrac{1}{a}\right)}$$\left(\right.$收敛域：$|a|<|z|<\dfrac{1}{|a|}$；极点为 $z=a$，$z=\dfrac{1}{a}$，零点为

$z=0$，$z=\infty$$\left.\right)$。

(2) $\dfrac{A(\cos\phi-rz^{-1}\cos(\omega_0-\phi))}{(1-2rz^{-1}\cos\omega_0+r^2z^{-2})}$$\left(\right.$收敛域：$|z|>|r|$；极点为 $z=re^{j\omega_0}$，$z=$

$re^{-j\omega_0}$，零点为 $z=0$，$z=\dfrac{r\cos(\omega_0-\phi)}{\cos\phi}$$\left.\right)$。

(3) $\dfrac{1}{1-\dfrac{1}{2}z^{-1}}$$\left(\right.$收敛域：$|z|>\dfrac{1}{2}$；极点为 $z=\dfrac{1}{2}$，零点为 $z=0$$\left.\right)$。

(4) $\dfrac{1}{1-\dfrac{1}{2}z^{-1}}$$\left(\right.$收敛域：$|z|<\dfrac{1}{2}$；极点为 $z=\dfrac{1}{2}$，零点为 $z=0$$\left.\right)$。

(5) $\dfrac{1-2^{-10}z^{-10}}{1-2^{-1}z^{-1}}$(收敛域：$0<|z|<\infty$；极点为 $z=0$)。

2.5 答案：$Z[n^2x(n)]=zX'(z)+z^2X''(z)$。

2.6 提示：不管用哪一种表示法最后求出的 $x(n)$ 都是相同的。

答案：(1) $x(n)=\left[2-\left(\dfrac{1}{2}\right)^n\right]u(n)$。

(2) $x(n)=\left[2-\left(\dfrac{1}{2}\right)^n\right]u(n)$。

2.7 答案：$Y(z)=-\dfrac{3z^3}{(z-3)\left(z-\dfrac{1}{2}\right)}$，$\dfrac{1}{2}<|z|<3$。

2.8 答案：(1) $Z[\nabla x(n)]=(1-z^{-1})X(z)$。

(2) $Z[x_2(n)]=X(z^2)$。

(3) $Z[x_3(n)]=\dfrac{1}{2}[X(z^{\frac{1}{2}})+X(-z^{\frac{1}{2}})]$。

2.9 答案：(1) 当收敛域为 $|z|<0.5$ 时，$x(n)=-\left[3\times\left(\dfrac{1}{2}\right)^n+2\times2^n\right]u(-n-1)$。

(2) 当收敛域为 $0.5<|z|<2$ 时，$x(n)=3\times\left(\frac{1}{2}\right)^n u(n)-2\times 2^n u(-n-1)$。

(3) 当收敛域为 $|z|>2$ 时，$x(n)=\left[3\times\left(\frac{1}{2}\right)^n+2\times 2^n\right]u(n)$。

2.10 答案：(1) $X(z)=\frac{1}{1-az^{-1}},\quad |z|>a$。

(2) $Z[nx(n)]=\frac{az^{-1}}{(1-az^{-1})^2},\quad |z|>a$。

(3) $Z[a^{-n}u(-n)]=\frac{1}{1-az},\quad |z|<a^{-1}$。

2.11 答案：(1) 提示：求得 $|H(e^{j\omega})|=\frac{1}{a}$，故 $H(z)$ 是一个全通网络。

(2) 只有选择 $|a|<1$ 才能使系统因果稳定。零点、极点分布图略。

2.12 答案：(1) $H(z)=\frac{1+0.9z^{-1}}{1-0.9z^{-1}},\quad h(n)=2\times 0.9^n u(n-1)+\delta(n)$。

(2) $H(e^{j\omega})=\frac{1+0.9e^{-j\omega}}{1-0.9e^{-j\omega}}$。

(3) $y(n)=e^{j\omega_0 n}\frac{1+0.9e^{-j\omega_0}}{1-0.9e^{-j\omega_0}}$。

第 3 章

3.1 答案：(1) $X(k)=\frac{1}{2}a\left[\frac{e^{-j\frac{\omega_0 N}{2}}\sin\left(\frac{\omega_0 N}{2}\right)}{e^{-j\frac{1}{2}\left(\frac{2\pi}{N}k+\omega_0\right)}\sin\left(\frac{k\pi}{N}+\frac{\omega_0}{2}\right)}-\frac{e^{j\frac{\omega_0 N}{2}}\sin\left(\frac{\omega_0 N}{2}\right)}{e^{-j\frac{1}{2}\left(\frac{2\pi}{N}k-\omega_0\right)}\sin\left(\frac{k\pi}{N}-\frac{\omega_0}{2}\right)}\right]$。

(2) $X(k)=\frac{1-a^N}{1-ae^{-j\frac{2\pi}{N}k}}$。

(3) $X(k)=\frac{N(N-2)W_N^k-N^2}{(1-W_N^k)^2}$。

(4) $X(k)=\frac{a\cdot e^{-j\frac{2\pi}{N}k}\sin\left(\frac{2\pi}{N}k_0\right)}{1-2a\cdot e^{-j\frac{2\pi}{N}k}\cos\left(\frac{2\pi}{N}k_0\right)+a^2\cdot e^{-j\frac{4\pi}{N}k}}$。

(5) $X(k)=8e^{j3\frac{2\pi}{N}k}\frac{1-\left(\frac{1}{2}\right)^5 e^{-j5\frac{2\pi}{N}k}}{1-\frac{1}{2}e^{-j\frac{2\pi}{N}k}}$。

(6) $X(k)=jN\frac{\cos\left(\frac{2\pi}{N}k\right)}{\sin\left(\frac{2\pi}{N}k\right)}$

(7) $X(k)=\pi\left[\delta\left(\frac{2\pi}{N}k-\frac{18}{7}\pi+2\pi\right)+\delta\left(\frac{2\pi}{N}k+\frac{18}{7}\pi-4\pi\right)\right.$

$\left.-\mathrm{j}\delta\left(\frac{2\pi}{N}k-2\right)+\mathrm{j}\delta\left(\frac{2\pi}{N}k+2-2\pi\right)\right]$

(8) $X(k)=\dfrac{1}{1-\left(\frac{1}{4}\mathrm{e}^{-\mathrm{j}\frac{2\pi}{N}k}\right)^3}$。

(9) $X(k)=\dfrac{1}{2}\mathrm{e}^{\mathrm{j}\left(\frac{2\pi}{N}k-\frac{\pi}{3}\right)}\dfrac{1-\mathrm{e}^{-\mathrm{j}6\left(\frac{2\pi}{N}k\right)}}{1-\mathrm{e}^{-\mathrm{j}\left(\frac{2\pi}{N}k-\frac{\pi}{3}\right)}}+\dfrac{1}{2}\mathrm{e}^{\mathrm{j}\left(\frac{2\pi}{N}k+\frac{\pi}{3}\right)}\dfrac{1-\mathrm{e}^{-\mathrm{j}6\left(\frac{2\pi}{N}k\right)}}{1-\mathrm{e}^{-\mathrm{j}\left(\frac{2\pi}{N}k+\frac{\pi}{3}\right)}}$。

3.2 答案：(1) $x(n)=\delta(n)-\dfrac{\sin(\omega n)}{n\pi}$。

(2) $x(n)=\delta(n)-2\delta(n-3)+4\delta(n+2)+3\delta(n-6)$。

(3) $x(n)=\dfrac{1}{2\pi}\left[1+2\times(-1)^n-2\cos\dfrac{n\pi}{2}\right]$。

(4) $x(n)=\dfrac{1}{2}\delta(n)+\dfrac{1}{4}\delta(n+2)+\dfrac{1}{4}\delta(n-2)$。

(5) $x(n)=\dfrac{1}{2}\delta(n+1)-\dfrac{1}{2}\delta(n-1)-\dfrac{(-1)^n}{2\pi\left(n^2-\frac{1}{4}\right)}$。

(6) $x(n)=\dfrac{6}{5}\left[\left(\dfrac{1}{3}\right)^n-\left(\dfrac{1}{2}\right)^n\right]u(n)$。

3.3 答案：(1) $x(n)=\cos\left(\dfrac{2\pi}{N}mn+\theta\right)$。

(2) $x(n)=\sin\left(\dfrac{2\pi}{N}mn+\theta\right)$。

3.4 答案：(1) $X(k)=1+2W_4^{2k}+W_4^{3k}$。

(2) $y(n)=5\delta(n)+4\delta(n-1)+5\delta(n-2)+2\delta(n-3)$，$Y(k)=5+4W_4^k+5W_4^{2k}+2W_4^{3k}$。

(3) $z(n)=2\delta(n)+5\delta(n-1)+4\delta(n-2)+5\delta(n-3)$。

3.5 答案：$x_1(n)=Nx((-n))_N R_N(n)$。

3.6 答案：序列 $x(n)$的点数 $N_1=6$，序列 $y(n)$的点数 $N_2=15$，即 $x(n)*y(n)$的点数应为 $N=N_1+N_2-1=20$。又 $f(n)$为 $x(n)$和 $y(n)$的 $L=15$ 点圆周卷积，即混叠点数为 $N-L=5$。线性卷积以 15 为周期延拓形成圆周卷积序列 $f(n)$时，一个周期内在 $n=0$ 到 $n=4$ 这 5 点处发生混叠，即 $f(n)$中只有 $n=5$ 到 $n=14$ 的点对应于 $x(n)*y(n)$应该得到的点。

3.7 提示：直接利用圆周卷积公式求解。

$f(n)=4\delta(n-1)-2\delta(n-2)-10\delta(n-3)-10\delta(n-4)-8\delta(n-5)-4\delta(n-6)$

3.8 答案：通过推导得 $Y(k)=X((k))_N R_{rN}(k)$，所以 $Y(k)$是将 $X(k)$(周期为 N)延拓 r 次形成的，即 $Y(k)$的周期为 rN。

3.9 答案：(1) 最小记录时间为 0.1s。

(2) 允许处理的信号的最高频率为 5kHz。

(3) 一个记录中最少的点数为 $N=2^{10}=1024$。

3.10～3.15 答案：证明过程略。

3.16 答案：$x_N(n)=\dfrac{a^n}{1-a^N}R_N(n)$。

3.17 答案：(1) 最小记录时间 $T_{\text{pmin}}=10\text{ms}$。

(2) 最低采样频率 $f_{\text{smin}}=2.2\text{kHz}$。

(3) 最少采样点数 $N_{\min}=22$

(4) 44。

3.18 答案：(1) $k=150$ 时，对应 $f=3\text{kHz}$；$k=800$ 时，对应 $f=4\text{kHz}$ 的镜像频率。

(2) $\Delta f_{\text{bin}}=20\text{Hz}$。

第 4 章

4.1 提示：通过构建函数 $F(k)=X(k)+\text{j}Y(k)$，求其 IFFT 来求解 $x(n)$ 和 $y(n)$。

4.2～4.3 提示：利用 DIT-FFT 思想设计。答案：略。

4.4 答案：约 126s；约 0.7168s；约 333.3Hz。

4.5 答案：约 0.2098s；1.536ms；156kHz。

4.6 答案：(1) $X(k)=[4,-1+\text{j},2,-1-\text{j}]$。

(2) $y(n)=[5,4,5,2]$，$Y(k)=[16,-2\text{j},4,2\text{j}]$。

(3) $x(n)④h(n)=[2,5,4,5]$。

4.7 答案：$y(n)=[1,3,3,4,2,5,3,1,2,1,-1]$。

4.8 答案：$y(n)=[1,3,3,3,1,3,2,-1,-1,-1,1,-1,-1]$。

4.9 提示：(1) 根据 DTFT 的定义式，可以计算所要求频点处的谱值。快速算法的计算量于按 n 的奇偶分解的办法导出公式后估计。

(2) 因为 $X(z)=\sum_{n=0}^{9}x(n)A^{-n}W^{nk}$，$W$ 是 k 的函数，而在 CZT 算法中 W 不能是 k 的函数，所以不能用 CZT 算法。

第 5 章

5.1 答案：根据下列形式的系统函数画出相应的网络结构图。

(1) 直接型系统函数：$H(z)=\dfrac{1+\frac{1}{3}z^{-1}}{1-\frac{3}{4}z^{-1}+\frac{1}{8}z^{-2}}$。

(2) 级联型系统函数有两种形式：

① $H(z)=\dfrac{1+\frac{1}{3}z^{-1}}{\left(1-\frac{1}{2}z^{-1}\right)}\cdot\dfrac{1}{\left(1-\frac{1}{4}z^{-1}\right)}$。

② $H(z)=\dfrac{1}{\left(1-\dfrac{1}{2}z^{-1}\right)}\cdot\dfrac{1+\dfrac{1}{3}z^{-1}}{\left(1-\dfrac{1}{4}z^{-1}\right)}$。

(3) 并联型系统函数：$H(z)=\dfrac{\dfrac{10}{3}}{1-\dfrac{1}{2}z^{-1}}+\dfrac{-\dfrac{7}{3}}{1-\dfrac{1}{4}z^{-1}}$。

5.2 答案：根据下列形式的系统函数画出相应的网络结构图：

(1) 直接型系统函数：$H(z)=\dfrac{ab+(a+b)z^{-1}+z^{-2}}{1-(a+b)z^{-1}+abz^{-2}}$。

(2) 级联型系统函数有两种形式：

① $H(z)=\dfrac{a+z^{-1}}{(1-az^{-1})}\cdot\dfrac{b+z^{-1}}{(1-bz^{-1})}$。

② $H(z)=\dfrac{b+z^{-1}}{(1-az^{-1})}\cdot\dfrac{a+z^{-1}}{(1-bz^{-1})}$。

5.3 提示：系统函数 $H(z)$的分母的 z^0 项的系数应该简化为 1,分母 z^{-i} 的系数取负号，即为反馈链系数。

5.4 答案：有 4 种级联形式。

5.5 答案：(a) $h(n)=h_1(n)*h_2(n)*h_3(n),H(z)=H_1(z)\cdot H_2(z)\cdot H_3(z)$。

(b) $h(n)=h_1(n)+h_2(n)+h_3(n),H(z)=H_1(z)+H_2(z)+H_3(z)$。

(c) $h(n)=h_1(n)*h_2(n)+h_3(n),H(z)=H_1(z)\cdot H_2(z)+H_3(z)$。

(d) $h(n)=h_1(n)*h_2(n)+h_1(n)*h_3(n)*h_4(n)+h_5(n)$,

$H(z)=H_1(z)H_2(z)+H_1(z)H_3(z)H_4(z)+H_5(z)$。

5.6 答案：(a) $H(z)=\dfrac{1}{(1-az^{-1})}$; $y(n)=ay(n-1)+x(n)$。

(b) $H(z)=\dfrac{1+\dfrac{1}{4}z^{-1}}{1-\dfrac{1}{2}z^{-1}}$; $y(n)=\dfrac{1}{2}y(n-1)+x(n)+\dfrac{1}{4}x(n-1)$。

(c) $H(z)=\dfrac{r\sin\theta\cdot z^{-1}}{1-2r\cos\theta\cdot z^{-1}+r^2\cdot z^{-2}}$;

$y(n)=2r\cos\theta\cdot y(n-1)-r^2y(n-2)+r\sin\theta\cdot x(n-1)$。

5.7 答案：系统函数的并联形式为 $H(z)=4+\dfrac{0.2}{1-0.5z^{-1}}+\dfrac{1+0.3z^{-1}}{1+0.9z^{-1}+0.8z^{-2}}$。

5.8 提示：将系统函数 $H(z)$分解为二阶因式乘积形式。

5.9 答案：

(a) $H(z)=\dfrac{1}{1-\dfrac{1}{2}z^{-1}}\cdot\dfrac{1}{1+\dfrac{3}{4}z^{-1}}$。

(b) $H(z)=\dfrac{2+\frac{1}{4}z^{-1}}{1+\frac{1}{4}z^{-1}-\frac{3}{8}z^{-2}}$。

(c) $H(z)=\dfrac{2+\frac{1}{2}z^{-1}}{1-\frac{1}{4}z^{-1}+\frac{3}{8}z^{-2}}$。

5.10 答案：系统函数的直接形式为 $H(z)=\dfrac{1-0.9^5z^{-5}}{1-0.9z^{-1}}$。

5.11 答案：$H(k)=1-e^{-j\frac{2}{5}\pi k}+e^{-j\frac{8}{5}\pi k}$，$k=0,1,2,3,4$。

5.12 提示：FIR 线性相位滤波器满足 $h(n)=\pm h(N-1-n)$，即相对于 $n=(N-1)/2$ 呈偶对称或奇对称，因而可简化结构。

5.13 答案：(1) 略。

(2) $|H(e^{j\omega})|=\dfrac{\sqrt{(1+\cos\omega)^2+\sin^2\omega}}{\sqrt{\left(1-\frac{1}{3}\cos\omega-\frac{1}{4}\cos2\omega\right)^2+\left(\frac{1}{3}\sin\omega-\frac{1}{4}\sin2\omega\right)^2}}$

$$\arg[H(e^{j\omega})]=-\arctan\left(\frac{\sin\omega}{1+\cos\omega}\right)-\arctan\left(\frac{\frac{1}{3}\sin\omega+\frac{1}{4}\sin2\omega}{1-\frac{1}{3}\cos\omega-\frac{1}{4}\cos2\omega}\right)。$$

(3) 稳态输出为 $y(n)=5|H(e^{j\omega_0})|\sin[\omega_0 n-\arg(H(e^{j\omega_0}))]=12.13\sin(0.2\pi n-0.9)$。

5.14 答案：略。

第 6 章

本章作业可以借助 MATLAB 软件有关滤波器设计的工具箱完成。

6.1 提示：分下列几个步骤设计。

(1) 求滤波器阶数 N。

(2) 求归一化系统函数 $H_a(p)$。

(3) 去归一化，由归一化系统函数 $H_a(p)$ 得到实际的滤波器系统函数 $H_a(s)$：

$$H_a(s)=\frac{\Omega_c^5}{(s^2+0.6180\Omega_c s-\Omega_c^2)(s^2+1.6180\Omega_c s-\Omega_c^2)(s+\Omega_c)}$$

6.2 提示：分下列几个步骤设计。

(1) 确定滤波器技术指标。

(2) 求阶数 N 和 ε。

(3) 求归一化系统函数 $H_a(p)$。

(4) 去归一化系统函数 $H_a(p)$，得到实际的滤波器系统函数 $H_a(s)$。

6.3 提示：分下列几个步骤设计。

(1) 确定高通滤波器技术指标。

(2) 确定相应低通滤波器的技术指标要求。

(3) 设计相应的归一化低通滤波器系统函数 $G(p)$。

(4) 频率变换，将 $G(p)$ 变换成实际的高通滤波器的系统函数 $H(s)$。

6.4 提示：脉冲响应不变法即直接按脉冲响应不变法设计公式。

数字滤波器系统函数为

(1) $H(z)=\dfrac{2\sqrt{3}}{3}\cdot\dfrac{z^{-1}e^{-1}\sin\sqrt{3}}{1-2z^{-1}e^{-1}\cos\sqrt{3}+z^{-2}e^{-2}}$；

(2) $H(z)=\dfrac{z^{-1}(e^{-1}-e^{-2})}{1-z^{-1}(e^{-1}+e^{-2})+z^{-2}e^{-3}}$。

双线性变换法设计的数字滤波器系统函数为

(1) $H(z)=\dfrac{1+2z^{-1}+z^{-2}}{3+z^{-2}}$；

(2) $H(z)=\dfrac{1+2z^{-1}+z^{-2}}{6-2z^{-1}}$。

6.5 提示：采用脉冲响应不变法转换。

步骤：

(1) 求相应模拟低通巴特沃斯滤波器的指标。

(2) 求滤波器阶数 N 及求模拟巴特沃斯滤波器归一化系统函数 $H_a(p)$。

(3) 去归一化系统函数，$H_a(p)$ 得到实际的滤波器系统函数 $H_a(s)$。

(4) 用脉冲响应不变法将 $H_a(s)$ 转换成数字滤波器系统函数 $H(z)$。

6.6 提示：

利用双线性变换法转换成的数字高通滤波器系统函数为

$$H(z)=\frac{1-2z^{-1}+z^{-2}}{14.8194+16.9358z^{-1}+14.8194z^{-2}}$$

6.7 提示：

步骤：

(1) 确定数字带通滤波器指标。

(2) 确定相应模拟滤波器指标。

(3) 由归一化带通滤波器指标确定相应的模拟归一化低通技术指标。

(4) 设计模拟归一化低通 $G(p)$。

(5) 频率转换，将 $G(p)$ 转换成 $H_a(s)$。

(6) 将 $H_a(s)$ 转换成 $H(z)$。

6.8 答案：$H(z)=\dfrac{0.064(1+2z^{-1}+z^{-2})}{1-1.1683z^{-1}+0.4241z^{-2}}$。

6.9 答案：$H(z)=\dfrac{1+2z^{-1}+z^{-2}}{115.14-198z^{-1}+86.86z^{-2}}$。

6.10 答案：$H(z)=\dfrac{0.7547627(1+1.236068z^{-1}+z^{-2})}{1-0.9329381z^{-1}+0.5095255z^{-2}}$。

6.11 答案：略。

6.12 答案：滤波器系统函数为

$$H(s)=\frac{8.37\times10^6}{(s+8.37)(s^2+5.39s+1520)(s^2+14.1s+627)}$$

6.13 答案：该数字低通滤波器的系统函数为 $H(z)=\frac{\pi(e^{-\pi/2}-e^{-\pi})z^{-1}}{(1-e^{-\pi}z^{-1})(1-e^{-\pi/2}z^{-1})}$。

6.14 答案：通过巴特沃斯 LPF 原型设计，该数字带通滤波器的系统函数为

$$H(z)=\frac{4.21\times10^{-4}\times(1-3z^{-2}+3z^{-4}-z^{-6})}{1+0.559z^{-1}+2.79z^{-2}+1.02z^{-3}+2.51z^{-4}+0.453z^{-5}+0.729z^{-6}}$$

通过切比雪夫 LPF 原型设计，该数字带通滤波器的系统函数为

$$H(z)=\frac{2.2091\times10^{-4}\times(1-z^{-2})^3}{(1+0.3836z^{-1}+1.9389z^{-2}+0.3689z^{-3}+0.9255z^{-4})\times(1+0.189z^{-1}+0.924z^{-2})}$$

6.15 答案：略。

第 7 章

7.1 提示：

设计步骤为

(1) 确定逼近理想高通频率响应函数 $H_d(e^{j\omega})$。

(2) 求 $h_d(n)$。

(3) 根据技术指标选择窗函数类型，确定窗函数长度。

(4) 加窗计算 $h(n)$。

(5) 在频域检验设计结果。

7.2 提示：

设计步骤为

(1) 确定 $H_d(e^{j\omega})$，估计采样点数 N。

(2) 频率采样。

(3) 用内插公式求 $H(z)$。

(4) 检验设计指标。

7.3 答案：单位冲激响应为 $h(n)=\{0.1,0.09,0.21,0.09,0.1\}$；由 $h(n)$ 的形式可知，它具有第一类线性相位特性；幅频特性函数为 $H_g(\omega)=\frac{1}{10}\times(2.1+1.8\cos\omega+2\cos2\omega)$；相频特性函数为 $\theta(\omega)=-2\omega$。

7.4 答案：(1) $h_d(n)=\frac{\sin[\omega_c(n-\alpha)]}{\pi(n-\alpha)}$。

(2) $h(n)=\frac{\sin[\omega_c(n-\alpha)]}{\pi(n-\alpha)}R_N(n)$。

(3) N 为奇数时，幅频特性函数关于 $\omega=0,\pi,2\pi$ 三点偶对称，可实现各类滤波特性；N 为偶数时，幅频特性函数关于 $\omega=\pi$ 奇对称，所以不能实现高通、带阻滤波特性。

7.5 答案：(1) $h_d(n)=\delta(n-\alpha)-\dfrac{\sin[\omega_c(n-\alpha)]}{\pi(n-\alpha)}$。

(2) $h(n)=\left\{\delta(n-\alpha)-\dfrac{\sin[\omega_c(n-\alpha)]}{\pi(n-\alpha)}\right\}R_N(n)$，为了满足线性相位条件，要求 α 满足 $\alpha=\dfrac{N-1}{2}$。

(3) N 必须取奇数，因为 N 为偶数时，$H(e^{j\pi})=0$，不能实现高通。

7.6 答案：(1) 成立。推导略。

(2) $h_1(n)$和 $h_2(n)$满足线性相位条件，由此构成的低通滤波器具有线性相位。群延时为：$\tau_1=\tau_2=7/2$。

7.7 答案：略。

7.8 答案：窗函数法设计的 FIR LPF：$h(n)=\dfrac{\sin\left[\dfrac{\pi}{2}\left(n-\dfrac{15}{2}\right)\right]}{\pi\left(n-\dfrac{15}{2}\right)}\cdot R_{16}(n)$

频率采样法设计的 FIR LPF：$h(n)=$

$$\frac{1}{8}\times\left\{\frac{1}{2}-\cos\left[\frac{\pi}{8}\left(n+\frac{1}{2}\right)\right]+\cos\left[\frac{\pi}{4}\left(n+\frac{1}{2}\right)\right]-\cos\left[\frac{3\pi}{8}\left(n+\frac{1}{2}\right)\right]+0.389\cos\left[\frac{\pi}{2}\left(n+\frac{1}{2}\right)\right]\right\}R_{16}(n)$$

7.9 答案：略

7.10 答案：$h(n)=\begin{cases}\dfrac{1}{10}n\cdot\dfrac{\sin\left(\dfrac{n\pi}{2}\right)}{\pi(n-10)}, & 0\leqslant n\leqslant 10\\ \left(2-\dfrac{n}{10}\right)\cdot\dfrac{\sin\left(\dfrac{n\pi}{2}\right)}{\pi(n-10)}, & 10<n\leqslant 20\\ 0, & n\text{ 为其他值}\end{cases}$

7.11 答案：$h(n)=\begin{cases}\dfrac{1}{2}\left[1-\cos\left(\dfrac{\pi n}{25}\right)\right]\cdot(-1)^n\dfrac{\sin[0.5(n-25)\pi]}{\pi(n-25)}, & 0\leqslant n\leqslant 50\\ 0, & n\text{ 为其他值}\end{cases}$

7.12 答案：$h(n)=\begin{cases}\left[0.42-0.5\cos\left(\dfrac{\pi n}{25}\right)+0.8\cos\left(\dfrac{2\pi n}{25}\right)\right]\cdot\dfrac{2j}{\pi(n-25)}\sin\left[\dfrac{\pi(n-25)}{5}\right]\\ \times\cos(0.4\pi(n-25)), \quad 0\leqslant n\leqslant 50\\ 0, \quad n\text{ 为其他值}\end{cases}$

化简：$h(n)=$

$$\left[0.42-0.5\cos\left(\frac{\pi}{25}n\right)+0.08\cos\left(\frac{2\pi}{25}n\right)\right]\frac{-2j}{\pi(n-25)}\sin\left(\frac{\pi}{5}n\right)\cos\left(\frac{2\pi}{5}n\right)R_{51}(n)$$

7.13 答案：(1) 证明略。

(2) 当 $\varphi(\omega)=-\dfrac{N-1}{2}\omega$ 时，

$$h_{\mathrm{BS}}(n)=\begin{cases}\dfrac{(-1)^{n+1}\sin\left(\dfrac{N-1}{2}\pi\right)}{\pi\left(n-\dfrac{N-1}{2}\right)}-h_{\mathrm{BP}}(n), & N\text{ 为偶数}\\ -h_{\mathrm{BP}}(n), & N\text{ 为奇数}\end{cases}$$

当 $\varphi(\omega)=-\dfrac{N-1}{2}\omega+\dfrac{\pi}{2}$ 时，

$$h_{\mathrm{BS}}(n)=\begin{cases}\dfrac{\mathrm{j}(-1)^{n+1}\sin\left(\dfrac{N-1}{2}\pi\right)}{\pi\left(n-\dfrac{N-1}{2}\right)}-h_{\mathrm{BP}}(n), & N\text{ 为偶数}\\ -h_{\mathrm{BP}}(n), & N\text{ 为奇数}\end{cases}$$

7.14　答案：略。

参考文献

[1] 李莉，魏爽，俞玉莲. 数字信号处理原理和算法实现[M]. 3 版. 北京：清华大学出版社，2018.

[2] 李莉，俞玉莲，张倩，等. 数字信号处理实验教程[M]. 2 版. 北京：清华大学出版社，2015.

[3] 丁玉美，高西全. 数字信号处理[M]. 2 版. 西安：西安电子科技大学出版社，2001.

[4] Orfanidis S J. 信号处理导论(影印版)[M]. 北京：清华大学出版社，1996.

[5] Joyce Van de Vegte. 数字信号处理基础(影印版)[M]. 尹霄丽，改编. 北京：电子工业出版社，2003.

[6] McClellan J H，et al. 数字信号处理引论(英文影印版)[M]. 北京：科学出版社，2003.

[7] 方勇. 数字信号处理——原理与实践[M]. 北京：清华大学出版社，2006.

[8] 吴镇扬. 数字信号处理的原理与实现[M]. 南京：东南大学出版社，1989.

[9] 张小虹，黄忠虎，邱正伦，等. 数字信号处理[M]. 2 版. 北京：机械工业出版社，2008.

[10] Vinay K I. 数字信号处理及其 MATLAB 实现[M]. 陈怀琛，王朝英，等译. 北京：电子工业出版社，1998.

[11] 刘明，徐洪波，宁国勤. 数字信号处理——原理与算法实现[M]. 北京：清华大学出版社，2006.

[12] 胡广书. 数字信号处理——理论、算法与实现[M]. 2 版. 北京：清华大学出版社，2007.

[13] 程佩青. 数字信号处理教程[M]. 2 版. 北京：清华大学出版社，2001.

[14] 程佩青. 数字信号处理教程习题分析与解答[M]. 2 版. 北京：清华大学出版社，2002.

[15] 赵健，李毅，杨菊平. 数字信号处理学习辅导[M]. 北京：清华大学出版社，2006.

[16] 方勇. 数字信号处理学习指导与习题详解[M]. 北京：清华大学出版社，2008.

[17] 邓立新，曹雪虹，张玲华. 数字信号处理学习辅导及习题详解[M]. 北京：电子工业出版社，2003.

[18] 张延华，姚林泉，郭玮. 数字信号处理——基础与应用[M]. 北京：机械工业出版社，2005.

[19] 郑君里，应启珩，杨为理. 信号与系统[M]. 2 版. 北京：高等教育出版社，2000.

[20] 陈桂明，张明照，戚红雨. 应用 MATLAB 语言处理数字信号与数字图像[M]. 北京：科学出版社，2000.

[21] 吴新余，周井泉，沈元隆. 信号与系统——时域、频域分析及 MATLAB 软件的应用[M]. 北京：电子工业出版社，1999.

[22] 姚天任，孙洪. 现代数字信号处理[M]. 武汉：华中科技大学出版社，1999.

[23] 董绍平，陈世耕，王洋. 数字信号处理基础(修订版)[M]. 哈尔滨：哈尔滨工业大学出版社，1996.

[24] 高俊斌. MATLAB 5.0 语言与程序设计[M]. 武汉：华中理工大学出版社，1999.